安徽省一流教材建设项目
安徽省精品课程配套教材

互换性与测量技术

主　编　陈顺华　吴仲伟
副主编　常伟杰　张聚臣　刘海军

合肥工业大学出版社

前　言

[illegible]

由于编者学识有限，书中难免存在不足之处和错误，恳请读者批评指正。

编　者

[illegible] 年11月6日

目　录

第1章 绪 论

随着经济全球化的加剧、制造业飞速发展，社会分工也越来越细，标准化的生产影响着我们生活的方方面面。从大型高铁、飞机、汽车到闹钟、手机、手表等小型产品，它们都可以由不同厂家按照一定的标准进行零部件生产，最后将所有零部件按照一定的要求进行装配，最终获得产品。部分零件损坏后可以选择直接更换，不但延续了产品的使用寿命，也降低了维修的时间和经济成本，这都与互换性和测量技术息息相关。由于互换性涉及面广，本章将结合“互换性与测量技术”的课程特点和任务，着重介绍与机械零件产品互换性相关的概念和基础知识。

本章引用和参考的相关国家标准有：

① GB/T 20000.1—2014(ISO/IEC Guide 2:2004,Standardization and related actives - General vocabulary,MOD)《标准化工作指南　第1部分:标准化和相关活动的通用术语》;

② GB/T 1800.1—2020(ISO 286-1:2010,MOD)《产品几何技术规范(GPS)　线性尺寸公差ISO代号体系　第1部分:公差、偏差和配合的基础》;

③ GB/T 20308—2020(ISO 14638:2015,IDT)《产品几何技术规范(GPS)　矩阵模型》;

④ GB/T 4249—2018(ISO 8015:2011,MOD)《产品几何技术规范(GPS)　基础　概念、原则和规则》;

⑤ GB/T 19765—2005(ISO 1:2002,IDT)《产品几何量技术规范(GPS)　产品几何量技术规范和检验的标准参考温度》;

⑥ GB/T 16892—1997(eqv ISO 10579:1993)《形状和位置公差　非刚性零件注法》;

⑦ GB/T 18779.1—2002(eqv ISO 14253-1:1998)《产品几何量技术规范(GPS)　工件与测量设备的测量检验　第1部分:按规范检验合格或不合格的判定规则》;

⑧ GB/T 13319—2020(ISO 5458:2018,MOD)《产品几何技术规范(GPS)　几何公差成组(要素)与组合几何规范》;

⑨ GB/T 321—2005(ISO 3:1973,IDT)《优先数与优先数系》。

1.1 课程简介

1.1.1 课程内容

“几何量公差”和“几何量检测”是本课程的两个主要组成部分。“几何量公差”属于标准化(Standardization)的范畴，“几何量检测”属于计量学(Metrology)的范畴，两者是独立的体系，但又存在一定的联系。本课程重点介绍机械零件的几何量精度设计，论述其基本设计理论和方法，结合工程实例中典型的零部件，具体讨论几何量精度设计的理论和方法。由于“几何量检测”具有较强的实践特性，该教学部分将以实验的形式，将理论和实际操作相结合进行介绍。本书将两个教学部分有机结合，从设计到检测，使读者获得互换性与测量技术方面的基本知识并能够将其应用到工程实践中。

1.1.2　课程作用及意义

机械设计通常可分为三部分：机械的运动设计、机械的结构设计和机械的精度设计。

机械的运动设计是根据机械的工作要求，适当地选择执行机构，通过一系列的传动系统组成机器。这个过程主要是以实现机械运动要求为目的的运动方案的设计，机器的运动方案用机构运动简图表示。在机构运动简图中，不考虑构件的截面尺寸和形状。

机械的结构设计是根据机械零件应具有良好的结构工艺性、便于装配与维修、强度高和寿命长等要求所进行的设计。机械的结构设计用机械的零件图和装配图表示。

加工精度是指加工后零件的实际几何参数(尺寸、几何要素的形状和相互位置、轮廓的微观不平程度等)与设计理想值相符合的程度。机械的精度设计是根据机械的功能要求，正确地选择机械零件的尺寸精度、形状和位置精度以及表面粗糙度轮廓要求而进行的设计。机械的精度设计要求标注在机械的零件图样、装配图样上。机械加工存在各种误差，这些误差来源于工件装夹时的定位误差，夹具、刀具的制造误差与磨损，机床的制造、安装误差与磨损，切削过程中的受力、受热变形、振动误差，还有毛坯的几何误差、加工方法原理误差以及加工中的测量误差等。相同规格的同一批零件即使在相同加工条件下也会因为这些误差的存在而或多或少地存在差异。因而在进行机器或仪器设计时，不但要进行运动设计和结构设计，还要进行精度设计。若机械零部件的设计中没有精度要求，则设计的产品就没有实际意义。

测量与检验是检测的两个组成部分。要实现零部件之间的互换，除了合理地规定公差之外，还必须对完工后的零件的几何量进行检验和测量，以判断它们是否符合设计要求。检验是指确定零件的几何量是否在规定的极限范围内，并做出合理性判断，而不必得出被测量的具体数值，例如，用光滑极限量规检验孔、轴。测量是将被测几何量与作为计量单位的标准量进行比较，以确定被测几何量的具体数值的过程。检测不仅用来评定产品的质量，而且用于分析不合格零件产生的原因，及时调整生产，监督工艺工程，预防废品产生。

精度设计和检测保证所设计的机器或者仪器能够达到顺利装配，以及合格的使用性能和寿命。只有在精度设计时对零部件所规定的几何参数进行合理的设计，并对完成后的零部件进行检测，证明它们完全符合设计要求，装配后才有可能达到预期的使用效果。因此精度设计及检测是保证产品质量的两个重要技术环节。

因此，通过本课程的学习，旨在让学生初步掌握机械及其零部件的几何量精度设计，正确理解设计图纸上的精度要求，合理设计产品质量检验方案和进行测量结果的数据处理。

1.1.3　课程特征与任务

本课程是高等工科院校机械类和近机类各专业必修的一门重要技术基础课。本课程以一般通用零件的几何量的精度设计为核心，论述其基本设计理论与方法。机械精度设计是本课程的基本内容，通过本课程的学习，旨在使大家了解并初步掌握互换性生产原则及公差与配合的规律与选用；掌握零件几何量精度设计的基本原理和方法，为在结构设计中合理应用公差标准打下基础，并为后续机械零部件设计等课程及毕业设计奠定基础。本课程结合典型零部件，就其几何量的精度设计理论和方法展开讨论，目的是通过对这些典型零部件的几何精度设计，使读者掌握有关的设计规律和技术措施，从而具备其他通用零部件和某些专用零部件的几何量的精度设计能力。

本课程在教学计划中起着联系设计类课程与制造类课程的纽带作用，以及从基础课教学过渡到专业课教学的桥梁作用。在后续的课程设计、毕业设计中都要用到本课程所学的知识。

本课程与“机械制图”“工程训练”“机械原理”“机械设计”及后续的“机械制造技术基础”等课程有着密切的联系。在学习本课程时,应具备一定的理论知识和生产实践知识。既需要能够读图、懂得图样上的标注,也需要了解机械加工的一般知识,熟悉常用机构的原理。

因为本课程术语、定义多,符号、代号多,标准、规定多,经验、解法多,所以刚学完系统性较强的理论基础课的学生,往往感到概念难记、内容繁多。而且,从标准规定上看,原则性强;从工程应用上看,灵活性大,这对于初学者来说,较难掌握。但是,正像任何东西都离不开主体,任何事物都有主要矛盾一样,本课程尽管概念很多、涉及面广,但各部分都是围绕着保证互换性为主的精度设计问题,介绍各种典型零件精度的概念,分析各种零件几何量精度的设计方法,论述各种零件的检测规定等。所以,在学习中应注意及时总结归纳,找出它们之间的联系。要认真完成作业,认真做实验和写实验报告,实验课是本课程验证基本知识、训练基础技能、理论联系实际的重要环节。

本课程的任务是:

- 掌握标准化、互换性的基本概念及与精度设计有关的基本术语和定义;
- 基本掌握本课程中机械精度设计标准的主要内容、特点和应用原则;
- 初步学会根据机器或仪器零件的使用要求,正确设计几何量公差;
- 能够查用本课程介绍的公差表格,并正确地标注在图样上;
- 熟悉各种典型的几何量检测方法,初步学会使用常用的计量器具;
- 掌握典型零部件的精度设计及检测方法,并能够应用在工程实例上。

总之,本课程是培养学生如何进行机械精度设计的一门技术基础课,其内容是机械类和及近机类专业的学生在生产实践中必然用到的基础知识。课程的主要研究对象是机械零件的互换性、公差及检测。

1.2 互换性相关的基本术语及定义

1.2.1 互换性

1. 互换性的概念

在日常生活和生产中,大量的现象涉及互换性。我们经常使用可以互相替换的零部件,例如,手机、冰箱、电视机、自行车、摩托车、汽车、高铁、飞机、舰艇、机器和仪表等的零部件坏了,只要换一个相同规格的新零部件就可以继续使用。根据我国国家标准《标准化工作指南 第1部分:标准化和相关活动的通用术语》(GB/T 20000.1—2014),互换性(Interchangeability)的含义是指某一产品、过程或服务能用来代替另一产品、过程或服务并满足同样要求的能力。由此可见,要使某一产品能够满足互换性的要求,就要使这类产品的每个几何参数(包括尺寸、几何形状)及其物理、化学性能参数一致或在一定范围内数值相近。因此互换性的基本要求是满足装配互换和功能互换,二者缺一不可。在机械制造中,互换性是指按规定的几何、物理及其他质量参数的公差,来分别制造机器的各个组成部分,使其装配或更换时,不需要辅助加工和修配,便能装配上,并且能很好地满足预定的使用要求。这样生产出的零部件称为具有互换性的零部件。

图 1－1 所示的圆柱齿轮减速器，它由箱体、轴承端盖、滚动轴承、齿轮轴、中间轴、平键、齿轮、轴套、输出轴、垫片、挡油环、螺钉等许多零部件组成。输入轴上的小齿轮直接加工在轴上，所以亦可称为齿轮轴。小齿轮是主动轮，转速高；齿轮Ⅱ是从动轮，转速低，起到了减速的作用。这些零部件是分别由不同的工厂和车间制成的。装配减速器时，在制成的一批同规格零部件中任取一件，不经过任何挑选或修配，便能与其他零部件安装在一起，构成一台减速器，并且能够达到规定的使用要求，说明这些零部件具有互换性。

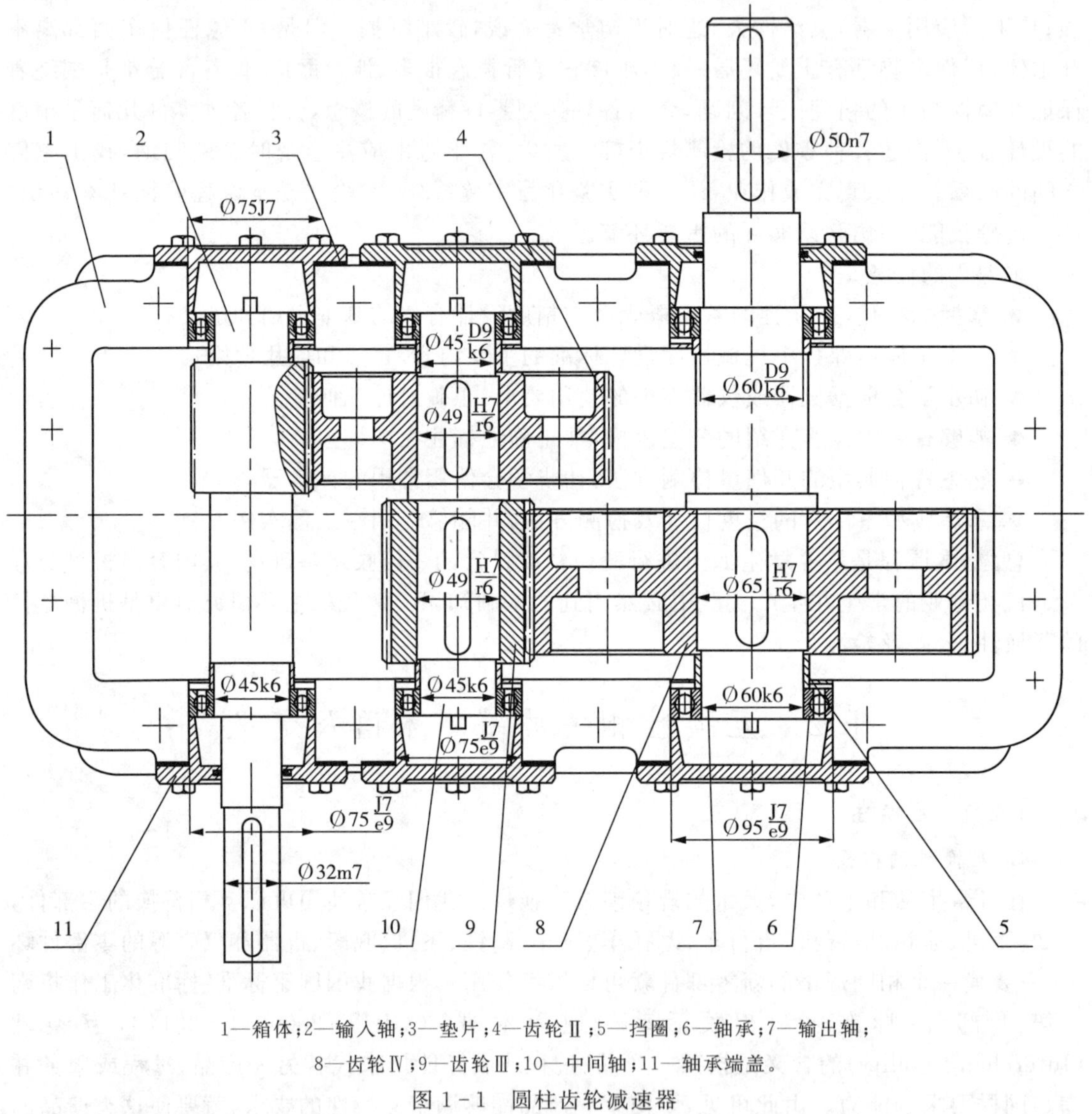

1—箱体；2—输入轴；3—垫片；4—齿轮Ⅱ；5—挡圈；6—轴承；7—输出轴；
8—齿轮Ⅳ；9—齿轮Ⅲ；10—中间轴；11—轴承端盖。

图 1－1　圆柱齿轮减速器

零部件的互换性应包括几何量、力学性能和理化性能等方面的互换性。本课程仅讨论几何量的互换性及与之联系的几何量公差与检测。

2. 互换性的作用

自工业革命以来，互换性在产品设计、制造控制、质量评定、采购验收等制造业的各个环节广泛应用，成为制造业普遍遵循的原则，是制造业可持续发展的重要技术基础。无论在传统制造中还是在智能制造中，互换性都具有显著的作用，给产品的设计、制造、使用和维修都带来很大的便利。

从设计方面看，按互换性进行设计，就可以最大限度地采用标准件、通用件，大大减少计算、绘图等工作量，缩短设计周期，并有利于产品品种多样化和计算机辅助设计(CAD)。这对发展系列产品、改进产品性能都有着重大作用。例如，在手表上采用了具有互换性的统一机芯，发展新品种的设计周期和生产准备周期都可以缩短。

从制造方面看，为了保证产品具有互换性，设计时要根据具体条件规定公差，加工时，由于机器的每个零部件规定有公差，同一部机器上的各个零部件可以同时分别加工。例如图1－1所示减速器，由于各零部件具有互换性，这些零部件可以分配到不同的车间和工厂同时分别加工。用的较多的标准件还可以由专业车间或工厂单独加工。例如，齿轮和滚动轴承都是由专业化厂家生产的。由于产品单一、数量多、分工细，可采用先进的工艺和高效率的专业设备，采用计算机进行辅助制造，这样产品的质量必然得到提高，成本也会显著降低。装配时，由于零部件具有互换性，不需要辅助加工和修配，故能减轻装配工作量，缩短装配周期，并且可以使装配工作按流水作业方式进行，甚至自动装配，从而使装配生产效率大大提高。

从使用和维修方面看，若零部件具有互换性，则在磨损或损坏后，可用另一备件代替。由于备件具有互换性，不仅维修方便，而且使机器的维修时间和费用显著减少，可保证机器工作的连续性和持久性，从而显著提高机器的使用价值。而在某些情况下，互换性的作用还很难用价值来衡量。例如，在发电厂要迅速排除发电设备的故障，继续供电；在战场上，要立即排除武器装备的故障，继续战斗。在这些场合，保证零部件的互换性是绝对必要的。

从这些方面可以看出，在机械制造中，遵循互换性原则进行生产，不仅能显著提高劳动生产率，而且能有效保证产品质量和降低成本。所以互换性原则是机械制造中的重要生产原则。它不仅用于成批大量的生产，对单件小批生产也同样适用。

3. 互换性的种类

在不同的场合，零部件互换性的形式和程度不同。按照互换范围，互换性分为完全互换和不完全互换。

(1)完全互换

完全互换是指装配前不需要挑选，装配时不需辅助加工和修配，装配后即能满足使用要求。其优点是做到了零部件的完全互换、通用，为专业生产和相互协作创造条件，简化了修整工作，从而提高经济性。其主要缺点在于当组成产品的零件较多、整机精度要求较高时，按此原则分配到每一个零件上的公差必然较小，造成加工制造困难、成本增高。

(2)不完全互换

不完全互换是指零部件装配时允许有附加的选择和调整。其优点是在保证装配、配合功能要求的前提下，能适当放宽制造公差，使得加工容易，降低零件制造成本。装配时，通过采用一些措施，提高装配质量，达到精度设计要求。其主要缺点是降低了互换性水平，不利于部件、机器的装配、维修。不完全互换的实现方法有分组装配法和调整法两种。

① 分组装配法

当对零部件的精度要求很高时，采用完全互换将使零部件制造公差很小，加工困难，成本很高,甚至无法加工。这时可采用分组装配法,将零件的制造公差适当地放大,使之便于加工。而在零件完工后,再用测量器具将零件按实际尺寸的大小分为若干组,使每组零件实际尺寸的差别减小。装配时按对应组进行(大孔与大轴相配,小孔与小轴相配),这样既可以保证零部件制造精度和使用要求,又能解决加工困难问题,降低成本。此时,仅组内零件可以互换,组与组之间的零件则不可以互换,故称为不完全互换。

应用实例1

活塞销和销孔(图1-2)的公称尺寸为Ø28mm,在冷态装配时要求有0.0025～0.0075mm的过盈量。若按完全互换法装配,须将配合公差0.005mm均等地分配给活塞销与活塞销孔,制造这样高精度的销和销孔是很困难的,也是不经济的。采用分组法,过盈量的公差为0.005mm,将其平均分配给组成环,各得到公差为0.0025mm。而活塞销与活塞孔与直径的加工经济公差为0.01mm,即需将公差扩大4倍,于是可得分组数为4。装配时,根据活塞销直径尺寸,将其分为4组,活塞销与活塞销孔直径的分组范围见表1-1所列。由此可见,分组装配法降低了每组的加工精度,但却可获得很高的装配精度,且组内零件可以互换,装配效率高。

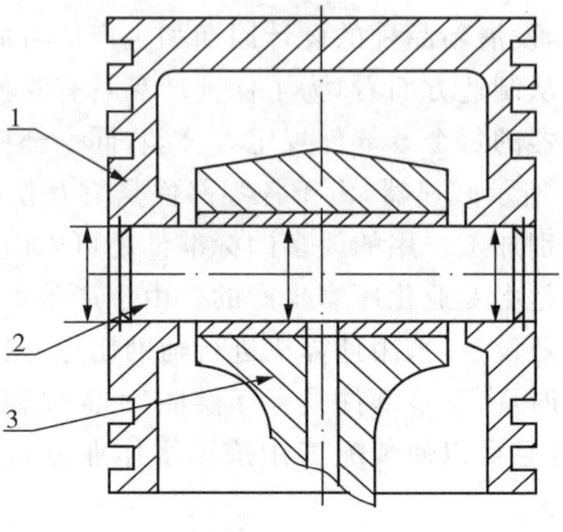

1—活塞;2—活塞销;3—连杆。

图1-2 活塞销和销孔的配合

表1-1 活塞销与活塞销孔直径的分组范围

活塞销直径	$Ø28^{0}_{-0.0025}$	$Ø28^{-0.0025}_{-0.005}$	$Ø28^{-0.005}_{-0.0075}$	$Ø28^{-0.0075}_{-0.01}$
活塞销孔直径	$Ø28^{-0.005}_{-0.0075}$	$Ø28^{-0.0075}_{-0.01}$	$Ø28^{-0.01}_{-0.0125}$	$Ø28^{-0.0125}_{-0.015}$

② 调整法

调整法也是一种保证装配精度的措施。调整法的特点是在机器装配或使用过程中,对某个特定零件按所需要的尺寸进行调整,以达到装配精度要求。例如,图1-1所示减速器中轴承端盖与箱体间的垫片的厚度在装配时可做调整,用来消除由于各零件轴向尺寸误差累积引起的装配间隙,装配后用以补偿温度变化时轴的微量伸长,避免轴在工作时弯曲。常用的调整法有误差抵消调整法、可动调整法、固定调整法等。

一般来说,在装配时,需要进行选择或调整的,多属不完全互换。凡装配时,需要附加修配和辅助加工的,则该零件不具有互换性。

采用哪种互换性,是设计者根据产品精度、生产批量、生产技术装备等多种因素,在产品设计时就要确定。只要能方便采用完全互换性生产的,都应遵循完全互换原则。当产品结构复杂,装配精度又较高,同时采用完全互换性原则有困难且不经济时,在局部范围内可采用不完全互换。

一般来说,零部件需要厂际协作时应采用完全互换性;不完全互换往往只限厂内的零件部件的装配。部件或构件在同一厂制造和装配时,可采用不完全互换性。例如,为了使用方便，滚动轴承的外互换常采用完全互换；内互换因组成零件的精度要求高，加工难度大，常采用不完全互换，分组装配。

1.2.2 公差

1. 公差的概念

允许几何量的变动量叫作公差(Tolerance)。国家标准《产品几何技术规范(GPS)线性尺寸公差ISO代号体系　第1部分：公差、偏差和配合的基础》(GB/T 1800.1—2020)将公差定义为上极限尺寸与下极限尺寸之差，也可以是上极限偏差与下极限偏差之差，是一个没有符号的绝对值。

2. 公差的作用

零件在加工过程中，要想把同一规格的一批零件几何参数做成完全一致是不可能的。任何生产过程都不可避免地会产生各种误差。比如：在加工过程中工件、刀具、机床的变形，相对运动关系不准确，各种频率的振动以及定位不准确等原因。使得加工出来一批零件的尺寸、形状、方向、位置和表面粗糙度轮廓等几何量不可能绝对准确，总是存在误差。而从功能上看，也没有必要把同一规格的零件的几何量做成绝对一致。只要把几何量的误差控制在一定的范围内，以保证零件充分近似，就能满足互换性的要求。

几何量公差主要是指机械零件的尺寸公差、几何公差和表面粗糙度轮廓。

加工时会产生误差，设计时我们要规定公差。用公差来限制误差，使完工后零件的误差控制在公差的范围内，这样就能使一批零件充分近似，保证互换性。合理地规定公差是保证互换性的一个基本条件。这个合理的公差显然是在满足使用要求的前提下，公差应尽量大一些，以获得最佳的技术经济效益。

1.2.3 标准与优先数

1. 标准化

根据《标准化工作指南　第1部分：标准化和相关活动的通用术语》(GB/T 20000.1—2014)的定义，标准化(Standardization)是指为了在既定范围内获得最佳秩序，促进共同效益，对现实问题或潜在问题确立共同使用和重复使用的条款以及编制、发布和应用文件的活动。标准化活动确立的条款，可形成标准化文件，包括标准和其他标准化文件。标准化的主要效益在于为了产品、过程或服务的预期目的改进它们的适应性，促进贸易、交流以及技术合作。由标准化的定义可见，标准化不是一个孤立的概念，而是一个活动的过程。这个过程包括制定标准、发布标准、组织实施标准和对标准的实施进行监督的全部活动过程。这个过程是从探索标准化对象开始，经调查、实验和分析，进而起草、制定和贯彻标准，而后修订标准。因此，标准化是个不断循环而又不断提高其水平的过程。虽然标准化可以说在一切有人类智慧活动的地方都能开展，但目前大多数国家和地区都把标准化的领域重点放在工业生产上。

标准化是互换性生产的基础，是由标准来体现的。为了保证机器零件几何量的互换性，就必须制定和执行统一的公差标准，其中包括极限与配合、几何公差、表面结构，以及各种典型连接件和传动件的极限与配合标准等。这类标准是通过保证一定的制造公差，来保证零件的互换性和使用性能，所以公差标准是机器制造中最重要的技术基础标准。

2. GPS矩阵模型及其基本原则

产品几何技术规范(Geometrical Product Specification，GPS)是关于机械产品几何精度

设计和测量的基础标准，是广泛用于机械设计、制造、检验等的术语、符号、优先数系、尺寸公差、公差与配合、几何公差、表面结构等通用条款。互换性与测量技术都必须在产品几何技术规范(GPS)标准的指导下进行。互换性研究如何通过合理采用国家标准规定的产品几何技术规范(极限与配合、几何公差、表面结构和几何参数检测与器具标准系列等)解决机器使用要求、制造工艺和生产成本之间的矛盾。测量技术涵盖有关测量的理论与实践的各个方面，研究如何运用合理的测量技术手段和国家标准规定的几何参数检测与器具标准系列，目的是保证国家产品尺寸与几何技术规范标准的贯彻实施，实现互换性目标。

实施 GPS 标准可以有效减少产品设计中的几何量公差修改和规范成本，减少产品制造中的材料浪费，节省检测过程中的仪器、测量、评估成本，缩短产品开发周期，杜绝产品验收纠纷，实现产品几何质量设计、控制、验收过程的全数字化，实现产品几何质量设计、控制、验收过程的风险控制和全面管理，为实现基于模型的设计和信息化、智能化过程提供坚实基础。

(1)GPS 矩阵模型

GPS 体系[(ISO)GPS system]为 ISO/TC 213 制定的产品几何技术规范与验证的标准体系。GB/T 20308—2020《产品几何技术规范(GPS)矩阵模型》等同采用 ISO 14638:2015，规定 GPS 是用于描述产品在其生命周期不同阶段(设计、制造、检验等)几何特征的体系，涉及尺寸、位置、方向、形状、表面结构等相关的 9 种几何特征。

GPS 标准分为三类，即 GPS 基础标准、GPS 通用标准和 GPS 补充标准。

GPS 基础标准是适用于 GPS 矩阵中所有类别(几何特征类和其他类)和所有链环的 GPS 标准。GPS 标准矩阵模型是一个 9 行×7 列的矩阵，见表 1-2 所列。其中九行分别为尺寸、距离、形状、方向、位置、跳动、轮廓表面结构、区域表面结构和表面缺陷 9 个几何特征类别。每个几何特征进一步细分为 A～G 7 列，即符号和标注、要素要求、要素特征、符合与不符合、测量、测量设备和校准 7 个标准链环。基准不是几何特征，因此不列于矩阵的链中。每个 GPS 标准的范围都可以在矩阵上显示出来，当所有的标准都标注在此矩阵上时，就可以很方便地通过几何特征的链环查询到所要使用的标准。

表 1-2　GPS 标准矩阵模型示例

	链环						
	A	B	C	D	E	F	G
	符号和标注	要素要求	要素特征	符合与不符合	测量	测量设备	校准
尺寸							
距离							
形状	·	·	·				
方向	·	·	·				
位置	·	·	·				
跳动							
轮廓表面结构							
区域表面结构							
表面缺陷							

资料来源：GB/T 13319—2020。

GPS通用标准是适用于一种或多种几何特征类别和一个或多个链环的GPS标准。

GPS补充标准是适用于特定的制造过程或典型的机械零部件的GPS标准。

GPS矩阵模型完整地描述了一百多种GPS标准的体系结构，反映了从功能要求、规范设计、检测判定到测量校验的几何精度设计及测量的完整过程。

应用实例2

国家推荐标准GB/T 13319—2020《产品几何技术规范(GPS)几何公差成组(要素)与组合几何规范》给出的规则和原则适用于GPS矩阵中所有标有实心点(·)的部分，见表1-2所列。

(2)GPS基本原则

为了协调GPS矩阵模型中标准的关系，GB/T 4249—2018《产品几何技术规范(GPS)基础 概念、原则和规则》规定了对创建、解释和应用所有与产品尺寸、几何技术规范(GPS)和检验相关的标准、技术规范、技术文件均有效的13项基本原则，适用于所有类型图样上GPS标注的解释。基于图样上读取规范的基本假设为：假设功能限的解释已经做过充分的实践和(或)理论研究，因此认为不存在功能限不确定度。图样上假设公差限的解释与功能限完全一致，且工件在公差限内100%满足功能，在公差限外不满足功能。只要GPS体系被采用，即使在图样中没有明确地引用GPS体系，以下原则仍适用于所有产品规范。GPS基本原则是采用GPS进行设计、制造、测量时必须遵循的原则。

① 采用原则

一旦在机械工程产品文件中采用了GPS体系的一部分，就相当于采用了整个GPS体系，除非文件中另有注明"引用其他相关文件"，如区域、其他国家或企业标准等。

② GPS标准的层级原则

GPS体系的标准种类按层级由高到低依次为GPS基础标准、GPS综合标准、GPS通用标准和GPS补充标准。层级较高的标准所给出的规则适用于所有情况，除非在层级较低的标准中明确地给出了其他规则。

③ 明确图样原则

图样标注应明确。图样上所有规范都应使用GPS符号(不论有无规范修饰符)明确标注出来，这些GPS符号涉及相应的缺省规则或特殊规则以及相关文件的引用部分(如区域标准、国家标准或企业标准)。因此，图样上没有规定的要求不能强制执行。一份图样所含的规范可能与产品完工所需的多个阶段有关。除最终阶段外，应注明各标注所对应的阶段。

④ 要素原则

一个工件可以被认为是由多个用自然边界限定的要素组成。缺省情况下，一个要素的每个GPS规范适用于整个要素；表达多个要素间关系的每个GPS规范适用于多个要素；每个GPS规范仅适用于一个要素或要素间的一种关系。如需改变该缺省规定，需在图样上进行明确标注。

⑤ 独立原则

缺省情况下，每个要素的GPS规范或要素间关系的GPS规范与其他规范之间均相互独立,应分别满足,除非产品的实际规范中规定有其他标准或特殊标注(如修饰符Ⓜ、Ⓔ、CZ等)。

⑥ 小数点原则

图样和 GPS 标准中公称尺寸和公差值小数点后未注明的数值均为零。

⑦ 缺省原则

一个完整的规范操作集可采用基本 GPS 规范来标明。基本 GPS 规范标明的规范要求是基于缺省的规范操作集。GPS 标准为每个基本 GPS 规范都定义了缺省 GPS 规范操作集,但在图样中不是直接可见的。当不应用缺省规范操作集时,需使用改变规范操作集的修饰符。

⑧ 参考条件原则

缺省情况下,所有 GPS 规范在参考条件下应用,这些条件包括 GB/T 19765—2005 中规定的标准参考温度为 20℃、工件应清洁。如有任何额外的适用条件(例如,湿度条件),应在图样中明确注明。

⑨ 刚性工件原则

缺省情况下,工件的刚性被视为无限大,所有 GPS 规范适用于在自由状态下,未受任何外力(包括重力在内)产生形变的工件。如工件应用任何额外的或其他条件,应在图样上明确注明。

⑩ 对偶性原则

GPS 标准中,工件要素的规范有序组合成规范操作集,完整的规范操作集为规范定义了被测量的各种重要细节。检验操作集是规范操作集的实际应用。对偶性原则指出 GPS 规范操作集与任何测量程序或测量器具无关,检验操作集与 GPS 规范操作集呈镜像对应关系。GPS 规范不规定什么样的检验操作集是可接受的,检验操作集的可接受性通过测量不确定度和规范不确定性来进行评价。

⑪ 功能控制原则

每个工件的功能由功能操作集来表述,并且能够由一系列规范操作集进行模拟,再次定义了一系列被测量和相关公差。完整的 GPS 规范能清楚表述工件的所有功能要求。任何功能要求和 GPS 规范要求之间的相关性缺失都会导致功能表述的不确定性。

⑫ 一般规范原则

一般 GPS 规范将分别适用于具有相同类型且没有明确注明 GPS 的每个要素和要素间关系的各个特征。可在标题栏内或附近标注,或在产品技术文件中单独明确表明。如果多个一般 GPS 规范相互矛盾,应增加补充说明,以避免在规范中产生歧义,如未说明则仅要求符合最宽松的那个规范。

⑬ 归责原则

功能描述的不确定性和规范的不确定性共同描述了规范操作集与功能操作集的一致性程度。这些不确定性由设计人员负责。测量不确定度量化了检验操作集和规范操作集的符合度,除另有特殊规定,提交合格证明的一方,同时负责提供测量不确定度。

3. 标准及分类、代号

标准(Standard)是指对重复性的事物和概念所做的统一规定。根据《标准化工作指南 第 1 部分:标准化和相关活动的通用术语》(GB/T 20000.1—2014)的定义,标准是指通过标准化活动，且按照规定的程序经协商一致制定，为各种活动或其结果提供规则、指南或特性，供共同使用和重复使用的文件。

标准应以科学、技术和实践经验综合成果为基础，经过有关部门协调一致，由主管部门批准，以特定的形式发布，作为共同遵守的准则和依据。所以，我国现在已颁布实施的《中华人民共和国标准化法》规定，作为强制性的各级标准，一经发布必须遵守，否则就是违法。

按标准对象特征，可将标准分为技术标准、管理标准和工作标准；按作用范围可将其分为国际标准、区域标准、国家标准、专业标准、地方标准和企业标准；按标准在标准系统中的地位、作用，可分为基础标准和一般标准；按标准的法律属性，将其分为强制性标准和推荐性标准。按《中华人民共和国标准化法》的规定：国家标准、行业标准分为强制性标准和推荐性标准。少量的有关人身安全、健康、卫生及环境保护之类的标准属于强制性标准。国家将用法律、行政和经济等各种手段来维护强制性标准的实施；大量的标准(80%以上)属于推荐性标准，推荐性标准也应积极采用。因为标准是科学技术的结晶，是多年实践经验的总结，它代表了先进的生产力，对生产具有普遍的指导意义。

国际标准、区域标准、国家标准和地方标准，分别为国际标准化的标准组织、区域标准化的标准组织、国家标准机构、在国家的某个地区通过并发布的标准。试行标准是指由某个标准化机构通过并公开发布的暂行文件，目的是从它的应用中取得必要的经验，再据以建立正式的标准。

我国按标准使用的范围将标准分为国家标准、行业标准、地方标准和企业标准。

(1)国家标准

国家标准是由国家标准机构通过并公开发布的标准。中华人民共和国国家标准是指对我国经济技术发展有重大意义，必须在全国范围内统一的标准。对需要在全国范围内统一的技术要求应当制定国家标准。我国国家标准由国务院标准化行政主管部门编制计划和组织草拟，并统一审批、编号和颁布。国家标准代号用GB或GB/T表示，GB(强制性国家标准)、GB/T(推荐性国家标准)在全国范围内适用，其他各级标准不得与国家标准相抵触。国家标准是四级标准体系中的主体。一项完整的国家标准通常由标准代号、标准发布的顺序号和颁布年代3个部分组成。在机械制造中，随着科技进步和加工能力的提高，许多国家标准也在不断地更新，而新标准一旦颁布，旧标准就自行废除，不能再使用了，否则便是违反标准化法。例如，在GB/T 1800.1—2020颁布的同时，GB/T 1800.1—2009废止。前者是新标准，后者是旧标准。所以我们只要通过查看颁布的年份，就能很容易地区分新、旧标准。

(2)行业标准

行业标准是指由行业机构通过并公开发布的标准，是在没有国家标准而又需要在全国某个行业范围内统一技术要求时所制定的标准。行业标准是对国家标准的补充，是在全国范围某一行业内统一的标准。行业标准在相应国家标准实施后，应自行废止。目前，国务院标准化行政主管部门已批准发布了超过60个行业的标准代号，如JB、QB、FZ、TB等分别是机械、轻工、纺织、铁道行业的标准代号。

(3)地方标准

地方标准是指在国家的某个地区通过并公开发布的标准。对于没有国家标准和行业标准而又需要在省、自治区、直辖市范围内统一工业产品的安全和卫生要求的，可以制定地方标准。地方标准由省、自治区、直辖市人民政府标准化行政主管部门编制计划，组织草拟，统一审批、编号、发布，并报国务院标准化行政主管部门和国务院有关行政主管部门备案。地方标准在本行政区域内适用。在相应的国家标准或行业标准实施后，地方标准应自行废止。地方标准代号为"DB"加上省、自治区、直辖市的行政区划代码，如 DB 37、DB 34、DB 31、DB 44 分别是山东省、安徽省、上海市和广东省地方标准的代号。

(4)企业标准

企业标准是指企业所制定的产品标准和在企业内需要协调、统一的技术要求、管理和工作要求所制定的标准。企业生产的产品没有国家标准、行业标准和地方标准的，应当制定企业标准，作为组织生产的依据。对已有国家标准、行业标准和地方标准的，国家鼓励企业制定严于上述标准的企业标准，在企业内部适用。企业标准由企业组织制定，并按省、自治区、直辖市人民政府的规定备案。企业标准代号，例如 Q/JINGHUA 08—2021，其中，Q——企业标准代号，JINGHUA——景华公司企业代号，08——标准的顺序号，2021——标准年号(2021 年颁布或发布的)。

4. 国际标准化组织(简称 ISO)

在国际上，为了促进世界各国在技术上的统一，成立了国际标准化组织(简称 ISO)和国际电工委员会(简称 IEC)，并由这两个组织负责制定和颁发相关国际标准。由于国际标准制定时是在吸收各国公差制优点的基础上制定的，因此具有科学的先进性和制度的完整性。考虑国际技术交流和贸易往来的需要，因而尽可能参照国际标准来制定和修订国家标准，这已成为我国制定和修订标准的重要技术政策。自 1978 年我国恢复参加 ISO 组织后，陆续修订了自己的标准。修订的原则是在立足我国生产实际的基础上向 ISO 靠拢，以利于加强我国在国际上的技术交流能力和提高产品的互换性。随着我国加入 WTO 协议，机械行业的许多基础标准则全部直接采用 ISO 的标准，这样我国生产的很多产品便可以直接外销，进一步促进了制造业的技术进步。国际标准代号，例如 ISO 14638：2015 Geometrical product specifications(GPS)- Matrix model(产品几何技术规范(GPS)矩阵模型)。

国际上使用的重要标准主要有美国标准、德国标准、日本工业标准等。其中美国国家标准学会(简称 ANSI)成立于 1918 年，是非盈利性质的标准机构，已发展成为美国国家标准化活动的中心。ANSI 连接政府有关系统和民间标准化系统，协调并指导美国全国的标准化活动，不但给标准制定、研究和使用单位提供帮助，还起着美国标准化行政管理机关的作用。德国标准化学会(简称 DIN)是德国最大的公益性民间标准机构，成立于 1917 年。DIN 制定的标准几乎已经涉及建筑工程、采矿、冶金、化工、电工、安全技术、环境保护、卫生、消防、运输等各个领域，已被欧洲各国广泛采用。日本工业标准(简称 JIS)是日本国家级标准中最重要、最权威的标准，由日本工业标准调查会组织制定和审议。

标准和标准化是两个不同的概念。对于标准，更加强调的是规范性文件；对于标准化，则更加强调是有组织的活动过程。它们既有区别，又有不可分割的联系。如果没有标准，就不可能有标准化；如果没有标准化，标准也就失去了存在的意义。

世界各国的经济发展过程表明，标准化是实现国民经济现代化的一个重要手段，也是反映一个国家现代化水平的重要标志。可以毫不夸张地说，一个国家现代化的程度越高，其对标准化的要求也就越高。目前，我国标准化有很大的发展。20 世纪 50 年代中期国家标准只有 100 余项，截至 2019 年我国已有国家标准约 3.7 万项。

互换性、公差、检测和标准化之间的关系就是给零部件规定合理的公差，正确进行检测，这是实现互换性的必要条件。而要做到这两点，需要有统一的标准作为共同遵守的准则和依据，所以，标准化是实现互换性的前提。本课程的学习内容就是掌握有关标准的主要规定，正确地选用公差，了解几何量常用的检测方法，并具有一定的实际操作能力。

5. 优先数系和优先数

在产品设计、制造和使用中，各种产品的性能参数和规格尺寸参数都需要通过数值来表明。例如：产品的承载能力，产品规格大小，零件尺寸大小，原材料尺寸大小，公差值大小，以及所用的设备、刀具、检具的尺寸大小都要用数值来表达。另外，产品参数的数值具有广泛的传播扩散性。例如，造纸机的尺寸决定了纸张的尺寸；纸张的尺寸又决定了书刊、纸品的尺寸；纸品的尺寸又影响到印刷机的尺寸、打印机尺寸、扫描仪尺寸甚至书架的尺寸。又如，减速器箱体上的螺孔尺寸，当设计一旦确定，则与之相配合的螺钉的尺寸、加工用的丝锥尺寸、检验用的螺纹塞规尺寸甚至攻丝前的钻孔尺寸和钻头尺寸也随之确定，那么与之相关的垫圈尺寸、箱体盖上通孔的尺寸也随之而定。

这种技术参数的传播在生产实际中极其普遍。一种产品（或零件）往往同时在不同的场合，由不同的人员分别进行设计和制造，而产品的参数又常常影响到与其有配套关系的一系列产品的有关参数。如果没有一个共同遵守的选用数据的准则，势必造成同一种产品的尺寸参数杂乱无章，品种规格过于繁多，给组织生产、协作配套及维修使用带来许多困难。因此，必须从全局出发，对各种技术参数的数值加以协调，进行适当的简化和统一。《优先数与优先数系》(GB/T 321—2005)正是对各种技术参数的数值进行简化、协调和统一的一种合乎科学的数值标准，是标准化的重要内容，也是国际上统一的重要基础标准。

(1)优先数系

《优先数与优先数系》的规定(GB/T 321—2005)采用十进制等比数列作为优先数列。数列的各项数值中包含 1，10，100，…，10^n 和 0.1，0.01，…，10^{-n} 这些数（n 为正整数）。数列中 1～10，10～100，100～1000，…，1～0.1，0.1～0.01，0.01～0.001 等称为十进段，每个十进段的项数都是相等的。相邻段对应项值只是扩大十倍或缩小十分之一。数列中的项值可按十进制向两端无限延伸。优先数系的公比为 $q_r=\sqrt[r]{10}$。并规定了 5 个系列（r=5，10，20，40，80），分别用系列符号 R5、R10、R20、R40、R80 表示，称为 Rr 系列。同一系列中，每增 r 个数，数值增至 10 倍。各系列是按一定的公比 q 来排列每一项数值的，优先数系有以下 5 种公比的数列，其中，R5、R10、R20、R40 为基本系列，R80 为补充系列。

$$\text{R5 的公比：}q_5=\sqrt[5]{10}\approx 1.6$$

$$\text{R10 的公比：}q_{10}=\sqrt[10]{10}\approx 1.25$$

$$\text{R20 的分比：}q_{20}=\sqrt[20]{10}\approx 1.12$$

$$\text{R40 的公比：}q_{40}=\sqrt[40]{10}\approx 1.06$$

另有补充系列：

$$\text{R80 的公比：}q_{80}=\sqrt[80]{10}\approx 1.03$$

R5 系列的项值包含在 R10 系列中，R10 的项值包含在 R20 之中，R20 的项值包含在 R40 之中，R40 的项值包含在 R80 之中。

为了使优先数系有更大的适应性，可以从基本系列或补充系列 Rr 中(其中 $r=5$，10，20，40，80)，将每隔 p 项取值导出的系列，即从每相邻的连续 p 项中取一项组成新的等比系列，称为派生系列。派生系列的代号表示方法为：系列无限定范围时，应指明系列中含有的一个项值，但是如果系列中含有项值 1，可简写为 Rr/p。例如，R10/3(…，80，…)表示含有项值 80 并向两端无限延伸的派生系列，R10/3 表示系列为…，1，2，4，8，16，…。系列有限定范围时，应注明界限值，例如，R10/3(1.25，…)表示以 1.25 为下限的派生系列 1.25，2.5，5.00，10.00，…；R40/5(…，60)表示以 60 为上限的派生系列；R5/2(1，…，10000)表示以 1 为下限和 10000 为上限的派生系列。派生系列使优先数有了更大的适应性来满足各种生产实际的需要。

(2)优先数

按公比 q 计算出优先数系的五个系列(R5、R10、R20、R40、R80)中任一个项值均为优先数。基本系列范围 1 到 10 的优先数系列见表 1-3 所列，所有大于 10 的优先数均可按表列数乘以 10，100，…求得；所有小于 1 的优先数，均可按表列数乘以 0.1，0.01，…求得。

表 1-3　优先数系基本系列的常用值

R5	R10	R20	R40	R5	R10	R20	R40	R5	R10	R20	R40
1.00	1.00	1.00	1.00			2.24	2.24		5.00	5.00	5.00
			1.06				2.36				5.30
		1.12	1.12	2.50	2.50	2.50	2.50			5.60	5.60
			1.18				2.65				6.00
	1.25	1.25	1.25			2.80	2.80	6.30	6.30	6.30	6.30
			1.32				3.00				6.70
		1.40	1.40		3.15	3.15	3.15			7.10	7.10
			1.50				3.35				7.50
1.60	1.60	1.60	1.60			3.55	3.55		8.00	8.00	8.00
			1.70				3.75				8.50
		1.80	1.80	4.00	4.00	4.00	4.00			9.00	9.00
			1.90				4.25				9.50
	2.00	2.00	2.00			4.50	4.50	10.00	10.00	10.00	10.00
			2.12				4.75				

资料来源：GB/T 321—2005。

按公比计算得到的优先数的理论值，除 10 的整数幂外，都是无理数。如 R5 理论等比数列的项值有 1，$\sqrt[5]{10}$，$(\sqrt[5]{10})^2$，$(\sqrt[5]{10})^3$，$(\sqrt[5]{10})^4$，10。理论值一般都是无理数，工程技术上不能直接应用。实际应用的都是经过圆整后的近似值。根据圆整的精确程度，可分为：

① 计算值。是对理论值取五位有效数字的近似值。同理论值相比，其相对误差小于 $1/(2\times10^4)$，供精确计算用。例如 1.60 的计算值为 1.5849。

② 常用值。即经常使用的通常所称的优先数，取三位有效数字(表 1-3)。

③ 化整值。常用值做进一步的化整所得的数值，一般取两位有效值，供特殊情况用。

例如，1.12的化整值为1.1。化整值不可随便化整，应遵循GB/T 19764—2005《优先数和优先数化整值系列的选用指南》的规定。

(3)优先数系的主要优点

① 产品分档合理，疏密均匀

优先数系相邻两项的相对差为一常数$\left(\frac{a_n - a_{n-1}}{a_{n-1}} \times 100\% = \text{常数}\right)$，疏密适中。产品的参数从最小到最大有很宽的数值范围，经验和统计表明，数值按等比数列分级，能在较宽的范围内以较少的规格，并经济合理地满足社会需要。

应用实例3

对轴颈尺寸按等差数列分级，在10mm不合需要时，如用11mm，则两级之间绝对差为1mm，相对差为10%。但对100mm来说，加大1mm变成101mm，相对差只有1%，显然太小。而对直径为1mm的轴来说，加大1mm变成2mm，相对差100%显然太大。而等比数列是一种相对差不变的数列，不会造成像等差数列那样，产生分级过疏或过密的不合理现象。优先数系正是按等比数列制定的。因此，它提供了一种经济合理的数值分级制度。

② 规律性强、简单、易记、计算方便

优先数系是十进等比数列，其中包含10的所有整数幂，只要记住一个十进段内的数值，其他的十进段内的数值可由小数点的移位得到。所以只要记住R20中的20个数值，就可以解决一般应用。由于较疏系列的项值包含在较密的系列中，这样在必要时可插入中间值，使较疏的系列变成较密的系列，而原来的项值保持不变，与其他产品间配套协调关系不受影响，这对发展产品品种是很有利的。优先数系是等比数列，故任意一个优先数(理论值)的积和商、整数(正或负)的乘方仍为优先数，利用这些特点可以大大简化设计计算。

(4)优先数系的选择原则

① 如果没有特殊原因，只要能满足技术经济上的要求，就应当选用优先数，并且按照R5、R10、R20和R40的顺序，优先选用公比较大的基本系列，即先疏后密的原则。

② 当基本系列的公比不能满足分级要求时，可选补充系列和派生系列。选用时应优先采用公比较大和延伸项中含有项值1的派生系列。

③ 当参数系列的延伸范围很大，从制造和使用的经济性考虑，在不同的参数区间，需要采用公比不同的系列时，可分段选用最适宜的基本系列或派生系列。

④ 按优先数常用值分级的参数系列，公比是不均等的。在特殊情况下，为了获得公比精确相等的系列，可采用计算值。

⑤ 如无特殊原因，应尽量避免使用化整值。因为化整值的选用带有任意性，不易取得协调统一。而且化整值系列公比的均匀性差，化整值的相对误差经乘、除运算后往往进一步增大。

(5)优先数系的应用

优先数系是国际上统一的数值制度，可用于各种量值的分级，以便在不同的地方都能优先选用同样的数值，这就为技术经济工作中统一、简化和产品参数的协调提供了基础。

优先数系适用于能用数值表示的各种量值的分级，特别是产品的参数系列。如长度、直径、面积、体积、载荷、应力、速度、时间、功率、电流、电压、流量、浓度、传动比、公差、测量范围、试验或检验工作中测点的间隔以及无量纲的比例系数等。凡在取值上具有一定自由度的参数系列，都应最大限度地选用优先数。在制定产品标准时，特别在产品设计中应当有意识地使主要尺寸参数符合优先数。公差标准中的许多值，都是按照优先数系列选定的。

应用实例 4

国家标准《GPS 线性尺寸公差 ISO 代号体系第 1 部分：公差、偏差和配合的基础》中公差值是按 R5 优先数系列确定的，即后一个数是前一个数的 1.6 倍；电动机的转速（单位为 r/min）375，750，1500，3000，…，就是按 R40/12（375，…）派生系列确定的；摇臂钻床的主参数（最大钻孔直径，单位为 mm）25，40，63，80，125，…，就是按 R20/4（25，…）派生系列确定的。由于优先数的积或商仍为优先数，这就更进一步扩大了优先的适用范围。例如，当直径采用优先数，于是圆周速度、切线速度、圆柱体的面积和体积、球的面积和体积等也都是优先数了。

按优先数系确定的参数系列，在以后的标准化过程中（从企业标准发展到行业标准、国家标准等），有可能保持不变，这在技术上和经济上都具有重大意义。

企业自制自用的工艺装备等设备的参数，也应当选用优先数系。这样不但可简化、统一品种规格，而且可使尚未标准化的对象，从一开始就为走向标准化奠定基础。

在制定标准或规定各种参数的协商中，优先数系应当成为用户和制造厂之间或各有关单位之间的共同遵循的准则，以便在无偏见的基础上达到一致。

1.3　几何量测量

测量属于计量学范畴，测量的任务在于确定物理量的数量特征，是认识和分析物理量的基本方法。测量是进行科学实验的基本手段，离开了精准的测量，科学实验就得不到正确的结论，而许多科学领域的突破，正是由于测量技术的提高才得以实现。在机械产品制造过程中，为了判断和保证机械产品的互换性，必须具备相应的测量技术，对加工完成后的零件进行检测，通过按照设计意图和控制要求对比误差是否在公差范围内来判断零件是否合格、满足互换性要求。机械零件产品的检测需要根据其批量、复杂度和成本来进行选取。其中大批量生产需要高效而简单的手段，例如大批量的孔、圆柱类产品可采用专用的光滑极限量规进行检验，而无须测量尺寸即可高效率的判断产品是否合格、是否具备互换性，螺纹塞规、环规如图 1－3(a)所示。而对于其他零件，则需要采用专用测量设备对产品的长度、直径等尺寸误差、几何误差、表面粗糙度轮廓等进行测量，判定零件是否合格、满足互换性要求。

随着工业技术的进步和先进制造技术的发展，如超精密加工技术、微纳加工技术等，对测量技术的精度要求越来越高。例如，20 世纪长度测量的精度达到 0.01mm 就能基本满足生产需要；近年来，有些长度测量的精度则要求达到 0.1μm，提高了 100 倍；而当前芯片等产品的制造技术精度已达到纳米级别。在农业生产、医药卫生、汽车交通、电子通信等人民生活的各个方面，测量技术都占有重要地位。

机械产品的几何量测量可以采用如图 1－3(b)所示的传统计量器具，也可以用如图 1－3(c、d)所示的三坐标测量机、3D 扫描仪等，还可以采用先进的 CT 扫描、机器视觉测量以及全自动影像测量仪等。例如小批量的航空专用发动机零部件可采用三坐标测量机进行测量；复杂的汽车覆盖件则需要高精度、全方位的机器视觉或五轴测量头进行数字测量，通过测量数据反求与三位数字模型对比来判断互换性。测量技术飞速发展，为机械零件产品的测量带来了极大的便利，例如新型全自动影像测量仪可针对点、线、面、不规则曲线等实现全自动抓取测量资料，还可实现二维、三维相结合的自动编程测量。机械产品的测量可以人工实地操作，也可以借助机器人、无人机等自动操作，但无论通过什么方法，测量数据都要符合设计目标，具有可靠的对比对象，如实物或数字模型，必须具有可信度，即可重复、可再现、可对偶，这样才能保证互换性判断的有效性，后续基于测量数据的应用才会有意义和价值。

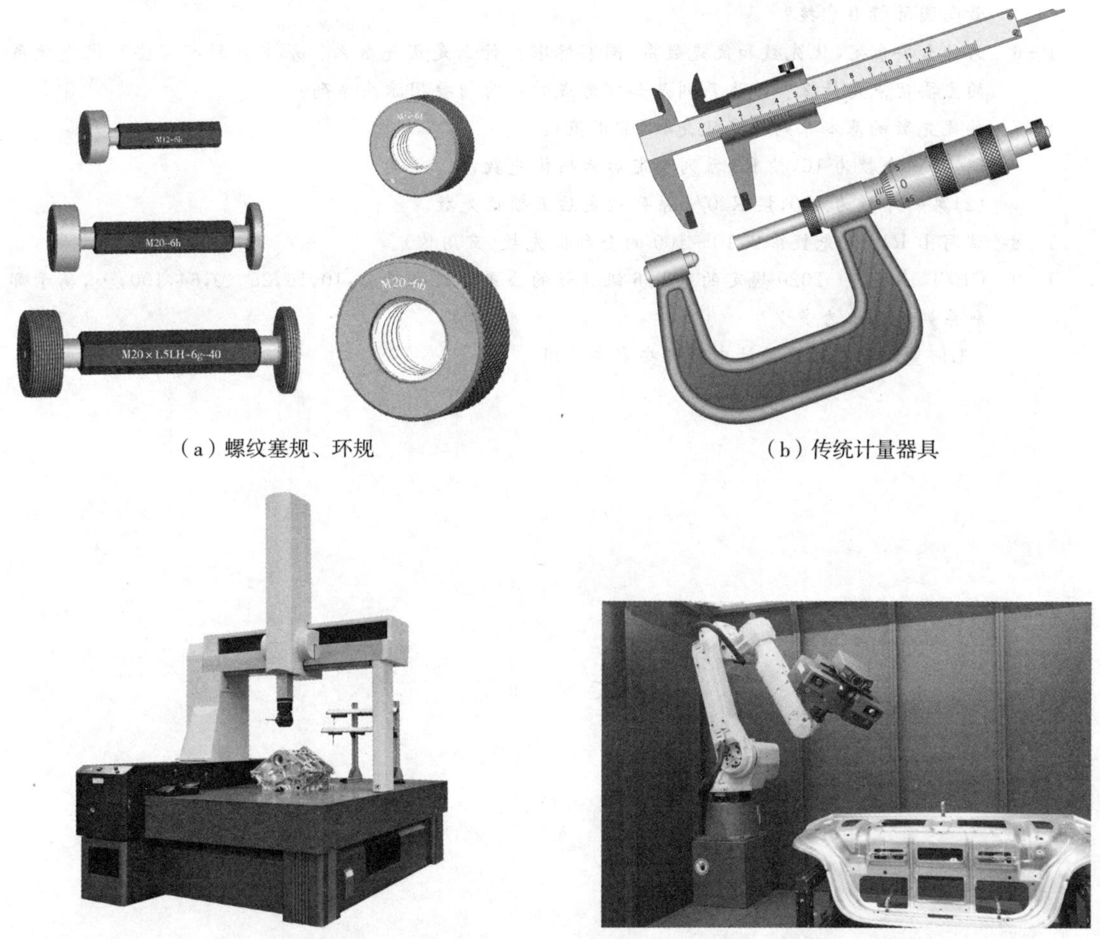

（a）螺纹塞规、环规　　（b）传统计量器具

（c）三坐标测量机　　（d）3D扫描仪

图 1-3　几何量测量器具及设备

无论采取何种测量技术，只有当测量人员正确按照机械产品所设计的功能和意图去测量，数据才能用于判断机械零件产品的互换性。因此，在进行机械产品的互换性设计时就必须考虑到测量环节，遵循几何精度设计规范和测量规范，保证测量的可行性、便捷性和先进性。测量技术的选择还要从实际出发，满足低成本、高效率、高质量的生产需要。

习题 1

1-1　什么是互换性？互换性分哪几类？它在机械制造中有何作用？互换性是否只适用于大批量生产？采用不完全互换的条件和意义是什么？

1-2　在装备制造中，如果只生产一台机器，是否涉及互换性的应用，为什么？

1-3　分析互换性的技术经济意义。

1-4　什么是GPS？实施GPS有什么作用？GPS的基本原则有哪些？

1-5　什么是标准？什么是标准化？标准化与互换性有何关系？按国家颁布的级别分类，我国标准有哪几种？企业标准一定比国家标准的各项要求低吗？为什么我国制定和修订国家标准要尽量向国际标准靠拢？

1-6　为什么要制定《优先数和优先数系》国家标准？什么是优先数系？基本系列有哪些？优先数系的主要优点是什么？派生系列是如何形成的？为何要用派生系列？

1-7　按优先数的基本系列确定优先数(常用值)：

(1)第一个数为16，按R5系列确定后六项优先数；

(2)第一个数为100，按R20/3系列确定后五项优先数。

1-8　试写出R10优先数系从10～100的全部优先数(常用值)。

1-9　GB/T 1800.1—2020规定的从IT6级开始的公差等级系数为：10，16，25，40，64，100，…，属于哪种系列？公比为多少？

1-10　几何量测量在精度设计中有哪些重要作用？

第 2 章　孔、轴极限与配合

机械零件精度取决于该零件的尺寸精度、形状和位置精度以及表面粗糙度轮廓等。它们是根据零件在机器中的使用要求确定的。为满足使用要求、保证零件的互换性，我国发布了一系列与孔、轴尺寸精度有直接联系的孔、轴极限与配合方面的国家标准。这些标准都是我国机械工业重要的基础标准，它们的制定和实施可以满足我国机械产品的设计和适应国际贸易的需要。本章阐述这些标准的基本概念和应用，以及孔、轴极限与配合的确定。

本章引用和参考的相关国家标准有：

① GB/T 38762.1—2020(ISO 14405－1:2016,MOD)《产品几何技术规范(GPS)　尺寸公差　第 1 部分:线性尺寸》；

② GB/T 38762.2—2020(ISO 14405－2:2016,MOD)《产品几何技术规范(GPS)　尺寸公差　第 2 部分:除线性、角度尺寸外的尺寸》；

③ GB/T 38762.3—2020(ISO 14405－3:2016,MOD)《产品几何技术规范(GPS)　尺寸公差　第 3 部分:角度尺寸》；

④ GB/T 1800.1—2020(ISO 286－1:2010,MOD)《产品几何技术规范(GPS)　线性尺寸工程 ISO 代号体系　第 1 部分:公差、偏差和配合的基础》；

⑤ GB/T 1800.2—2020(ISO 286－2:2010,MOD)《产品几何技术规范(GPS)　线性尺寸工程 ISO 代号体系　第 2 部分:标准公差带代号和孔、轴的极限偏差表》；

⑥ GB/T 20308—2020(ISO 14638:2015,IDT)《产品几何技术规范(GPS)　矩阵模型》；

⑦ GB/T 1804—2000(ISO 2768－1:1989,EQV)《一般公差　未注公差的线性和角度尺寸的公差》；

⑧ GB/T 1182—2018(ISO 1101:2017,MOD)《产品几何技术规范(GPS)　几何公差形状、方向、位置和跳动公差标注》；

⑨ GB/T 24637.1—2020(ISO 17450－1:2011,MOD)《产品几何技术规范(GPS)　通用概念第 1 部分:几何规范和检验的模型》；

⑩ GB/T 24637.2—2020(ISO 17450－2:2012,MOD)《产品几何技术规范(GPS)　通用概念第 2 部分:基本原则、规范、操作集和不确定度》；

⑪ GB/T 24637.3—2020(ISO 17450－3:2016,MOD)《产品几何技术规范(GPS)　通用概念第 3 部分:被测要素》；

⑫ GB/T 24637.4—2020(ISO 17450－4:2017,MOD)《产品几何技术规范(GPS)　通用概念第 4 部分:几何特征的 GPS 偏差量化》。

2.1　基本术语及其定义

2.1.1　几何要素的术语及定义

1. 几何要素

几何要素(Geometrical Feature)：构成零件几何特征的点、线、面、体或者它们的集合。

例如图 2-1 所示的零件上，点要素有圆锥顶点 5 和球心 8；线要素有圆柱体素线 6 和轴线 7；面要素有圆球 1、圆台面 2、环状端平面 3、圆柱面 4、两平行对应平面 9 和中心平面 P。

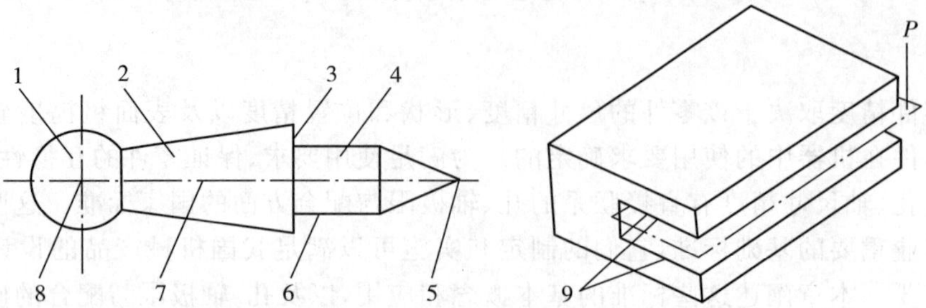

1—圆球；2—圆台面；3—环状端平面；4—圆柱面；5—圆锥顶点；
6—圆柱体素线；7—轴线；8—球心；9—两平行对应平面；P—中心平面。

图 2-1　零件几何要素

几何要素分为组成要素和导出要素。

组成要素(Integral Feature)：属于工件的实际表面或表面模型的几何要素。

导出要素(Derived Feature)：对组成要素或滤波要素进行一系列操作而产生的中心的、偏移的、一致的或镜像的几何要素。

组成要素是零件上实际存在的；导出要素是假想的，它往往依存于相应的组成要素。例如，球心是依存于球面的导出要素，轴线是依存于回转表面的导出要素。图 2-1 所示中心平面 P 是依存于两平行对应平面 9 的导出要素。

2. 理想要素和非理想要素

理想要素(Ideal Feature)：由参数化方程定义的要素。

非理想要素(Non-ideal Feature)：完全依赖于非理想表面模型或工件实际表面的不完美的几何要素。

几何要素可按设计、制造、检验和评定几个方面进行分类。有关几何要素的分类示意图如图 2-2 所示。

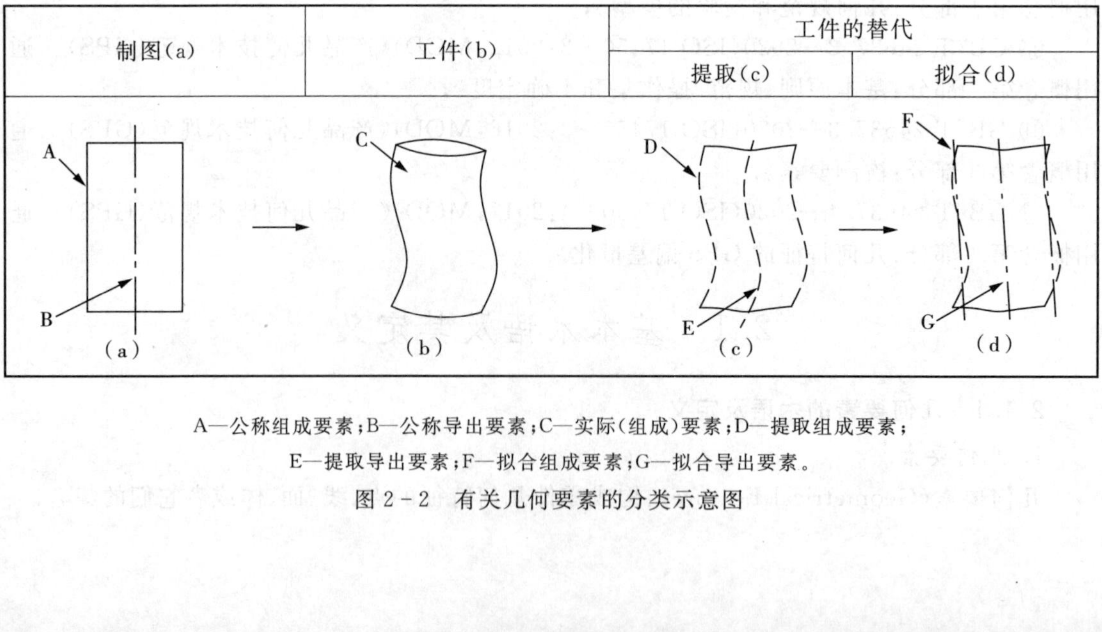

A—公称组成要素；B—公称导出要素；C—实际(组成)要素；D—提取组成要素；
E—提取导出要素；F—拟合组成要素；G—拟合导出要素。

图 2-2　有关几何要素的分类示意图

(1)设计时图样给定的几何要素称为公称要素,包括公称组成要素和公称导出要素,公称要素是理想要素。

(2)制造时所得到的工件实际表面要素是实际要素,是非理想要素。

(3)检验时测量所得到的是提取要素,包括提取组成要素和提取导出要素,是非理想要素。

(4)为对工件进行评定,应对实际要素进行拟合。拟合要素有拟合组成要素和拟合导出要素,是理想要素。

从公称要素(设计图纸),到实际要素(根据图纸制造的工件),再到提取要素(局部测量获得的形状和尺寸),最后到拟合要素(根据算法或规则重新建模获得的图形),是一个误差逐步积累的过程。

3. 公称要素

公称要素(Nominal Feature):由设计者在产品技术文件中定义的理想要素。

公称组成要素(Nominal Integral Feature):由技术制图或其他方法确定的理论正确组成要素。

公称导出要素(Nominal Derived Feature):由一个或几个公称组成要素导出的中心点、轴线或中心平面。

产品图样上的零件的面和面上的线均为公称组成要素,而中心点、中心线或中心平面等均为公称导出要素,都是没有误差的理想要素,如图2-2(a)所示。

4. 实际要素

实际要素(Real Feature):对应于工件实际表面部分的几何要素。

实际要素是由接近实际要素所限定的工件实际表面的组成要素部分,如图2-2(b)所示。应当注意,实际要素只有组成要素没有导出要素。

5. 提取要素

提取要素(Extracted Feature):由有限个点组成的几何要素。

提取组成要素(Extracted Integral Feature):按规定的方法,由实际(组成)要素提取有限数目的点所形成的实际(组成)要素的近似替代。替代取决于要素的功能。

提取导出要素(Extracted Derived Feature):由一个或几个提取组成要素得到的中心点、中心线或中心面。

实际要素的尺寸必须通过提取才能获得。提取操作包括传统的测量、数字化图像处理、红外、超声和CT等各种手段,需要对可能产生的不确定度予以考虑,如图2-2(c)所示。为方便起见,提取圆柱面的导出中心线称为提取中心线,两相对提取平面的导出中心面称为提取中心面。

6. 拟合要素

拟合要素(Associated Feature):通过拟合操作,从非理想表面模型中或从实际要素中建立的理想要素。

拟合组成要素(Associated Integral Feature):按规定的方法由提取组成要素即由非理想表面模型或实际表面建立的具有理想形状的组成要素。

拟合导出要素(Associated Derived Feature):由一个或几个拟合组成要素得到的中心点、轴线或中心平面。

提取要素只是一些测量的数据点,是不具备形状的,需要通过参照拟合要素才能得到误差值,从而用于设计对比评估,如图2-2(d)所示。拟合方法一般缺省为最小二乘法,比如拟合圆球面是最小二乘圆球面。国家标准对于拟合方法也有相应规定。

7. 尺寸要素

尺寸要素(Feature of size):线性尺寸要素或者角度尺寸要素。

线性尺寸要素(Feature of linear size):具有线性尺寸的尺寸要素。

角度尺寸要素(Feature of angular size):属于回转恒定类别的几何要素,其母线名义上倾斜一个不等于0°或90°的角度;或属于棱柱面恒定类别,两个方位要素之间的角度由具有相同形状的两个表面组成。

尺寸要素是由一定大小的线性尺寸或角度尺寸确定的几何形状。尺寸要素分为外尺寸要素和内尺寸要素,它可以是球体、圆、两条直线、两平行相对面、圆柱体、圆环等。一个圆柱孔或轴是线性尺寸要素,其线性尺寸是其直径。平行平面(如凹槽或键)组成的组合要素是一个线性尺寸要素,其线性尺寸为其宽度。一个圆锥和一个楔块是角度尺寸要素。尺寸要素有三个特征:一是具有可重复导出中心、轴线或中心平面;二是含有相对点(相对点关于中心点、轴线或中心平面对称);三是具有极限。如图2-3(c)中所示的尺寸 L_2 由于没有相对点,所以不是尺寸要素的尺寸。

2.1.2 孔和轴的定义

1. 孔

孔(Hole):工件的内尺寸要素,包括非圆柱面的内尺寸要素。

基准孔(Basic Hole):在基孔制配合中选作基准的孔。

孔通常指圆柱形内表面尺寸要素,也包括非圆柱形内表面尺寸要素(由两平行平面或切面形成的包容面)。基准孔即下极限偏差为零的孔。

2. 轴

轴(Shaft):工件的外尺寸要素,包括非圆柱形的外尺寸要素。

基准轴(Basic Shaft):在基轴制配合中选作基准的轴。

轴通常是指圆柱形外表面尺寸要素,也包括非圆柱形外表面尺寸要素(由两平行平面或切面形成的被包容面)。基准轴即上极限偏差为零的轴。

孔和轴的区别:从装配后的包容与被包容面之间关系看,包容属于孔,而被包容属于轴;从工件的加工过程来看,随着加工余量的切除,孔的尺寸是由小变大,并且两表面相对其间没有材料;而轴的尺寸是由大变小,并且两表面相背其外没有材料。图2-3中尺寸 D_1、D_2、D_3、D_4、D_5 所确定的内表面都称为孔,尺寸 d_1、d_2、d_3、d_4、d_5 所确定的外表面都称为轴,尺寸 L_1、L_2 不能形成包容或被包容面,两表面同向,则既不是孔,也不是轴。

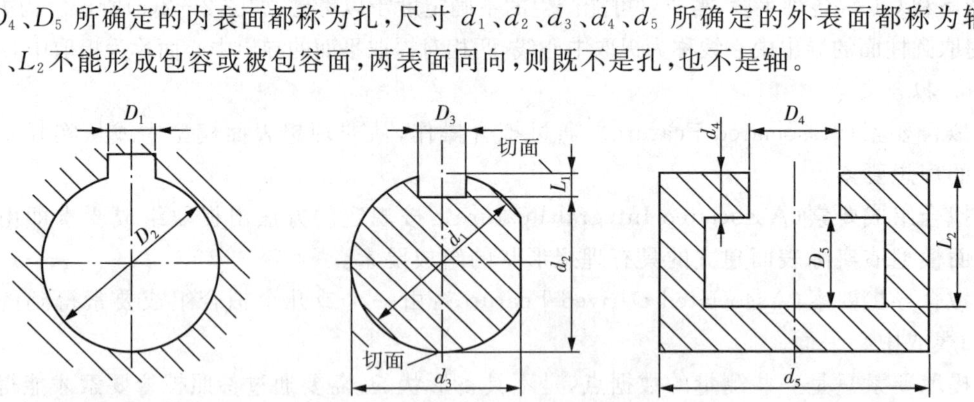

(a) 圆柱形内表面和轮毂槽　(b) 圆柱形外表面和轴槽　(c) 梯形槽

图2-3 孔和轴的定义示意图

2.1.3　尺寸的术语及定义

1. 尺寸

尺寸(Size):以特定单位表示的线性尺寸值的数值。

线性尺寸是指两点之间的距离,如直径、半径、宽度、高度、深度、厚度及中心距等。

按照 GB/T 4458.4—2003《机械制图　尺寸注法》的规定,图样上的尺寸以毫米(mm)为单位时,不需标注计量单位的代号或名称。

2. 公称尺寸

公称尺寸(Nominal Size):由图样规范定义的理想形状要素的尺寸。

孔的公称尺寸用符号 D 表示,轴的公称尺寸用符合 d 表示。它是根据零件的强度、刚度等的计算、结构和工艺上的需要设计给定的尺寸,并应化整,尽量采用标准尺寸,执行 GB/T 2822—2005《标准尺寸》的规定(表 2-1)。公称尺寸过去被称为"基本尺寸",通过它应用的上下极限偏差可计算出极限尺寸。

表 2-1　标准尺寸(10～100mm)

R			R′			R			R′		
R10	R20	R40	R′10	R′20	R′40	R10	R20	R40	R′10	R′20	R′40
10.0	10.0		**10**	**10**			35.5	35.5		**36**	**36**
	11.2			**11**				37.5			**38**
12.5	12.5	12.5	**12**	**12**	**12**	40.0	40.0	40.0	**40**	**40**	**40**
		13.2			**13**			42.5			**42**
	14.0	14.0		**14**	**14**		45.0	45.0		**45**	**45**
		15.0			**15**			47.5			**48**
16.0	16.0	16.0	**16**	**16**	**16**	50.0	50.0	50.0	**50**	**50**	**50**
		17.0			**17**			53.0			**53**
	18.0	18.0		**18**	**18**		56.0	56.0		**56**	**56**
		19.0			**19**			60.0			**60**
20.0	20.0	20.0	**20**	**20**	**20**	63.0	63.0	63.0	**63**	**63**	**63**
		20.2			**21**			67.0			**67**
	22.4	22.4		**22**	**22**		71.0	71.0		**71**	**71**
		23.6			**24**			75.0			**75**
25.0	25.0	25.0	**25**	**25**	**25**	80.0	80.0	80.0	**80**	**80**	**80**
		26.5			**26**			85.0			**85**
	28.0	28.0		**28**	**28**		90.0	90.0		**90**	**90**
		30.0			**30**			95.0			**95**
31.5	31.5	31.5	**32**	**32**	**32**	100.0	100.0	100.0	**100**	**100**	**100**
		33.5			**34**						

注:R*r* 系列中的黑体字为 R 系列相应各项优先数的化整值。

资料来源:GB/T 2822—2005。

3. 实际尺寸

实际尺寸(Actual Size):拟合组成要素的尺寸。

实际尺寸通过测量得到,是按照标准对工件实际表面进行测量获得的尺寸。

4. 极限尺寸

极限尺寸(Limits of Size):尺寸要素的尺寸所允许的极限值。

上极限尺寸(Upper Limit of Size,ULS):尺寸要素允许的最大尺寸。

下极限尺寸(Lower Limit of Size,LLS):尺寸要素允许的最小尺寸。

为满足设计要求,实际尺寸需位于上、下极限尺寸之间,包含极限尺寸。极限尺寸是尺寸要素允许的尺寸的两个极端值(图 2-4)。这两个极端值中,允许的最大尺寸称为上极限尺寸,孔和轴的上极限尺寸分别用符号 D_{max} 和 d_{max} 表示。允许的最小尺寸称为下极限尺寸,孔和轴的下极限尺寸分别用符号 D_{min} 和 d_{min} 表示。

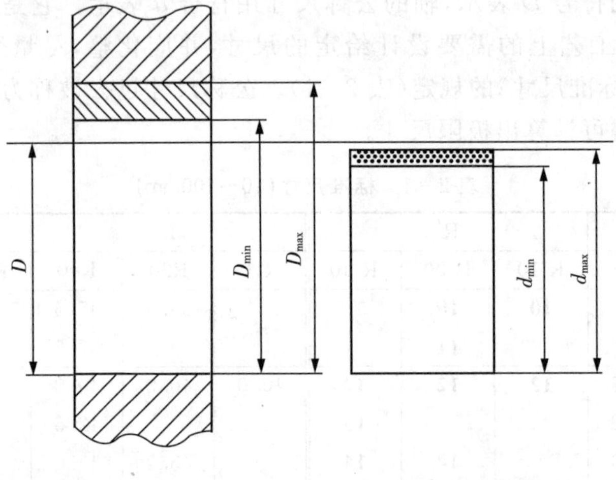

图 2-4 公称尺寸、极限尺寸和上、下极限尺寸

5. 理论正确尺寸

理论正确尺寸(Theoretically Exact Dimension,TED):在 GPS 操作中用于定义要素理论正确的几何形状、范围、位置与方向的线性或角度尺寸。

理论正确尺寸可以明确标注或是缺省。标注时可使用包含数值、Ø 或 R 等相关符号的矩形框标注,如[50]、[Ø30]、[60°]。缺省的理论正确尺寸可不标注,比如 0mm、0°、90°、180°、270°以及在完整的圆上均匀分布的要素之间的角度距离。

2.1.4 偏差和公差的术语及定义

1. 偏差

偏差(Deviation):某值与其参考值之差。

极限偏差(Limit Deviation):相对于公称尺寸的上极限偏差和下极限偏差。

上极限偏差(Upper Limit Deviation):上极限尺寸减其公称尺寸所得的代数差。

ES:用于内尺寸要素(孔);

es:用于外尺寸要素(轴)。

下极限偏差(Lower Limit Deviation):下极限尺寸减其公称尺寸所得的代数差。

EI:用于内尺寸要素(孔);

ei:用于外尺寸要素(轴)。

基本偏差(Fundamental Deviation)：确定公差带相对公称尺寸位置的那个极限偏差。

Δ 值(Δ Value)：为得到内尺寸要素的基本偏差，给一定值增加的变动量。

极限尺寸和实际尺寸可能大于、小于或等于公称尺寸，所以该代数差可能是正值、负值或零。偏差值除零外，前面必须冠以正、负号。

偏差分为极限偏差和实际尺寸偏差。

极限偏差如图 2－5 所示，孔和轴的上极限偏差分别用符号 ES 和 es 表示。以公式表示如下：

$$ES = D_{max} - D;\quad es = d_{max} - d \tag{2-1}$$

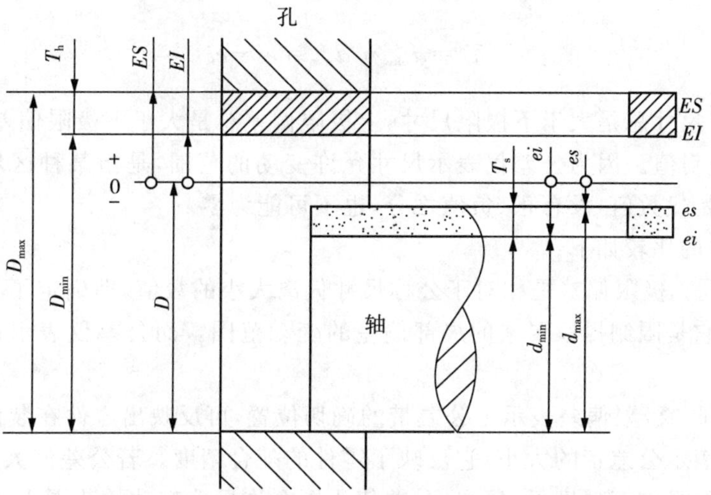

图 2－5　公称尺寸、极限尺寸和极限偏差、公差

孔和轴的下极限偏差分别用符号 EI 和 ei 表示。以公式表示如下：

$$EI = D_{min} - D;\quad ei = d_{min} - d \tag{2-2}$$

实际尺寸偏差(Actual Size Deviation)：简称实际偏差，即实际尺寸减其公称尺寸所得的代数差。

孔和轴的实际偏差分别用符号 E_a 和 e_a 表示。以公式表示如下：

$$E_a = D_a - D;\quad e_a = d_a - d \tag{2-3}$$

孔或轴合格条件用偏差来表示，那么实际偏差应限制在极限偏差范围内，也可达到极限偏差，表示如下：

$$EI \leqslant E_a \leqslant ES\text{(对于孔)}$$

$$ei \leqslant e_a \leqslant es\text{(对于轴)}$$

2. **公差**

公差(Tolerance)：上极限尺寸与下极限尺寸之差。公差也可以是上极限偏差与下极限偏差之差，是允许尺寸的变动量。

标准公差(Standard Tolerance,IT):线性尺寸公差 ISO 代号体系中的任一公差。“IT”代表“国际公差”。

标准公差等级(Standard Tolerance Grade):用常用标示符表征的线性公差组。

在线性尺寸公差 ISO 代号体系中,标准公差等级标示符由 IT 及其之后的数字组成,例如 IT7,读作 7 级标准公差。同一公差等级对所有公称尺寸的一组公差被认为具有同等精确程度,其加工难度大致相当。

孔和轴的公差分别用符号 T_h 和 T_s 表示。公差与极限尺寸、极限偏差的关系用公式表示如下:

$$T_h = D_{max} - D_{min} = ES - EI$$
$$T_s = d_{max} - d_{min} = es - ei \qquad (2-4)$$

鉴于上极限尺寸总是大于下极限尺寸,上极限偏差总是大于下极限偏差,所以公差是一个没有符号的绝对值。因为公差仅表示尺寸允许变动的范围,是指某种区域大小的数量指标,所以公差不是代数值,没有正、负值之分,也不可能为零。

公差与偏差的比较如下:

① 概念不同。极限偏差是相对于公称尺寸偏离大小的数值,即确定了极限尺寸相对公称尺寸的位置,它是限制提取要素的局部偏差的变动范围。而公差仅表示极限尺寸变动范围的一个数值。

② 作用不同。极限偏差表示了公差带的确切位置,可反映出零件在装配时配合的松紧程度;而公差仅表示公差带的大小,它反映了零件的配合精度。若公差值大则允许尺寸变动的范围大,因而要求加工精度低;反之,公差值小则允许尺寸变动的范围小,因而要求加工精度高。

③ 代数值不同。由于提取要素的局部尺寸和极限尺寸可能大于、小于或等于公称尺寸,故尺寸偏差可以是正数、负数或零;而尺寸公差是一个没有符号的绝对值,且不可为零。

3. 公差带和公差带示意图

公差带(Tolerance Interval):公差极限之间(包括公差极限)的尺寸变动值。

公差带包含在上极限尺寸和下极限尺寸之间,由公差大小和相对于公称尺寸的位置确定。相对于公称尺寸的位置由基本偏差确定。

公差带代号(Tolerance Class):基本偏差和标准公差等级的组合。

公差带代号用基本偏差表示公差带相对于公称尺寸的位置。

在线性尺寸公差 ISO 代号体系中,公差带代号由基本偏差表示符与公差等级组成,例如 D9、h7 等。公差带代号 D9 中,D 为基本偏差确定了公差带的位置,9 为 9 级标准公差确定了公差带的大小。

图 2-5 清楚而直观地表示出相互结合的孔和轴的公称尺寸、极限尺寸、极限偏差及公差之间相互关系。我们把图 2-5 中的孔、轴实体删去,只留下表示孔、轴极限偏差那部分,如图 2-6 所示的简化图,但它仍能正确表示结合的孔、轴之间的相互关系,因而被称之为孔、轴公差带示意图。

在公差带示意图中，有一条表示公称尺寸的零线。以零线作为上、下极限偏差的起点，零线以上为正偏差，零线以下为负偏差，位于零线上的偏差为零。将代表上极限偏差和下极限偏差或者上极限尺寸和下极限尺寸的两条直线所限定的一个区域叫作公差带。公差带在零线垂直方向上的宽度代表公差值，沿零线方向的长度可适当选取。通常，孔公差带用斜线表示，轴公差带用网点表示。

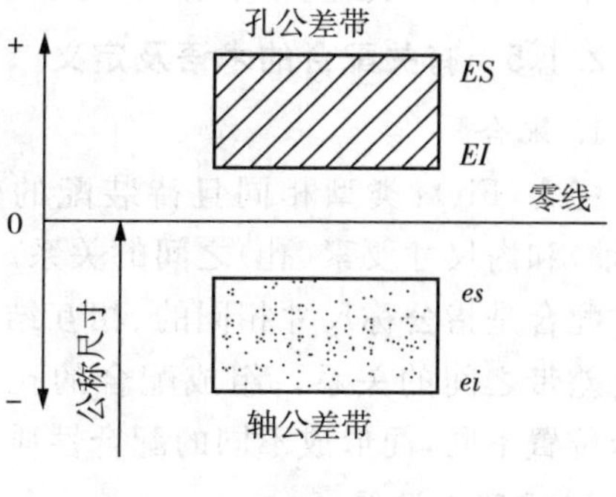

图 2-6　孔、轴公差带示意图

公差带示意图中，公称尺寸的单位用 mm 表示，极限偏差及公差的单位可用 mm 表示，也可用 μm 表示。习惯上极限偏差及公差的单位用 μm 表示。

公差带由“公差带大小”与“公差带位置”两个要素组成。公差带的大小由公差值确定，公差带相对于零线的位置由基本偏差(上极限偏差或下极限偏差)确定。

GB/T 1800.1—2020 把标准化公差统称为标准公差，把标准化的极限偏差(其中的上极限偏差或下极限偏差)统称为基本偏差。

应用实例 1

公称尺寸为 50mm 的相互结合的孔和轴的极限尺寸分别为：$D_{max}=50.025mm$，$D_{min}=50mm$ 和 $d_{max}=49.950mm$，$d_{min}=49.934mm$。它们加工后测得一孔和一轴的实际尺寸分别为 $D_a=50.010mm$，$d_a=49.946mm$。求孔和轴的极限偏差、公差和实际尺寸偏差，并画出该孔、轴的公差带示意图。

解：

由式(2-1)、式(2-2)计算孔和轴的极限偏差：

$$ES=D_{max}-D=50.025-50=+0.025mm$$

$$EI=D_{min}-D=50-50=0mm$$

$$es=d_{max}-d=49.950-50=-0.050mm$$

$$ei=d_{min}-d=49.934-50=-0.066mm$$

由式(2-4)计算孔和轴的公差：

$$T_h=D_{max}-D_{min}=50.025-50=0.025mm$$

$$T_s=d_{max}-d_{min}=49.950-49.934=0.016mm$$

由式(2-3)计算孔和轴的实际偏差：

$$E_a=D_a-D=50.010-50=+0.010mm$$

$$e_a=d_a-d=49.946-50=-0.054mm$$

本例的孔、轴公差带示意图如图 2-7 所示。

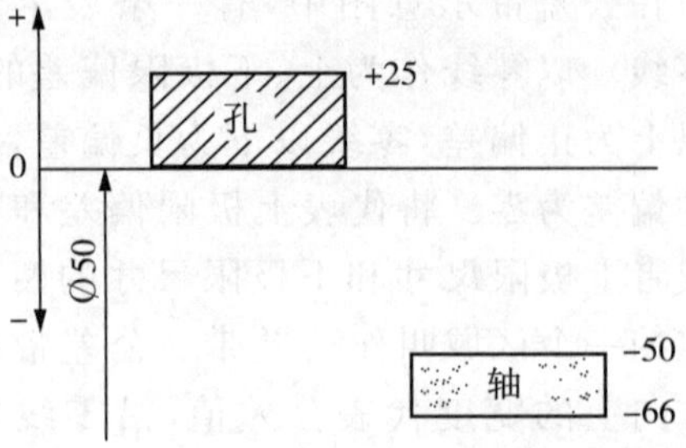

图 2-7　应用实例 1 的孔、轴公差带示意图

2.1.5　有关配合的术语及定义

1. 配合

配合(Fit)：类型相同且待装配的外尺寸要素(轴)和内尺寸要素(孔)之间的关系。

配合是指公称尺寸相同的、相互结合的孔和轴公差带之间的关系。组成配合的孔与轴的公差带位置不同，便形成不同的配合性质。

2. 间隙或过盈

间隙(Clearance)：当轴的直径小于孔的直径时，相配孔和轴的尺寸之差。

过盈(Interference)：当轴的直径大于孔的直径时，相配孔和轴的尺寸之差。

间隙或过盈是指孔的尺寸减去相配合的轴的尺寸所得的代数差。此处为保证计算过程中过盈量正负符号的统一，并结合 GB/T 1800.1—2020 中间隙与过盈的计算定义，本教材中约定该代数差为正值时叫作间隙，用符号 X 表示；该代数差为负值时，叫作过盈，用符号 Y 表示。同时，对标准中配合公差的计算公式进行了调整。

3. 配合的分类

根据相互结合的孔、轴公差带不同的相对位置关系，配合可以分为下列三类。

(1)间隙配合

间隙配合(Clearance Fit)：孔和轴装配时总是存在间隙的配合。

此时，孔的下极限尺寸大于或在极端情况下等于轴的上极限尺寸(最小间隙为零)，孔公差带在轴公差带的上方(如图 2-8 所示)。孔、轴极限尺寸或极限偏差的关系为：$D_{min} \geqslant d_{max}$ 或 $EI \geqslant es$。

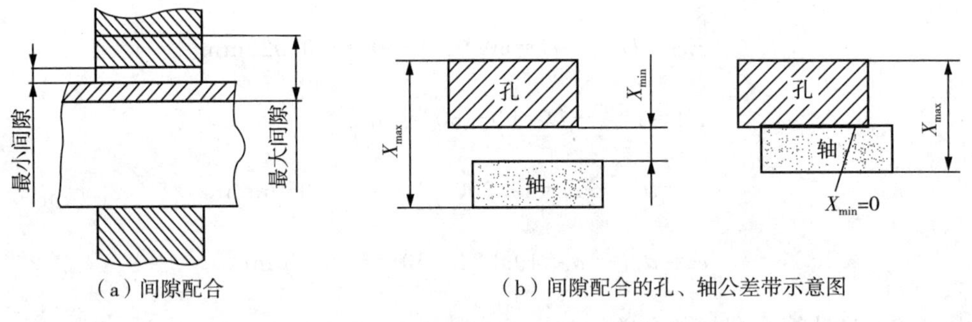

(a) 间隙配合　　(b) 间隙配合的孔、轴公差带示意图

图 2-8　间隙配合的示意图

最小间隙(Minimum Clearance)：在间隙配合或过渡配合中，孔的下极限尺寸与轴的上极限尺寸之差。它用符号 X_{min} 表示，即

$$X_{min} = D_{min} - d_{max} = EI - es \tag{2-5}$$

最大间隙(Maximum Clearance)：在间隙配合或过渡配合中，孔的上极限尺寸与轴的下极限尺寸之差。它用符号 X_{max} 表示，即

$$X_{max} = D_{max} - d_{min} = ES - ei \tag{2-6}$$

当孔的下极限尺寸与轴的上极限尺寸相等时，则最小间隙为零。

非零间隙数值前面需冠以正号。

(2)过盈配合

过盈配合(Interference Fit)：孔和轴装配时总是存在过盈的配合。

此时，孔的上极限尺寸小于或在极端情况下等于轴的下极限尺寸(最小过盈等于零)，孔公差带在轴公差带的下方(如图 2-9 所示)。孔、轴的极限尺寸或极限偏差的关系为：$D_{max} \leqslant d_{min}$ 或 $ES \leqslant ei$。

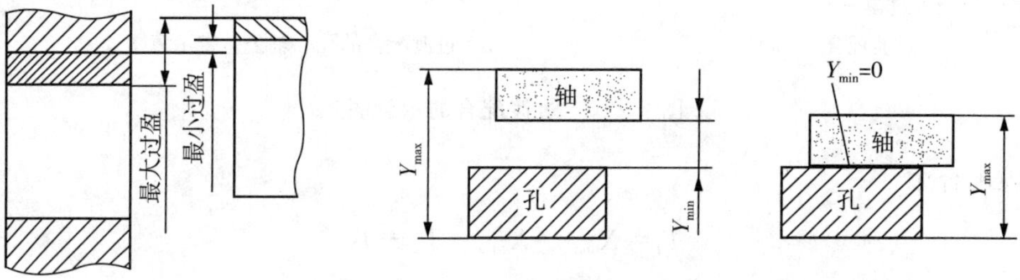

(a) 过盈配合　　(b) 过盈配合的孔、轴公差带示意图

图 2-9　过盈配合的示意图

最小过盈(Minimum Interference)：在过盈配合中，孔的上极限尺寸与轴的下极限尺寸之差。它用符号 Y_{min} 表示，即

$$Y_{min} = D_{max} - d_{min} = ES - ei \tag{2-7}$$

最大过盈(Maximum Interference)：在过盈配合或过渡配合中，孔的下极限尺寸与轴的上极限尺寸之差。它用符号 Y_{max} 表示，即

$$Y_{max} = D_{min} - d_{max} = EI - es \tag{2-8}$$

当孔的上极限尺寸与轴的下极限尺寸相等时，则最小过盈为零。

非零过盈数值的前面需冠以负号。

(3)过渡配合

过渡配合(Transition Fit)：孔和轴装配时可能具有间隙或过盈的配合。

此时，孔公差带与轴公差带相互交叠(如图 2-10 所示)。孔、轴的极限尺寸或极限偏差的关系为：$D_{max} > d_{min}$ 且 $D_{min} < d_{max}$；$ES > ei$ 且 $EI < es$。

过渡配合中，孔的上极限尺寸减去轴的下极限尺寸所得的代数差称为最大间隙，其计算公式与式(2-6)相同。孔的下极限尺寸减去轴的上极限尺寸所得的代数差称为最大过盈，其计算公式与式(2-8)相同。

4. 配合公差

配合公差(Span of a Fit)：组成配合的两个尺寸要素的尺寸公差之和。

配合公差用 T_f 表示，是配合所允许的变动量，是一个绝对值。它表明配合松紧程度的变化范围。鉴于最大间隙总是大于最小间隙，最小过盈总是大于最大过盈(它们都带负号)，所以配合公差是一个没有符号的绝对值。

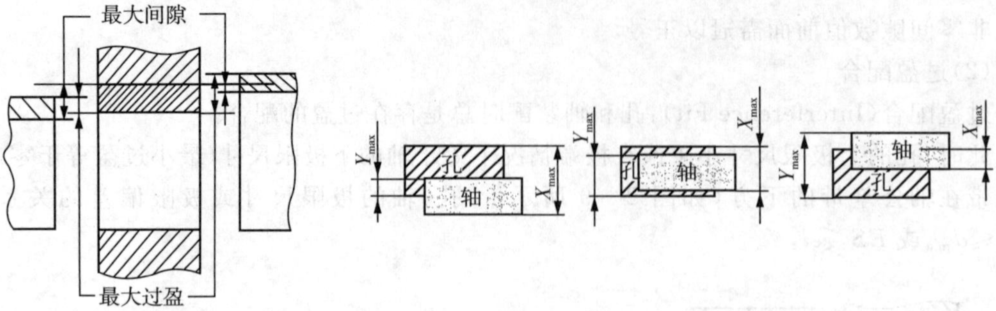

(a) 过渡配合　　(b) 过渡配合的孔、轴公差带示意图

图 2-10　过渡配合的示意图

间隙配合中

$$T_f = X_{max} - X_{min} = T_h + T_s \tag{2-9}$$

过盈配合中

$$T_f = Y_{min} - Y_{max} = T_h + T_s \tag{2-10}$$

过渡配合中

$$T_f = X_{max} - Y_{max} = T_h + T_s \tag{2-11}$$

上述三种配合的配合公差亦为孔公差与轴公差之和，即

$$T_f = T_h + T_s \tag{2-12}$$

由此可见，配合机件的装配精度与零件的加工精度有关。若要提高机件的装配精度，使配合后的间隙或过盈的变化范围减小，则应减少零件的公差，也就是提高零件的加工精度。设计时，可根据配合中允许的间隙或过盈变动范围，来确定孔、轴公差。

应用实例 2

组成配合的孔和轴在零件图上标注的公称尺寸和极限偏差分别为$\varnothing 50^{+0.025}_{0}$ mm和$\varnothing 50^{+0.018}_{+0.002}$ mm。试计算该配合的最大间隙、最大过盈及配合公差，并画出孔、轴公差带示意图。

解：

由式(2-6)计算最大间隙

$$X_{max} = ES - ei = (+0.025) - (+0.002) = +0.023\text{mm}$$

由式(2-8)计算最大过盈

$$Y_{max} = EI - es = 0 - (+0.018) = -0.018\text{mm}$$

由式(2-11)计算配合公差

$$T_f = X_{max} - Y_{max} = (+0.023) - (-0.018) = 0.041\text{mm}$$

过渡配合的孔、轴公差带示意图如图 2-11 所示。

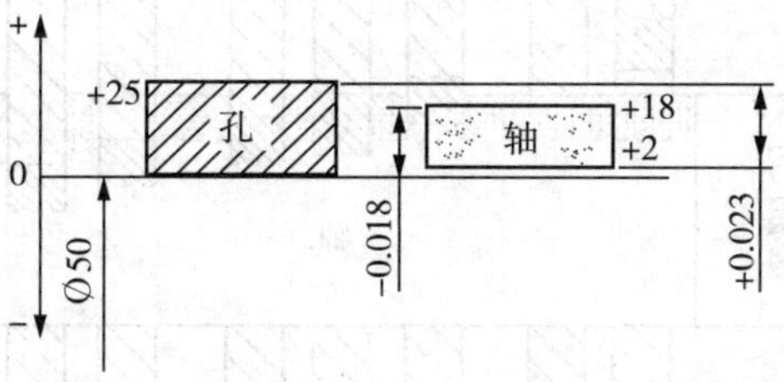

图 2 - 11　过渡配合的孔、轴公差带示意图

5. ISO 配合制

在机械产品中,有各种不同的配合要求,这就需要各种不同的孔、轴公差带来实现。为了获得最佳的技术经济效益,把其中孔公差带(或轴公差带)的位置固定,而改变轴公差带(或孔公差带)的位置,来实现所需要的各种配合。

ISO 配合制(ISO Fit System):由线性尺寸公差 ISO 代号体系确定公差的孔和轴组成的一种配合制度。

形成配合要素的线性尺寸公差 ISO 代号体系应用的前提条件是孔和轴的公称尺寸相同。

GB/T 1800.1—2020 规定了两种配合制(基孔制和基轴制)来获得各种配合。

(1)基孔制配合

基孔制配合(Hole-basis Fit System):孔的基本偏差为零的配合,即其下极限偏差等于零。

孔的下极限尺寸与公称尺寸相同的配合制。所要求的间隙或过盈由不同公差带代号的轴与一基本偏差为零的公差带代号的基准孔相配合得到(图 2 - 12)。基孔制的孔为基准孔,它的基本偏差(下极限偏差)为零。基孔制的轴为非基准轴。

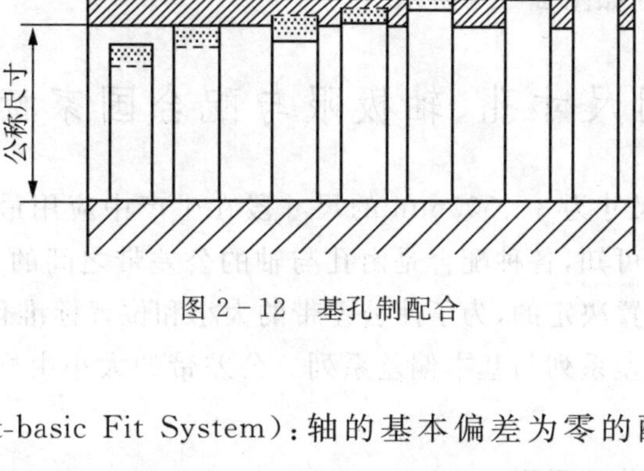

图 2 - 12　基孔制配合

(2)基轴制配合

基轴制配合(Shaft-basic Fit System):轴的基本偏差为零的配合,即其上极限偏差为零。

轴的上极限尺寸与公称尺寸相同的配合制。所要求的间隙或过盈由不同公差带代号的孔与一基本偏差为零的公差带代号的基准轴配合得到(图 2 - 13)。基轴制的轴为基准轴,它的基本偏差(上极限偏差)为零。基轴制的孔为非基准孔。

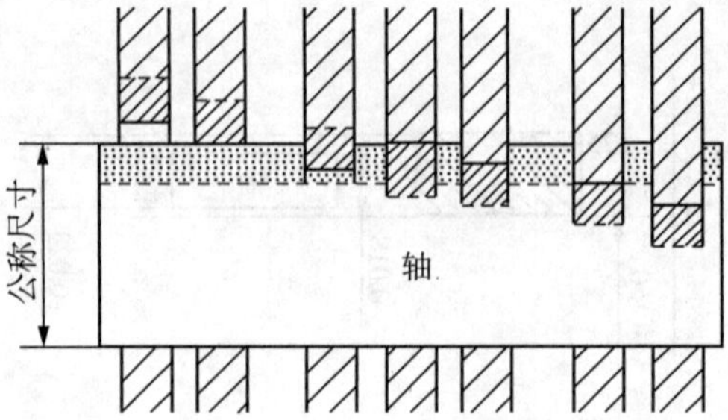

图 2-13　基轴制配合

应用实例 3

有一过盈配合，孔、轴的公称尺寸为 Ø45mm，要求过盈在 -0.045mm 至 -0.086mm 范围内。试应用式(2-10)，并采用基孔制，取孔公差等于轴公差的一倍半，确定孔和轴的极限偏差，并画出孔、轴公差带示意图。

解：

(1)求孔公差和轴公差

按式(2-10)得：$T_f = Y_{min} - Y_{max} = T_h + T_s = (-0.045) - (-0.086) = 0.041$mm。为了使孔、轴的加工难易程度大致相同，一般取 $T_h = (1 \sim 1.6) T_s$，本例取 $T_h = 1.5T_s$，$1.5T_s + T_s = 0.041$mm，因此

$$T_s = 0.016\text{mm}, T_h = 0.025\text{mm}$$

(2)求孔和轴的极限偏差

按基孔制，则 $EI = 0$，因此 $ES = T_h + EI = 0.025 + 0 = +0.025$mm。

由 $Y_{min} = ES - ei$，得 $ei = ES - Y_{min} = (+0.025) - (-0.045) = +0.070$mm，而 $es = ei + T_s = (+0.070) + 0.016 = +0.086$mm。

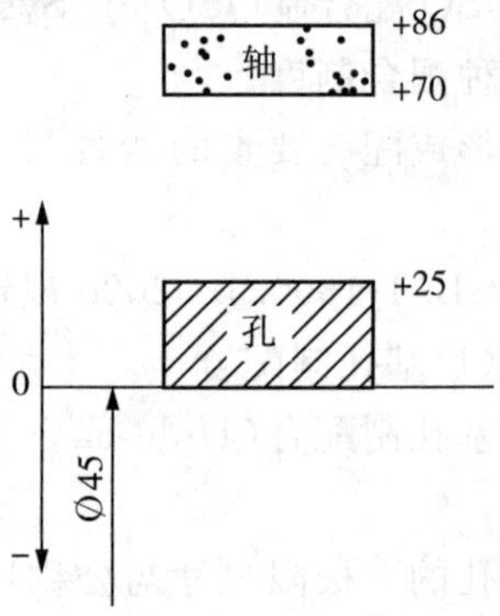

图 2-14　孔、轴公差带示意图

孔、轴公差带示意图如图 2-14 所示。

2.2　常用尺寸孔、轴极限与配合国家标准的构成

机械产品中，公称尺寸为 3～500mm 的尺寸段在生产中应用最广，该尺寸段称为常用尺寸。由前一节的叙述可知，各种配合是由孔与轴的公差带之间的关系决定的，而孔、轴公差带是由它的大小和位置决定的，为了使公差带的大小和位置标准化，GB/T 1800.1—2020 规定了孔和轴的标准公差系列与基本偏差系列。公差带的大小由标准公差确定，公差带的位置由基本偏差确定。

2.2.1　孔、轴标准公差系列

标准公差是国家标准《GPS 线性尺寸公差 ISO 代号体系第 1 部分：公差、偏差和配合的基础》(GB/T 1800.1—2020)中所规定的用以确定公差带大小的任一公差。它的数值取决于孔、轴的标准公差等级和公称尺寸。

1. 标准公差等级及其代号

标准公差等级是指确定尺寸精确程度的等级。由于不同零件和零件上不同部位的尺寸，对其精确程度的要求往往不同，为了满足生产使用要求，孔、轴的标准公差等级规定了20个等级，其代号由标准公差符号 IT 和数字组成，它们分别用符号 IT01、IT0、IT1、IT2、…、IT18 表示，其中 IT01 最高，等级依次降低，IT18 最低。

由于标准公差是公称尺寸的函数，如果按公式计算标准公差数值，那么对于每一个标准公差等级，给一个公称尺寸就可以计算对应的公差数值，这样编制的公差表格就非常庞大。为了把公差数值的数目减少到最低限度，统一公差数值，简化公差表格，方便实际生产应用，应按一定规律将常用尺寸分成若干段落，称为尺寸分段。

在同一尺寸段中，公差等级数越大，尺寸的公差数值也越大，即尺寸的精度越低。在极限与配合制中，同一公差等级（例如 IT7）对所有公称尺寸的一组公差被认为具有同等精确程度。

在实际应用中，标准公差等级代号也用于表示标准公差数值。

2. 标准公差数值

在实际工作中，表 2-2 可以直接被用来查取一定公称尺寸和标准公差等级的标准公差数值，还可以根据已知公称尺寸和公差数值，确定它们对应的标准公差等级。

表 2-2　标准公差数值

公称尺寸 mm		标准公差等级																			
		IT01	IT0	IT1	IT2	IT3	IT4	IT5	IT6	IT7	IT8	IT9	IT10	IT11	IT12	IT13	IT14	IT15	IT16	IT17	IT18
大于	至	标准公差值																			
		μm											mm								
—	3	0.3	0.5	0.8	1.2	2	3	4	6	10	14	25	40	60	0.1	0.14	0.25	0.4	0.6	1	1.4
3	6	0.4	0.6	1	1.5	2.5	4	5	8	12	18	30	48	75	0.12	0.18	0.3	0.48	0.75	1.2	1.8
6	10	0.4	0.6	1	1.5	2.5	4	6	9	15	22	36	58	90	0.15	0.22	0.36	0.58	0.9	1.5	2.2
10	18	0.5	0.8	1.2	2	3	5	8	11	18	27	43	70	110	0.18	0.27	0.43	0.7	1.1	1.8	2.7
18	30	0.6	1	1.5	2.5	4	6	9	13	21	33	52	84	130	0.21	0.33	0.52	0.84	1.3	2.1	3.3
30	50	0.6	1	1.5	2.5	4	7	11	16	25	39	62	100	160	0.25	0.39	0.62	1	1.6	2.5	3.9
50	80	0.8	1.2	2	3	5	8	13	19	30	46	74	120	190	0.3	0.46	0.74	1.2	1.9	3	4.6
80	120	1	1.5	2.5	4	6	10	15	22	35	54	87	140	220	0.35	0.54	0.87	1.4	2.2	3.5	5.4
120	180	1.2	2	3.5	5	8	12	18	25	40	63	100	160	250	0.4	0.63	1	1.6	2.5	4	6.3
180	250	2	3	4.5	7	10	14	20	29	46	72	115	185	290	0.46	0.72	1.15	1.85	2.9	4.6	7.2
250	315	2.5	4	6	8	12	16	23	32	52	81	130	210	320	0.52	0.81	1.3	2.1	3.2	5.2	8.1
315	400	3	5	7	9	13	18	25	36	57	89	140	230	360	0.57	0.89	1.4	2.3	3.6	5.7	8.9
400	500	4	6	8	10	15	20	27	40	63	97	155	250	400	0.63	0.97	1.55	2.5	4	6.3	9.7
500	630			9	11	16	22	32	44	70	110	175	280	440	0.7	1.1	1.75	2.8	4.4	7	11
630	800			10	13	18	25	36	50	80	125	200	320	500	0.8	1.25	2	3.2	5	8	12.5
800	1000			11	15	21	28	40	56	90	140	230	360	560	0.9	1.4	2.3	3.6	5.6	9	14
1000	1250			13	18	24	33	47	66	105	165	260	420	660	1.05	1.65	2.6	4.2	6.6	10.5	16.5

（续表）

公称尺寸 mm		标准公差等级																			
		IT01	IT0	IT1	IT2	IT3	IT4	IT5	IT6	IT7	IT8	IT9	IT10	IT11	IT12	IT13	IT14	IT15	IT16	IT17	IT18
1250	1600			15	21	29	39	55	78	125	195	310	500	780	1.25	1.95	3.1	5	7.8	12.5	19.5
1600	2000			18	25	35	46	65	92	150	230	370	600	920	1.5	2.3	3.7	6	9.2	15	23
2000	2500			22	30	41	55	78	110	175	280	440	700	1100	1.75	2.8	4.4	7	11	17.5	28
2500	3150			26	36	50	68	96	135	210	330	540	860	1350	2.1	3.3	5.4	8.6	13.5	21	33

资料来源：摘自 GB/T 1800.1—2020。

注：公称尺寸小于或等于 1mm 时，无 IT14～IT18。

2.2.2　孔、轴基本偏差系列

1. 基本偏差

基本偏差是在国家标准《GPS 线性尺寸公差 ISO 代号体系第 1 部分：公差、偏差和配合的基础》（GB/T 1800.1—2020）中，用以确定公差带相对于零线位置的极限偏差（上极限偏差或下极限偏差），一般是指靠近零线的那个极限偏差。它是决定公差带位置的参数，为了公差带位置的标准化，并满足工程实践中各种使用情况的需要，国标规定了孔和轴各有 28 种基本偏差，如图 2－15 所示。这些不同的基本偏差便构成了基本偏差系列。

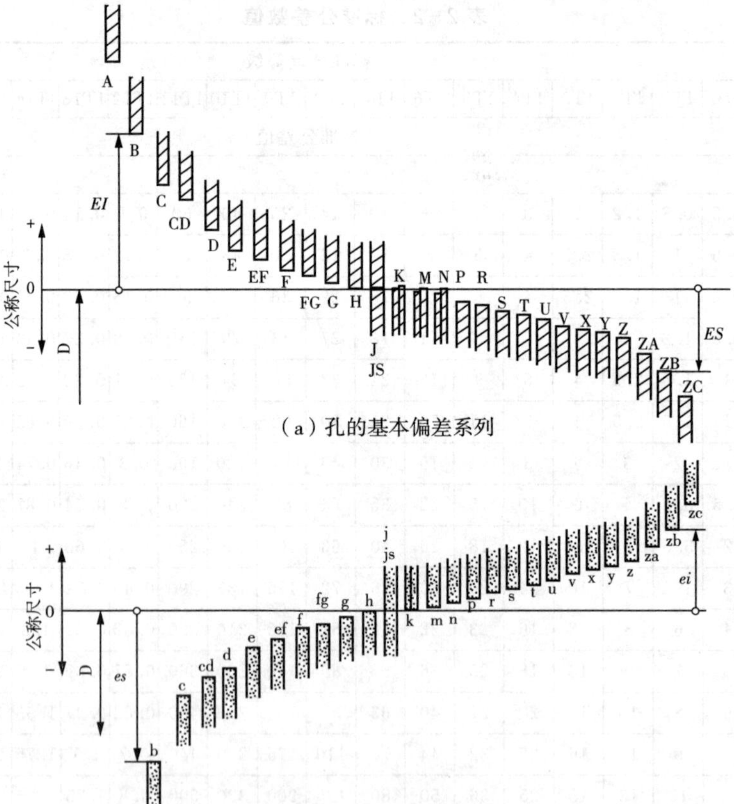

（a）孔的基本偏差系列

（b）轴的基本偏差系列

图 2－15　基本偏差系列示意图

2. 基本偏差的代号

孔、轴基本偏差各有 28 种,每种基本偏差的代号用一个或两个英文字母表示。孔用大写字母表示,轴用小写字母表示。

在 26 个英文字母中,去掉 5 个容易与其他符号含义混淆的字母 I(i)、L(l)、O(o)、Q(q)、W(w),增加由两个字母组成的 7 组字母 CD(cd)、EF(ef)、FG(fg)、JS(js)、ZA(za)、ZB(zb)、ZC(zc),共计 28 种。

孔和轴的基本偏差系列如图 2-15 所示,孔和轴的 28 种基本偏差中有 24 种具有倒影关系,仅 J(j)、K(k)、M(m)和 N(n)基本偏差例外(图 2-16、图 2-17)。图 2-15 中所画的公差带是"开口"公差带,其封闭的一端是基本偏差。基本偏差只表示公差带的位置,而不表示公差带的大小。公差带"开口"的一端则由公差等级来确定,公差等级确定公差带的大小。

3. 轴的基本偏差的特征

轴的基本偏差系列如图 2-15(b)所示。代号为 a～g 的基本偏差皆为上极限偏差 *es*(负值),按从 a 到 g 的顺序,基本偏差的绝对值依次逐渐减少。

代号为 h 的基本偏差为上极限偏差 *es*=0,它是基轴制中基准轴的基本偏差代号。

基本偏差的概念不适用于 js,它的公差极限相对于公称尺寸线对称分布(见图2-16)。

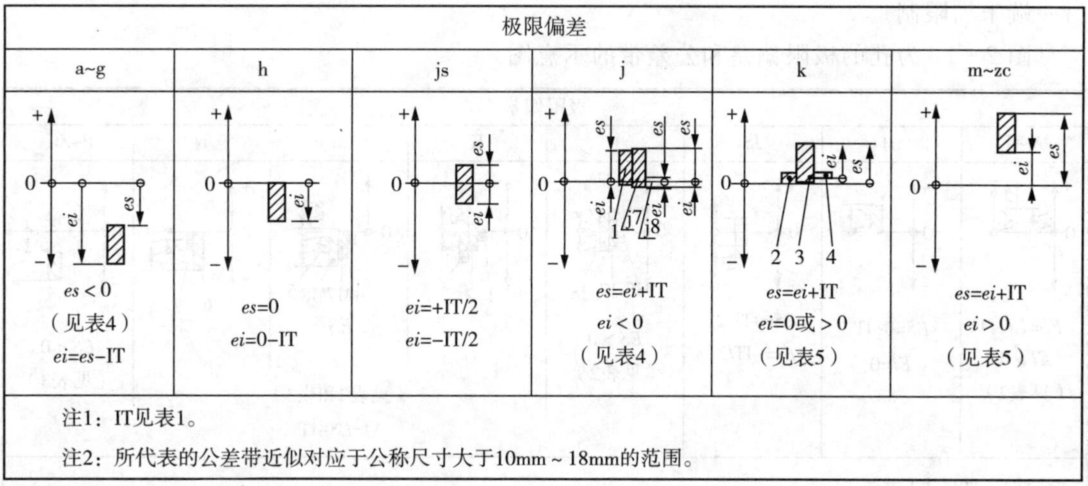

说明:

1——j5，j6；

2——k1~k3；公称尺寸≤3mm，k4 ~ k7；

3——3mm < 公称尺寸≤500mm时，k4~K7；

4——k8~k18；公称尺寸 > 500mm时，k4~k7。

图 2-16　轴的极限偏差

代号为 j～zc 的基本偏差皆为下偏差 *ei*(除 j 为负值外,其余皆为正值),按从 k 到 zc 的顺序,基本偏差的数值依次逐渐增大。

图 2-15(b)中,除 j 和 js 特殊情况外,由于基本偏差仅确定公差带的位置,因而公差带的另一端未加限制。

图 2 - 16 为轴的各种极限偏差和公差带的示意图。

4. 孔的基本偏差的特征

孔的基本偏差系列如图 2 - 15(a)所示。代号为 A～G 的基本偏差为下极限偏差 EI(正值),按从 A 到 G 的顺序,基本偏差的数值依次逐渐减少。

当由基本偏差标示的公差极限位于公称尺寸之上时,用"+"号表示,而当由基本偏差标示的公差极限位于公称尺寸之下时,用"−"号表示。表 2 - 3～表 2 - 4 中每一列给出了每一种基本偏差标示符的基本偏差值。每一行表示尺寸的一个范围,尺寸范围由表中的第一列限定。另一个极限偏差由基本偏差和公差值确定。

Δ 值仅与公差等级 IT3～IT7/IT8 的偏差 K～ZC 有关,每当给出"+Δ"时,把 Δ 值加到主表给出的固定值上,从而得到基本偏差的正确值。

代号为 H 的基本偏差为下极限偏差 $EI=0$,它是基孔制中基准孔的基本偏差代号。

基本偏差的概念不适用于 JS,它的公差极限相对于公称尺寸线对称分布(见图2 - 17)。

代号为 J～ZC 的基本偏差皆为上极限偏差 ES(除 J、K 为正值外,其余皆为负值),按从 K 到 ZC 的顺序,基本偏差的绝对值依次逐渐增大。

图 2 - 15(a)中,除 J、JS 特殊情况外,由于基本偏差仅确定公差带的位置,因而公差带的另一端未加限制。

图 2 - 17 为孔的极限偏差和公差带的示意图。

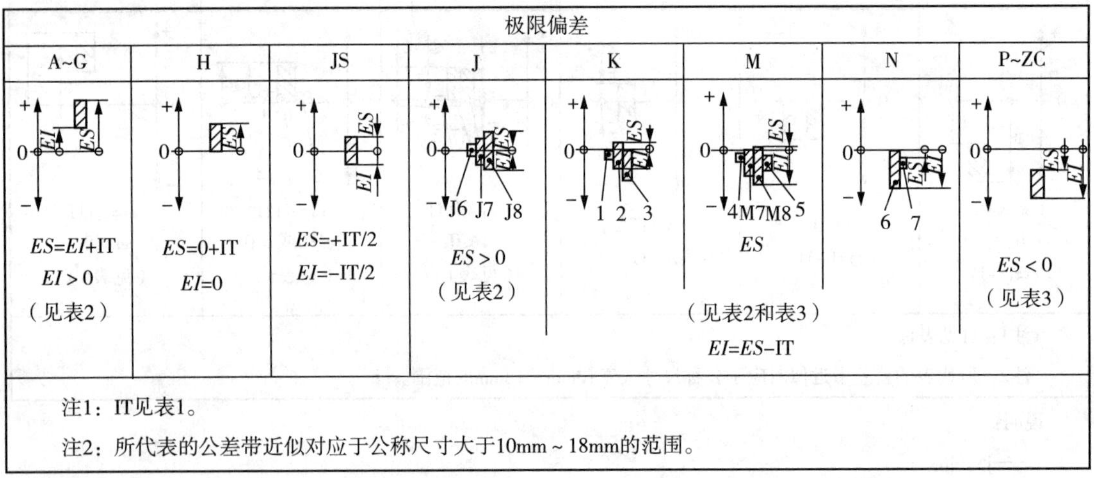

说明:

1——公称尺寸≤3mm时，K1～K3，K4～K8；

2——3mm＜公称尺寸≤500mm时，K4~K8；

3——K9~K18；公称尺寸＞500mm时，K4~K8；

4——M1~M6；

5——M9~M18；公称尺寸＞500mm时，M7~M8；

6——1mm＜公称尺寸≤3mm或公称尺寸＞500mm时，N1~N8，N9～N18；

7——3mm＜公称尺寸≤500mm时，N9~N18。

图 2 - 17　孔的极限偏差

表 2-3　孔 A～M 的基本偏差数值基本偏差　　（单位：μm）

公称尺寸 mm		基本偏差数值																		
		下极限偏差，*EI*												上极限偏差，*ES*						
大于	至	所有公差等级												IT6	IT7	IT8	≤IT8	>IT8	≤IT8	>IT8
		A①	B①	C	CD	D	E	EF	F	FG	G	H	JS	J			K③,④		M②,③,④	
—	3	+270	+140	+60	+34	+20	+14	+10	+6	+4	+2	0	偏差=±IT*n*/2，式中*n*为标准公差等级数	+2	+4	+6	0	0	−2	−2
3	6	+270	+140	+70	+46	+30	+20	+14	+10	+6	+4	0		+5	+6	+10	−1+Δ		−4+Δ	−4
6	10	+280	+150	+80	+56	+40	+25	+18	+13	+8	+5	0		+5	+8	+12	−1+Δ		−6+Δ	−6
10	14	+290	+150	+95	+70	+50	+32	+23	+16	+10	+6	0		+6	+10	+15	−1+Δ		−7+Δ	−7
14	18																			
18	24	+300	+160	+110	+85	+65	+40	+28	+20	+12	+7	0		+8	+12	+20	−2+Δ		−8+Δ	−8
24	30																			
30	40	+310	+170	+120	+100	+80	+50	+35	+25	+15	+9	0		+10	+14	+24	−2+Δ		−9+Δ	−9
40	50	+320	+180	+130																
50	65	+340	+190	+140		+100	+60		+30		+10	0		+13	+18	+28	−2+Δ		−11+Δ	−11
65	80	+360	+200	+150																
80	100	+380	+220	+170		+120	+72		+36		+12	0		+16	+22	+34	−3+Δ		−13+Δ	−13
100	120	+410	+240	+180																
120	140	+460	+260	+200		+145	+85		+43		+14	0		+18	+26	+41	−3+Δ		−15+Δ	−15
140	160	+520	+280	+210																
160	180	+580	+310	+230																
180	200	+660	+340	+240		+170	+100		+50		+15	0		+22	+30	+47	−4+Δ		−17+Δ	−17
200	225	+740	+380	+260																
225	250	+820	+420	+280																
250	280	+920	+480	+300		+190	+110		+56		+17	0		+25	+36	+55	−4+Δ		−20+Δ	−20
280	315	+1050	+540	+330																
315	355	+1200	+600	+360		+210	+125		+62		+18	0		+29	+39	+60	−4+Δ		−21+Δ	−21
355	400	+1350	+680	+400																
400	450	+1500	+760	+440		+230	+135		+68		+20	0		+33	+43	+66	−5+Δ		−23+Δ	−23
450	500	+1650	+840	+480																
500	560					+260	+145		+76		+22	0					0		−26	
560	630																			
630	710					+290	+160		+80		+24	0					0		−30	
710	800																			
800	900					+320	+170		+86		+26	0					0		−34	
900	1000																			
1000	1120					+350	+195		+98		+28	0					0		−40	
1120	1250																			
1250	1400					+390	+220		+110		+30	0					0		−48	
1400	1600																			
1600	1800					+430	+240		+120		+32	0					0		−58	
1800	2000																			
2000	2240					+480	+260		+130		+34	0					0		−68	
2240	2500																			
2500	2800					+520	+290		+145		+38	0					0		−76	
2800	3150																			

注：① 公称尺寸≤1mm 时，不适用基本偏差 A 和 B。

② 特例：对于公称尺寸大于 250～315mm 的公差带代号 M6，*ES*＝－9μm（计算结果不是－11μm）。

③ *K* 和 *M* 值的计算方法见 2.2.2 节应用实例 5。

④ Δ 值见表 2-4 所列。

表 2-4 孔 N~ZC 的基本偏差数值

（单位：μm）

公称尺寸 mm		基本偏差数值上极限偏差，*ES*																Δ 值标准公差等级					
大于	至	≤IT8	>IT8	≤IT7	>IT7 的标准公差等级																		
		N[①,②]		P～ZC[①]	P	R	S	T	U	V	X	Y	Z	ZA	ZB	ZC	IT3	IT4	IT5	IT6	IT7	IT8
—	3	−4	−4	在>IT7 的标准公差等级的基本偏数值上增加一个 Δ 值	−6	−10	−14		−18		−20		−26	−32	−40	−60	0	0	0	0	0	0
3	6	−8+Δ	0		−12	−15	−19		−23		−28		−35	−42	−50	−80	1	1.5	1	3	4	6
6	10	−10+Δ	0		−15	−19	−23		−28		−34		−42	−52	−67	−97	1	1.5	2	3	6	7
10	14	−12+Δ	0		−18	−23	−28		−33		−40		−50	−64	−90	−130	1	2	3	3	7	9
14	18									−39	−45		−60	−77	−108	−150						
18	24	−15+Δ	0		−22	−28	−35		−41	−47	−54	−63	−73	−98	−136	−188	1.5	2	3	4	8	12
24	30							−41	−48	−55	−64	−75	−88	−118	−160	−218						
30	40	−17+Δ	0		−26	−34	−43	−48	−60	−68	−80	−94	−112	−148	−200	−274	1.5	3	4	5	9	14
40	50							−54	−70	−81	−97	−114	−136	−180	−242	−325						
50	65	−20+Δ	0		−32	−41	−53	−66	−87	−102	−122	−144	−172	−226	−300	−405	2	3	5	6	11	16
65	80					−43	−59	−75	−102	−120	−146	−174	−210	−274	−360	−480						
80	100	−23+Δ	0		−37	−51	−71	−91	−124	−146	−178	−214	−258	−335	−445	−585	2	4	5	7	13	19
100	120					−54	−79	−104	−144	−172	−210	−254	−310	−400	−525	−690						
120	140	−27+Δ	0		−43	−63	−92	−122	−170	−202	−248	−300	−365	−470	−620	−800	3	4	6	7	15	23
140	160					−65	−100	−134	−190	−228	−280	−340	−415	−535	−700	−900						
160	180					−68	−108	−146	−210	−252	−310	−380	−465	−600	−780	−1000						
180	200	−31+Δ	0		−50	−77	−122	−166	−236	−284	−350	−425	−520	−670	−880	−1150	3	4	6	9	17	26
200	225					−80	−130	−180	−258	−310	−385	−470	−575	−740	−960	−1250						
225	250					−84	−140	−196	−284	−340	−425	−520	−640	−820	−1050	−1350						
250	280	−34+Δ	0		−56	−94	−158	−218	−315	−385	−475	−580	−710	−920	−1200	−1550	4	4	7	9	20	29
280	315					−98	−170	−240	−350	−425	−525	−650	−790	−1000	−1300	−1700						
315	355	−37+Δ	0		−62	−108	−190	−268	−390	−475	−590	−730	−900	−1150	−1500	−1900	4	5	7	11	21	32
355	400					−114	−208	−294	−435	−530	−660	−820	−1000	−1300	−1650	−2100						
400	450	−40+Δ	0		−68	−126	−232	−330	−490	−595	−740	−920	−1100	−1450	−1850	−2400	5	5	7	13	23	34
450	500					−132	−252	−360	−540	−660	−820	−1000	−1250	−1600	−2100	−2600						

（续表）

公称尺寸 mm		基本偏差数值上极限偏差，ES						
		≤IT8 / >IT8	≤IT7	>IT7 的标准公差等级				
大于	至	N[①,②]	P～ZC[①]	P	R	S	T	U
500	560	−44	在>IT7 的标准公差等级的基本偏数值上增加一个 Δ 值	−78	−150	−280	−400	−600
560	630				−155	−310	−450	−660
630	710	−50		−88	−175	−340	−500	−740
710	800				−185	−380	−560	−840
800	900	−56		−100	−210	−430	−620	−940
900	1000				−220	−470	−680	−1050
1000	1120	−66		−120	−250	−520	−780	−1150
1120	1250				−260	−580	−840	−1300
1250	1400	−78		−140	−300	−640	−960	−1450
1400	1600				−330	−720	−1050	−1600
1600	1800	−92		−170	−370	−820	−1200	−1850
1800	2000				−400	−920	−1350	−2000
2000	2240	−110		−195	−440	−1000	−1500	−2300
2240	2500				−460	−1100	−1650	−2500
2500	2800	−135		−240	−550	−1250	−1900	−2900
2800	3150				−580	−1400	−2100	−3200

注：① N 和 P～ZC 值的计算方法见 2.2.2 节应用实例 6。

② 公称尺寸≤1mm 时，不使用标准公差等级>IT8 的基本偏差 N。

5. 各种基本偏差所形成配合的特征

(1)间隙配合

a～h(或 A～H)等 11 种基本偏差与基准孔基本偏差 H(或基准轴基本偏差 h)形成间隙配合。

由于基准孔基本偏差 H 的下极限偏差为零,而轴的基本偏差 a～h 位于零线以下,所以形成间隙配合。其中,a 位于零线下方位置最低,所以与 H(或 A 与 h)形成的配合的间隙最大,此后间隙依次减小。基本偏差 h 与 H 形成的配合的间隙最小,其最小间隙为零。同理,A～H 等 11 种孔的基本偏差与基准轴基本偏差 h 形成间隙配合,且从 A～H 间隙依次减小。

(2)过渡配合

js、j、k、m、n(或 JS、J、K、M、N)等 5 种基本偏差与基准孔基本偏差 H(或基准轴基本偏差 h)形成过渡配合。

其中 js 与 H(或 JS 与 h)形成的配合较松,获得间隙的概率较大。此后,配合依次变紧,n 与 H(或 N 与 h)形成的配合较紧,获得过盈的概率较大。而标准公差等级很高的 n 与 H(或 N 与 h)形成的配合则为过盈配合(特殊情况)。

(3)过盈配合

p～zc(或 P～ZC)等 12 种基本偏差与基准孔基本偏差 H(或基准轴基本偏差 h)形成过盈配合。

其中 p 与 H(或 P 与 h)形成的配合的过盈最小。此后,过盈依次增大,zc 与 H(或 ZC 与 h)形成的配合的过盈最大。而标准公差等级不高的 p 与 H(或 P 与 h)形成的配合则为过渡配合(特殊情况)。

6. 孔、轴公差带代号及配合代号

(1)孔、轴公差带代号

孔、轴公差带用孔、轴基本偏差字母和标准公差等级数字表示,如孔公差带 H7、F8,轴的公差带 h7、f6,或由公称尺寸及"+"和/或"−"极限偏差表示(见 GB/T 38762.1)。

例如: GB/T 1800　　　　GB/T 38762.1

32 H7　　≡　　$32^{+0.025}_{0}$

80 js15　　≡　　80±0.6

为提供辅助信息目的,也可以以括号的形式增加公差带代号,反之亦然。

例如: 32H7($^{+0.025}_{0}$)　　　　$32^{+0.025}_{0}$(H7)

(2)孔、轴配合代号

把孔和轴的公差带进行组合,就构成孔、轴配合代号。它用分数形式表示,分子为孔公差带,分母为轴公差带。例如,基孔制配合代号 Ø50 $\frac{H7}{g6}$ 或 Ø50H7/g6;基轴制配合代号 Ø50 $\frac{G7}{h6}$ 或 Ø50G7/h6。

7. 轴的基本偏差数值的确定

轴的各种基本偏差的数值按一定公式计算,是 ISO 通过生产实践和科学实验,经统计分析得到的。

利用轴的基本偏差计算公式,以尺寸分段的几何平均值代入这些公式求得数值,经化整后(按数值修约规则)编制出轴的基本偏差数值表(表 2-5～表 2-6)。

表 2-5　轴 a～j 的基本偏差数值基本偏差　　　　(单位:μm)

公称尺寸 mm		基本偏差数值 上极限偏差,*es*												下级限偏差,*ei*		
大于	至	所有公差等级												IT5 和 IT6	IT7	IT8
		a①	b①	c	cd	d	e	ef	f	fg	g	h	js	j		
—	3	−270	−140	−60	−34	−20	−14	10	−6	−4	−2	0	偏差=±ITn/2,式中n为标准公差等级数	−2	−4	−6
3	6	−270	−140	−70	−46	−30	−20	−14	−10	−6	−4	0		−2	−4	
6	10	−280	−150	−80	−56	−40	−25	−18	−13	−8	−5	0		−2	−5	
10	14	−290	−150	−95	−70	−50	−32	−23	−16	−10	−6	0		−3	−6	
14	18															
18	24	−300	−160	−110	−85	−65	−40	−25	−20	−12	−7	0		−4	−8	
24	30															
30	40	−310	−170	−120	−100	−80	−50	−35	−25	−15	−9	0		−5	−10	
40	50	−320	−180	−130												
50	65	−340	−190	−140		−100	−60		−30		−10	0		−7	−12	
65	80	−360	−200	−150												
80	100	−380	−220	−170		−120	−72		−36		−12	0		−9	−15	
100	120	−410	−240	−180												
120	140	−460	−260	−200		−145	−85		−43		−14	0		−11	−18	
140	160	−520	−280	−210												
160	180	−580	−310	−230												
180	200	−660	−340	−240		−170	−100		−50		−15	0		−13	−21	
200	225	−740	−380	−260												
225	250	−820	−420	−280												
250	280	−920	−480	−300		−190	−110		−56		−17	0		−16	−26	
280	315	−1050	−540	−330												
315	355	−1200	−600	−360		−210	−125		−62		−18	0		−18	−28	
355	400	−1350	−680	−400												
400	450	−1500	−760	−440		−230	−135		−68		−20	0		−20	−32	
450	500	−1650	−840	−480												
500	560					−260	−145		−76		−22	0				
560	630															
630	710					−290	−160		−80		−24	0				
710	800															
800	900					−320	−170		−86		−26	0				
900	1000															
1000	1120					−350	−195		−98		−28	0				
1120	1250															
1250	1400					−390	−220		−110		−30	0				
1400	1600															
1600	1800					−430	−240		−120		−32	0				
1800	2000															
2000	2240					−480	−260		−130		−34	0				
2240	2500															
2500	2800					−520	−290		−145		−38	0				
2800	3150															

注:①公称尺寸≤1mm 时,不使用基本偏差 *a* 和 *b*。

表 2-6　轴 k～zc 的基本偏差数值基本偏差　　　　(单位:μm)

公称尺寸 mm		基本偏差数值下极限偏差，*ei*															
大于	至	IT4 至 IT7	≤IT3，>IT7	所有公差等级													
		k		m	n	p	r	s	t	u	v	x	y	z	za	zb	zc
—	3	0	0	+2	+4	+6	+10	+14		+18		+20		+26	+32	+40	+60
3	6	+1	0	+4	+8	+12	+15	+19		+23		+28		+35	+42	+50	+80
6	10	+1	0	+6	+10	+15	+19	+23		+28		+34		+42	+52	+67	+97
10	14	+1	0	+7	+12	+18	+23	+28		+33		+40		+50	+64	+90	+130
14	18										+39	+45		+60	+77	+108	+150
18	24	+2	0	+8	+15	+22	+28	+35		+41	+47	+54	+63	+73	+98	+136	+188
24	30								+41	+48	+55	+64	+75	+88	+118	+160	+218
30	40	+2	0	+9	+17	+26	+34	+43	+48	+60	+68	+80	+94	+112	+148	+200	+274
40	50								+54	+70	+81	+97	+114	+136	+180	+242	+325
50	65	+2	0	+11	+20	+32	+41	+53	+66	+87	+102	+122	+144	+172	+226	+300	+405
65	80						+43	+59	+75	+102	+120	+146	+174	+210	+274	+360	+480
80	100	+3	0	+13	+23	+37	+51	+71	+91	+124	+146	+178	+214	+258	+335	+445	+585
100	120						+54	+79	+104	+144	+172	+210	+254	+310	+400	+525	+690
120	140	+3	0	+15	+27	+43	+63	+92	+122	+170	+202	+248	+300	+365	+470	+620	+800
140	160						+65	+100	+134	+190	+228	+280	+340	+415	+535	+700	+900
160	180						+68	+108	+146	+210	+252	+310	+380	+465	+600	+780	+1000
180	200	+4	0	+17	+31	+50	+77	+122	+166	+236	+284	+350	+425	+520	+670	+880	+1150
200	225						+80	+130	+180	+258	+310	+385	+470	+575	+740	+960	+1250
225	250						+84	+140	+196	+284	+340	+425	+520	+640	+820	+1050	+1350
250	280	+4	0	+20	+34	+56	+94	+158	+218	+315	+385	+475	+580	+710	+920	+1200	+1550
280	315						+98	+170	+240	+350	+425	+525	+650	+790	+1000	+1300	+1700
315	355	+4	0	+21	+37	+62	+108	+190	+268	+390	+475	+590	+730	+900	+1150	+1500	+1900
355	400						+114	+208	+294	+435	+530	+660	+820	+1000	+1300	+1650	+2100
400	450	+5	0	+23	+40	+68	+126	+232	+330	+490	+595	+740	+920	+1100	+1450	+1850	+2400
450	500						+132	+252	+360	+540	+660	+820	+1000	+1250	+1600	+2100	+2600
500	560	0	0	+26	+44	+78	+150	+280	+400	+600							
560	630						+155	+310	+450	+660							
630	710	0	0	+30	+50	+88	+175	+340	+500	+740							
710	800						+185	+380	+560	+840							
800	900	0	0	+34	+56	+100	+210	+430	+620	+940							
900	1000						+220	+470	+680	+1050							
1000	1120	0	0	+40	+66	+120	+250	+520	+780	+1150							
1120	1250						+260	+580	+840	+1300							
1250	1400	0	0	+48	+78	+140	+300	+640	+960	+1450							
1400	1600						+330	+720	+1050	+1600							
1600	1800	0	0	+58	+92	+170	+370	+820	+1200	+1850							
1800	2000						+400	+920	+1350	+2000							
2000	2240	0	0	+68	+110	+195	+440	+1000	+1500	+2300							
2240	2500						+460	+1100	+1650	+2500							
2500	2800	0	0	+76	+135	+240	+550	+1250	+1900	+2900							
2800	3150						+580	+1400	+2100	+3200							

8. 孔的基本偏差数值的确定

一般情况下，同一字母的孔的基本偏差与轴的基本偏差相对于零线是完全对称的。即：孔与轴的基本偏差对应（例如 A 对应 a，F 对应 f）时，两者的基本偏差的绝对值相等，而符号相反：

$$EI = -es \tag{2-13}$$

或

$$ES = -ei$$

特殊情况下，对于标准公差等级 IT8（≤IT8）的 K，M，N 和标准公差等级 IT7（≤IT7）的 P～ZC 基本偏差的确定应使用表 2-4 的 Δ 值确定。

孔的基本偏差数值由相同字母代号轴的基本偏差换算得到的。基于国家标准的换算原则如下：

（1）基孔制或基轴制配合中，应保证孔和轴的制造难易程度大致相当；

（2）用同一字母表示孔或轴的基本偏差所组成的公差带，按照基轴制形成的配合和按照基孔制形成的配合，其配合性质相同，即配合种类相同，并且极限间隙或过盈相等。

同名配合是在相配孔轴精度等级对应不变的条件下，当基轴制配合中孔的基本偏差代号与基孔制配合中轴的基本偏差代号呈相互对应时，相配孔轴与相应的基准轴或基准孔所形成的配合称为同名配合。

例如：间隙配合 Ø45H9/f9 和 Ø45F9/h9，配合性质相同，并且最大间隙与最小间隙均相同；过渡配合 Ø45H8/k7 和 Ø45K8/h7，配合性质相同，并且最大间隙与最大过盈均相同；过盈配合 Ø45H7/t6 和 Ø45T7/h6，配合性质相同，并且最大过盈与最小过盈均相同。

应用实例 4

利用标准公差数值表和孔、轴的基本偏差数值表，分析 Ø50H7/f6 与 Ø50F7/h6 这对配合的极限间隙与极限过盈的特征要求，并且绘制公差带示意图。

① 基孔制配合 Ø50H7/f6

查表 2-2，公称尺寸为 Ø50mm 的 IT6＝0.016mm，IT7＝0.025mm；

对于基准孔 Ø50H7 的下极限偏差 $EI=0$，其上极限偏差 $ES=+0.025$mm；

查表 2-5，对于 Ø50f6 的上极限偏差（基本偏差）$es=-0.025$mm，下极限偏差 $ei=-0.041$mm；

因此，该配合在图样上的标注为 Ø50H7$\left(^{+0.025}_{0}\right)$/f6$\left(^{-0.025}_{-0.041}\right)$mm，最大间隙 $X_{max}=+0.066$mm，最小间隙 $X_{min}=+0.025$mm。

② 基轴制配合 Ø50F7/h6

对于基准轴 Ø50h6 的上极限偏差 $es=0$，其下极限偏差 $ei=-0.016$mm；

查表 2-3，对于 Ø50F7 的下极限偏差 $EI=+0.025$mm，上极限偏差 $ES=+0.05$mm；

因此，该配合在图样上的标注为 Ø50F7$\left(^{+0.05}_{+0.025}\right)$/h6$\left(^{0}_{-0.016}\right)$mm，最大间隙 $X_{max}=+0.066$mm；最小间隙 $X_{min}=+0.025$mm。

③ 绘制公差带示意图（图 2-18），间隙配合 Ø50H7/f6 和 Ø50F7/h6，配合性质相同，并且最大间隙与最小间隙均相同。此时，孔 Ø50F7 和轴 Ø50f6 的基本偏差的绝对值相等，符号相反。

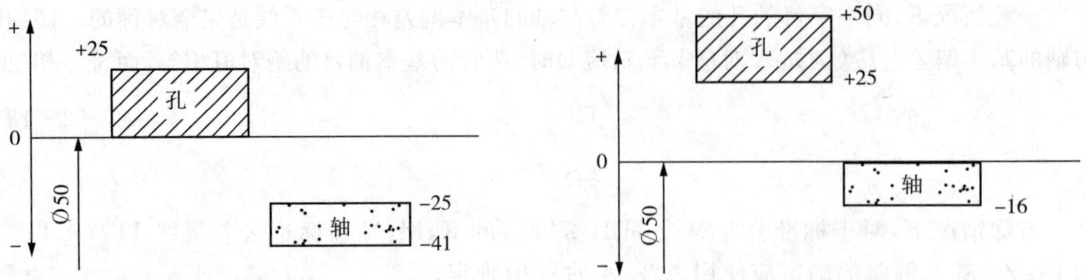

（a）基孔制配合准Ø50H7/f6　　（b）基轴制配合准Ø50F7/h6

图 2-18　间隙配合 Ø50H7/f6 和 Ø50F7/h6

应用实例 5

利用标准公差数值表和孔、轴的基本偏差数值表，分析 Ø30H8/k7 与 Ø30K8/h7 这对配合的极限间隙与极限过盈的特征要求，并且绘制公差带示意图。

① 基孔制配合 Ø30H8/k7

查表 2-2，公称尺寸为 Ø30mm 的 IT7＝0.021mm，IT8＝0.033mm；

对于基准孔 Ø30H8 的下极限偏差 $EI=0$，其上极限偏差 $ES=+0.033$mm；

查表 2-6，对于 Ø30k7 的下极限偏差（基本偏差）$ei=+0.002$mm，上极限偏差 $es=+0.023$mm；

因此，该配合在图样上的标注为 Ø30H8$(^{+0.033}_{0})$/k7$(^{+0.023}_{+0.002})$mm，最大间隙 $X_{max}=0.031$mm，最大过盈 $Y_{max}=-0.023$mm。

② 基轴制配合 Ø30K8/h7

对于基准轴 Ø30h7 的上极限偏差 $es=0$，其下极限偏差 $ei=-0.021$mm；

查表 2-3，对于 Ø30K8 的上极限偏差（基本偏差）$ES=-0.002+(0.033-0.021)=+0.01$mm，下极限偏差 $EI=-0.023$mm；

因此，该配合在图样上的标注为 Ø30K8$(^{+0.010}_{-0.023})$/h7$(^{0}_{-0.021})$mm，最大间隙 $X_{max}=+0.031$mm；最大过盈 $Y_{max}=-0.023$mm。

③ 绘制公差带示意图（图 2-19），过渡配合 Ø30H8/k7 和 Ø30K8/h7，配合性质相同，并且最大间隙与最大过盈均相同。此时，孔 Ø30K8 的基本偏差和轴 Ø30k7 的基本偏差符

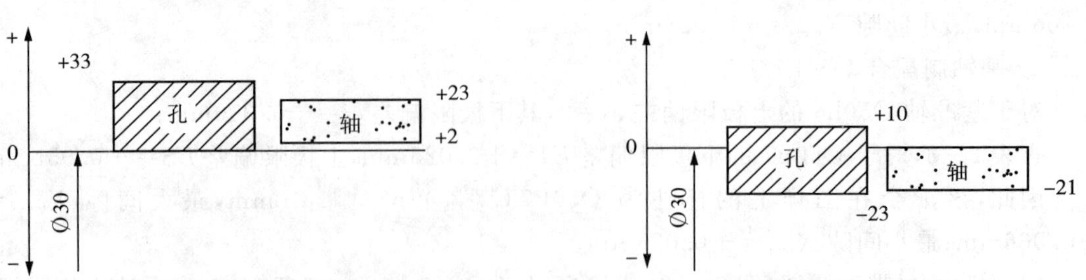

（a）基孔制配合Ø30H8/k7　　（b）基轴制配合Ø30K8/h7

图 2-19　过渡配合 Ø30H8/k7 和 Ø30K8/h7

号相反，而绝对值相差一个 Δ 值，此时 $\Delta = IT_n - IT_{n-1} = IT8 - IT7 = 0.012mm$（孔、轴标准公差数值的代数差）。同一字母的孔的基本偏差 k8 与轴的基本偏差 k7 绝对值并不相等，属于特殊情况，为了保证配合性质相同，最大间隙与最大过盈相同。

应用实例 6

利用标准公差数值表和孔、轴的基本偏差数值表，分析 Ø30H7/t6 与 Ø30T7/h6 这对配合的极限间隙或极限过盈的特征要求，并且绘制公差带示意图。

① 基孔制配合 Ø30H7/t6

查表 2-2，公称尺寸为 Ø30mm 的 IT6＝0.013mm，IT7＝0.021mm；

对于基准孔 Ø30H7 的下极限偏差 $EI=0$，其上极限偏差 $ES=+0.021mm$；

查表 2-6，对于 Ø30t6 的下极限偏差（基本偏差）$ei=+0.041mm$，上极限偏差 $es=+0.054mm$；

因此，该配合在图样上的标注为 Ø30H7 $\left({}^{+0.021}_{0}\right)$/t6 $\left({}^{+0.054}_{+0.041}\right)$ mm，最小过盈 $Y_{min}=-0.02mm$，最大过盈 $Y_{max}=-0.054mm$。

② 基轴制配合 Ø30T7/h6

对于基准轴 Ø30h6 的上极限偏差 $es=0$，其下极限偏差 $ei=-0.013mm$；

查表 2-4，对于 Ø30T7 的上极限偏差（基本偏差）$ES=-0.0041+(0.021-0.013)=-0.033mm$，下极限偏差 $EI=-0.054mm$；

因此，该配合在图样上的标注为 Ø30T7 $\left({}^{-0.033}_{-0.054}\right)$/h6 $\left({}^{0}_{-0.013}\right)$ mm，最小过盈 $Y_{min}=-0.02mm$，最大过盈 $Y_{max}=-0.054mm$。

③ 绘制公差带示意图（图 2-20），过盈配合 Ø30H7/t6 和 Ø30T7/h6，配合性质相同，并且最小过盈与最大过盈均相同。此时，孔 Ø30T7 的基本偏差和轴 Ø30t6 的基本偏差符号相反，而绝对值相差一个 Δ 值，此时 $\Delta = IT_n - IT_{n-1} = IT7 - IT6 = 0.008mm$（孔、轴标准公差数值的代数差）。同一字母的孔的基本偏差 T7 与轴的基本偏差 t6 绝对值并不相等，也属于特殊情况，为了保证配合性质相同，最大与最小过盈相同。

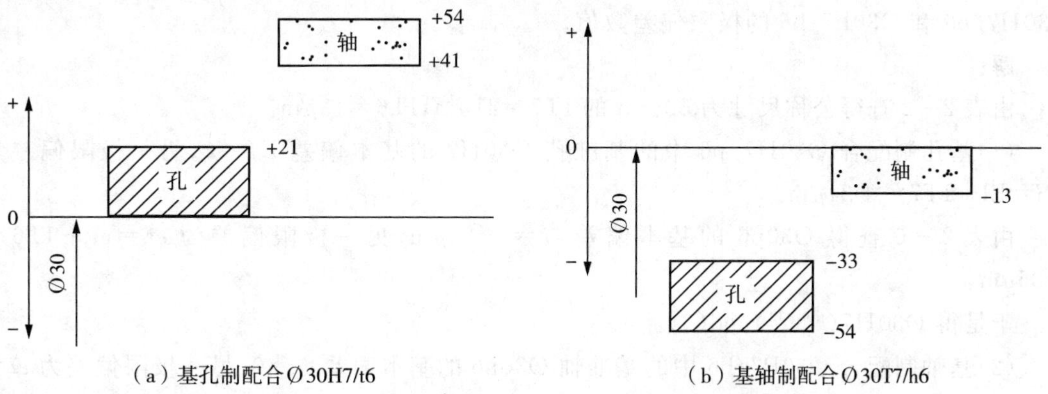

（a）基孔制配合 Ø30H7/t6　　（b）基轴制配合 Ø30T7/h6

图 2-20　过盈配合 Ø30H7/t6 和 Ø30T7/h6

9. 孔、轴另一极限偏差数值的确定

轴的另一极限偏差，下极限偏差（ei）或上极限偏差（es）可由轴的基本偏差和标准公差

(IT)求得,如图 2-21(a)所示。

孔的另一极限偏差,上极限偏差(ES)或下极限偏差(EI)可由孔的基本偏差和标准公差(IT)求得,如图 2-21(b)所示。

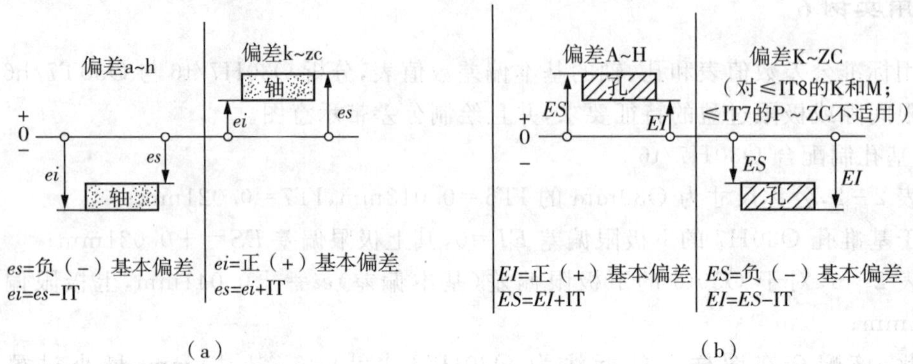

图 2-21 孔、轴的基本偏差和公差带示意图

应用实例 7

利用标准公差数值表(表 2-2)和轴的基本偏差数值表(表 2-5 和表 2-6),确定 Ø50f6 轴的极限偏差数值。

解:

由表 2-2 查得公称尺寸为 50mm 的 IT6=16μm;由表 2-5 查得公称尺寸为 50mm,且代号为 f 的基本偏差为上偏差 $es=-25\mu m$;轴的另一极限偏差为下偏差 $ei=es-IT6=-25-16=-41\mu m$。因此,轴的极限偏差在图样上的标注为 Ø$50^{-0.025}_{-0.041}$mm。

应用实例 8

利用标准公差数值表(表 2-2)和孔、轴的基本偏差数值表(表 2-3～表 2-6),确定 Ø30H7/p6 和 Ø30P7/h6 的极限偏差数值。

解:

由表 2-2 查得公称尺寸为 30mm 的 IT7=21μm,IT6=13μm。

(1)基孔制配合 Ø30H7/p6 中的基准孔 Ø30H7 的基本偏差 $EI=0$,另一极限偏差为 $ES=EI+IT7=+21\mu m$。

由表 2-6 查得 Ø30p6 的基本偏差 $ei=+22\mu m$,另一极限偏差为 $es=ei+IT6=+35\mu m$。

于是得 Ø30H7($^{+0.021}_{0}$)/p6($^{+0.035}_{+0.022}$)。

(2)基轴制配合 Ø30P7/h6 中的基准轴 Ø30h6 的基本偏差 $es=0$,另一极限偏差为 $ei=es-IT6=-13\mu m$。

由表 2-6 查得 Ø30P7 的基本偏差 $ES=[(-22)+\Delta]\mu m$,而 $\Delta=8\mu m$,因此 $ES=(-22)+8=-14\mu m$;另一极限偏差为 $EI=ES-IT7=(-14)-21=-35\mu m$。

于是得 Ø30P7($^{-0.014}_{-0.035}$)/h6($^{0}_{-0.013}$)。

2.2.3　孔、轴公差与配合在图样上的标注

1. 装配图

装配图中，有孔轴配合的地方必须标注孔轴配合公差代号。配合代号由公称尺寸相同相互结合的孔与轴的公差带代号组成，写成分数形式（直分或斜分式）。即在公称尺寸后面标注孔、轴配合代号，如 Ø50H7/f6、Ø50 $\frac{H7}{f6}$ 如图 2-22(a)和(b)所示。

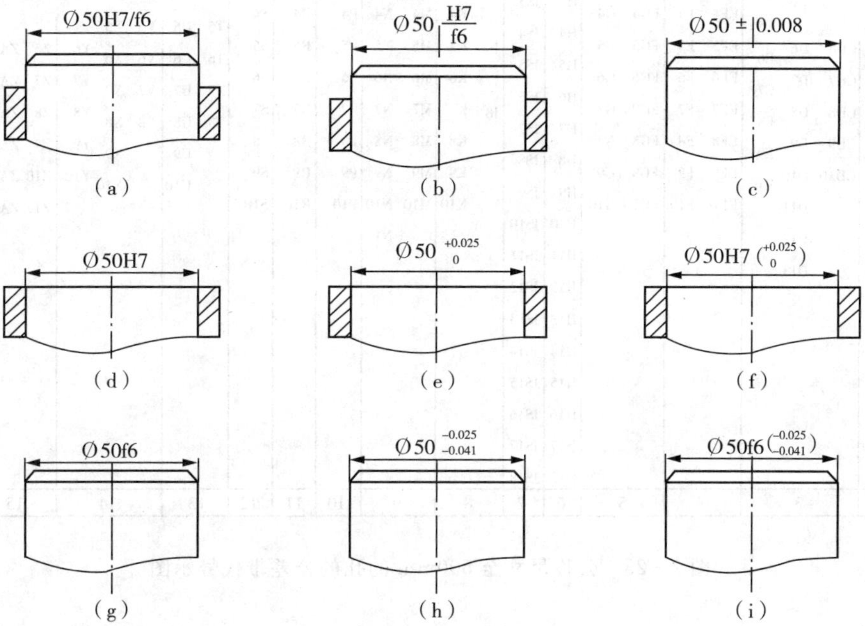

图 2-22　图样标注

2. 零件图

零件图中不标注配合，但必须给出配合相应的孔或轴的公差带代号，在孔或轴的公称尺寸后面标注孔或轴的公差带代号，如图 2-22 的(d)和(g)所示；或者公称尺寸后面标注上、下极限偏差数值，上极限偏差应标注在公称尺寸的右上角、下极限偏差应与公称尺寸在同一底线上，且上、下极限偏差数字应比公称尺寸数字的字号小一号，如图 2-22 的(e)和(h)所示；或者同时标注公差带代号及上、下极限偏差数值，此时后者应加上圆括号，如图 2-22 的(f)和(i)所示。

在零件图上标注上、下极限偏差为零时，要注出偏差数值"0"，并与另一极限偏差值的个位数对齐，如图 2-22(e)所示的 Ø50$^{+0.025}_{0}$ 或 Ø50$^{0}_{-0.016}$。

上、下极限偏差的小数点必须对齐，小数点后的位数必须相同。小数点后右端的"0"一般不注出，如 Ø50$^{+0.018}_{-0.002}$ 或 Ø315$^{-0.39}_{-0.53}$。

为了使上、下极限偏差值的小数点后的位数相同，可以用"0"补齐，如 Ø50$^{+0.015}_{-0.010}$。

当上、下极限偏差绝对值相等而符号相反时，偏差数值只注写一次，并在偏差值与公称尺寸之间注写符号"±"，且两者数值高度相同，如图 2-22 的(c)所示。

2.2.4 公差代号的选取

GB/T 1800.1—2009 规定了 20 个标准公差等级和 28 种基本偏差，这 28 种基本偏差中，j 仅保留 j5、j6、j7、j8；J 仅保留 J6、J7、J8。由此得到轴公差带可以有(28－1)×20＋4＝544 种，孔公差带可以有(28－1)×20＋3＝543 种，如图 2－23～图 2－26 所示。

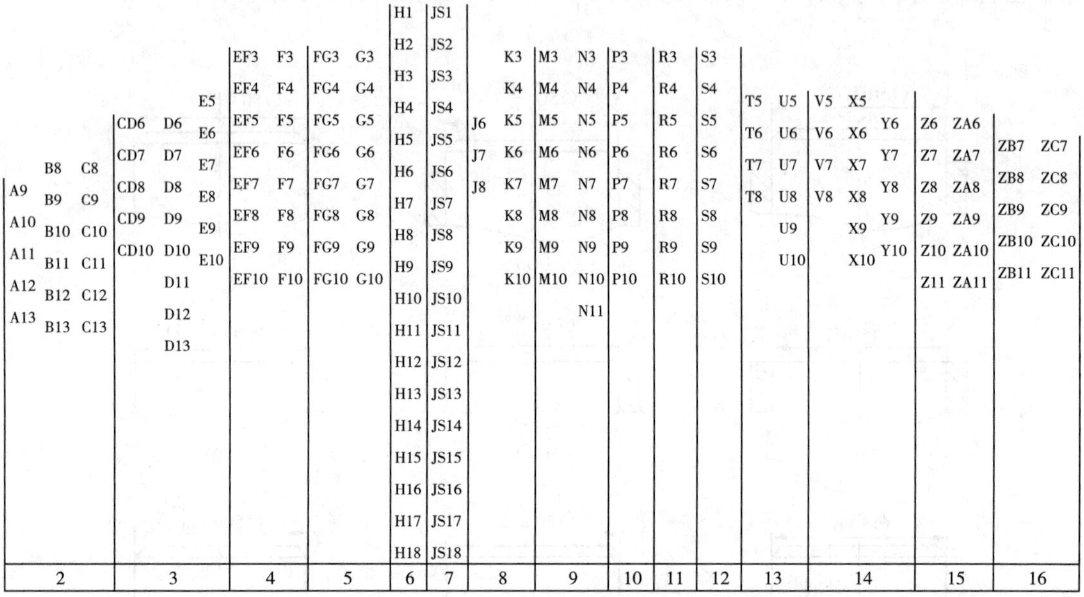

图 2－23　公称尺寸至 500mm 的孔的公差带代号示图

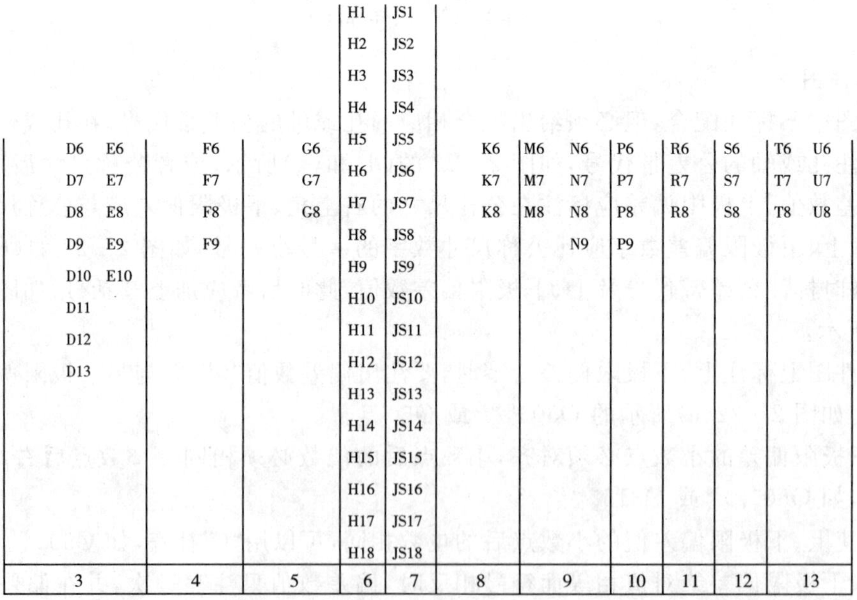

图 2－24　公称尺寸至 500～3150mm 的孔的公差带代号示图

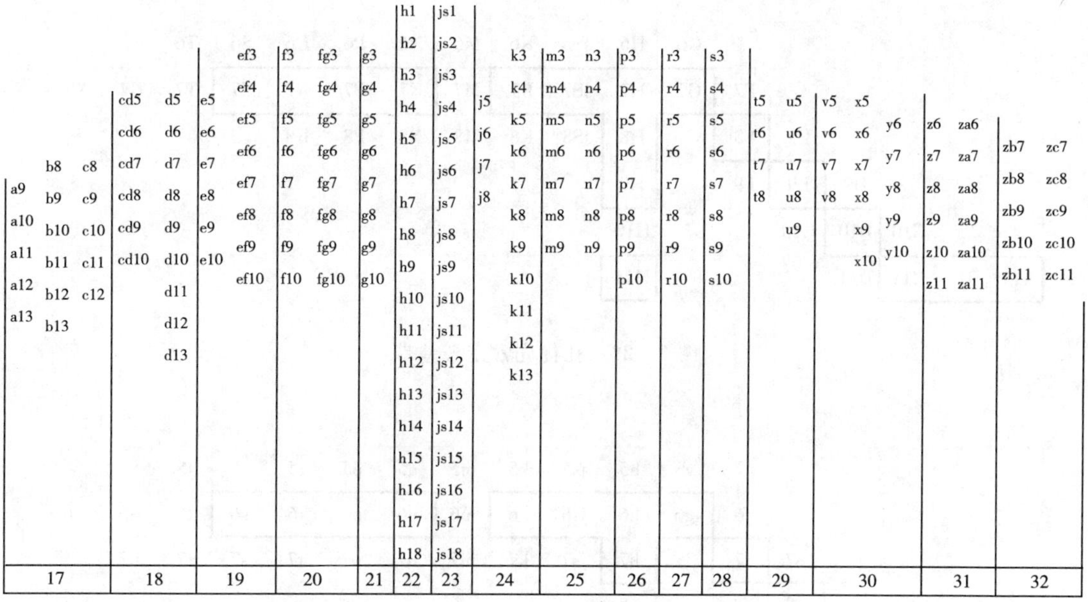

图 2－25　公称尺寸至 500mm 的轴的公差带代号示图

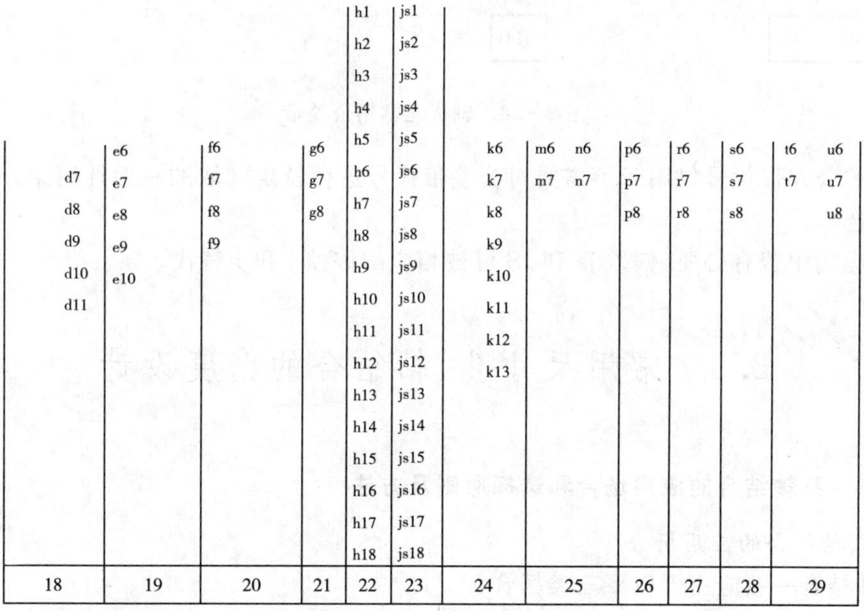

图 2－26　公称尺寸 500～3150mm 的轴的公差带代号示图

这些孔、轴公差带又可以组成数目更多的配合。若这些孔、轴公差带都应用显然是不经济的。为了获得最佳的技术经济效益，避免定值刀具、光滑极限量规以及工艺装备的品种和规格的不必要的繁杂，就有必要对公差带的选择加以限制，并选用适当的孔与轴公差带以组成配合。为此 GB/T 1801.1—2020 规定，公差带代号应尽可能从图 2－27 和图 2－28 中选取。框中所示的公差带代号优先选取。

						G6	H6	JS6	K6	M6	N6	P6	R6	S6	T6		
					F7	G7	H7	JS7	K7	M7	N7	P7	R7	S7	T7	U7	X7
				E8	F8		H8	JS8	K8	M8	N8	P8	R8				
			D9	E9	F9		H9										
		C10	D10	E10			H10										
A11	B11	C11	D11				H11										

图 2-27　孔优先常用公差带

						g5	h5	js5	k5	m5	n5	p5	r5	s5	t5		
					f6	g6	h6	js6	k6	m6	n6	p6	r6	s6	t6	u6	x6
				e7	f7		h7	js7	k7	m7	n7	p7	r7	s7	t7	u7	
				e8	f8		h8										
	b9	c9	d9	e9			h9										
			d10				h10										
a11	b11	c11					h11										

图 2-28　轴优先常用公差带

图中的公差带代号仅用于不需要对公差带代号进行特定选取的一般性用途。键槽等则需要特殊选取。

特定应用中若有必要，偏差 js 和 JS 可被相应的偏差 j 和 J 替代。

2.3　常用尺寸孔、轴结合的精度设计

2.3.1　孔轴结合的应用场合和选择原则及方法

1. 孔、轴结合的应用场合

孔、轴结合一般应用于以下三类场合：

① 活动连接。这类结合孔可以在轴上(或轴可在孔内)周向旋转或轴向移动，主要用于保证具有相对转动和移动的机构中，孔轴之间应有适当的间隙，如轮与轴、轴与支承的结合、导轨与滑块的结合等。

② 固定连接。这类孔轴结合是将两个零件装配固定成一体，需要传递足够的扭矩或承受很大的轴向力，必须给予足够的过盈，如火车轮与轴的固定连接。

③ 定心可拆连接。这类结合主要用于保证较高的同轴度，以及在不同周期的修理中方便装拆的机构，孔、轴之间可能出现过盈或间隙，但数值都较小。例如，滚动轴承套圈与孔轴

的结合、定位销与销孔的结合等。

在孔、轴结合设计时，必然要选定其中一类配合。机器中孔、轴的结合中总有一个间隙或过盈的要求，但制造误差的存在使得相同规格的一批孔、轴的结合所得到的间隙或过盈无法完全相等，因此，实际是设计极限间隙或过盈，作为制造的依据，使得到的实际值在允许范围内。

孔、轴结合的精度设计是机械产品设计中的重要部分，这直接影响机械产品的使用性能、性能和加工成本。孔、轴结合的精度设计，实际上就是如何根据使用要求正确合理地选择符合标准规定的孔、轴的公差带相互关系。在装配图中标注出孔、轴配合代号。要确定一个配合，其中包括配合制、标准公差等级和配合种类的选用问题。

2. 孔、轴结合的选择原则

选择的原则可以这样概括：保证机械产品的性能优良，制造经济可行；或者说，应使机械产品的使用价值与制造成本的综合经济效果最好。

3. 孔、轴结合的选择方法

标准公差等级和配合种类的选择有两种可用方法，即经验法和计算法。

经验法就是通过对同类机器和零部件以及它们的图样进行分析，参考从生产实践中总结出来的技术资料，把所设计产品的技术要求与之进行对比，来选择孔、轴公差与配合。这是应用较多的方法。

计算法是考虑功能需求和相配零件的可生产性，按照一定的理论和公式来确定所需要的极限间隙或过盈，来选择孔、轴公差与配合。但由于影响因素较复杂，因此计算比较困难或麻烦。而随着科学技术的发展和计算机的广泛应用，计算法会日趋完善，其应用逐渐增多。

2.3.2　配合制的选用

首先需要做的决定是采用"基孔制配合"(孔 H)还是采用"基轴制配合"(轴 h)。这两种配合制都可以实现同样的配合要求，对于零件的功能没有技术性的差别，因此应从产品结构特点、加工工艺性和经济性等方面综合考虑选择配合制。

1. 优先选用基孔制

一般情况下应优先选用基孔制。因为中等尺寸高精度的孔，加工和检测时要使用钻头、铰刀、拉刀等定值刀具和光滑极限塞规(不便于使用普通计量器具测量)，易于保证质量，而对机床精度和工人技术水平要求不高，应用较广。而每一种定值刀具和塞规只能加工和检验一种特定尺寸和公差带的孔。加工轴时使用车刀、砂轮等通用刀具，便于使用普通计量器具测量。所以，采用基孔制配合可以减少孔公差带的数量，这就可以减少定值刀具和塞规的数量，显然是经济合理的。参看表 2-7，设某一公称尺寸的孔和轴要求三种配合，采用基孔制，则三种配合由一种孔公差带和三种轴公差带构成；而采用基轴制，则三种配合由一种轴公差带和三种孔公差带构成。可见，基孔制所需要的定值刀具比基轴制少。

至于尺寸较大的孔及低精度的孔，一般不采用定尺寸刀量具来加工、检验，从工艺上讲，采用基孔制或基轴制都一样。

表 2-7　基孔制和基轴制所需刀具和量具的比较

	基孔制				基轴制			
	孔	轴	轴	轴	轴	孔	孔	孔
工件								
刀具	铰刀	车刀、砂轮			车刀、砂轮	铰刀	铰刀	铰刀
光滑极限量规	塞规	卡规	卡规	卡规	卡规	塞规	塞规	塞规

2. 特殊情况下采用基轴制

对于下列情况，采用基轴制比较经济合理。

(1)使用冷拉钢材直接做轴

若采用冷拉标准轴，由于轴的尺寸、形状很准确，表面光洁，外圆表面不再加工即可使用。故此时宜采用基轴制。在农业机械、纺织机械和仪器仪表中，这种情况较多。特别是在钟表工业中，由于小尺寸孔用定值刀具制造方便，定值量具检验方便比较便宜，故基轴制应用的更多一些。

(2)结构上的需要

在结构上，当某一根轴不同部位与几个不同配合要求的孔相配合时，这种情况下应采用基轴制。参看图 2-29，在内燃机的活塞、连杆机构中，活塞销与活塞上的两个销孔的配合要求紧些(过渡配合性质)，而活塞销与连杆小头孔的配合要求松些(最小间隙为零的间隙配合性质)。若采用基孔制，如图 2-30(a)所示，则活塞上的两个销孔和连杆小头孔的公差带相同(H6)，而满足两种不同配合要求的活塞销要按两种公差带(h5、m5)加工成阶梯轴，这既不利于加工，又不利于装配(装配时会将连杆小头孔刮伤)。反之，采用基轴制配合，如图 2-30(b)所示，则活塞销按一种公差带加工，制成光轴，这样活塞销的加工和装配都方便。

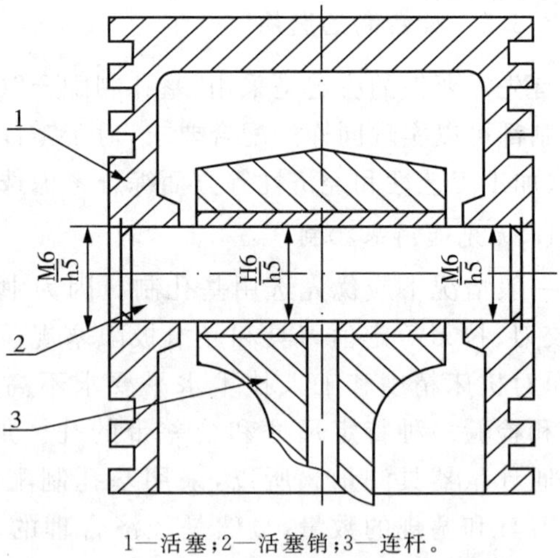

1—活塞；2—活塞销；3—连杆。

图 2-29　活塞连杆机构中的三种配合

3. 以标准件为基准件选择配合制

标准件通常由专业工厂大量生产，其尺寸已经标准化。当设计的孔或轴与标准零部件相配合时，基准件的选择应依标准件而定。例如，滚动轴承外圈与箱体上轴承孔的配合必须

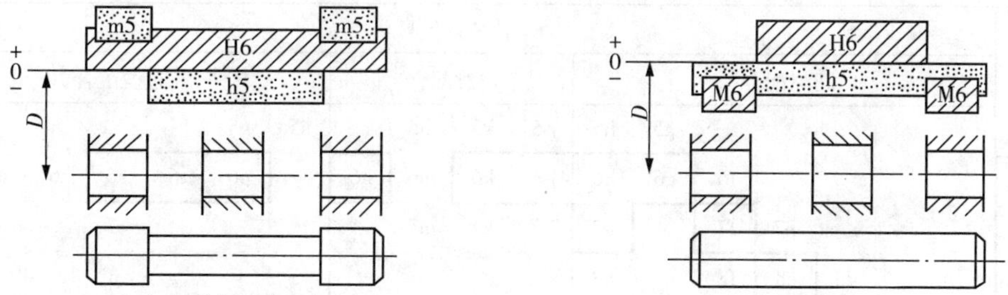

（a）基孔制配合　　（b）基轴制配合

图 2-30　活塞销与活塞两孔及连杆小头孔的公差带

采用基轴制，滚动轴承内圈与轴颈的配合必须采用基孔制，如图 2-31 所示。

4. 必要时采用任何适当的孔、轴公差带组成的配合

参看图 2-31，圆柱齿轮减速器中，输出轴轴颈的公差带按它与轴承内圈配合的要求已确定为 Ø60k6，轴套将轴承与齿轮隔开，起轴向定位的作用，为了装拆方便，轴套只需松套在轴上即可。轴套孔与轴颈的配合，间隙较大，轴套孔的尺寸精度要求不高，因此应按轴颈的上极限偏差和最小间隙的大小，来确定轴套孔的下极限偏差，本例确定该孔的公差带为 Ø60D9。箱体上轴承座孔（外壳孔）的公差带按它与轴承外圈配合的要求已确定为 Ø95J7，而端盖的作用仅是防尘、防漏油及限制轴承的轴向位移量。为了装拆和调整方便，端盖定位圆柱面与箱体孔的配合，间隙较大，该圆柱面尺寸精度要求不高，因此端盖定位圆柱面的公差带可选取 Ø95e9。这样组成的配合 Ø60D9/k6 和 Ø95J7/e9 既满足使用要求，又获得最佳的技术经济效益。

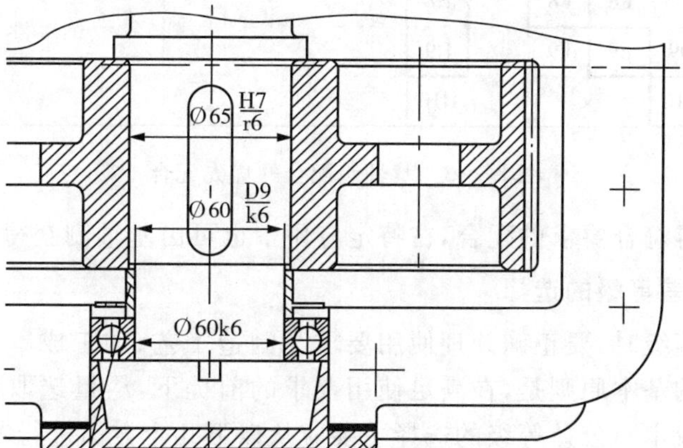

图 2-31　减速器中轴套处和轴承端盖处的配合

5. 依据经验确定特定配合

基于决策的考虑，对于孔和轴的公差等级和基本偏差的选择，应能够给出最满足所要求使用条件对应的最小和最大间隙或过盈。

对于通常的工程目的，只需要许多可能的配合中的少数配合，图 2-32 和图 2-33 给出了可以满足普通工程机构需要的优先配合。基于经济因素，如有可能，应优先选用框中所示的公差代号。

基准孔	轴公差代号																	
	间隙配合							过渡配合				过盈配合						
H6						g5	h5	js5	k5	m5		n5	p5					
H7					f6	g6	h6	js6	k6	m6	n6		p6	r6	s6	t6	u6	x6
H8				e7	f7		h7	js7	k7	m7					s7		u7	
			d8	e8	f8		h8											
H9			d8	e8	f8		h8											
H10	b9	c9	d9	e9			h9											
H11	b11	c11	d10				h10											

图 2-32　基孔制配合的优先配合

基准轴	孔公差带代号																	
	间隙配合							过渡配合				过盈配合						
h5						G6	H6	JS6	K6	M6		N6	P6					
h6					F7	G7	H7	JS7	K7	M7	N7		P7	R7	S7	T7	U7	X7
h7				E8	F8		H8											
h8			D9	E9	F9		H9											
h9				E8	F8		H8											
			D9	E9	F9		H9											
	B11	C10	D10				H10											

图 2-33　基轴制配合的优先配合

可由基孔制获得符合要求的配合，在特定应用中也可由基轴制获得。

2.3.3　标准公差等级的选择

选择标准公差等级时，要正确处理使用要求与制造工艺、加工成本之间的关系。因此，选择标准公差等级的基本原则是，在满足使用要求的前提下，尽量选取低的标准公差等级。以利于加工和降低成本。公差等级的选择主要应从以下几个方面进行考虑。

1. 公差等级与孔、轴的工艺等价性相关联

工艺等价性是指同一配合中的孔和轴的加工难易程度大致相同。

若按使用要求确定配合公差 T_f 后，则孔公差 T_h 与轴公差 T_s 必须满足 $T_f = T_h + T_s$，至于 T_h 与 T_s 的分配则可按工艺等价原则来考虑。一般可分为以下几种情况。

① 当 3mm＜公称尺寸≤500mm，对于间隙配合和过渡配合，标准公差等级为 8 级或高于 8 级（标准公差等级≤IT8）的孔应与高一级的轴配合，例如 Ø50H8/f7、Ø40K7/h6；标准公差等级为 9 级或低于 9 级（标准公差等级≥IT9）的孔可与同一级的轴配合，如 Ø30H9/e9、Ø40D10/h10。对于过盈配合，标准公差等级为 7 级或高于 7 级（标准公差等级≤IT7）的孔应与高一级的轴配合，如 Ø100H7/u6、Ø60R6/h5；标准公差等级为 8 级或低于 8 级（标准

公差等级≥IT8)的孔可与同一级的轴配合，如 Ø60H8/t8。

② 当公称尺寸>500mm，孔的测量较容易一些，一般采用同级孔、轴配合。

③ 当公称尺寸≤3mm，由于工艺的多样性，可使 T_h 与 T_s 相同，或 $T_h>T_s$，或 $T_h<T_s$，这三种情况都占有一定的比例，甚至 $T_h<T_s$ 的情况反而较多。在钟表业，有的孔公差等级较轴公差等级高 2～3 级。

2. 公差等级与配合种类相关联

孔、轴公差等级高低，影响配合的稳定性和一致性。例如，对于过渡配合或过盈配合，一般不允许其间隙或过盈的变动太大，如果公差等级过低，可能会使过盈量超过零件材料的极限强度。因此，应选较高公差等级(通常 $T_h≤IT8$，$T_s≤IT7$)。

对于间隙配合，可以允许有较大的间隙变动范围，例如，配合的孔、轴的公差等级可以选至 IT12(图 2-32 和图 2-33)。但间隙小的配合，公差等级应较高。而在较大的间隙中，公差等级可以低些。例如，可选用 H7/g6 和 H11/c11，而选用 H7/a6 就不合理了(间隙大而公差带宽度小)。

3. 公差等级与典型零部件的精度相关联

轴和孔的精度等级必须匹配，具有典型零部件的以典型零部件的精度为参考。

例如，与滚动轴承相配合的轴颈和外壳孔的标准公差等级决定于滚动轴承精度等级，普通级的轴承，要求轴颈的公差等级为 IT6、外壳孔为 IT7。6 级的轴承，一般要求轴颈的公差等级为 IT5、外壳孔为 IT6。

例如，齿轮孔与其相配合的轴，两者的公差等级取决于齿轮的精度等级。如齿轮的精度等级为 8 级，一般取齿轮孔的公差等级为 IT7，与齿轮孔相配合的轴的公差等级为 IT6。

了解各公差等级应用范围及各种加工方法所具有的加工精度对选用孔、轴公差等级是极为有益的，特别是用类比法选择公差等级时。

各个标准公差等级的应用范围如下：

IT01～IT1 用于量块的尺寸公差。

IT1～IT7 用于量规的尺寸公差，IT1 也用于检验 IT6、IT7 级轴用量规的校对量规。这些量规常用于检验 IT6～IT16 的孔和轴。

IT2～IT5 用于精密配合，如滚动轴承各零件的配合。

IT5～IT10 用于有精度要求的重要和较重要配合。IT5 的轴和 IT6 的孔用于高精度的重要配合，例如精密机床主轴的轴颈、主轴箱体孔与精密轴承的配合；车床尾座孔与顶针套筒的配合；发动机活塞销与连杆衬套孔和活塞孔的配合。IT6 的轴与 IT7 的孔在机械制造业中的应用很广，用于较高精度的重要配合，例如机床传动机构中齿轮与轴的配合；发动机中曲轴的主轴颈与滑动轴承的配合、活塞与气缸、气门杆与导套的配合；与普通级滚动轴承内、外圈配合的轴颈和箱体上轴承孔(外壳孔)等。而 IT7、IT8 的轴和孔通常用于中等精度要求的配合，例如通用机械中轴的轴颈与滑动轴承的配合以及重型机械和农业机械中较重要的配合。IT8 与 IT9 分别用于普通平键宽度与键槽宽度的配合。IT9、IT10 的轴和孔用于一般精度要求的配合。

IT11、IT12 用于不重要的配合。多用于各种没有严格要求，只要求便于连接的配合。如螺栓和螺孔、铆钉和孔的配合。

IT12～IT18 用于未注公差的尺寸和粗加工的工序尺寸上，包括冲压件、铸锻件的公差。如手柄的直径、壳体的外形、壁厚尺寸、端面之间的距离。

IT8～IT14 为原材料公差。

各种加工方法能达到的公差等级参考范围：

数控车 IT3～IT7；数控铣 IT3～IT6；数控镗 IT3～IT5；研磨 IT01～IT5；珩磨 IT4～IT7；圆磨 IT5～IT8；平磨 IT5～IT8；金刚石磨床和金刚石镗床 IT4～IT7；拉削 IT5～IT8；铰孔 IT6～IT10；普通车床 IT7～IT11；普通镗床 IT7～IT11；铣床 IT8～IT11；刨床和插床 IT10～IT11；滚压、挤压 IT10～IT11；冲压、铸造 IT10～IT14；砂箱、铸造 IT16～IT18；锻造 IT15～IT18。值得注意的是：各种加工方法能达到的公差等级范围，随着工艺水平的不断提高是会变化的。

4. 公差等级与加工成本相关联

间隙较大的间隙配合中，孔和轴之一由于某种原因，必须选用较高的标准公差等级，则与它配合的轴或孔的标准公差等级可以低两三级，以便在满足使用要求的前提下降低加工成本。例如图 2-31 所示，轴套孔与轴颈配合为 Ø60D9/k6；外壳孔与端盖定位圆柱面的配合为 Ø95J7/e9。

2.3.4　配合种类的选择

选择配合种类的主要根据是使用要求，应该按照工作条件要求的松紧程度，在保证机器正常工作的情况下来选择适当的配合。但是除动压轴承的间隙配合和在弹性变形范围内由过盈传递力矩或轴向力的过盈配合外，工作条件要求的松紧程度很难用量化指标衡量表示。在实际工作中，除少数可用计算法进行配合选择外，多数采用类比法和试验法选择配合种类。

1. 配合类别的确定

在用类比法选择配合时，要具体分析。首先确定配合类别。配合共分间隙、过渡和过盈配合三大类。选择配合的主要依据是使用要求和工作条件。

(1)间隙配合的选择

工作时有相对运动或虽无相对运动而要求装拆方便的孔、轴配合，应该选用间隙配合。要求孔、轴有相对运动的间隙配合中，相对运动速度越高，润滑油黏度越大，则配合应越松。

(2)过渡配合的选择

对于既要求对中性又要求装拆方便且无相对运动的孔、轴配合，应该选用过渡配合。这时，传递载荷(转矩或轴向力)必须加键或销等连接件。过渡配合最大间隙 X_{max} 应小，以保证对中性；最大过盈 Y_{max} 也应小，以保证装拆方便。也就是说，配合公差($T_f = X_{max} - Y_{max}$)应小。因此，过渡配合的孔、轴的标准公差等级应较高(IT5～IT8)。

(3)过盈配合的选择

对于利用过盈来保证固定或传递载荷的孔、轴配合，应该选择过盈配合。传动力大，过盈量要大。

具体选择配合类别时可参看表 2-8。

表 2-8　三类配合选择的基本根据

孔和轴之间	有相对运动(转动或移动)	间隙配合	
	无相对运动	传递较大转矩，不要求拆卸	过盈配合
		同轴度要求高，加键传矩，要求拆卸	过渡配合
		同轴度要求不高，经常拆卸，加键传矩	间隙配合

2. 配合松紧的确定

配合类别确定后，配合松紧则按工作条件考虑，对照实例选择。对于间隙配合，应考虑运动特性、运动条件及运动精度；对于过盈配合，应考虑负荷特性、负荷大小、材料允许应力、装配条件及工作温度；对于过渡配合，应考虑对中性要求及拆卸要求等。一般情况下在对照实例选取配合时，应根据具体条件的不同，增加或减少过盈量或间隙量(材料相同的情况)：

① 材料许用应力小，过盈量减；

② 经常拆卸，过盈量减；

③ 有冲击负荷，过盈量增、间隙量减；

④ 工作时，孔的温度高于轴的温度，过盈量增、间隙量减；

⑤ 工作时，轴的温度高于孔的温度，过盈量减、间隙量增；

⑥ 配合长度较长，过盈量减、间隙量增；

⑦ 几何误差大，过盈量减、间隙量增；

⑧ 配合时可能歪斜，过盈量减、间隙量增；

⑨ 旋转速度较高，过盈量增、间隙量减；

⑩ 有轴向运动，间隙量增；

⑪ 润滑油黏度大，间隙量增；

⑫ 表面粗糙，过盈量增、间隙量减；

⑬ 装配精度高，过盈量减、间隙量减。

3. 配合选择参考

在明确所选配合类别后，参照表 2 - 9 各种基本偏差的特点及应用实例，来正确选择配合。

表 2 - 9　各种基本偏差的应用实例

配合	基本偏差	各种基本偏差的特点及应用实例	
间隙配合	a(A) b(B)	可得到特别大的间隙，很少采用。主要用于工作时温度高、热变形大零件的配合，如内燃机中铝活塞与气缸钢套孔的配合为 H9/a9。 右图：起重机吊钩销轴与拉杆孔、叉头孔配合为 H12/b12。	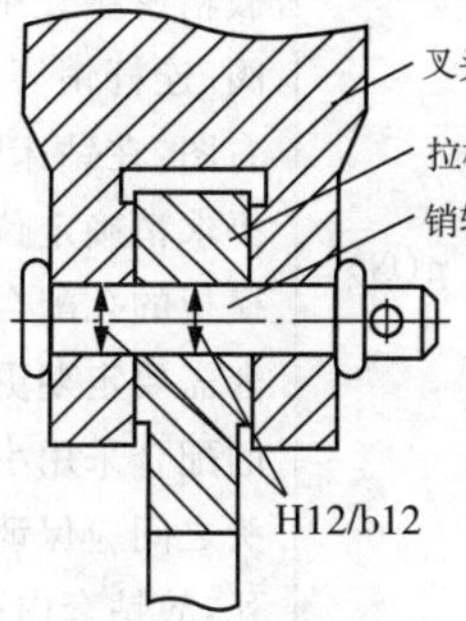
	C(C)	可得到很大的间隙。一般用于工作条件较差(如农业机械)、工作时受力变形大及装配工艺性不好的零件的配合，也适用于高温工作的间隙配合。 右图：内燃机排气阀杆与导管孔的配合为 H8/c7。	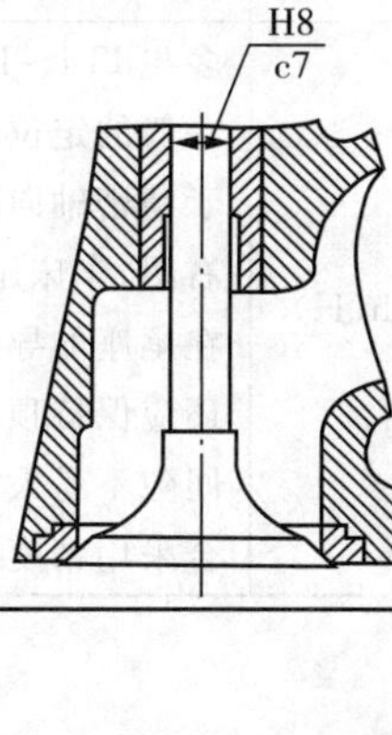

（续表）

配合	基本偏差	各种基本偏差的特点及应用实例	
	d(D)	与 IT7～IT11 对应，适用于较松的间隙配合（如滑轮、活套带轮的孔与轴的配合）以及大尺寸滑动轴承与轴颈的配合（如涡轮机、球磨机等的滑动轴承）。 右图：活塞上的环形槽与活塞环在宽度上的配合采用 H9/d9。	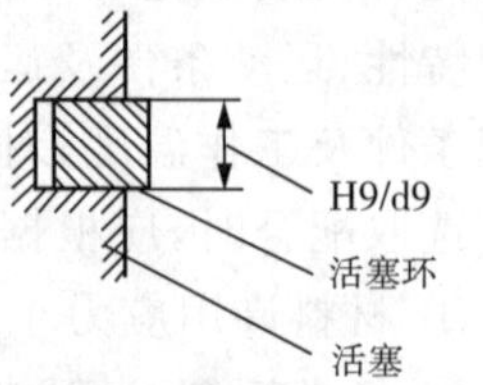
	e(E)	与 IT6～IT9 对应，具有明显的间隙，用于大跨距及多支点的转轴轴颈与轴承的配合，以及高速、重载的大尺寸轴颈与轴承的配合，如大型电机、内燃机的重要轴承处的配合。 右图：发动机曲轴轴颈与轴承的配合，H6/e7。	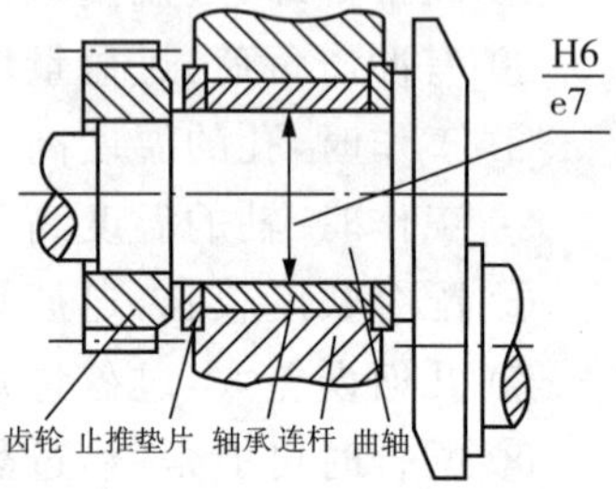
	f(F)	多与 IT6～IT8 对应，用于一般的转动配合，受温度影响不大，采用普通润滑油的轴颈与滑动轴承的配合，如齿轮箱、小电机、泵等转轴轴颈与滑动轴承处的配合为 H7/f6。 右图：在爪形离合器结构中，固定爪的孔与主动轴间要求精确定位，无相对运动，大修时才拆卸，故固定爪的孔与主动轴的配合采用过渡配合 H7/n6，而移动爪可在从动轴上自由移动，加键能传递一定的载荷，故移动爪的孔与从动轴采用间隙配合 H8/f7。	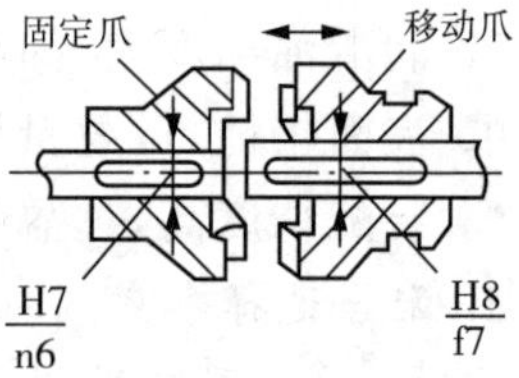
	g(G)	多与 IT5～IT7 对应，形成配合的间隙较小，用于轻载精密装置中的转动配合，用于插销的定位配合，滑阀、连杆销等处的配合。 右图：在钻床的钻模夹具中，衬套压入钻模板的孔中，要求精确定位，且不常拆卸，故衬套的外圆柱面与钻模板的孔配合采用较紧的过渡配合 H7/n6，而可换钻套需要定期更换，因此可换钻套外圆柱面与衬套内孔的配合采用小间隙配合 H7/g6，可换钻套的内孔与钻头之间应保证有一定间隙，以防止两者可能卡住或咬死，故钻套内孔尺寸公差带采用 G7。	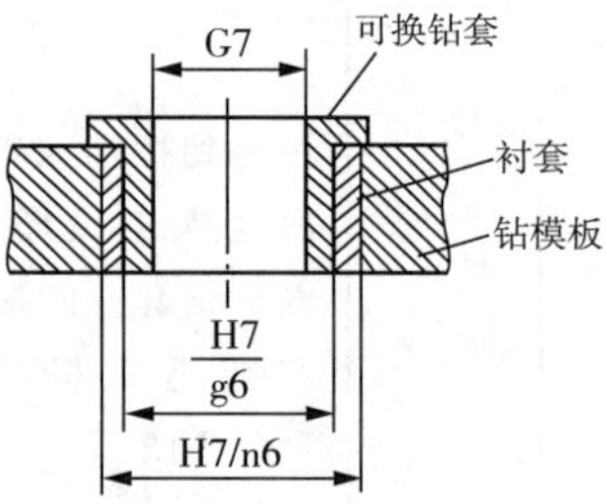
	h(H)	多与 IT4～IT11 对应，广泛用于无相对转动的配合、一般的定位配合。若没有温度、变形的影响，也可用于精密轴向移动部位。 右图：车床尾座结构中，调整顶尖套筒在调整时，它在尾座的导向孔中滑动，两者之间需要有间隙，同时还应保持顶尖相对于车床较高的精度，两者之间的间隙不易大，故尾座的导向孔与套筒外圆柱面的配合采用精度高而间隙小的间隙配合 H6/h5。	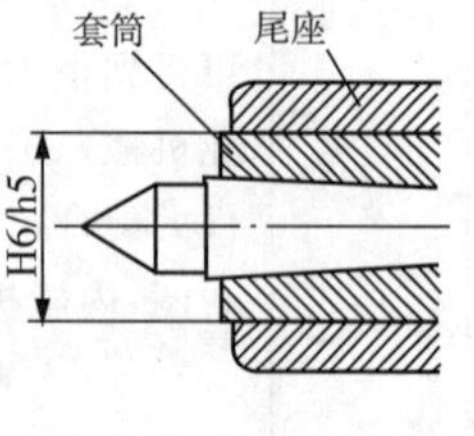

（续表）

配合	基本偏差	各种基本偏差的特点及应用实例	
过渡配合	js(JS)	多用于 IT4～IT7 出现间隙概率较大的过渡配合，用于略有过盈的定位配合，如联轴器与轴、滚动轴承外圈与外壳孔的配合等。一般用手或木槌装配。 右图：齿圈与轮毂的配合采用 H7/js6。	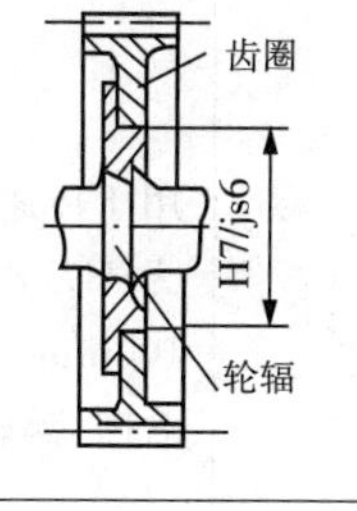
	k(K)	多用于 IT4～IT7 最大间隙和最大过盈的平均值接近于零的配合，用于定位配合，如滚动轴承的内、外圈分别与轴颈、外壳孔的配合。用木槌装配。 右图：在夹具的固定式定位销结构中，定位销直接安装在夹具体上使用，定位精度要求较高且不常拆卸，故定位销与夹具体上的孔的配合采用过渡配合 H7/k6。	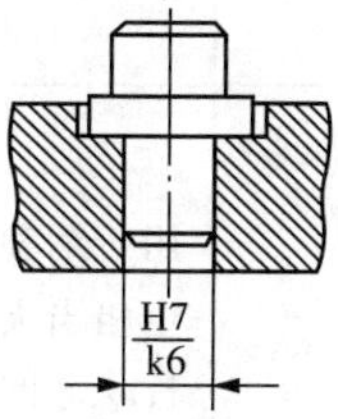
	m(M)	多用于 IT4～IT7 过盈较小的配合，用于精密的定位配合。 右图：涡轮青铜轮缘的内孔与钢轮毂凸缘的配合为 H7/m6（H7/n6）。	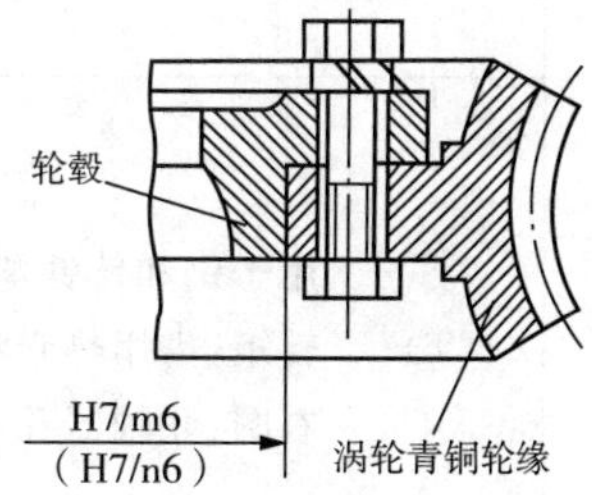
	n(N)	多用于 IT4～IT7 过盈较大的配合，很少形成间隙。用于加键传递较大转矩的配合。用槌子或压力机装配。 右图：冲床上齿轮的基准孔与轴的配合 H7/n6。	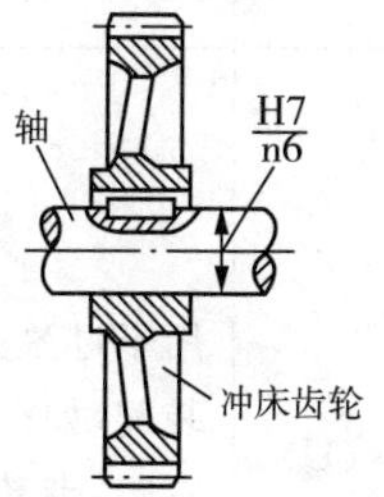
过盈配合	p(P)	用于过盈小的配合。与 H6 或 H7 孔形成过盈配合，与 H8 孔形成过渡配合。碳钢和铸铁零件形成的配合为标准压入配合，而合金钢零件的配合需要过盈小时可用 p 或(P)。 右图：在滑动轴承结构中，为保证轴承工作时轴瓦孔与轴颈间形成液体摩擦状态，故轴瓦孔与轴颈间的配合选为 H7/f6，而轴瓦外圆柱面与轴承座之间不允许有相对运动，故采取小过盈配合 H7/p6。	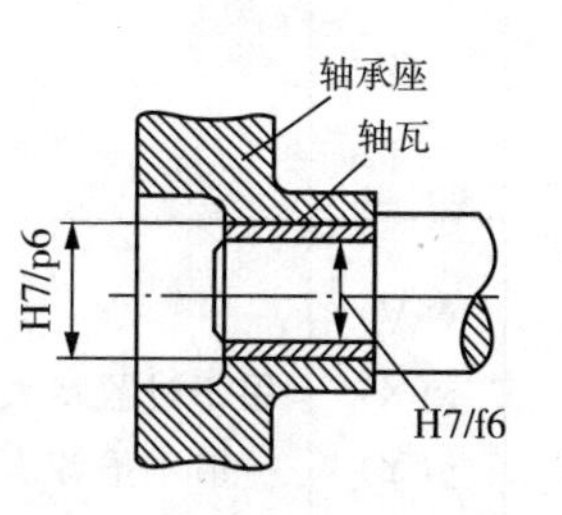

（续表）

配合	基本偏差	各种基本偏差的特点及应用实例	
	r(R)	用于传递大转矩或承受冲击负荷而需要加键的配合为 H7/r6。必须注意，H8/r7 配合在公称尺寸≤100mm 时，为过渡配合。 右图：涡轮的基准孔与轴的配合 H7/r6。	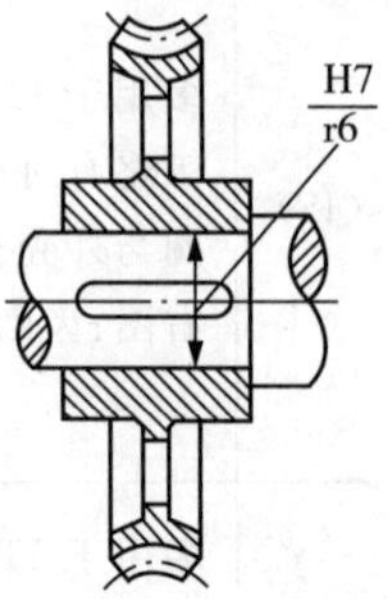
	s(S)	用于钢和铸铁零件的永久性和半永久性结合，可产生相当大的结合力，如套环压在轴、阀座孔中采用的 H7/s6 配合。 右图：泵阀座和壳体的结合 H7/s6。	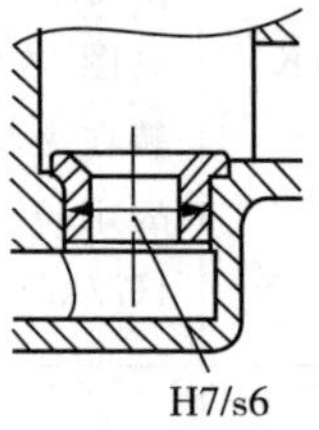
	t(T)	用于钢和铸铁零件的永久性结合，不用键就能传递转矩，需用热套法或冷轴法装配。 右图：联轴器孔与轴的配合为 H7/t6。	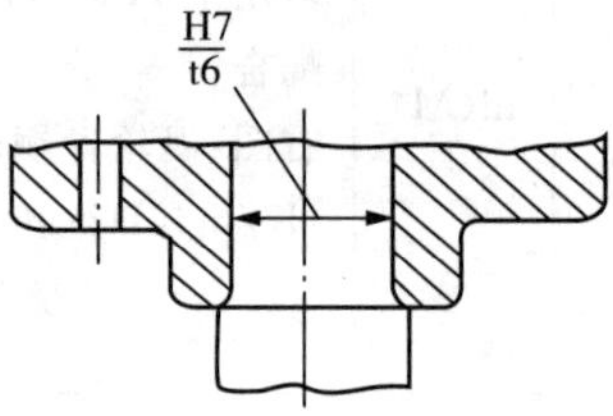
	u(U)	用于过盈大的配合，最大过盈需验算，用热套法进行装配，如火车车轮轮毂孔的与轴的配合 H7/u6。 右图：带轮部件中主动锥齿轮孔与轴的配合采用 H7/u6。	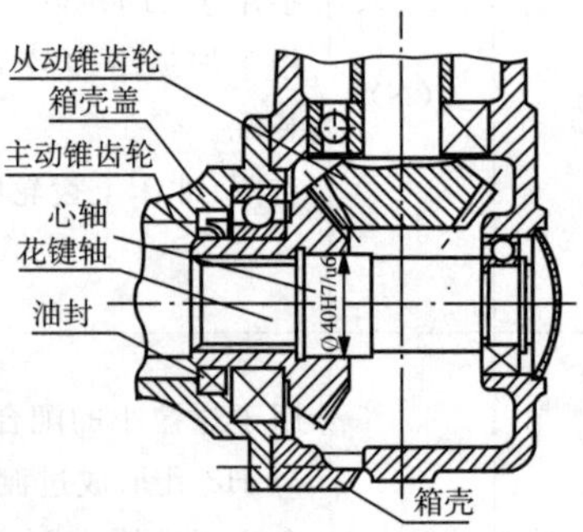
	v(V) x(X) y(Y) z(Z)	用于过盈特大的配合，目前使用的经验和资料很少，必须经过试验后才能应用。一般不推荐。	

对于 3～500mm 的常用尺寸段，应优先选用优先配合。表 2－10 为优先配合的应用说明，供选择时参考。

表 2－10　优先配合的使用说明

配合	优先配合		应用说明	应用举例
	基孔制	基轴制		
间隙配合	$\frac{H11}{b11}$ $\frac{H11}{c11}$	$\frac{B11}{h9}$	间隙极大，用于转速很高、孔轴温差很大的滑动轴承；精度要求低，有大间隙的外露部分；要求装配极方便的场合	起重机吊钩，带榫槽法兰与槽径的配合，农业机械中粗加工或不加工的轴与轴承的配合
	$\frac{H10}{d9}$	$\frac{D10}{h9}$	间隙很大，用于转速较高、轴颈压力较大、精度要求不高的滑动轴承	
	$\frac{E8}{h8}$ $\frac{E9}{h9}$	$\frac{H8}{e8}$ $\frac{H9}{e8}$	配合间隙较大，用于高转速载荷不大、方向不变的轴与轴承的配合，或是虽是中等转速，但轴跨度长或三个以上支撑点轴与轴承的配合	外圆磨床的主轴与轴承，汽轮发电机的轴与轴承，小型电机轴与轴承
	$\frac{H8}{f7}$	$\frac{F8}{h7}$	间隙不大，用于低速转动、中等轴颈压力、有一定的精度要求的一般滑动轴承；要求装配方便的中等定位精度的配合	中等转速、中等载荷的滑动轴承，机床滑移齿轮与轴等
	$\frac{H7}{g6}$	$\frac{G7}{h6}$	间隙很小，用于低速转动、中等轴颈压力、有一定的精度要求的一般滑动轴承；要求装配方便的中等定位精度的配合	精密机床主轴与轴承，机床传动齿轮与轴，中等精度分度头与轴套，矩形花键定心直径，可换钻套与钻模板等
	$\frac{H7}{h6}$ $\frac{H8}{h7}$ $\frac{H10}{h9}$	$\frac{H7}{h6}$ $\frac{H8}{h7}$ $\frac{H8}{h9}$ $\frac{H9}{h8}$ $\frac{H9}{h9}$	均为间隙定位配合，零件可自由装拆，而工作时一半相对静止不动，在最大实体条件下的间隙为零，在最小实体条件下的间隙由公差等级决定	机床变速箱的滑移齿轮和轴，离合器与轴，滚动轴承与箱体，风动工具活塞与缸体，销钉和套，拨叉和导向轴，起重机链轮与轴等
过渡配合	$\frac{H7}{js6}$	$\frac{JS7}{h6}$	最松的一种过渡配合，大部分都将得到间隙，用于频繁拆卸、同轴度要求不高的配合	机床变速箱中的齿轮和轴，精密仪表中的轴和轴承
	$\frac{H7}{k6}$	$\frac{K7}{h6}$	最大间隙和最大过盈的平均值接近于零，用于要求装拆的精密定位的配合	机床不动齿轮和轴，减速机蜗轮与轴，齿轮和轴的配合
	$\frac{H7}{n6}$	$\frac{N7}{h6}$	较紧的过渡配合，用于一般不拆装的更精密定位的配合	蜗轮青铜轮缘与轮心，柴油泵泵座与泵缸，压缩机连杆衬套与曲轴衬套

（续表）

配合	优先配合		应用说明	应用举例
	基孔制	基轴制		
过盈配合	$\frac{H7}{p6}$	$\frac{P7}{h6}$	过盈很小，用于要求定位精度高、配合刚性好的配合，而不是只靠过盈配合传递载荷	冲击振动的载荷齿轮和轴，凸轮孔和凸轮轴等
	$\frac{H7}{r6}$	$\frac{R7}{h6}$	过盈适中，用于靠过盈传递中等载荷的配合	重载齿轮和轴，轴和联轴器，可交换铰套与铰模板的配合
	$\frac{H7}{s6}$	$\frac{S7}{h6}$	过盈量大，装配时需加热孔或冷却轴，用于靠过盈传递较大载荷的配合	减速机中的轴与蜗轮，空压机连杆头与衬套，重载低速齿轮与轴

4. 影响配合选择的其他因素

(1)孔、轴工作时间的温度对配合选择的影响

如果相互配合的孔、轴工作时与装配时的温度差别较大，则选择配合要考虑热变形的影响。

应用实例 9

铝活塞与气缸钢套孔配合公称尺寸 D 为 Ø110mm，活塞的工作温度 t_1 为 180℃，线膨胀系数 α_1 为 24×10^{-6}/℃；钢套的工作温度 t_2 为 110℃，线膨胀系数 α_2 为 12×10^{-6}/℃。要求工作时间隙在＋0.1～＋0.28mm 范围内。装配时的温度 t 为 20℃，这时钢套孔与活塞的配合的种类可如下确定。

由热变形引起的钢套孔与活塞间的间隙变化量为：$\Delta X=D[\alpha_2(t_2-t)-\alpha_1(t_1-t)]=110\times[12\times10^{-6}(110-20)-24\times10^{-6}(180-20)]=-0.304$mm，即工作时将把装配间隙减小 0.304mm。因此，装配时必须满足最小间隙 $X_{min}=0.1+0.304=+0.404$mm，最大间隙 $X_{max}=0.28+0.304=+0.584$mm，才能保证工作间隙在＋0.1～＋0.28mm 范围内。

根据式(2－9)，$T_f=X_{max}-X_{min}=0.584-0.404=T_h+T_s=0.18$mm，取钢套孔和活塞的标准公差等级相同，并采用基孔制，则 $T_h=T_s=90\mu m$，孔的下偏差 $EI=0$。由表 2－2 查得公差为 $90\mu m$ 的孔、轴的标准公差等级靠近 IT9，则取为 IT9，IT9＝0.087mm 由 $X_{min}=EI-es$，得 $es=EI-X_{min}=0-0.404=-0.404$mm(轴的基本偏差数值)。由表 2－5 选取轴的基本偏差代号为 a(其数值为 $-410\mu m$)。最后确定钢套孔与活塞的配合为 Ø110H9$\left(^{+0.087}_{0}\right)$/a9$\left(^{-0.410}_{-0.497}\right)$。

(2)装配变形对配合选择的影响

在机械结构中，有时会遇到薄壁套筒装配后变形的问题。例如图 2－34 所示，套筒外表面与机座孔的配合为过盈配合 Ø80H7/u6，套筒内孔与轴的配合为间隙配合 Ø60H7/f6。由于套筒外表面与机座孔的装配会产生过盈，当套筒压入机座孔后，套筒内孔会收缩，产生变形，使套筒孔径减小，而不能满足使用要求。因此，在选择套筒内孔与轴的配合时，应考虑变形量的影响。具体办法有两

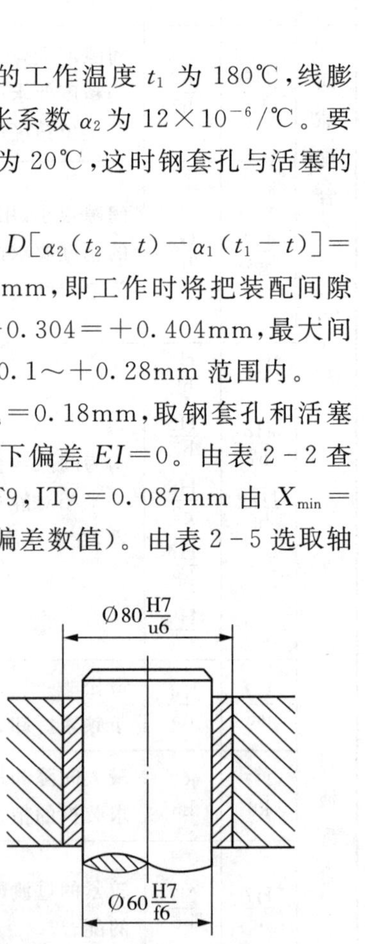

图 2－34　会产生装配变形的结构

个:其一是预先将套筒内孔加工得比 Ø60H7 稍大,以补偿装配变形;其二是用工艺措施保证,将套筒压入机座孔后,再按 Ø60H7 加工套筒内孔。

(3)生产类型对配合选择的影响

选择配合种类时,应考虑生产类型(批量)的影响。在大批大量生产时,多用调整法加工,加工后尺寸的分布通常遵循正态分布。而在单件小批生产时,多用试切法加工,孔加工后尺寸多偏向孔的最小极限尺寸,轴加工后尺寸多偏向轴的最大极限尺寸,即孔和轴加工后尺寸的分布皆遵循偏态分布。例如图 2 - 35(a)所示,设计时给定孔与轴的配合为 Ø50H7/js6,大批大量生产时,孔、轴装配后,最大间隙和最大过盈的平均值 $X_{av}=+12.5\mu m$。而单件小批生产时,加工后孔和轴的尺寸分布中心分别趋向孔的下极限尺寸和轴的上极限尺寸,于是孔、轴装配后形成的最大间隙和最大过盈的平均值 $X'_{av}<X_{av}$,且比 $+12.5\mu m$ 小得多。为了满足相同的使用要求,单件小批生产时采用的配合应比大批大量生产时松些。因此,为了满足大批大量生产时 Ø50H7/js6 的要求,在单件小批生产时应选择 Ø50H7/h6,如图 2 - 35(b)所示。

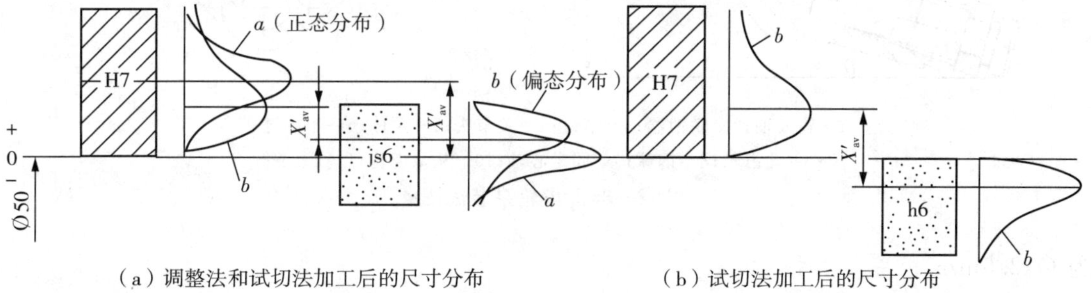

(a) 调整法和试切法加工后的尺寸分布　　(b) 试切法加工后的尺寸分布

图 2 - 35　生产类型对配合选择的影响

5. 分析零件工作条件,合理调整配合的间隙量和过盈量

应用实例 10

用类比法分析并确定图 1 - 1 所示减速器齿轮 IV 的 Ø65mm 基准孔与输出轴 7 上 Ø65mm 轴头的配合的种类。

解:

参看图 2 - 31,根据齿轮精度等级,齿轮基准孔的标准公差等级应为 IT7。本例采用基孔制,确定齿轮基准孔的公差带为 Ø65H7。由于要求齿轮能够传递较大的转矩,并要求有较高的定心精度,因此齿轮基准孔与轴头应采用过盈配合和键来联结,轴头的公差带取为 Ø65r6,此处的配合为 Ø65H7/r6。

应用实例 11

分析并确定图 2 - 36 所示齿轮泵中,重要的孔、轴配合部位应采用的配合制、标准公差等级和配合种类。

解:

齿轮泵是机床和某些机器润滑系统使用的装置。动力由联轴器 2 经销钉 3 使输入轴 1 利用半圆键 6 带动固定在其上的主动齿轮 7 旋转,主动齿轮 7 带动从动齿轮 10 绕固定心轴 9 旋转。主、从动齿轮的齿数和其他参数分别相同。它们齿顶圆柱面直径的公称尺寸皆

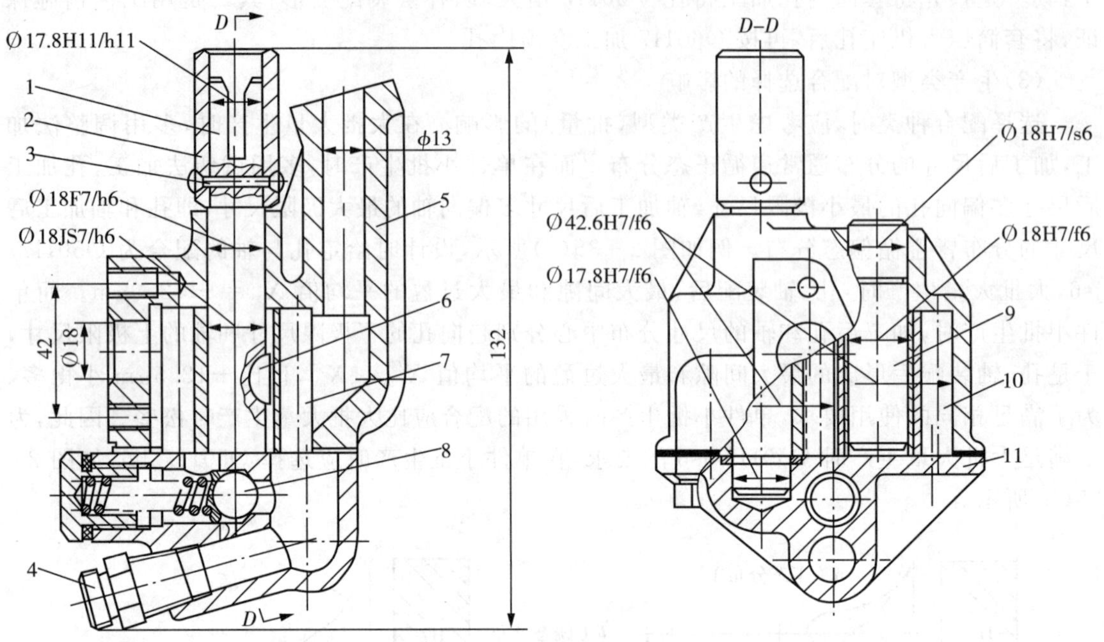

1—输入轴；2—联轴器；3—销钉；4—关节头；5—泵体；6—半圆键；
7—主动齿轮；8—钢球；9—固定心轴；10—从动齿轮；11—泵盖。

图 2 - 36　齿轮泵装配图

为 Ø42.6mm.

为了保证泵油的功能，要求主、从动齿轮的齿顶圆面和两个端面分别与泵体 5 内壁、泵盖 11 顶面之间有保证两个齿轮能够自由旋转所需的微小间隙。间隙过大则降低油压。

在主、从动齿轮旋转过程中，润滑油从泵体 5 左侧的 Ø18mm 进油孔吸入，通过齿轮副的齿测间隙，由泵体 5 右上部的 Ø13mm 出油孔压出，流入工作部位。当润滑油过多时，油压使钢球 8 向左移动，从而使油路畅通，缓解油压。多余的润滑油从关节头 4 流回油池。

输入轴 1 上的两个轴颈分别与泵体 5 和泵盖 11 上的轴承孔配合，在该轴上这两个轴颈中间安装主动齿轮 7，该轴的上端轴头安装联轴器 2。为了便于输入轴的加工和装配，该轴上端轴头和下端轴颈的直径皆应稍小于中间段的直径，中间段上与轴承孔配合的轴颈和安装主动齿轮 7 的轴头的直径取成相等。因此，中间段直径公称尺寸取为 Ø18mm，上端轴头和下端轴颈公称尺寸皆取为 Ø17.8mm。此外，该轴的中间段与两个不同配合性质要求的孔相配合，以采用基轴制为宜。

固定心轴 9 上部的轴头与泵体 5 的孔固定联结成一体，下部的轴颈安装绕其高速旋转的从动齿轮 10。为便于装配，固定心轴下部直径应稍小于上部直径，它们的公称尺寸皆取为 Ø18mm。

齿轮泵上 8 处重要的孔与轴配合部位应采用的配合制、标准公差等级和配合种类见表 2 - 11 所列。

表 2-11　齿轮泵配合部位说明

序号		配合部位	配合代号	说明
输入轴	1	输入轴 1 的上端轴头与联轴器 2 的配合	$\varnothing 17.8\frac{H11}{h11}$	此处只要求它们能够顺利装配(不出现过盈,但间隙不宜过大),然后用销钉 3 将它们紧固
	2	输入轴 1 的下端轴颈与泵盖 11 上的轴承孔的配合	$\varnothing 17.8\frac{H7}{f6}$	保证输入轴在轴承孔内高速旋转的需要
	3	输入轴 1 中间段轴颈与泵体 5 上的轴承孔的配合	$\varnothing 18\frac{F7}{h6}$	保证输入轴能够高速旋转
	4	输入轴 1 轴头与主动齿轮 7 孔的配合	$\varnothing 18\frac{JS7}{h6}$	保证两者同轴线,联结成一体,采用半圆键 6 来传递载荷
固定心轴	1	固定心轴 9 轴头与泵体 5 孔的配合	$\varnothing 18\frac{H7}{s6}$	不必加键,就能保证它们之间不会产生相对运动
	2	固定心轴 9 轴颈与从动齿轮 10 孔的配合	$\varnothing 18\frac{H7}{f6}$	满足较高的同轴度和从动齿轮能够高速旋转的要求
齿轮	1	主动齿轮的齿顶圆与泵体内壁孔的配合	$\varnothing 42.6\frac{H7}{f6}$	保证主、从动齿轮都能够高速旋转,而不产生干涉,又不允许齿顶间隙过大,避免油压下降
	2	从动齿轮的齿顶圆与泵体内壁孔的配合		

注:从动齿轮 10 孔是指从动齿轮内孔与耐磨套筒按过盈配合装配后的套筒孔。它们的结构与图 2-29 所示的结构类似。

6. 计算法选择极限与配合

根据机械设计的理论和计算方法,计算出所需要的间隙或过盈量。如间隙配合中的滑动轴承,通常采用流体润滑理论计算出滑动轴承处于液体摩擦状态时所需要的间隙。根据计算结果,选择适宜的配合。再如对于过盈配合,可按弹性变形理论,计算出所需要的最小过盈量,按其计算结果,选择适宜的过盈配合,并应验算在最大过盈状态下是否会使零件损坏。

已知极限间隙或极限过盈,当基准制和公差等级确定后,选择配合就是确定非基准件的基本偏差代号的问题。在采用基孔制、基轴制配合时,形成各种配合时非基准轴或孔的基本偏差与标准公差值和极限间隙或过盈的关系见表 2-12 所列。

表 2-12　两种配合制中,非基准件孔或轴的基本偏差与标准公差值和极限间隙或过盈的关系

基准制	配合性质	非基准件的基本偏差	计算公式
基孔制	间隙配合	es	$es=-X_{min}$
	过渡配合	ei	$ei=T_h-X_{max}$
	过盈配合	ei	$ei=T_h-Y_{min}$
基轴制	间隙配合	EI	$EI=X_{min}$
	过渡配合	ES	$ES=X_{max}-T_s$
	过盈配合	ES	$ES=Y_{min}-T_s$

应用实例 12

某一公称尺寸为 Ø80mm 的孔轴组成间隙配合，若配合所需要的极限间隙量已计算出。允许最大间隙 $X_{max}=+140\mu m$，允许的最小间隙 $X_{min}=+60\mu m$，试确定孔、轴公差等级。

解：

(1)配合制的选择

无特殊要求，应优先选择基孔制。孔的基本偏差代号为 H，$EI=0$。

(2)确定孔和轴的公差等级

由已知条件可知 $X_{max}=+140\mu m$，$X_{min}=+60\mu m$ 则根据公式(2-12)可知允许的配合公差为

$$T_f=|X_{max}-X_{min}|=|+140-(+60)|=80\mu m$$

查标准公差数值表 2-2 得，孔和轴公差之和小于并接近 80μm 的标准公差等级为 IT8=46μm，IT7=30μm。考虑到孔轴工艺等价性，间隙配合标准公差等级≤IT8 的孔应与高一级的轴配合。

故孔和轴的公差等级分别：$T_h=IT8=46\mu m$，$T_s=IT7=30\mu m$

$T_f=T_h+T_s=46+30=76\mu m<80\mu m$ 满足要求。故孔的公差带为 H8。

(3)确定轴的基本偏差代号

在基孔制间隙配合中，非基准件轴的基本偏差为上极限偏差，可知 $es=-X_{min}=-60\mu m$，查表 2-5 可知，基本偏差值代号为 e，其基本偏差值 $e=-60\mu m$，故轴的公差带 $e7$。

因此，所选的配合代号为 H8/e7。

(4)验算

所选配合极限间隙为

$$X_{max}=ES-ei=+46-(-90)=+136\mu m$$

$$X_{min}=EI-es=0-(-60)=+60\mu m$$

由此可见 X_{max} 小于已知条件中的最大间隙，X_{min} 等于已知条件中的最小间隙，所以该配合满足使用要求。

2.4　未注公差线性尺寸的一般公差

零件图上所有的尺寸原则上都应受到一定公差的约束。为了简化制图、节省设计时间，对不重要的尺寸和精度要求很低的非配合尺寸，在零件图上通常不标注它们的公差。为了保证使用要求，避免在生产中引起不必要的纠纷，GB/T 1804—2000 对未注公差的尺寸规定了一般公差。

一般公差是指在车间一般加工条件能够保证的公差，是机床设备在正常维护和操作情况下，能达到的经济精度。采用一般公差时，即未注公差。

GB/T 1804—2000 对线性尺寸和倒圆半径、倒角高度尺寸的一般公差各规定了四个公差等级，即 f 级(精密级)、m 级(中等级)、c 级(粗糙级)和 v 级(最粗级)，并制定了相应的极限偏差数值，分别见表 2-13 和表 2-14 所列。未注公差角度尺寸的极限偏差数值见表 2-15 所列。

由表 2-13、表 2-14 和表 2-15 可见，一般公差的极限偏差，无论孔、轴或长度尺寸一律呈对称分布。这样的规定，可以避免由于对孔、轴尺寸理解不一致而带来不必要的纠纷。当零件上的要素采用一般公差时，在零件图上只标注公称尺寸，不标注极限偏差或公差带代号，零件加工完后可不检验，而是在图样上、技术文件或标准（企业或行业标准）中作出总的说明。

例如，在零件图样上标题栏上方标明：GB/T 1804—m，则表示该零件的一般公差选用中等级，按国家标准 GB/T 1804 中的规定执行。

表 2-13　线性尺寸一般公差的公差等级及其极限偏差数值　　单位：mm

公差等级	尺寸分段							
	0.5～3	>3～6	>6～30	>30～120	>120～400	>400～1000	>1000～2000	>2000～4000
f(精密级)	±0.05	±0.05	±0.1	±0.15	±0.2	±0.3	±0.5	—
m(中等级)	±0.1	±0.1	±0.2	±0.3	±0.5	±0.8	±1.2	±2
c(粗糙级)	±0.2	±0.3	±0.5	±0.8	±1.2	±2	±3	±4
v(最粗级)	—	±0.5	±1	±1.5	±2.5	±4	±6	±8

表 2-14　倒圆半径与倒角高度尺寸一般公差的公差等级及其极限偏差数值 单位：mm

公差等级	尺寸分段			
	0.5～3	>3～6	>6～30	>30
f(精密级)、m(中等级)	±0.2	±0.05	±1	±2
c(粗糙级)、v(最粗级)	±0.4	±1	±2	±4

表 2-15　未注公差角度尺寸的极限偏差　　单位：mm

公差等级	长度/mm				
	≥10	>10～50	>50～120	>120～400	>400
f(精密级)、m(中等级)	±1°	±30′	±20′	±10′	±5′
c(粗糙级)	±1°30′	±1°	±30′	±15′	±10′
v(最粗级)	±3°	±2°	±1°	±30′	±20′

习题 2

2-1　什么是尺寸要素、实际要素、提取组成要素和拟合组成要素？

2-2　公称尺寸、极限尺寸和实际尺寸有何区别与联系？

2-3　什么是公差？什么是偏差？二者有何区别与联系？

2-4　什么是尺寸的公差带？尺寸公差带有哪两个基本要素组成？其含义是什么？

2-5 什么是间隙配合、过盈配合和过渡配合？极限间隙或过盈如何计算？

2-6 什么是配合公差？配合公差与相互配合的孔、轴公差有何关系？

2-7 标准公差等级是怎样规定的？什么是基本偏差？轴的基本偏差有何特点？

2-8 尺寸公差带代号有何含义？在零件体中有哪些标注形式？

2-9 为什么国家标准对公差带、配合的选择进行了限制？

2-10 对于公称尺寸 3～500mm 常用尺寸段，孔、轴的公差带及配合是如何规定的？

2-11 什么是一般公差？一般公差适用于什么情况？怎样确定一般公差的极限偏差？图样怎样表示？

2-12 孔的公称尺寸 $D=50$mm，上极限尺寸 $D_{max}=50.087$mm，下极限尺寸 $D_{min}=50.025$mm，求孔的上极限偏差 ES、下极限偏差 EI 及公差 T_h，并画出孔公差带示意图。

2-13 已知下列配合，试将查表和计算的结果填入表格中，并画出孔、轴公差带示意图和指明配合种类。

① Ø60H6/g5； ②Ø30H7/p6； ③Ø50K8/h7；

④ Ø100S7/h6； ⑤Ø18H5/h4； ⑥Ø48H8/js7。

格式如下：

组号	公差带代号	基本偏差 (μm)	标准公差 (μm)	另一极限偏差 (μm)	极限间隙或过盈 (μm)	配合公差 (μm)	配合种类
①	Ø60H6	$EI=0$	IT6=19	$ES=+19$	$X_{max}=+42$ $X_{min}=+10$	$T_f=32$	间隙配合
	Ø60g5	$es=-10$	IT5=13	$ei=23$			
②	Ø30H7						
	Ø30p6						

2-14 有一孔、轴配合，公称尺寸 $D=60$mm，$X_{max}=+28\mu$m，$T_h=30\mu$m，$T_s=19\mu$m，$es=0$。试求 ES、EI、ei、T_f 及 $X_{min}(Y_{max})$，并画出孔、轴公差带示意图。

2-15 设孔、轴配合的公称尺寸和使用要求如下：

① $D=60$mm，$X_{max}=+89\mu$m，$X_{min}=+25\mu$m；

② $D=100$mm，$Y_{max}=-93\mu$m，$Y_{min}=-36\mu$m；

③ $D=20$mm，$X_{max}=+6\mu$m，$Y_{max}=-28\mu$m。

试按表 2-2、表 2-3～表 2-6，采用基孔制，确定配合的配合代号，并画出孔、轴公差带示意图，并进行极限间隙或极限过盈的验算。

2-16 设有一公称尺寸 Ø50mm 的孔、轴配合，经分析和计算确定其最大过盈为 -86μm，最小过盈为 -45μm；若已经决定采用基轴制，试按表 2-3～表 2-6 确定此配合的配合代号和孔、轴的极限偏差，要求从图 2-27 和图 2-28 优先常用公差带中选取，并画出公差带示意图。

2-17 已知基孔制配合 Ø50H7($^{+0.025}_{0}$)/s6($^{+0.059}_{+0.043}$)，试确定同名配合性质不变的基轴制配合 Ø50S7/h6 中孔和轴的极限尺寸、孔和轴的公差以及配合公差、极限过盈，并画出孔、轴公差带示意图。

2-18 Ø18M8/h7 配合和 Ø18H8/js7 配合，标准公差 IT7=0.018mm，IT8=0.027mm，Ø18M8 孔的基本偏差为+0.002mm，试计算这两种配合各自的极限间隙或过盈，画出孔、轴公差带示意图。

2-19 已知某一孔、轴配合为 Ø30H8/k7，IT8=0.033mm，IT7=0.021mm，Ø30k7 的基本偏差 $ei=+2$mm，确定孔和轴的极限偏差，并画出公差带示意图，同时指出其配合性质。

第3章　几何公差

产品零件的制造质量直接影响产品的效率、寿命及可靠性等性能指标。零件的制造方法很多，由于制造工艺系统本身存在各种误差，零件制造过程中存在受力变形、受热变形、振动和磨损等各种因素的影响，因此加工后零件的实际几何要素与理想几何要素在形状、方向和位置上存在差异，这些差异就是几何误差。

几何要素的几何精度是重要的质量指标，直接影响该零件及产品的互换性和功能要求。为了保证产品质量，保证零件的互换性和使用要求，应该在图样上给出几何精度（形状、方向、位置和跳动）的设计要求，规定零件制造几何误差允许的变动范围——几何公差，用以限制几何误差。本章主要介绍形状、方向、位置和跳动公差的基本概念、表示方法和标注原则。

本章引用和参考的相关国家标准有：

① GB/T 1182—2018(ISO1101:2017,MOD)《产品几何技术规范(GPS)　几何公差　形状、方向、位置和跳动公差标注》；

② GB/T 17852—2018(ISO1660:2017,MOD)《产品几何量技术规范(GPS)　几何公差　轮廓度公差标注》；

③ GB/T 39645—2020(ISO7083:1983,MOD)《技术制图　几何公差符号的比例和尺寸》；

④ GB/T 4249—2018(ISO8015:2011,MOD)《产品几何技术规范(GPS)　基础　概念、原则和规则》；

⑤ GB/T 17851—2010(ISO5459:1981,MOD)《产品几何技术规范(GPS)　几何公差　基准和基准体系》；

⑥ GB/T 16671—2018(ISO2692:2014,MOD)《产品几何技术规范(GPS)　几何公差　最大实体要求(MMR)、最小实体要求(LMR)和可逆要求(RPR)》；

⑦ GB/T 24637.3—2020(ISO17450-3:2016,MOD)《产品几何技术规范(GPS)　通用概念　第3部分：被测要素》；

⑧ GB/T 24734.10—2009《技术产品文件　数字化产品定义数据通则　第10部分：几何公差的应用》；

⑨ GB/T 13319—2020(ISO5458:2018,MOD)《产品几何技术规范(GPS)　几何公差　成组(要素)与组合几何规范》；

⑩ GB/T 1184—1996(ISO2768-2:1989,MOD)《形状和位置公差　未注公差值》。

3.1　几何公差基本理论

加工一批直径尺寸公差 Ø20f7 的轴零件（如图 3-1 所示），其中一根轴在任意方向所测实际尺寸均在公差范围内，但是由于存在较大的直线度误差，装配时会出现装不进去的现象。为了满足零件装配后的功能要求，保证零件的互换性，仅仅保证尺寸精度是不能满足实际要求的，因此必须限制零件的几何误差，即对零件的几何要素规定相应的几何公差。

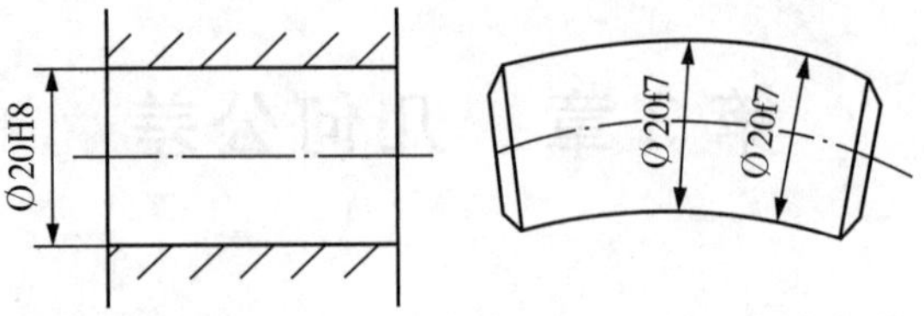

图 3-1　几何误差影响装配质量

电动机较高转速的动力传递给如图 3-2 所示的减速器输入轴，两个直径尺寸 Ø45k6Ⓔ的支承轴颈与滚动轴承装配，滚动轴承内圈随着输入轴一起旋转，工作时承受一定的扭矩，同时为了输入轴良好的工作性能，需要保证滚动轴承的旋转精度，保证载荷分布均匀，因此两支承轴颈的外圆柱面给出了跳动公差和圆柱度公差的几何精度要求。

平键联结需要转递扭矩，输入轴的键槽要求装拆方便、对中性好、载荷分布均匀等功能要求，因此宽度尺寸 10N9 的键槽给出了对称度公差的几何精度要求。

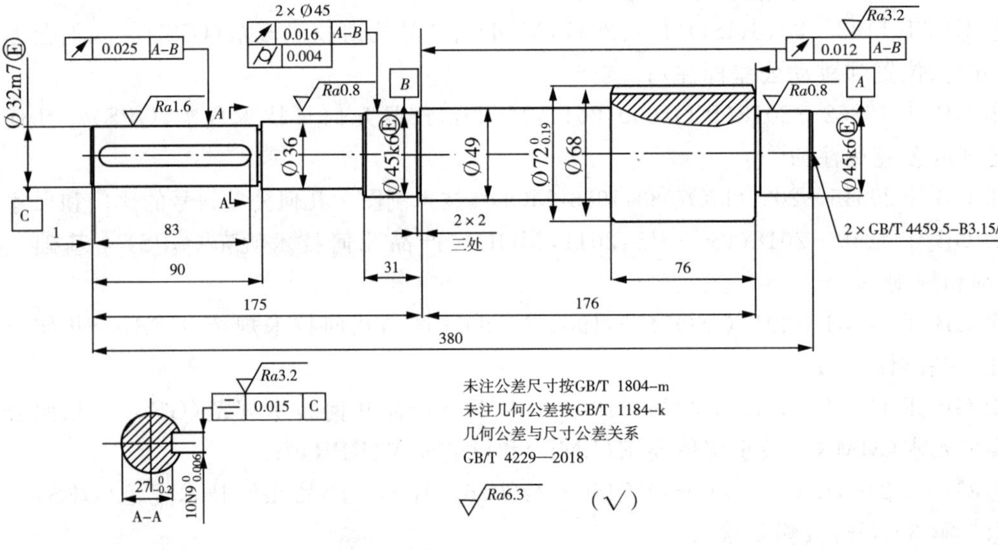

图 3-2　减速器输入轴的几何精度设计

3.1.1　几何公差的研究对象

几何公差的研究对象是构成零件几何特征的几何要素，研究这些要素在形状及其相互之间方向或位置关系的精度问题。

几何要素按结构特征分为组成要素和导出要素，按存在状态分为公称要素和实际(组成)要素，按替代关系分为提取要素和拟合要素(第 2 章已经详细讲述)，接下来按测量关系和功能关系来分类。

1. 按测量关系分类：被测要素和基准要素

(1)被测要素(Toleranced Feature)

工件的提取组成要素或导出要素，在产品几何技术规范(GPS)中都是被测要素。被测要素是测量的对象。

(2)基准要素(Datum Feature)

基准要素是工件上用来建立基准并实际起基准作用的实际组成要素，即用来确定被测要素方向和位置的要素。

如图 3 - 3 所示，工程制图中通孔的内圆柱面是公称组成要素，其中心线是公称导出要素。制造所得工件通孔的内表面是实际组成要素，实际内表面上的有限点组成了提取组成要素，有限点组成的中心线是其提取导出要素。因此，测量过程中所述工件通孔的提取实际圆柱面就是被测要素，那么通孔的提取实际中心线也是被测要素。

制造或测量工件通孔的内圆柱面时，实际组成要素底面是基准要素(图样中标注有基准符号 A)。由于底面仍然存在制造误差，因此可以采用具有足够精度的实际表面(如一个平板)与这个基准要素接触，用来建立基准。

2. 按功能关系分类：单一要素和组合要素

(1)单一要素(Single Feature)

单一要素是一个连续的要素，在同一维上没有任何子集(点、线、面)。例如，某圆柱面是一个单一要素，而由两个轴线平行圆柱面组成的组合表面不是单一要素。

(2)组合要素(Compound Feature)

组合要素是将多个要素结合在一起，以实现某一特定功能。通过组合，两个要素之间的方位特征成为组合要素的本质特征。组合要素中的各要素不需要接触。

如图 3 - 3 所示，通孔内圆柱面中心线与基准平面 A 平行，因此，原来两个单一几何要素的组合具有一定的功能关系，共同组成了组合要素。

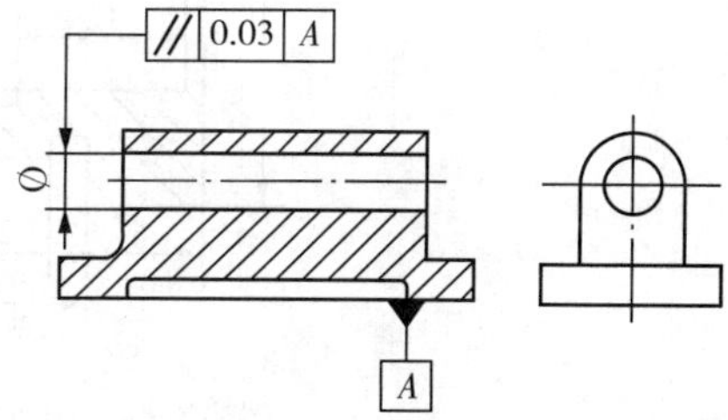

图 3 - 3　几何要素的研究对象

注释：几何公差规范的通用概念采用现行国家标准 GB/T 24637—2020，参照国际标准 ISO 进行了技术差异性调整，以适应我国的技术条件。例如给出了工件提取要素(组成或导出)的缺省定义，它们在 GPS 规范中都是被测要素(尺寸、几何或表面结构规范)，本章所述的被测要素用于定义几何要素。

3.1.2　几何误差对零件使用性能的影响

零件的几何精度(形状、方向和位置精度)是评定产品质量的重要指标之一，对产品的工作精度、连接强度、运动平稳性、密封性、耐磨性、噪声振动和使用寿命等方面都有重要影响。

零件的几何误差对零件使用性能影响可以归纳为三个方面。

1. 影响零件的功能要求

零件的几何误差将直接影响零件的功能要求。例如，机床导轨表面的直线度或平面度误差较大，将影响机床刀架的运动精度。当车削零件外圆柱表面时，刀具的运动轨迹与零件的旋转轴线不平行，会使零件表面产生形状误差。

2. 影响零件的配合性质

零件的几何误差会使相互配合的零件孔、轴的配合性质发生变化。例如零件孔、轴装配形成间隙配合，外圆柱表面的圆度或圆柱度误差会使间隙大小分布不均匀，当配合件有相对运动时，磨损加剧，降低零件的使用寿命和运动精度。

3. 影响零件的自由装配

零件的几何误差会影响零件的装配要求。例如圆柱齿轮减速器中的轴承端盖上各螺纹孔中心的位置不准确，即存在位置度误差。用螺钉紧固时，就有可能影响自由装配，甚至无法装配。

如图 3-4 所示，轴套零件的主要作用是支撑和定位，减少轴旋转运动时的摩擦与磨损。轴套外圆柱面绕通孔轴线旋转时，存在圆跳动误差，而定位端面对通孔轴线存在垂直度误差。这些几何误差过大会增大轴套的磨损，增大定位误差，缩短轴套的使用寿命。

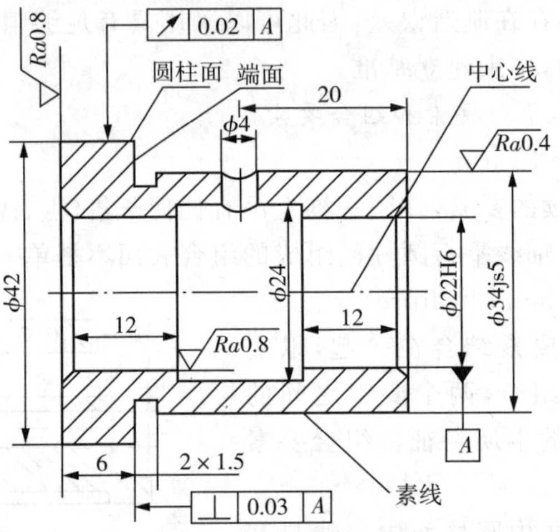

图 3-4　几何误差对零件使用性能的影响

3.1.3　几何公差的特征项目、符号及其分类

几何公差的特征项目分为形状公差、方向公差、位置公差和跳动公差四大类，特征项目、符号及有无基准要求见表 3-1 所列。

表 3-1　几何公差的分类、特征项目及符号

几何公差分类和特征项目			
公差类型	特征项目	符号	有无基准要求
形状公差	直线度	—	无
	平面度	▱	无
	圆度	○	无
	圆柱度	⌭	无
形状、方向或位置公差	线轮廓度	⌒	有或无
	面轮廓度	⌓	有或无
方向公差	平行度	//	有
	垂直度	⊥	有
	倾斜度	∠	有

（续表）

几何公差分类和特征项目			
公差类型	特征项目	符号	有无基准要求
位置公差	位置度	⌖	有或无
	同轴度(用于中心线) 同心度(用于中心点)	◎	有
	对称度	⌯	有
跳动公差	圆跳动	↗	有
	全跳动	⌰	有

资料来源：摘自 GB/T 1182—2018。

注：① 没有基准约束的线、面轮廓度公差属于形状公差，而有基准约束的线、面轮廓度公差属于方向或位置公差。

② 几何公差的附加符号较多，常用附加符号将在后续章节中解释，其他符号参照 GB/T 1182—2018。

③ GB/T 1182—2018 实施后，"形位公差"修订为"几何公差"，方向公差和跳动公差单独分类。

3.1.4　几何公差带

1. 几何公差带基本概念

(1)公差带(Tolerance Zone)

由一个或两个理想的几何线要素或面要素所限定的，由一个或多个线性尺寸表示公差值的区域。

(2)几何公差带(Geometrical Tolerance Zone)

几何公差带与尺寸公差带的概念一致，但是几何公差带可以是平面区域，也可以是空间区域。几何公差带是用来限制被测几何要素变动的区域，因此被测要素(点、线、面)在整个几何公差带范围内均受其控制，即被测要素要求在几何公差带所限定范围内，但可以具有任意形状，也可以占有任何位置。

2. 几何公差带特征

被测要素是工件上的特定部分，例如点要素、线要素或面要素。这些要素可以是组成要素，如圆柱体的外表面；也可以是导出要素，如圆柱体的中心线。被测要素不超出给定的几何公差带限制范围，即为该被测要素合格。

几何公差带有形状、大小(公差值)、方向和位置四个特征。形状和大小是几何公差带必须要具有的特征。

(1)几何公差带的形状

根据所规定的几何公差特征项目及其规范要求不同，公差带的主要形状如下：

- 一个圆内的区域；
- 两个同心圆之间的区域；
- 在一个圆锥面上的两平行圆之间的区域；
- 两个直径相同的平行圆之间的区域；
- 两条等距曲线或两条平行直线之间的区域；
- 两条不等距曲线或两条不平行直线之间的区域；

- 一个圆柱面内的区域；
- 两同轴圆柱面之间的区域；
- 一个圆锥面内的区域；
- 一个单一曲面内的区域；
- 两个等距曲面或两个平行平面之间的区域；
- 一个圆球面内的区域；
- 两个不等距曲面或两个不平行平面之间的区域。

常用的几何公差带的形状如图 3－5 所示。

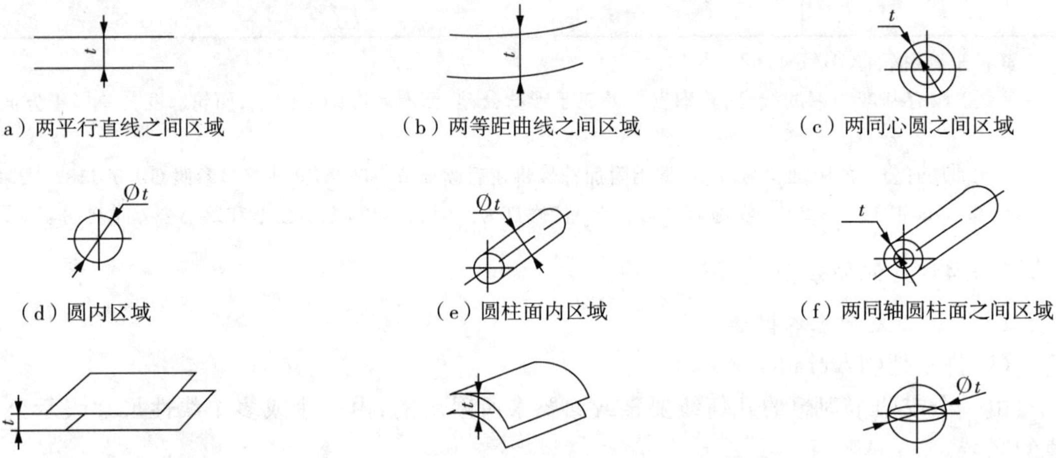

（a）两平行直线之间区域　（b）两等距曲线之间区域　（c）两同心圆之间区域

（d）圆内区域　（e）圆柱面内区域　（f）两同轴圆柱面之间区域

（g）两平行平面之间区域　（h）两等距曲面之间区域　（i）球内区域

图 3－5　常用的几何公差带的形状特征

如图 3－6 所示，被测要素是外圆柱面的提取实际中心线，其直线度公差带的形状为一个圆柱面内的区域。如图 3－7 所示，被测要素是球面的提取实际中心点，其位置度公差带的形状为一个圆球面内的区域。

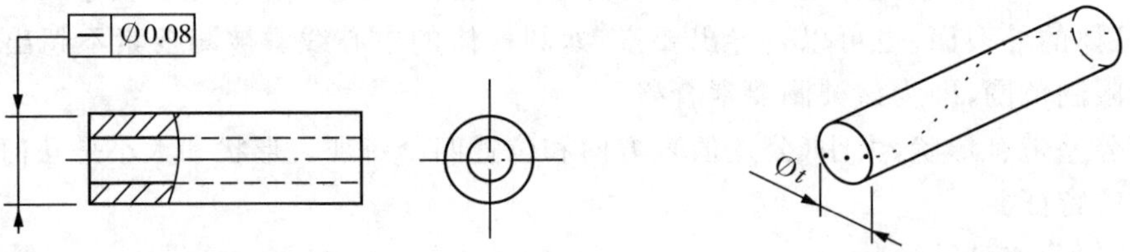

（a）直线度公差　（b）圆柱形公差带

图 3－6　直线度公差及其公差带

(2)几何公差带的大小(公差值)

几何公差带的大小是强制性的规范元素，由图样上给定的公差值 t 来确定，表明几何精度的高低。

一般情况下，几何公差带宽度默认垂直于被测要素。

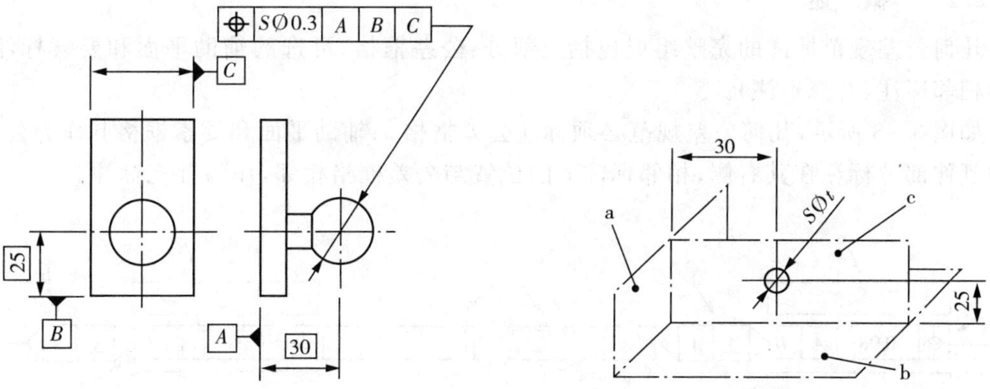

（a）点的位置度公差　　（b）球形公差带

图 3－7　点的位置度公差及其公差带

注：根据现行国家标准 GB/T 1182—2018，几何公差带的形状不仅仅局限于原来常用的 9 种形状。

如果被测要素是线要素或点要素，并且公差带是圆形、圆柱形或圆管形，公差值前面应标注符号“Ø”。如图 3－6 所示，圆柱形直线度公差带的直径方向即为公差指引线所指向方向。

如果被测要素是点要素，并且公差带是球形，公差值前面应标注符号“SØ”。如图 3－7 所示，球形位置度公差带的直径方向即为公差指引线所指向的方向。

(3)几何公差带的方向

几何公差带的方向是指公差带相对于基准在方向上的要求。

对于形状公差带，其方向由被测实际要素决定，不涉及基准要素或与基准要素无直接关联。对于方向公差带，其设置方向与基准成理想的方向关系，即平行、垂直或任意角度关系。对于位置公差带，控制位置的公差带都有方向要求（点的位置度公差除外）。

(4)几何公差带的位置

几何公差带的位置是指公差带相对于基准在位置上的要求，有固定和浮动两种状态。公差带位置固定是指位置由基准确定，不随被测要素的实际形状、尺寸、位置的变动而变化；公差带位置浮动是指位置随被测要素的实际形状、尺寸、位置的变动而变化。

对于形状公差带，只是用来控制被测实际要素的形状误差，没有位置要求。对于方向公差带，控制被测实际要素相对于基准的方向关系，因此对其位置关系是没有控制要求的。对于位置公差带，控制被测实际要素相对于基准的位置关系。

如图 3－6 所示，圆柱形直线度公差带的轴线没有位置要求，因此公差带的位置是浮动的。

如图 3－7 所示，球形位置度公差带的中心位置由基准确定，因此公差带的位置是固定的。

3.2　几何公差在图样上的标注

当零件的几何要素有几何公差要求时，应该在图样上严格按照国家标准的规定，采用公差框格、指引线、几何公差特征符号、公差值、基准以及其他要求符号进行标注。

3.2.1 概　述

几何公差规范标注的完整组成包括三部分：公差框格，可选的辅助平面和要素标注，可选的相邻标注（补充标注）。

如图 3-8 所示，几何公差规范必须标注公差框格 a；辅助平面和要素框格 b 作为公差框格的延伸部分标注在其右侧；相邻标注 c 的位置与公差框格相邻，作为补充标注。

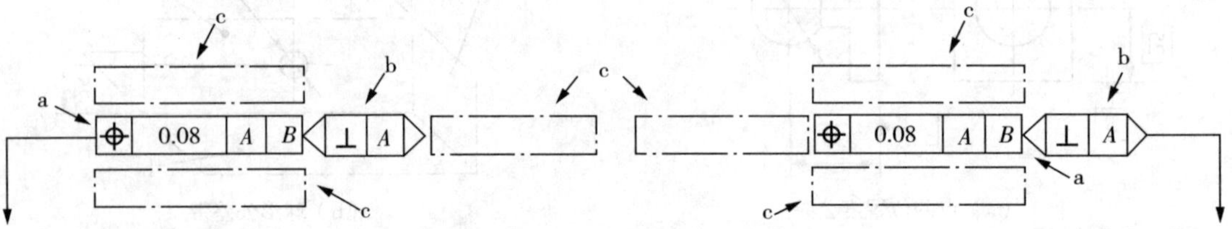

图 3-8　几何公差规范标注

1. 公差框格

几何公差要求应标注在划分成两个部分或三个部分的矩形框格内。第三个部分是可选的基准部分，包含一至三格。如图 3-9 所示，这些部分为自左向右顺序排列。

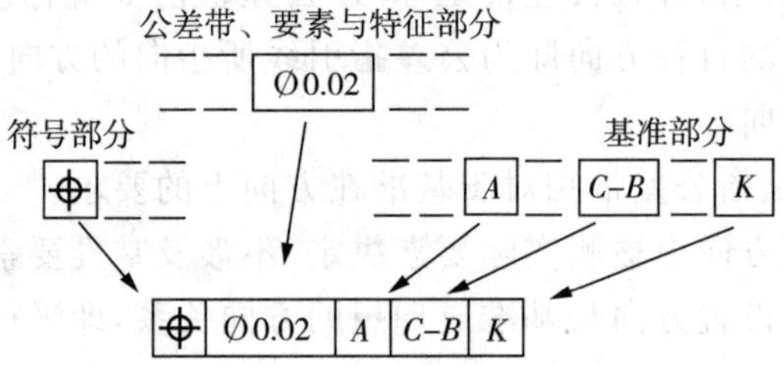

图 3-9　公差框格的三个组成部分

2. 连接方式

几何公差规范应使用指引线相连。如果仅有公差框格，指引线应与公差框格的左侧或右侧中点相连。如果有可选的辅助平面和要素标注，指引线应与公差框格的左侧中点或最后一个辅助平面和要素框格的右侧中点相连，如图 3-8 所示。

3. 基准符号

基准符号由基准三角形、方格、连线和基准字母组成。与被测要素相关的基准用一个大写字母表示。基准字母标注在基准方格内，与一个涂黑的三角形用细实线相连，如图 3-3、图 3-4 和图 3-7 所示。

注释 1：几何公差的标注采用现行国家标准 GB/T 1182—2018 和 GB/T 17852—2018，与旧国家标准 GB/T 1182—2008 和 GB/T 17852—1999 相比技术变化较大，例如增加了三维标注的图例，增加了全表面、相交平面、定向平面、方向平面等概念的诠释和标注方式。

注释 2：根据现行国家标准 GB/T 1182—2018，公差框格是必有的，明确了几何公差特征项目的符号，公差带、要素与特征、基准一系列技术要求；辅助平面和要素框格是可选择的，对几何公差带及其特征进行进一步完整的解释；相邻标注也是可选择的，应用在具体的工程实际场合。

注释 3：基准符号按大写英文字母顺序选用，其中 I、O、Q 和 X 不建议使用。

3.2.2　被测要素的标注规范

1. *以组成要素为被测要素*

当几何公差指向组成要素时，该几何公差标注应通过指引线与被测要素连接。

(1)组成要素标注(一)

① 二维标注：采用箭头将指引线终止在组成要素的轮廓上或轮廓的延长线上，但与尺寸线要明显分离。

如图 3－10(a)所示，上平面为组成要素，指引线终止在轮廓线上；台阶面也为组成要素，指引线终止在轮廓的延长线上，应与尺寸线明显分离。

② 三维标注：指引线终止在组成要素上，线的终点为指向组成要素上的点或其延长线上的箭头，同样与尺寸线明显分离。

如图 3－10(b)所示，上平面的点为指引线终点；对于台阶面，采用箭头将指引线终止在轮廓的延长线上，应与尺寸线明显分离。

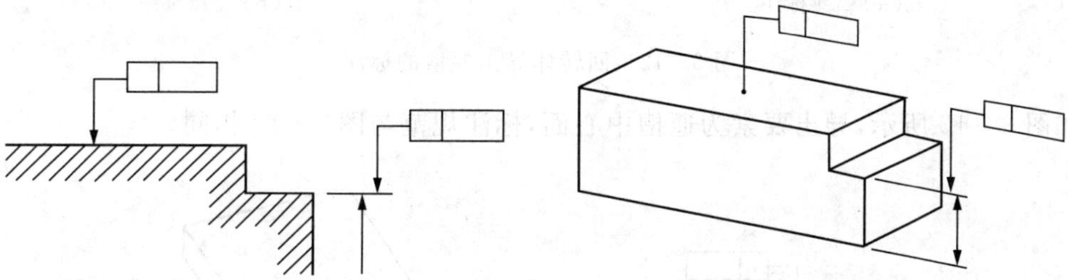

(a) 二维标注　　　　(b) 三维标注

图 3－10　组成要素的标注(一)

(2)组成要素标注(二)

① 二维标注：指引线终止在组成要素的界限以内，以圆点终止。该箭头可放在指引横线上，并使用指引线指向该面要素。当该面要素可见时，此圆点是实心的，指引线为实线；当该面要素不可见时，这个圆点为空心，指引线为虚线。

如图 3－11(a)所示，台阶孔底平面为组成要素，并且是可见的，采用实心圆点终止在该面要素界限以内，该箭头放在指引横线上，并使用指引线指向该面要素。

② 三维标注：标注规则与二维标注相同。

如图 3－11(b)所示，台阶孔底平面内圆点为指引线终点。

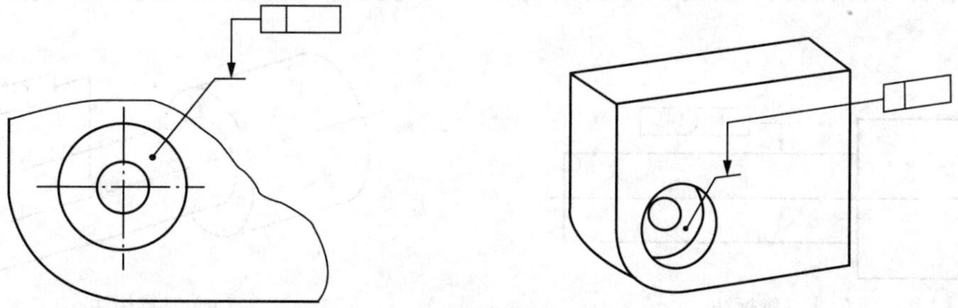

(a) 二维标注　　　　(b) 三维标注

图 3－11　组成要素的标注(二)

2. 以导出要素为被测要素

(1)导出要素标注(一)

当几何公差适用于导出要素(中心线、中心面或中心点)时,使用参照线与指引线进行标注,并用箭头终止在尺寸要素的尺寸延长线上。

如图 3-12 所示,导出要素为左端圆柱面中心线,指引线箭头终止在该圆柱面外径尺寸要素的尺寸延长线上。

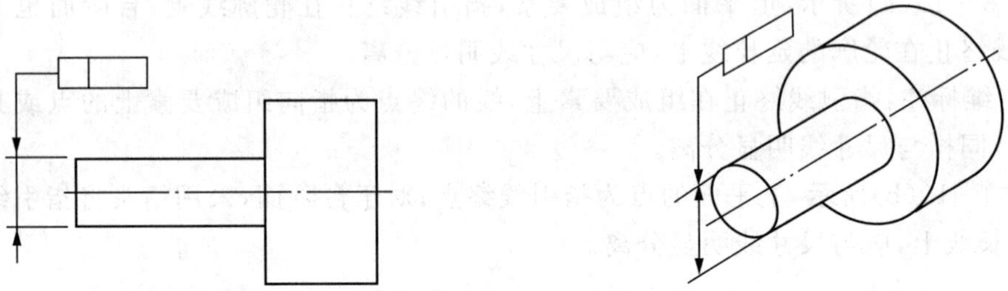

(a) 二维标注　　(b) 三维标注

图 3-12　回转体导出要素的标注

如图 3-13 所示,导出要素为通槽中心面,标注规范与图 3-12 相同。

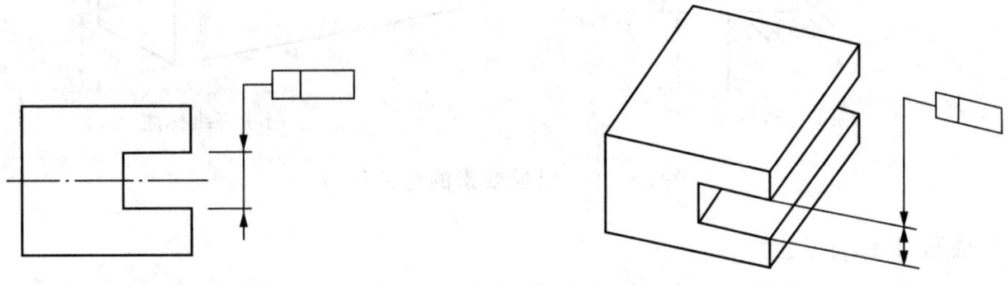

(a) 二维标注　　(b) 三维标注

图 3-13　非回转体导出要素的标注(不能采用修饰符标注)

(2)导出要素标注(二)

除了上述常用方法之外,可使用修饰符放置在公差框格内第二部分。此时,指引线与尺寸线不需要对齐,可以在组成要素上用圆点或箭头终止。

如图 3-14 所示,虽然导出要素仍然为左端圆柱面中心线,修饰符(圆圈内字母 A)表示该中心要素,因此指引线与尺寸线不需要对齐,可以直接在组成要素上用圆点或箭头终止。

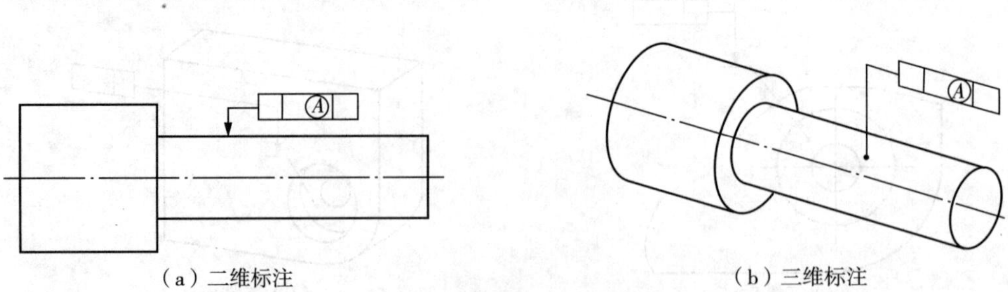

(a) 二维标注　　(b) 三维标注

图 3-14　导出要素的标注(采用修饰符标注)

该修饰符只可用于回转体，不可用于其他类型的尺寸要素。

如图 3－13 所示，通槽宽度尺寸是非回转体的尺寸要素，因此不能采用修饰符标注。

注释：现行国家标准 GB/T 1182—2018 增加了修饰符用于回转体导出要素的标注规范，但不适用非回转体的尺寸要素。

3. 圆形或球形公差带

如果公差框格第二部分中的公差值前面有符号“Ø”，则公差带应为圆柱形或圆形公差带，如图 3－6 所示；如果前面有符号“SØ”，则公差带应为球形的公差带，如图 3－7 所示。

3.2.3　基准的标注规范

1. 以组成要素为基准

以轮廓线或轮廓面等组成要素为基准时，基准三角形放置在该要素的轮廓线或其延长线上，基准代号的连线与尺寸线明显错开。当受到图形限制，基准代号必须标注在某个基准面上时，基准三角形也可以放置在该轮廓面引出线的水平线上面。

如图 3－3 所示，为了确定通孔内圆柱面轴线的方向，以底平面 A 为基准，基准三角形放置在该平面要素轮廓线上。

2. 以导出要素为基准

以中心线、中心面或中心点等导出要素为基准时，基准代号的连线应与该要素尺寸线平齐。如果基准尺寸要素的两个尺寸箭头占据了基准应该标注的位置，则其中一个箭头可用基准三角形替代。

如图 3－7 所示，以中心面 A 为基准，为了确定球面中心的位置，基准三角形的连线应与该要素尺寸线平齐。

如图 3－15 所示，以通孔中心线 C 为基准，为了确定台阶面的方向，基准三角形替代了基准尺寸要素标注的一个箭头。三维标注方法与二维标注方法相一致。

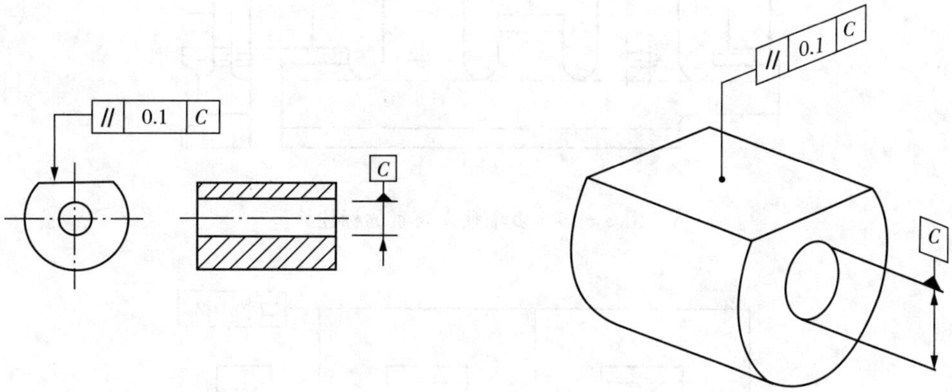

（a）二维标注　　（b）三维标注

图 3－15　基准符号的标注

3.2.4　多个要素组合的标注规范

该组合规范适用于多个要素，但是每个被测要素的规范要求都是相互独立的。

1. 多个独立要素组合的标注

如图 3－16(a)所示，三个独立平面要素，采用一个公差框格，由该框格一端引出一条指引线，并绘制三条带箭头的连线，分别垂直连接三个单独要素的轮廓线。

如图 3-16(b)所示，三个独立平面要素，也可以附加补充标注，在相邻标注区域内，使用例如“3×*A*”。

图 3-16 中，虽然每个平面要素的规范要求是相互独立的，但是各自的规范要求是不同的，各自具有独立公差带。

2. 组合公差带(Compound Tolerance Zone)

当组合公差带应用于若干独立的要素时(由同一个公差框格控制)，虽然每个被测要素相互独立，但具有共同的公共公差带，要求为组合公差带，标注符号 CZ。

如图 3-17 所示，三个独立的平面要素在同一高度上，因为每个平面要素的规范要求是相同的，共同具有一个公共公差带。

注释：上述多个要素的结合，彼此相互独立。组合公差带与公共公差带含义相同，标注符号为 CZ。

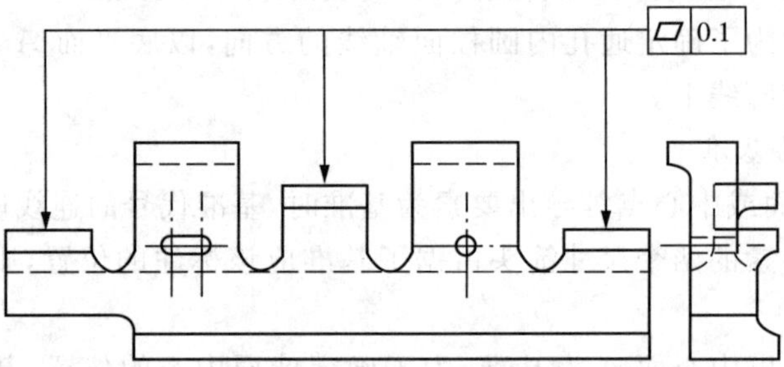

(a)

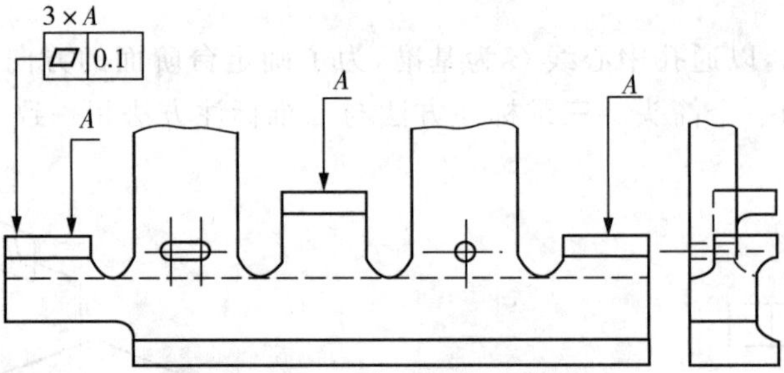

(b)

图 3-16　多个独立要素的标注

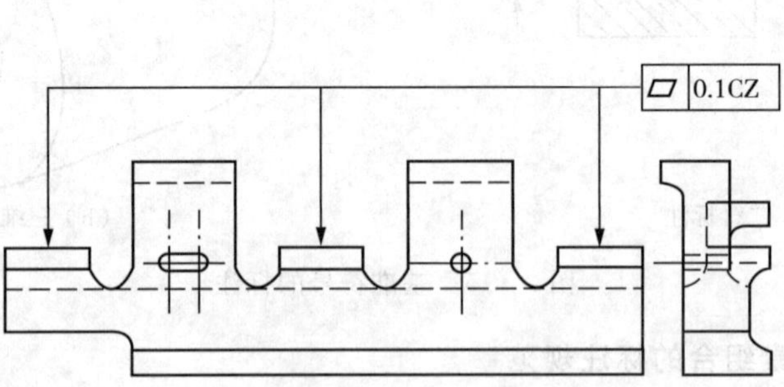

图 3-17　多个要素的组合公差带的标注

3.2.5　多层公差的标注规范

如果需要为同一个要素指定多个几何特征，为了方便且简化制图，将多个公差框格上下堆叠，只用一条指引线引出。此时，推荐将公差框格按公差值从上到下依次递减的顺序排布；指引线取决于标注空间，应连接于任一公差框格左侧或右侧的中点，而非公差框格中间的延长线。

如图 3－18 所示，同一个要素指定了平面度、平行度和位置度三个几何特征，三个公差框格上下堆叠，指引线从位置度公差框格左侧中点引出，公差数值从上到下依次递减。

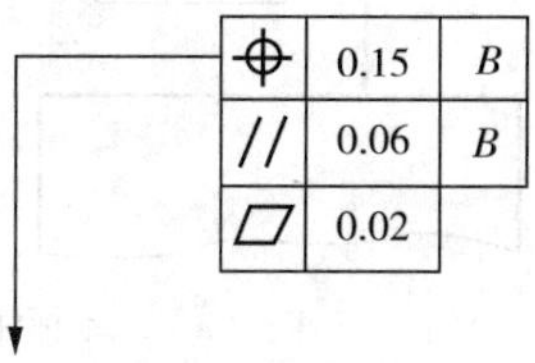

图 3－18　多层公差的标注

此标注同时适用于三维环境。

注：① 图 3－16～图 3－18 的标注方法，读图直观方便，不会引起误解，通常认为简化标注方法。

② 被测要素为全周与全表面要素、局部区域要素、连续非封闭要素等标注应用较少，可以参照现行国家标准 GB/T 1182—2018。

3.3　形状公差

形状公差是实际被测要素对其理想要素形状所允许的变动量，涉及要素是线和面，点无所谓形状。形状公差带是单一实际被测要素允许变动的区域，不涉及基准，只有形状和大小特征要求。形状公差有直线度、平面度、圆度、圆柱度，还有无基准约束的线轮廓度和面轮廓度 6 个特征项目。

3.3.1　形状公差——平面度、直线度、圆度、圆柱度

本节以示例的形式给出平面度、直线度、圆度和圆柱度这四种形状公差特征项目及其公差带，阐述其公差带的定义、标注和解释（所示图例表示与特定定义相对应的几何误差的变化范围）。

1. 平面度(Flatness)

被测要素可以是组成要素或导出要素，其公称被测要素的属性和形状为明确给定的平面。公差带为间距等于公差值 t 的两平行面所限定的区域。

应用实例 1

平面度要求：如图 3－19 所示，被测要素是组成要素上表面，提取实际表面应限定在间距等于 0.08mm 的两平行面之间。

① 如图 3－19(a)和(b)所示，三维标注规范与二维标注规范要求一致（为了节省篇幅，后面图例省略三维标注）。

② 如图 3－19(c)所示，两平行面为实际表面允许变动的区域，用于控制平面度误差。平面度公差带无基准，只有形状（两平行面）和大小（0.08mm）的特征要求，因此可以上下浮动或向任意方向倾斜。

③ 实际生产中，加工后的实际表面必然存在形状误差，因此检测有限数目的点作为实际表面近似的替代，即提取实际要素。如果提取实际被测要素不超出两平行面的空间变动区域，那么加工后的实际表面满足形状精度设计要求。

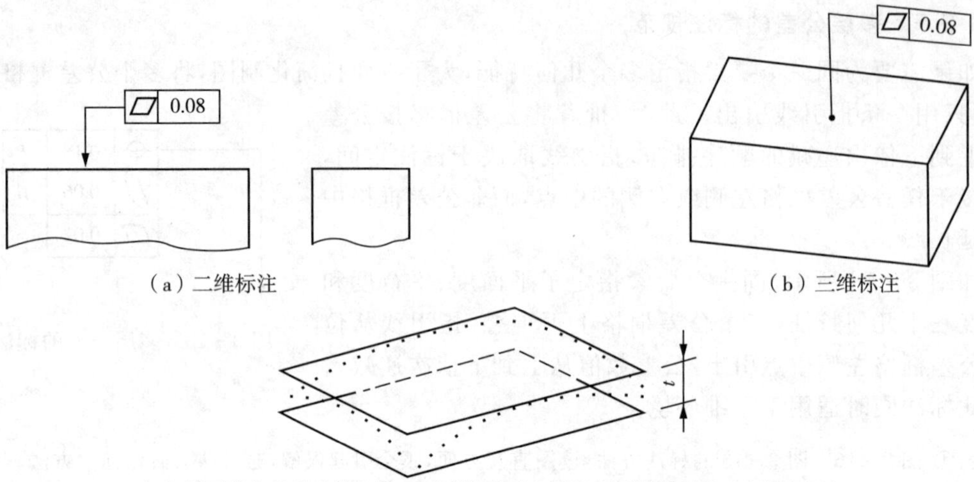

（a）二维标注　　　　　　　　　　　　　　　（b）三维标注

（c）平面度公差带（公差带—两平行平面；提取实际被测要素—有限点面）

图 3－19　平面度公差

2. 直线度(Straightness)

被测要素可以是组成要素或导出要素。其公称被测要素的属性与形状为明确给定的直线或一组直线要素。

直线度公差根据公差带形状特征分为三种情况：直径等于公差值 Øt 的圆柱面所限定区域；间距等于公差值 t 的两平行面所限定区域；间距等于公差值 t 的两平行直线所限定区域。

应用实例 2

公差带为圆柱面所限定区域：如图 3－20 所示，被测要素是导出要素外圆柱面的轴线，圆柱面的提取实际中心线应限定在直径等于 Ø0.08mm 的圆柱面内。

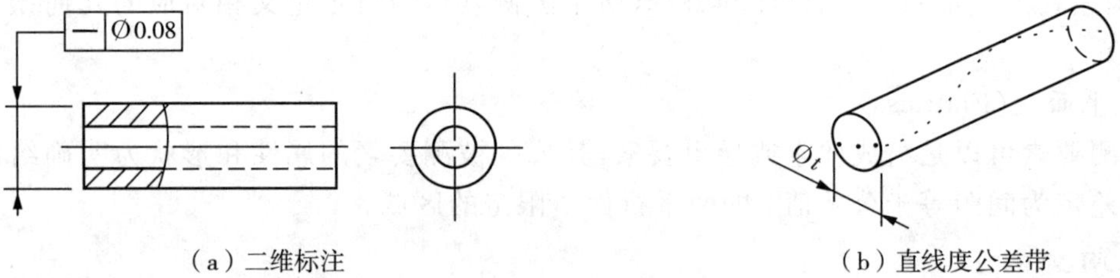

（a）二维标注　　　　　　　　　　　　　　　（b）直线度公差带

图 3－20　直线度公差(圆柱面所限定区域)

应用实例 3

公差带为两平行面所限定区域：如图 3－21 所示，被测要素是组成要素外圆柱面，圆柱表面的提取实际棱边应限定在间距等于 0.1mm 的两平行平面之间。

应用实例 4

相交平面(Intersection Plane)：由工件的提取要素建立的平面，用于标识提取面上的线要素(组成要素或中心要素)或标识提取线上的点要素。

相交平面相对于基准有以下构建方式：平行、垂直、保持特定角度、对称(包含)，如图 3－22 所示。

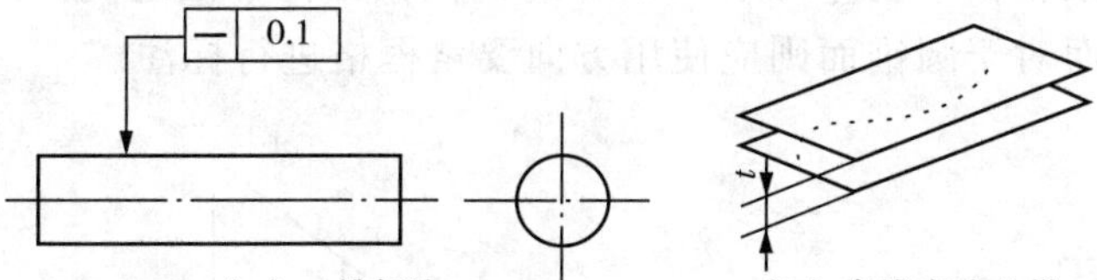

(a) 二维标注　　　　(b) 直线度公差带

图 3-21　直线度公差(两平行面所限定区域)

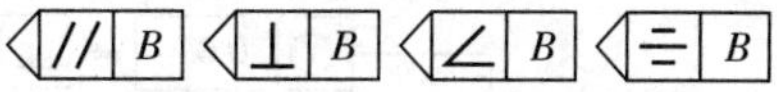

图 3-22　相交平面框格

公差带为两平行直线所限定区域：如图 3-23 所示，相交平面平行于基准平面 A，被测要素是相交平面与上表面的交线。在由相交平面框格规定平面内，上表面的提取实际线应限定在间距等于 0.1mm 的两平行直线之间。标注时使用相交平面框格，并且作为公差框格的延伸部分标注在其右侧。

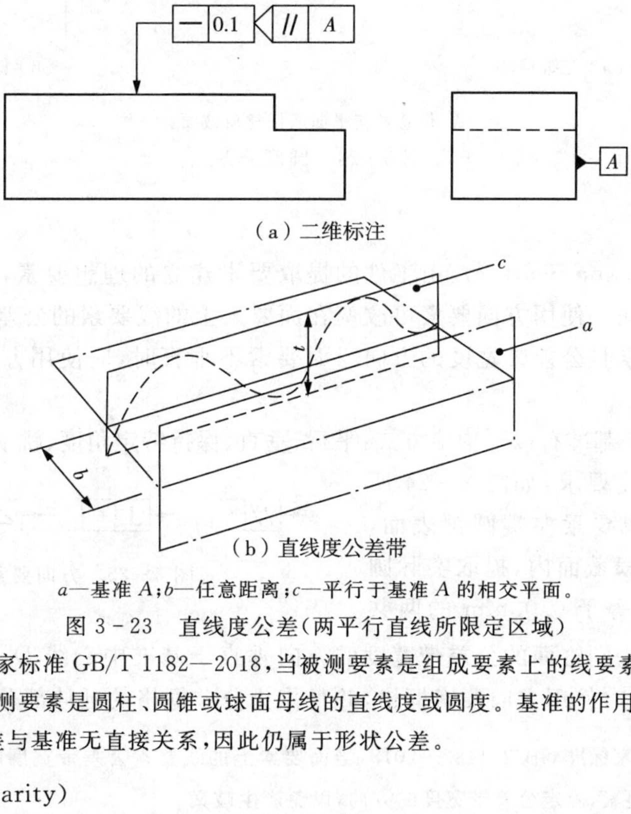

(a) 二维标注

(b) 直线度公差带

a—基准 A；b—任意距离；c—平行于基准 A 的相交平面。

图 3-23　直线度公差(两平行直线所限定区域)

注释：根据现行国家标准 GB/T 1182—2018，当被测要素是组成要素上的线要素时，应标注相交平面，以免产生歧义，除非被测要素是圆柱、圆锥或球面母线的直线度或圆度。基准的作用是为了构建相交平面，被测要素的直线度公差与基准无直接关系，因此仍属于形状公差。

3. 圆度(Circularity)

被测要素是组成要素，其公称被测要素的属性与形状为明确给定的圆周线或一组圆周线。公差带为半径差等于公差值 t 的两个同心圆所限定区域。

圆度公差根据被测要素形状特征分为三种情况：圆柱要素的圆度要求可应用在与被测要素轴线垂直的横截面上；球形要素的圆度要求可用在包含球心的横截面上；非圆柱体或球体的回转体表面应标注方向要素。

应用实例 5

圆柱要素的圆度要求：如图 3-24 所示，被测要素是组成要素右端外圆柱面，在圆柱面的其任意横截面内，提取实际圆周应限定在半径差等于 0.03mm 的两共面同心圆之间。

这是圆柱表面的缺省应用方式，而对于圆锥面则应使用方向要素框格进行标注。

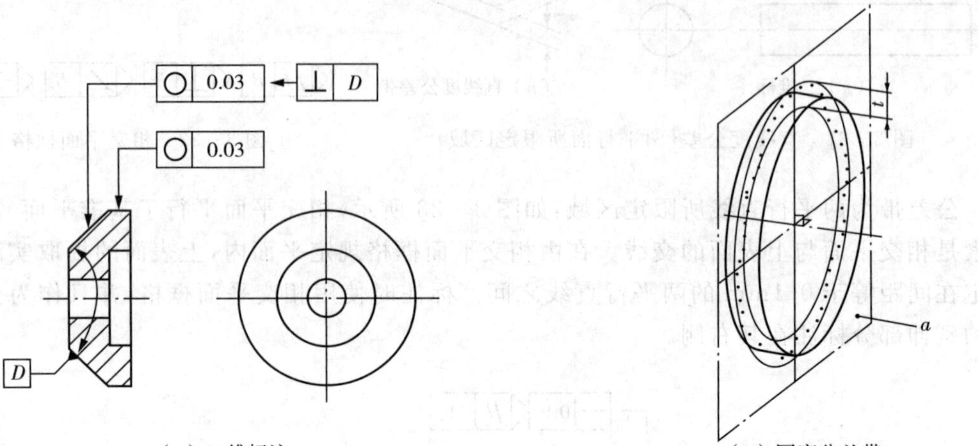

（a）二维标注　　　　（b）圆度公差带

a—任意相交平面或任意横截面。

图 3 - 24　圆度公差

应用实例 6

方向要素(Direction Feature)：由工件的提取要素建立的理想要素，用于标识公差带宽度(局部偏差)的方向。使用方向要素可改变在面要素上的线要素的公差带宽度的方向。当被测要素是组成要素且公差带宽度的方向与面要素不垂直时，应使用方向要素确定公差带宽度的方向。

方向要素相对于基准有以下构建方式：平行、垂直、保持特定角度、跳动，如图 3 - 25 所示。

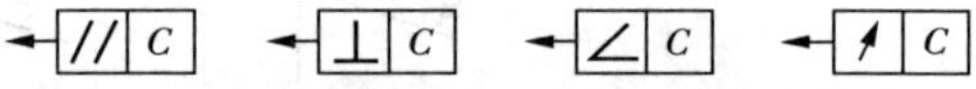

图 3 - 25　方向要素框格

圆锥要素的圆度要求：如图 3 - 24 所示，被测要素是组成要素左端圆锥表面，在圆锥面的其任意横截面内，提取实际圆周应限定在半径差等于 0.03mm 的两共面同心圆之间。因为圆锥面的公差带宽度的方向垂直于基准中心线 D，并不是圆锥表面的垂直方向，因此标注时使用方向要素框格，并且作为公差框格的延伸部分标注在其右侧。

注释：根据现行国家标准 GB/T 1182—2018，当面要素上的线要素公差带宽度的方向并不明确时，应相对于基准构建方向要素，确定公差带宽度的方向，以免产生歧义。

4. 圆柱度(Cylindricity)

被测要素是组成要素，其公称被测要素的属性与形状为明确给定的圆柱表面。公差带为半径差等于公差值 t 的两同轴圆柱面所限定区域。

应用实例 7

圆柱要素的圆柱度要求：如图 3 - 26 所示，被测要素是组成要素右端外圆柱面，提取实际圆柱表面应限定在半径差等于 0.1mm 的两同轴圆柱面之间。

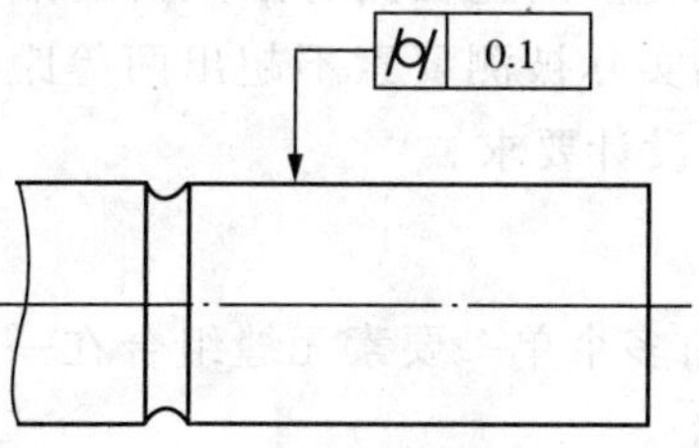

(a) 二维标注

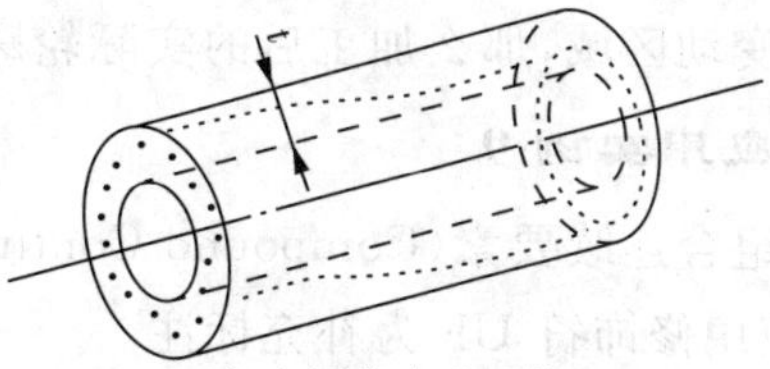

(b) 圆柱度公差带

图 3 - 26　圆柱度公差

3.3.2　形状公差——面轮廓度和线轮廓度(无基准约束)

轮廓度公差(无基准约束)有线轮廓度公差与面轮廓度公差两个特征项目。本节以示例的形式给出各种面轮廓度和线轮廓度公差及其公差带,阐述其公差带的定义、标注和解释。

1. 基本术语

理论正确要素 TEF(Theoretically Exact Feature):具有理想形状,以及理想尺寸、方向与位置的公称要素。理论正确要素可以拥有任何形状,可使用明确标注的或缺省的理论正确尺寸(TED)定义。如图 3 - 7 所示,公称要素球面及其球心为理论正确要素,球心位于由相对于基准 *A*、*B*、*C* 的理论正确尺寸所确定的理想位置上。

2. 面轮廓度(Surface Profile)

被测要素可以是组成要素或导出要素,其公称被测要素属性由某个面要素明确给定。

应用实例 8

单一要素的面轮廓度要求:如图 3 - 27 所示,被测要素是球面的一部分,是单一要素。提取实际轮廓面应限定在直径等于 Ø0.02mm、球心位于理论正确要素上的一系列圆球的两等距包络面之间。

① 如图 3 - 27(a)所示,指引线标注的被测要素为半径 *R* 的部分球面。图样中的面要素是组成要素,也是理论正确要素(TEF),由理论正确尺寸定义。

② 如图 3 - 27(b)所示,公差带的形状为两等距曲面(球面)之间的区域,用于控制面轮廓度形状误差。公差带只限制被测要素的轮廓形状,没有基准约束,因此公差带只有形状和大小的特征要求,可以上下浮动或任意方向倾斜。

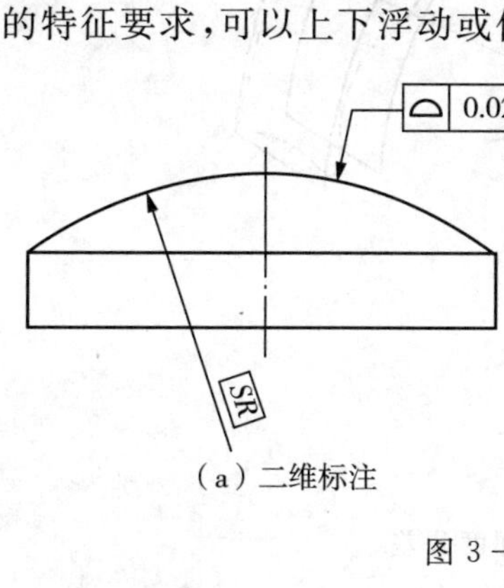

(a) 二维标注

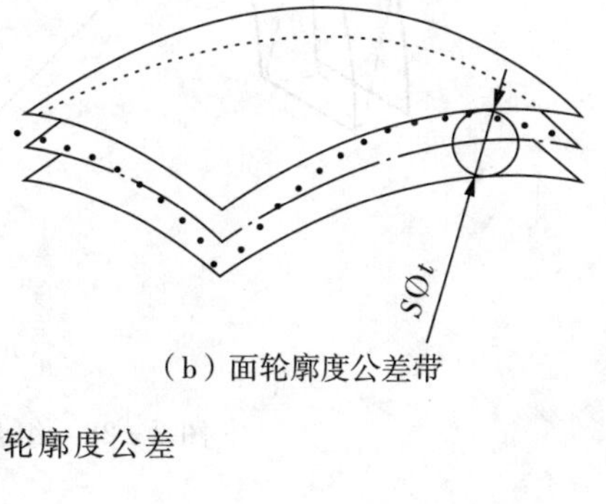

(b) 面轮廓度公差带

图 3 - 27　单一要素的面轮廓度公差

③ 实际生产中，加工后的实际表面必然存在形状误差，因此检测有限数目的点作为实际曲面（球面）近似的替代，即提取实际要素。如果提取实际被测要素不超出两等距曲面的空间变动区域，那么加工后的实际轮廓面满足形状精度设计要求。

应用实例 9

组合连续要素（Compound Continuous Feature）：由多个单一要素无缝组合在一起的要素，使用修饰符 UF 为补充标注。

组合连续要素的面轮廓度要求：如图 3－28 所示，被测要素为半径 20mm 的部分圆柱面

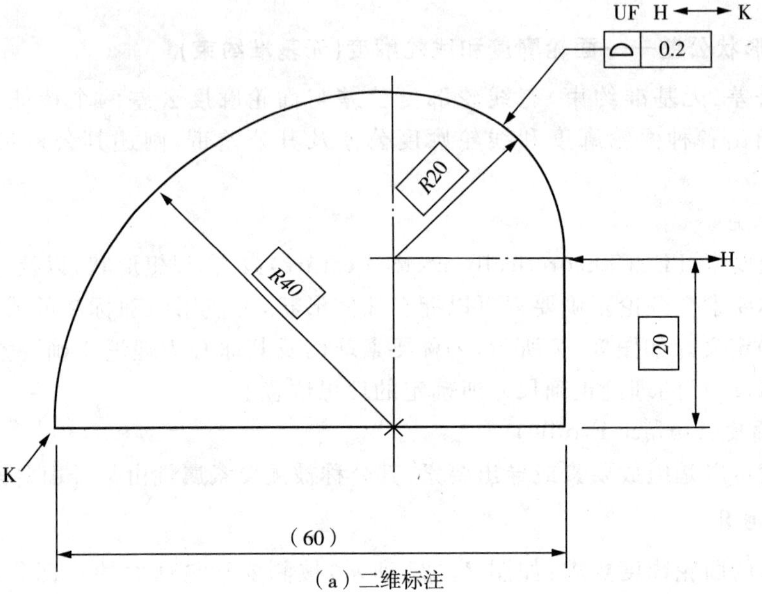

（a）二维标注

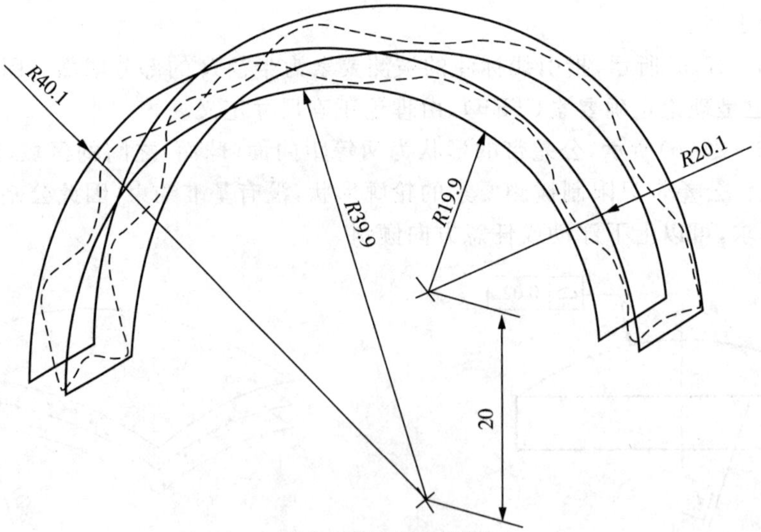

（b）面轮廓度公差带

图 3－28　组合连续要素的面轮廓度公差

与半径 40mm 的部分圆柱面，其中心相距 20mm，并且该要素的两部分之间是连续的。因此，该要素视为一个组合连续要素，用修饰符 UF 确定了两条特定的边界线 H、K 之间的区间范围。提取实际轮廓面应限定在直径等于 0.02mm、球心位于理论正确要素(TEF)上的一系列圆球的两等距包络面之间。因此公差带界限为两个圆弧表面，每个都由两个 1/4 的圆柱面组成，其中心相距 20mm，并且该表面的两个部分是连续的。内表面的半径分别为 19.9mm 与 39.9mm，外表面的半径分别为 20.1mm 与 40.1mm。

3. 线轮廓度(Line Profile)

被测要素是组成要素或导出要素，其公称被测要素属性由线性要素或一组线性要素明确给定。

联合要素(United Feature)：由连续的或不连续的组成要素组合而成的要素，并将其视为一个单一要素。如图 3－28 所示的组合连续要素也是一个联合要素。

应用实例 10

组合连续要素的线轮廓度要求：如图 3－29 所示，被测要素是组成要素上的线要素，因此需要构建并标注与基准平面 *A* 平行的相交平面。被测要素是相交平面与上表面的交线。被测要素是三个圆弧部分组成的联合要素，即相交平面与半径为 *R* 的轮廓面的交线，可使用 UF 表示。在任一平行于基准平面 *A* 的截面内，如相交平面框格所规定的，提取实际轮廓线应限定在直径等于 Ø0.04mm，圆心位于理论正确要素(TEF)上的一系列圆的两等距包络线之间。

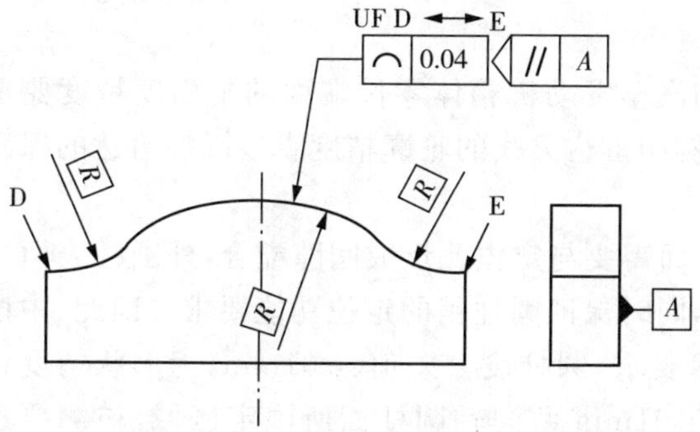

(a) 二维标注

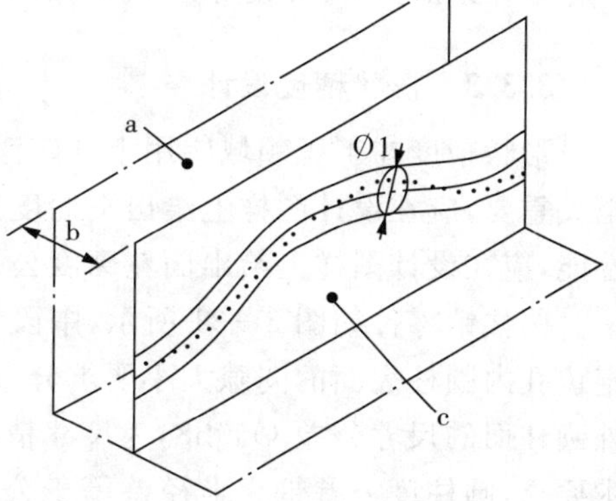

(b) 线轮廓度公差带

图 3－29　组合连续要素的线轮廓度公差

应用实例 11

组合导出要素的线轮廓度要求：如图 3－30 所示，被测要素是组合导出要素，其组成包括三条直线段，并且用两个半径 20mm 的圆弧段相连接，其中一个是 1/4 段圆弧，一个是 1/6 段圆弧，可使用 UF 表示。这是一个组合连续要素，也是一个联合要素。提取实际中心线应限定在直径等于 Ø0.5mm、球心位于理论正确要素 TEF 上一系列圆球的包络管所限定的区域。

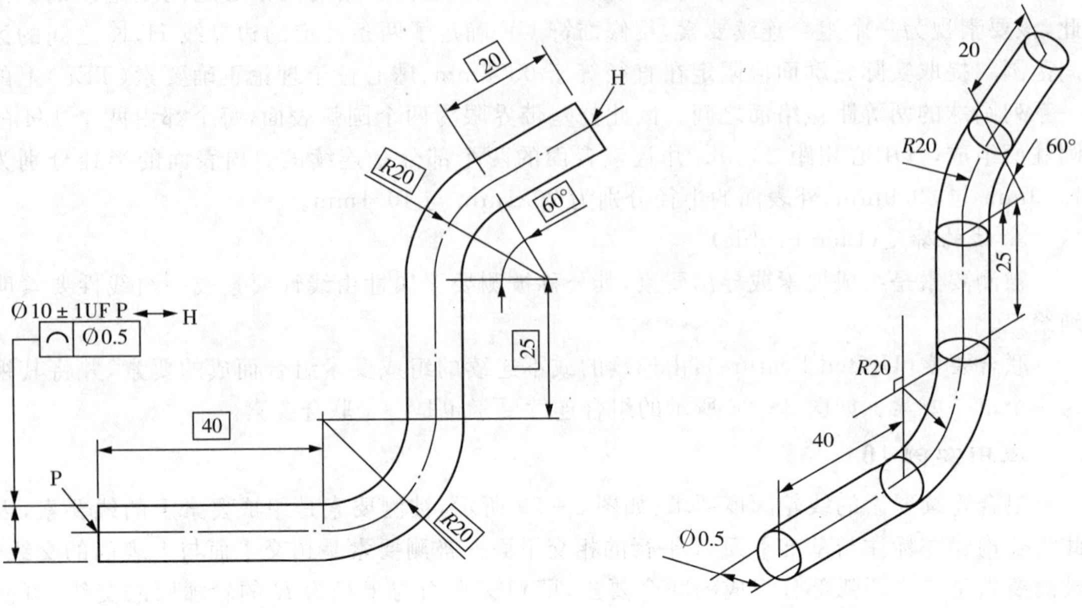

（a）二维标注　　（b）线轮廓度公差带

图 3－30　组合连续要素的线轮廓度公差

注释：面轮廓度和线轮廓度这两个几何公差特征项目，在工程上应用广泛，如复杂曲面轮廓的形状精度设计。现行国家标准 GB/T 17852—2018，增加了组合要素的详细定义规则，包括组合连续要素、联合要素等，在基本规则基础上，增加了 16 个轮廓度规范的工程应用示例。

3.3.3　形状精度设计

形状精度在工程领域应用十分广泛，例如汽车发动机箱体零件端面的平面度精度要求至关重要，应在设计图样上给出平面度公差；例如雷达天线的轮廓精度直接影响雷达的探测性能，应在设计图样上给出面轮廓度公差。

圆柱销零件如图 3－31 所示，中段外圆柱面需要与定位孔形成间隙配合，外圆柱表面与定位孔内圆柱表面的间隙大小要求分布均匀，同时保证圆柱销的定位功能要求。因此，中段外圆柱面的尺寸公差 Ø50h8，为尺寸精度技术要求，圆柱度公差值 0.01mm，为形状精度技术要求，圆柱度公差带为半径差等于公差值 0.01mm 两同轴圆柱面所限定区域，被测要素

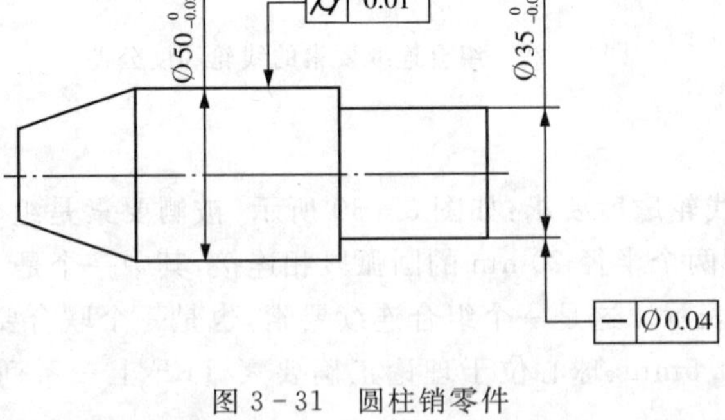

图 3－31　圆柱销零件

外圆柱面不应超出此公差带范围。因此，中段外圆柱面加工后，实际尺寸 d_{a1} 在尺寸公差范围内（Ø49.961mm≤d_{a1}≤Ø50mm），并且圆柱度误差 f_1≤0.01mm，该加工表面合格。

圆柱销零件的右段外圆柱面需要与安装孔形成间隙配合，外圆柱表面与定位孔内圆柱表面的间隙大小同样要求分布均匀，同时要保证圆柱销自由装配，并且拆装方便。因此，右段外圆柱面的尺寸公差 Ø35h7，其中心线直线度公差值 Ø0.04mm，直线度公差带为直径等于公差值 Ø0.04mm 的圆柱面所限定区域。因此，右段外圆柱面加工后，实际尺寸 d_{a2} 在尺寸公差范围内（Ø34.975mm≤d_{a2}≤Ø35mm），并且圆柱度误差 f_2≤0.04mm，该加工表面合格。

3.4　方向公差

方向公差是被测要素对其具有确定方向公称要素的允许变动量。公称要素的方向由基准和理论正确角度确定。方向公差涉及要素是线和面，点无所谓方向。方向是固定的，位置可以浮动。方向公差有平行度、垂直度、倾斜度和有基准约束的线轮廓度、面轮廓度 5 个特征项目。方向公差带不仅有形状和大小的要求，还有特定方向的要求。

3.4.1　基准

1. 基准相关术语和概念

(1)方位要素(Situation Feature)

用来确定要素方向或位置的点、直线、平面或螺旋线等要素。

(2)基准要素(Datum Feature)

基准要素是工件上用来建立基准并实际起基准作用的实际组成要素，即用来确定被测要素方向和位置的要素。

(3)基准(Datum)

基准是用来定义公差带位置或方向的一个或一组方位要素，是描述方位要素间方位特征的基础。

2. 基准形式与分类

基准有基准点、基准直线和基准平面等多种形式。

(1)单一基准(Single Datum)

单一基准可以是一个组成要素，如图 3－3 所示的底面；也可以是一个导出要素，如图 3－32所示的右端外圆柱面轴线。

(2)公共基准(Common Datum)

公共基准是由两个或两个以上的同类基准要素建立的一个独立的基准，用由横线隔开的两个大写字母表示。如图 3－33 所示，以两个基准要素（外圆柱面）的公共导出要素（中心线）作为公共基准。

(3)基准体系(Datum System)

当一个基准由两个或三个要素建立时，它们的基准代号字母应按各基准的优先顺序在公差框格的第三部分依次标出。序列中的第一个基准称为“第一基准”，第二个称为“第二基准”，第三个称为“第三基准”。

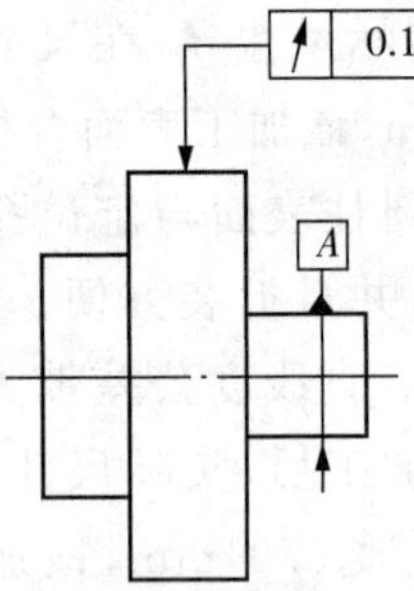

图 3-32　单一基准

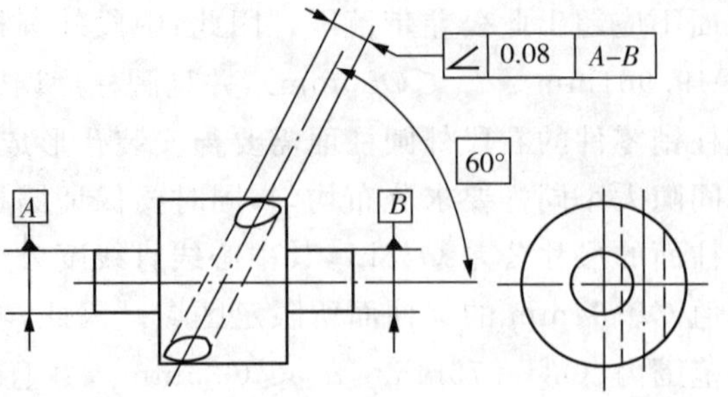

图 3-33　公共基准

3.4.2　方向公差——平行度、垂直度、倾斜度

本节以示例的形式给出平行度、垂直度、倾斜度这三种方向公差特征项目及其公差带，阐述其公差带的定义、标注和解释。被测要素可以是组成要素或导出要素，其公称被测要素的属性可以是线性要素，一组线性要素，或面要素。每个公称被测要素的形状由直线或平面明确给定。被测要素相对于基准要素保持图样上给定的平行、垂直或倾斜所夹角度的方向关系，并由理论正确角度来确定。

1. 平行度(Parallelism)

平行度公差有以下常用的四种形式：相对于基准直线的中心线平行度公差(线对线)；相对于基准面的中心线平行度公差(线对面)；相对于基准直线的平面平行度公差(面对线)；相对于基准面的平面平行度公差(面对面)。

应用实例 12

相对于基准直线的中心线平行度公差：如图 3-34 所示，被测要素是上方通孔中心线，基准是下方通孔中心线。被测要素通孔的提取实际中心线应限定在平行于基准轴线 A、直径等于 Ø0.03mm 的圆柱面内。

公差带为圆柱面限定的区域，公差数值前面有“Ø”。

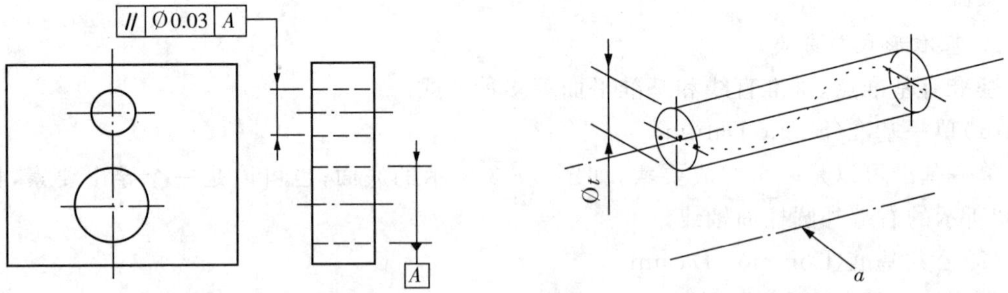

（a）二维标注　　（b）平行度公差带（a表示基准）

图 3-34　平行度公差(相对于基准直线的中心线平行度公差)

应用实例 13

相对于基准面的中心线平行度公差：如图 3-35 所示，被测要素是通孔中心线，基准是底平面。被测要素通孔的提取实际中心线应限定平行于基准平面 B、间距等于 0.01mm 的两平行平面之间。

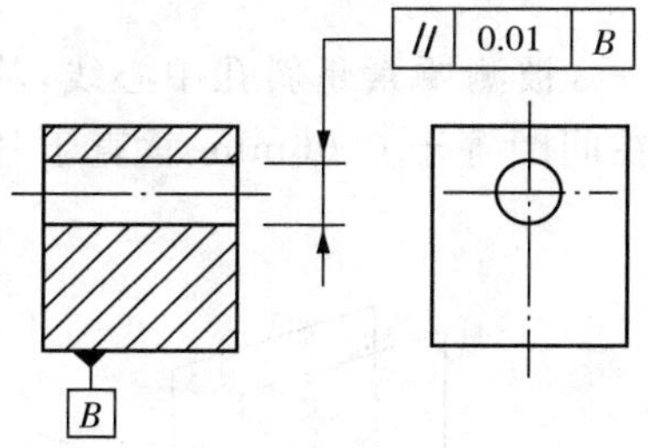

(a) 二维标注

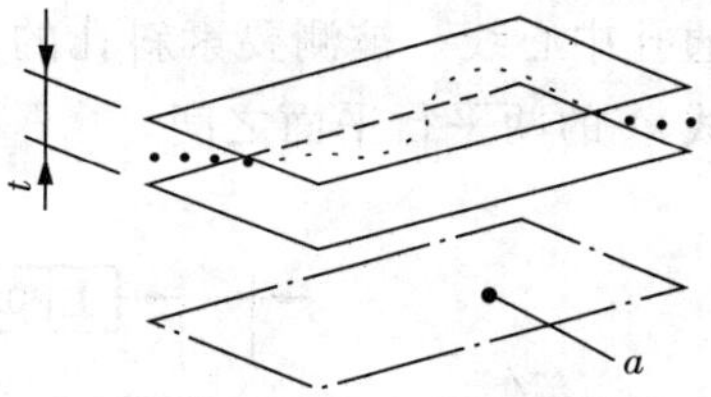

(b) 平行度公差带（a表示基准）

图 3-35　平行度公差(相对于基准面的中心线平行度公差)

应用实例 14

相对于基准直线的平面平行度公差:如图 3-36 所示,被测要素是上表面,基准是通孔中心线。提取实际面应限定在间距等于 0.1mm、平行于基准轴线 C 的两平行平面之间。

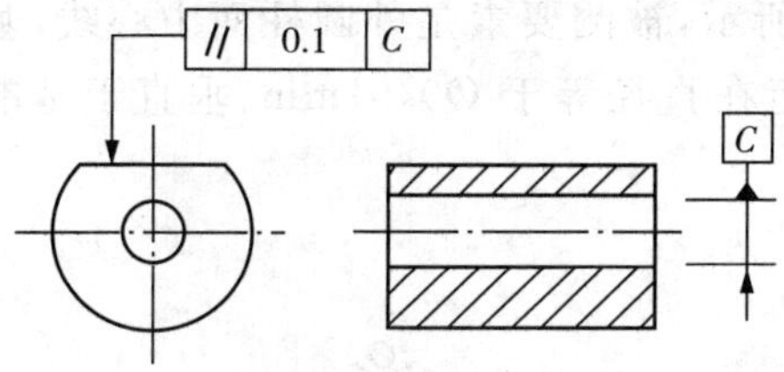

(a) 二维标注

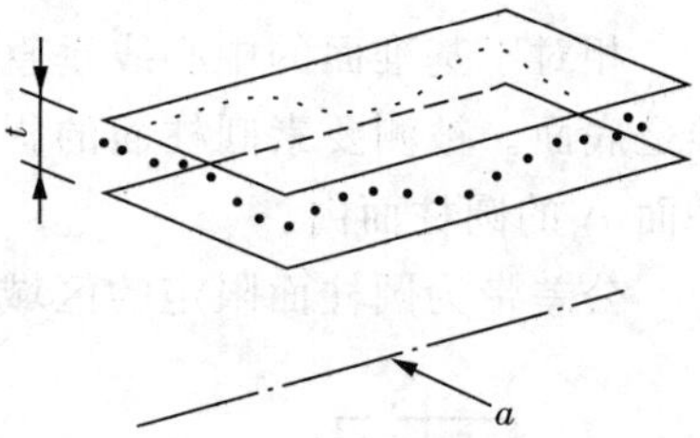

(b) 平行度公差带（a表示基准）

图 3-36　平行度公差(相对于基准直线的平面平行度公差)

应用实例 15

相对于基准面的平面平行度公差:如图 3-37 所示,被测要素是上表面,基准是底平面。提取实际面应限定在间距等于 0.01mm、平行于基准平面 D 的两平行平面之间。

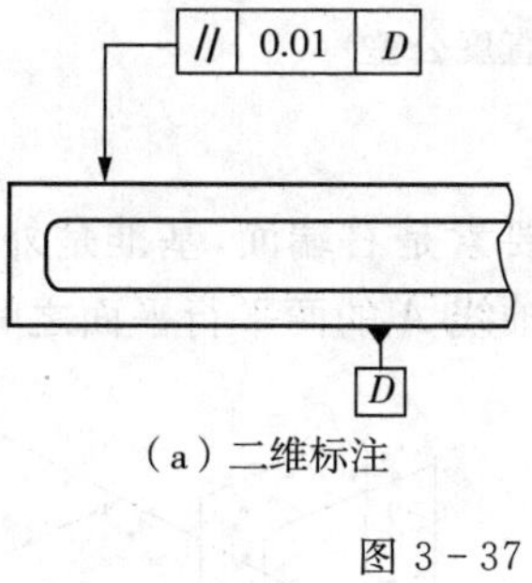

(a) 二维标注

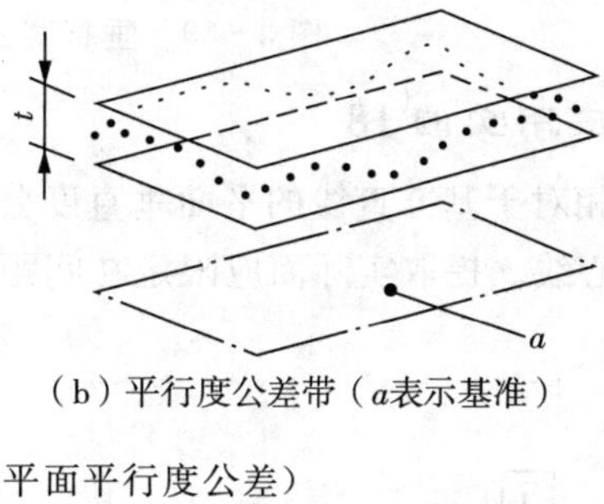

(b) 平行度公差带（a表示基准）

图 3-37　平行度公差(相对于基准面的平面平行度公差)

根据上述常用应用实例,平行度公差带一般有两种形状特征:两平行平面限定的区域和圆柱面限定的区域。

注释:相对于基准体系(两个基准)的平行度公差,并不常见,可以参照 GB/T 1182—2018 应用示例。

2. 垂直度(Perpendicularity)

垂直度公差与平行度公差一样,有以下常用的四种形式,分别给出应用实例。

应用实例 16

相对于基准直线的中心线垂直度公差：如图 3－38 所示，被测要素是斜孔中心线，基准是通孔中心线。被测要素斜孔的提取实际中心线应限定在间距等于 0.06mm、垂直于基准轴线 A 的两平行平面之间。

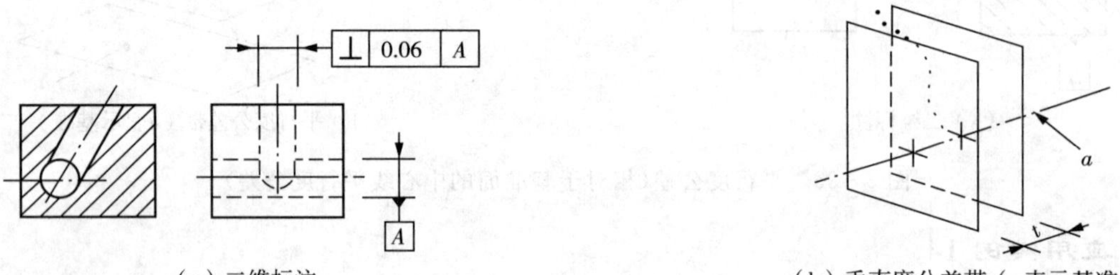

（a）二维标注　　　（b）垂直度公差带（a表示基准）

图 3－38　垂直度公差（相对于基准直线的中心线垂直度公差）

应用实例 17

相对于基准面的中心线垂直度公差：如图 3－39 所示，被测要素是外圆柱面中心线，基准是底面。被测要素圆柱面的提取实际中心线应限定在直径等于 Ø0.01mm、垂直于基准平面 A 的圆柱面内。

公差带为圆柱面限定的区域，公差数值前面有“Ø”。

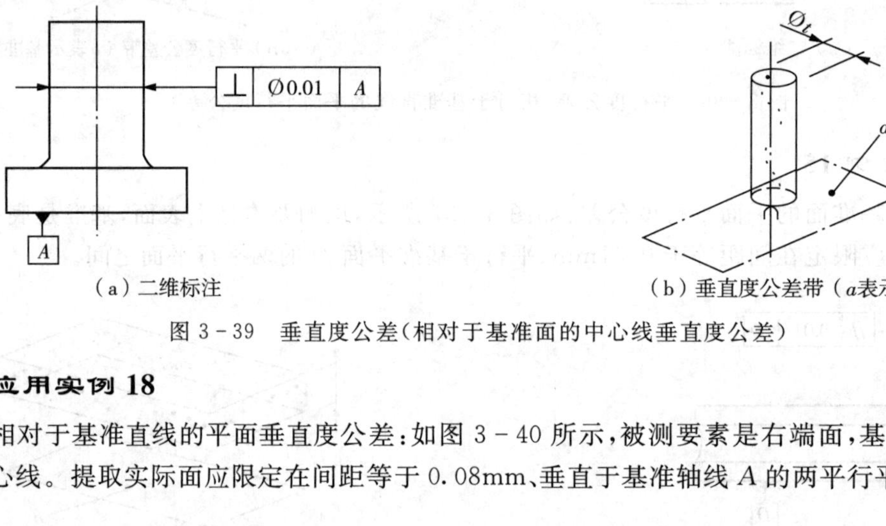

（a）二维标注　　　（b）垂直度公差带（a表示基准）

图 3－39　垂直度公差（相对于基准面的中心线垂直度公差）

应用实例 18

相对于基准直线的平面垂直度公差：如图 3－40 所示，被测要素是右端面，基准是外圆柱面中心线。提取实际面应限定在间距等于 0.08mm、垂直于基准轴线 A 的两平行平面之间。

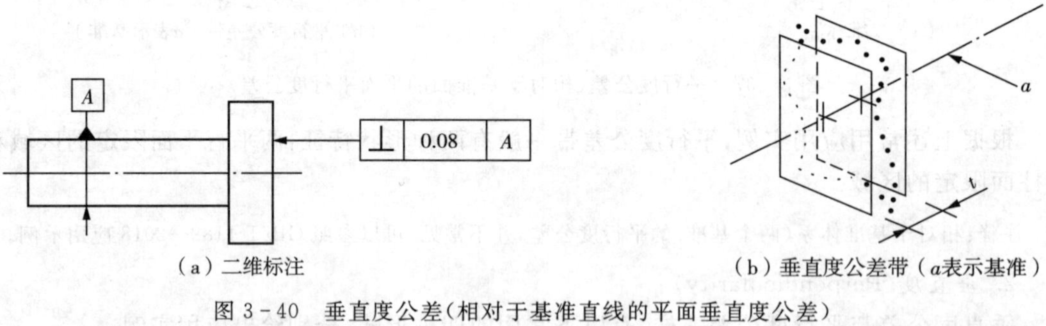

（a）二维标注　　　（b）垂直度公差带（a表示基准）

图 3－40　垂直度公差（相对于基准直线的平面垂直度公差）

应用实例 19

相对于基准面的平面垂直度公差：如图 3－41 所示，被测要素是侧面，基准是底面。提取实际面应限定在间距等于 0.08mm、垂直于基准平面 A 的两平行平面之间。

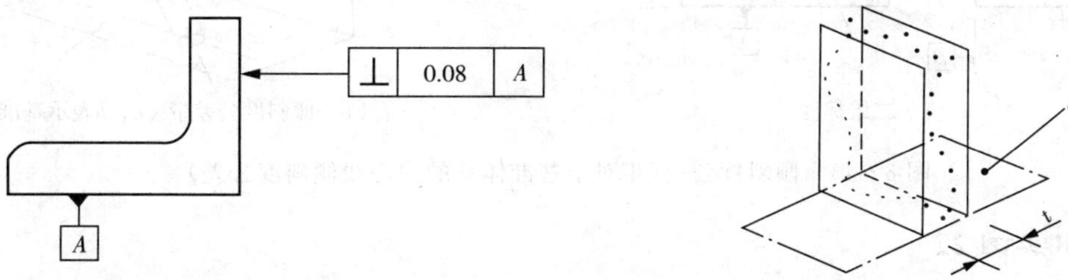

（a）二维标注　　　　（b）垂直度公差带（a表示基准）

图 3－41　垂直度公差（相对于基准直线的平面平行度公差）

根据上述常用应用实例，垂直度公差带一般有两种形状特征：两平行平面限定的区域和圆柱面限定的区域。

注释：相对于基准体系（两个基准）的垂直度公差，并不常见，可以参照 GB/T 1182—2018 应用示例。

3. 倾斜度（Angularity）

倾斜度公差应使用至少确定一个在公称要素与基准之间的理论正确角度（TED）。

应用实例 20

相对于基准直线的中心线倾斜度公差：如图 3－42 所示，被测要素是斜孔中心线，公共基准由两端外圆柱面中心线共同构成。被测要素斜孔的提取实际中心线应限定在直径等于 Ø0.08mm 的圆柱面所限定的区域。该圆柱按理论正确角度 60°倾斜于公共基准轴线 $A-B$。

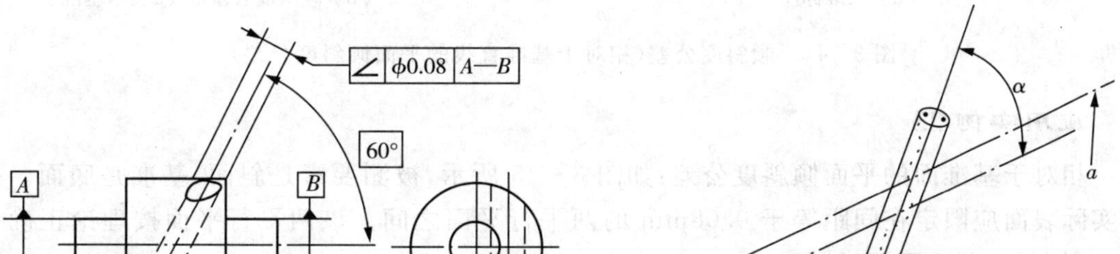

（a）二维标注　　　　（b）倾斜度公差带（a表示公共基准）

图 3－42　倾斜度公差（相对于基准直线的中心线倾斜度公差）

应用实例 21

相对于基准体系的中心线倾斜度公差：相对于单一基准平面的中心线倾斜确定角度，具有不确定性，因此由两个基准平面建立基准体系。

如图 3－43 所示，被测要素是斜孔中心线，基准体系是底面 A 和侧面 B，被测要素斜孔的提取实际中心线应限定在直径等于 Ø0.1mm 的圆柱面内，该圆柱面的中心线按理论正确角度 60°倾斜于基准平面 A 且平行于基准平面 B。

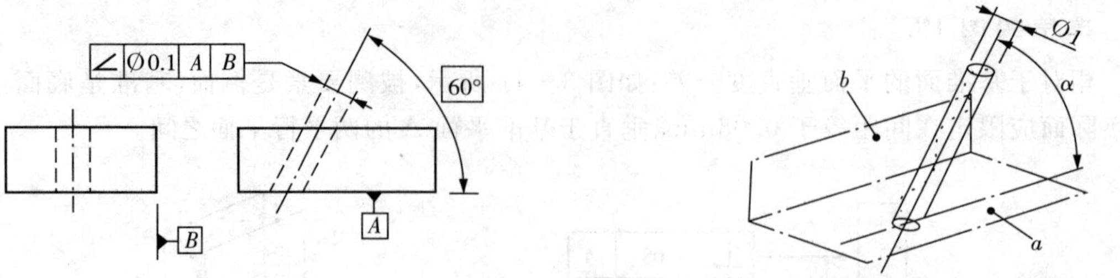

（a）二维标注　　　　（b）倾斜度公差带（a，b表示基准）

图 3-43　倾斜度公差(相对于基准体系的中心线倾斜度公差)

应用实例 22

相对于基准直线的平面倾斜度公差：如图 3-44 所示，被测要素是斜面，基准是外圆柱面中心线。提取实际面应限定在间距等于 0.1mm 的两平行平面之间。该两平行平面按理论正确角度 75°倾斜于基准轴线 A。

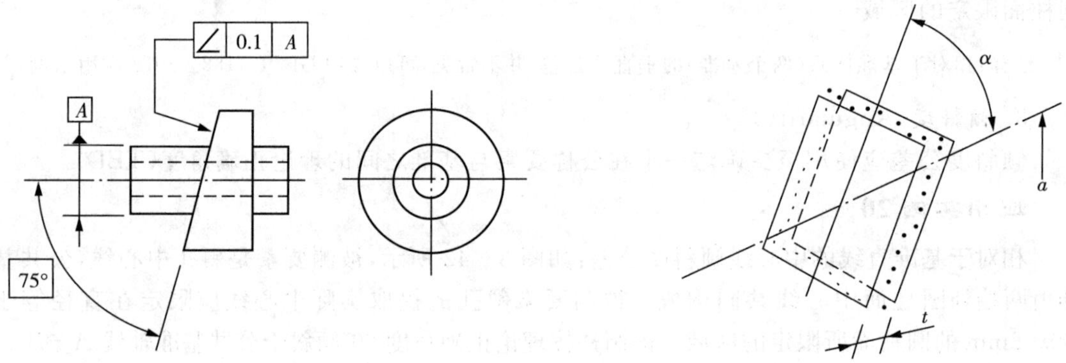

（a）二维标注　　　　（b）倾斜度公差带（a表示基准）

图 3-44　倾斜度公差(相对于基准直线的平面倾斜度公差)

应用实例 23

相对于基准面的平面倾斜度公差：如图 3-45 所示，被测要素是斜面，基准是底面。提取实际表面应限定在间距等于 0.08mm 的两平行平面之间。该两平行平面按理论正确角度 40°倾斜于基准平面 A。

（a）二维标注　　　　（b）倾斜度公差带（a表示基准）

图 3-45　倾斜度公差(相对于基准面的平面倾斜度公差)

根据上述常用应用实例，倾斜度公差带一般有两种形状特征：两平行平面限定的区域，和圆柱面限定的区域。

注释 1：平行度公差和垂直度公差可以认为是特殊的倾斜度公差，理论正确角度（TED）0°和 90°缺省标注。

3.4.3　方向精度设计

方向精度在工程领域应用十分广泛。例如数控车床和车削中心的刀架（*Y* 轴运动）对于刀架滑板（*X* 轴运动）的垂直度公差；尾座套筒的锥孔轴线对于床鞍表面（*Z* 轴运动）的平行度公差等一系列方向公差影响机床的运动精度。

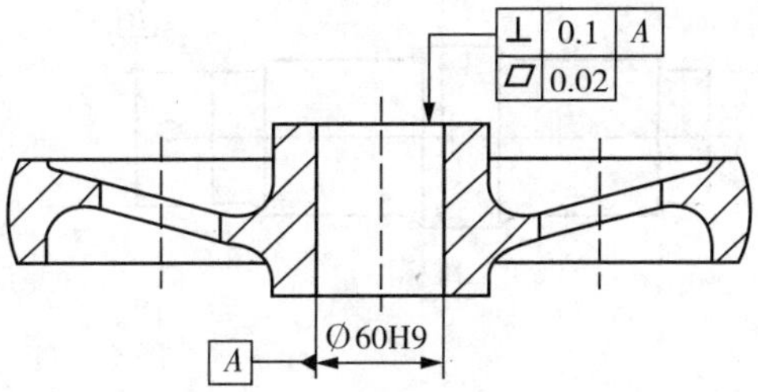

图 3 - 46　方向精度设计示例

手轮零件如图 3 - 46 所示，安装孔与转轴的支承轴颈装配，直径尺寸公差 Ø60H9，为尺寸精度技术要求。手轮零件端平面与转轴的轴肩接触，为了保证装配质量，安装面对于通孔轴线的垂直度公差值 0.1mm，垂直度公差带为在间距等于 0.1mm、垂直于基准轴线 A 的两平行平面之间所限定区域。这里垂直度和平面度精度要求，是保证手轮安装后被测要素平面和相对安装平面较好接触。如果没有垂直度精度要求，那么被测要素实际平面可能是倾斜的，或者点接触，使用时会出现摇晃。

如果需要对形状精度提出进一步要求时，可以在给出方向公差的同时再给出形状公差，但形状公差值一定要小于方向公差值（$t_{形状}<t_{方向}$）。

注释 1：方向公差带可以控制被测要素的形状误差，因此设计中，一般先考虑选用方向公差特征项目，再考虑是否进一步选用形状公差特征项目。

注释 2：根据现行国家标准 GB/T 1182—2018 和 GB/T 17852—2018，线、面轮廓度公差根据是否有基准约束，分为两类：与基准不相关的线、面轮廓度公差（形状公差）和相对于基准或基准体系的线、面轮廓度公差。当线、面轮廓度公差涉及基准或基准体系，不再区分方向公差和位置公差。

3.5　位置公差

位置公差是被测要素对其具有确定位置公称要素的允许变动量。公称要素的位置由基准和理论正确尺寸确定。位置公差有同轴度、同心度、对称度、位置度和有基准约束的线轮廓度、面轮廓度 6 个特征项目。位置公差带不仅有形状和大小的要求，还有方向和位置的特征要求。

3.5.1　位置公差——同轴度、同心度、对称度、位置度

本节以示例的形式给出同轴度、同心度、对称度、位置度这四种位置公差特征项目及其公差带，阐述其公差带的定义、标注和解释。

1. 同轴度（Coaxiality）与同心度（Concentricity）

被测要素是导出要素，其公称被测要素的属性与形状是点要素，一组点要素或直线要素。当所标注要素的公称状态为直线，且被测要素为一组点时，应标注任意横截面代号

“ACS”。此时,每个点的基准也是同一横截面上的一个点。

应用实例 24

中心线的同轴度公差:同轴度公差值前使用了符号“Ø”,公差带为直径等于公差值 Øt 的圆柱面所限定的区域。该圆柱面的轴线与基准轴线重合。如图 3-47 所示,被测要素是中间段圆柱面中心线,两端圆柱面中心线共同构成的公共基准 $A—B$,被测圆柱面的提取实际中心线应限定在直径等于 Ø0.08mm、以公共基准轴线 $A—B$ 为轴线的圆柱面内。

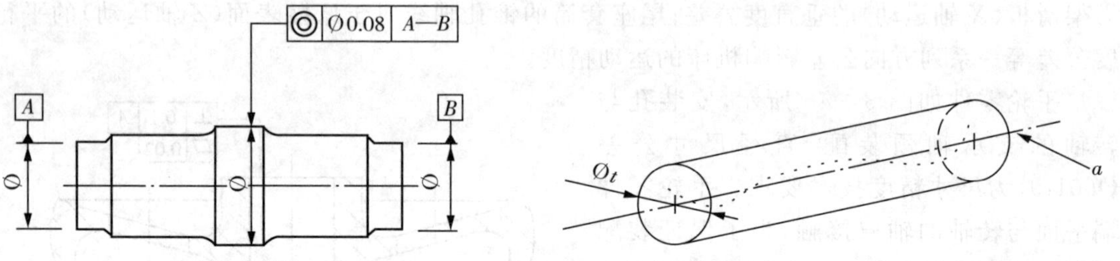

(a)二维标注　　(b)同轴度公差带(a表示单一或公共基准)

图 3-47　同轴度公差

应用实例 25

点的同心度公差:同心度公差值前使用了符号“Ø”,公差带为直径等于公差值 Øt 的圆周所限定的区域。该圆周的圆心与基准点重合。

如图 3-48 所示,外圆柱面中心线可以认为是任意横截面一组点的集合,被测要素为提取实际中心点,应标注任意横截面代号“ACS”。内圆的提取实际中心在任意横截面内,应限定在直径等于 Ø0.1mm、以基准点 A(在同一横截面内)为圆心的圆周内。

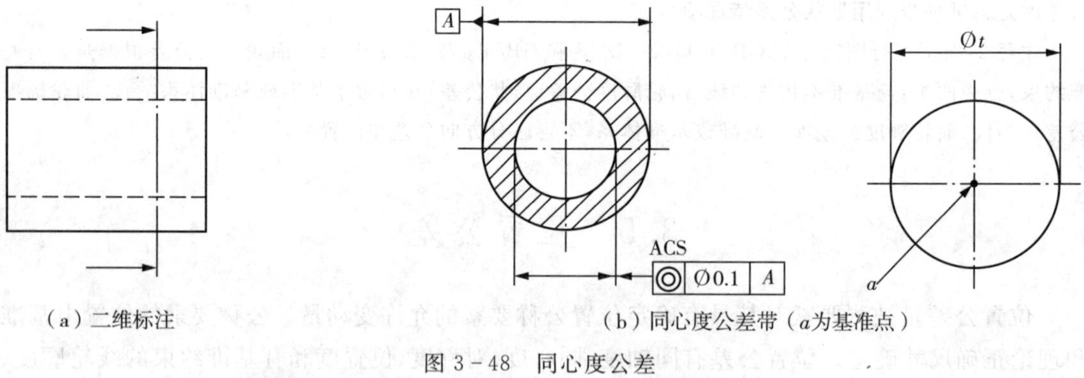

(a)二维标注　　(b)同心度公差带(a为基准点)

图 3-48　同心度公差

注释:同轴度公差和同心度公差项目,具有相同的符号,但被测要素分别是中心线和中心点的集合,基准分别是中心线和同一横截面上的中心点。

2. 对称度(Symmetry)

被测要素可以是组成要素或导出要素。其公称被测要素的形状与属性可以是点要素、一组点要素、直线、一组直线或平面。当所标注的要素的公称状态为平面,且被测要素为该表面上的一组直线时,应标注相交平面框格。当所标注的要素的公称状态为直线,且被测要素为线要素上的一组点要素时,应标注 ACS。此时,每个点的基准都是在同一横截面上一个点。

应用实例 26

腰形孔的对称度公差：如图 3－49 所示，被测要素是腰型孔的中心平面，两端通槽中心平面共同构成公共基准 $A—B$，提取实际中心面应限定在间距等于 0.08mm、对称于公共基准中心平面 $A—B$ 的两平行平面之间。

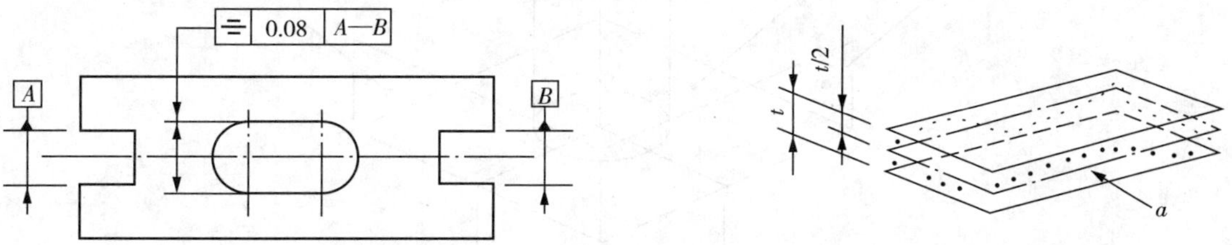

（a）二维标注　　　　（b）同心度公差带（a表示基准）

图 3－49　对称度公差

3. 位置度(Position)

被测要素可以是组成要素或导出要素，其公称被测要素的属性为一个组成要素或导出的点、直线或平面，或为导出曲线或导出曲面。

应用实例 27

导出点的位置度公差：如图 3－7 所示，被测要素是球面导出要素中心点(球心)，基准平面 A、基准平面 B、基准中心平面 C 构建了基准体系。提取实际球心应限定在直径等于 $SØ0.3$mm 的圆球面内，该圆球面的中心与基准平面 A、基准平面 B、基准中心平面 C 以及被测球所确定的理论正确位置一致。

应用实例 28

中心线的位置度公差：如图 3－50 所示，被测要素是八个通孔的中心线，基准平面 C、基准平面 A、基准平面 B 构建了基准体系。各孔的提取实际中心线应各自限定在直径等于 $Ø0.1$mm 的圆柱面内。该圆柱面的轴线应处于由基准 C、A、B 与被测孔所确定的理论正确位置。

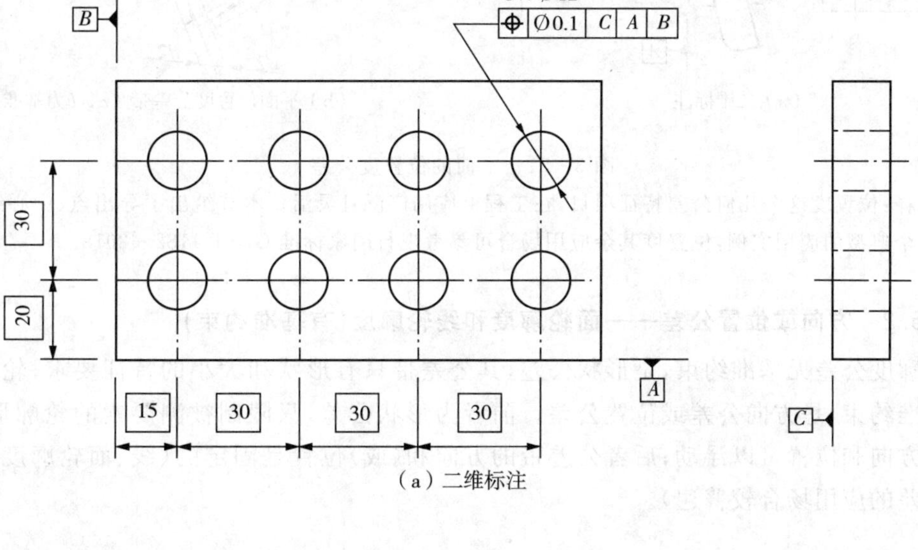

（a）二维标注

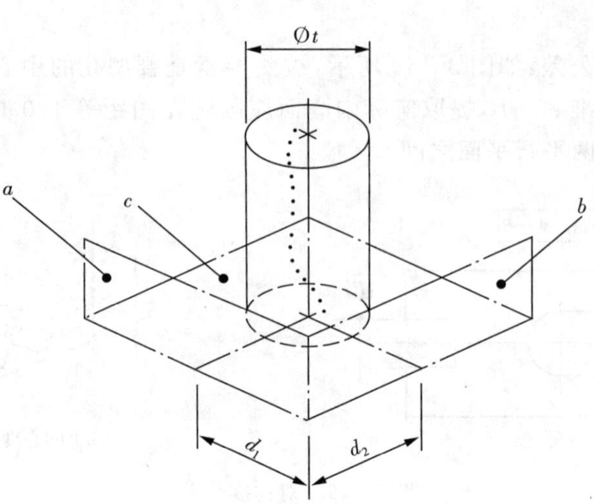

（b）中心线位置度公差带（a，b，c为基准）

图 3-50　中心线的位置度公差

应用实例 29

平面的位置度公差：如图 3-51 所示，被测要素是斜面，基准平面 A、基准中心线 B 构建了基准体系。提取实际表面应限定在间距等于 0.05mm 的两平行平面之间。该两平行平面对称于由基准平面 A、基准轴线 B 与该被测表面所确定的理论正确位置（理论正确尺寸 15mm，理论正确角度 105°）。

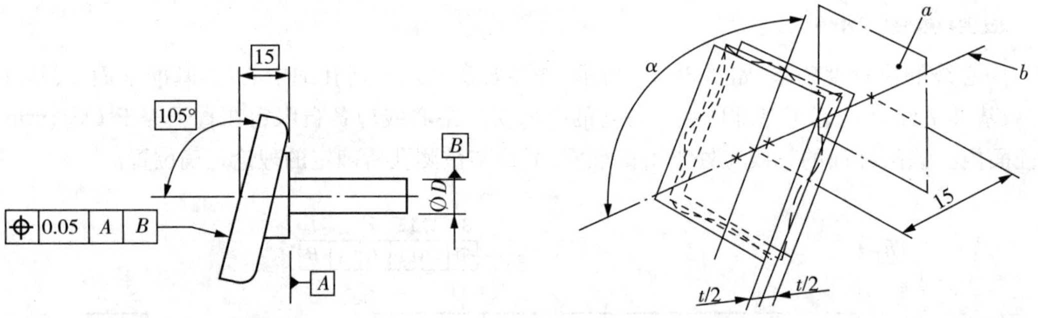

（a）二维标注　　（b）平面位置度公差带（a，b为基准）

图 3-51　平面的位置度公差

注释：位置度这个几何公差特征项目，在工程上应用广泛且灵活。本节给出了导出点、中心线和平面这三个典型的应用实例，位置度其余应用场合可参考现行国家标准 GB/T 1182—2018。

3.5.2　方向或位置公差——面轮廓度和线轮廓度（有基准约束）

轮廓度公差无基准约束，是形状公差，其公差带只有形状和大小的特征要求；轮廓度公差有基准约束，是方向公差或位置公差。前者为形状公差，只限制被测要素的轮廓形状，公差带的方向和位置可以浮动；后者公差带的方向和（或）位置是固定的（线、面轮廓度公差为位置公差的应用场合较普遍）。

本节延续 3.3.2 节内容，以示例的形式给出各种受基准约束的面轮廓度和线轮廓度公差，阐述其公差带的定义、标注和解释。

1. 面轮廓度(Surface Profile)

应用实例 30

相对于基准的面轮廓度公差：如图 3－52 所示，被测要素是球面的一部分，基准是底平面，提取实际轮廓面应限定在直径等于 0.1mm、球心位于由基准平面 A 确定的被测要素理论正确几何形状上的一系列圆球的两等距包络面之间。公差带不仅有形状和大小的要求，其位置是固定的。

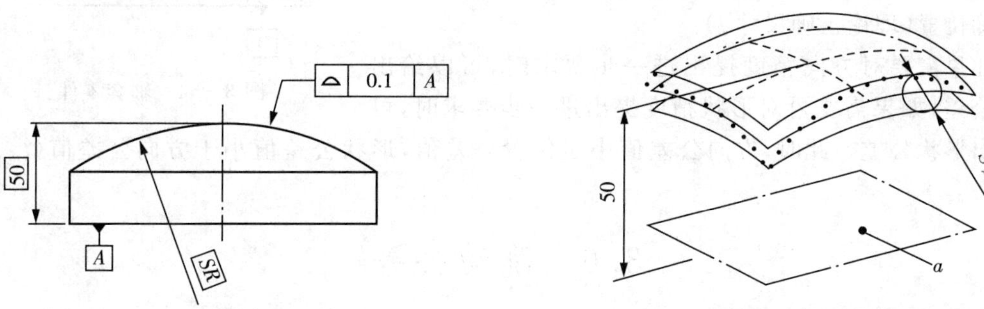

(a) 二维标注　　(b) 面轮廓度公差带（a表示基准）

图 3－52　面轮廓度公差(有基准约束)

2. 线轮廓度(Line Profile)

应用实例 31

相对于基准体系的线轮廓度公差：如图 3－53 所示，被测要素是组成要素上的线要素，因此需要构建并标注与基准平面 A 平行的相交平面。被测要素是相交平面与半径为 R 的轮廓面的交线。在任一由相交平面框格规定的平行于基准平面 A 的截面内，提取实际轮廓线应限定在直径等于 0.04mm、圆心位于由基准平面 A 与基准平面 B 确定的被测要素理论正确几何形状上的一系列圆的两等距包络线之间。

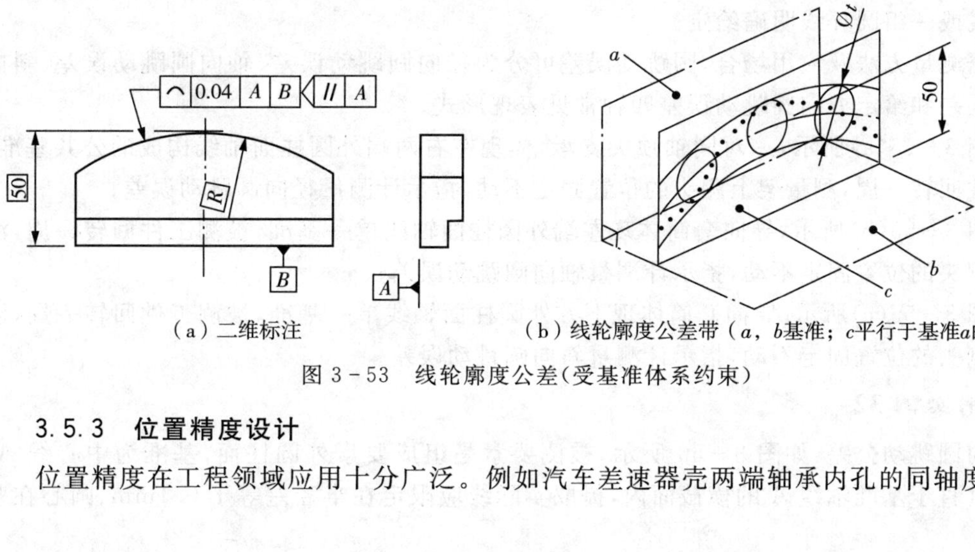

(a) 二维标注　　(b) 线轮廓度公差带（a，b基准；c平行于基准a的平面）

图 3－53　线轮廓度公差(受基准体系约束)

3.5.3　位置精度设计

位置精度在工程领域应用十分广泛。例如汽车差速器壳两端轴承内孔的同轴度误差超差，则会影响半轴和齿轮的装配，导致齿轮转动不畅。

轴套零件如图 3－54 所示，安装孔直径尺寸公差 Ø60H9，为尺寸精度技术要求。为了保证与其他零件安装表面接触均匀，轴向定位准确，减小定位误差，首先考虑选用位置公差特征项目，因为位置公差带能把同一被测要素的形状误差和方向误差控制在位置公差带范围内。上平面对于底面的位置度公差 0.5mm，提取实际表面应限定在间距等于 0.5mm 的两平行平面之间。该两平行平面对称于由基准平面 A 与该被测表面所确定的理论正确位置（理论正确尺寸 l）。

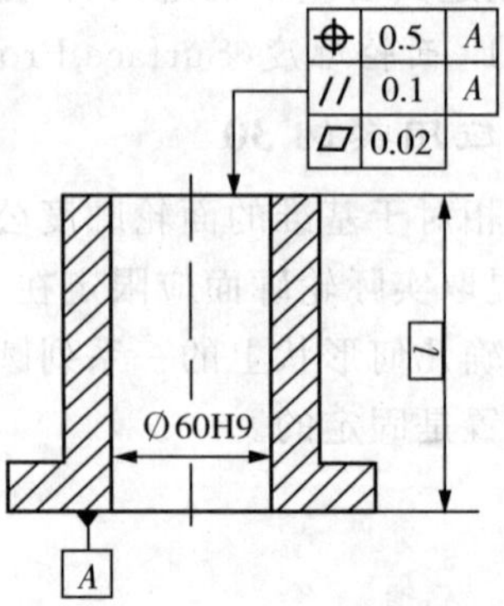

图 3－54　轴套零件

如果需要对方向精度提出进一步要求时，可以给出方向公差；如果需要再对形状精度提出进一步要求时，可以给出形状公差。此时，方向公差值小于位置公差值，形状公差值小于方向公差值（$t_{形状} < t_{方向} < t_{位置}$）。

3.6　跳动公差

跳动公差是被测组成要素绕基准轴线回转一周或连续回转时所允许的最大跳动量，是按特定的测量方法定义的几何公差项目。跳动公差有圆跳动和全跳动两个特征项目。

3.6.1　跳动公差——圆跳动和全跳动

跳动公差是根据工程实践中测量方法发展而来的几何公差项目，不仅检测方便，而且符合零件的实际工作状态。在工程设计中，如果是以回转轴线为基准的回转面或端面，并且遵守独立原则（3.7.2 节），常常选用跳动公差项目。本节以示例的形式给出圆跳动和全跳动这两种公差特征项目及其公差带，阐述其公差带的定义、标注和解释。

1. 圆跳动（Circular Runout）

圆跳动是任一被测提取要素绕基准轴线（无轴向移动）相对回转一周时，测头在给定计值方向上测得的最大与最小示值之差。被测要素是组成要素，其公称被测要素形状与属性由圆环线或一组圆环线明确给定。

根据测量方法及应用场合，圆跳动误差可分为径向圆跳动误差、轴向圆跳动误差、斜向圆跳动误差和给定方向圆跳动误差四种常见表现形式。

如图 3－55(a) 所示，一对同轴顶尖支承，体现左右两端外圆柱面轴线构成的公共基准，被测工件回转一周，测量架上测头的位置固定不动，指示计测量径向圆跳动误差；

如图 3－55(b) 所示，导向套筒体现左端外圆柱面轴线单一基准，被测工件回转一周，测量架上测头的位置固定不动，指示计测量轴向圆跳动误差；

如图 3－55(c) 所示，导向套筒体现下方外圆柱面轴线单一基准，被测工件回转一周，测量架上测头的位置固定不动，指示计测量斜向圆跳动误差。

应用实例 32

径向圆跳动公差：如图 3－56 所示，被测要素是组成要素外圆柱面，基准为中心线 A。在任一垂直于基准轴线 A 的横截面内，提取实际线应限定在半径差等于 0.1mm、圆心在基

准轴线 A 上的两共面同心圆之间。采用如图 3－55(a)所示方案，测量径向圆跳动误差 f(最大与最小示值之差)，当 $f \leqslant 0.1$mm，加工所得外圆柱面合格。

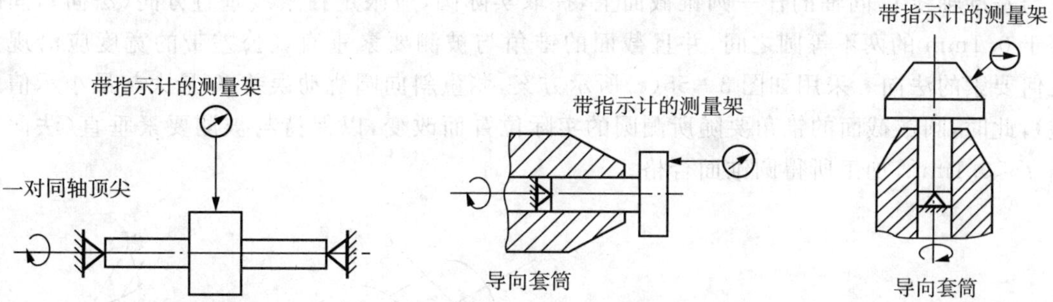

(a) 径向圆跳动　　(b) 轴向圆跳动　　(c) 斜向圆跳动

图 3－55　圆跳动误差的检测与验证方案

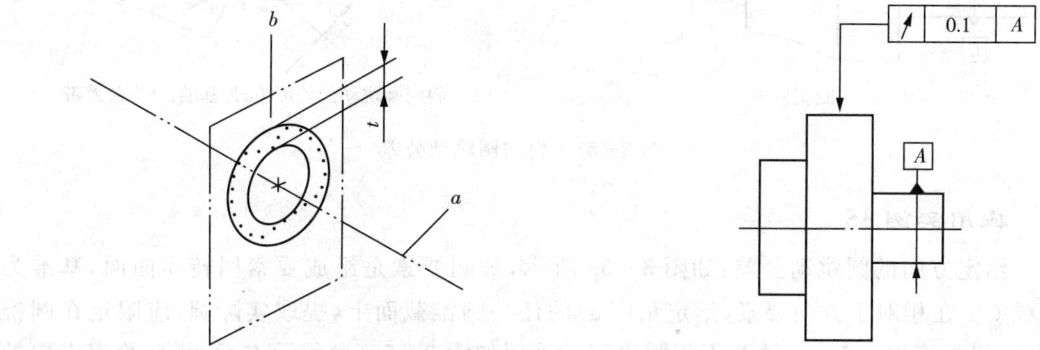

(a) 径向圆跳动公差带（a为基准；b垂直于基准a的横截面）　　(b) 二维标注

图 3－56　径向圆跳动公差

应用实例 33

轴向圆跳动公差：如图 3－57 所示，被测要素是组成要素右端平面，基准为中心线 D。在与基准轴线 D 同轴的任一圆柱形截面上，提取实际圆应限定在轴向距离等于 0.1mm 的两个等圆之间。采用如图 3－55(b)所示方案，测量轴向圆跳动误差 f(最大与最小示值之差)，当 $f \leqslant 0.1$mm，加工所得右端平面合格。

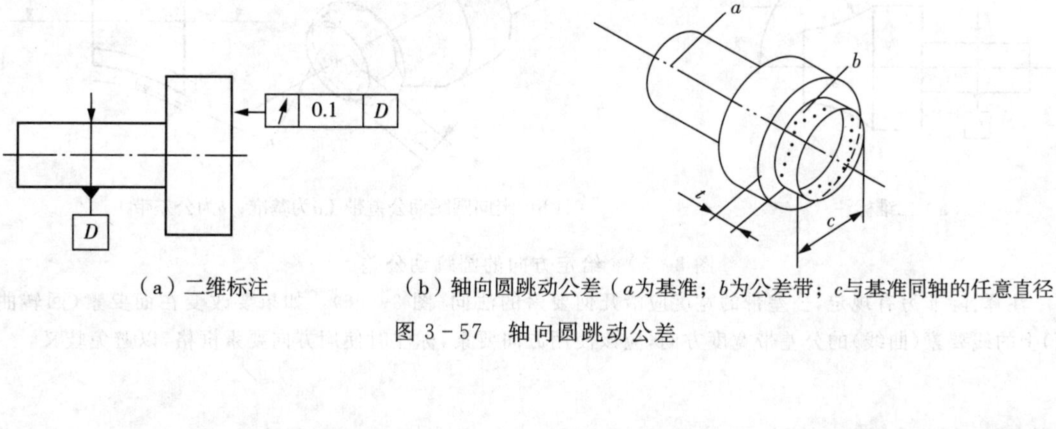

(a) 二维标注　　(b) 轴向圆跳动公差（a为基准；b为公差带；c与基准同轴的任意直径）

图 3－57　轴向圆跳动公差

应用实例 34

斜向圆跳动公差：如图 3－58 所示，被测要素是组成要素回转曲面，基准为中心线 *C*。在与基准轴线 *C* 同轴的任一圆锥截面上，提取实际圆，应限定在素线垂直方向（法向），间距等于 0.1mm 的两不等圆之间，并且截面的锥角与被测要素垂直。公差带的宽度应沿规定几何要素的法向。采用如图 3－55(c)所示方案，测量斜向圆跳动误差 *f*（最大与最小示值之差），此时，圆锥截面的锥角要随所测圆的实际位置而改变，以保持与被测要素垂直（法向）。当 $f \leqslant 0.1$mm，加工所得圆锥面合格。

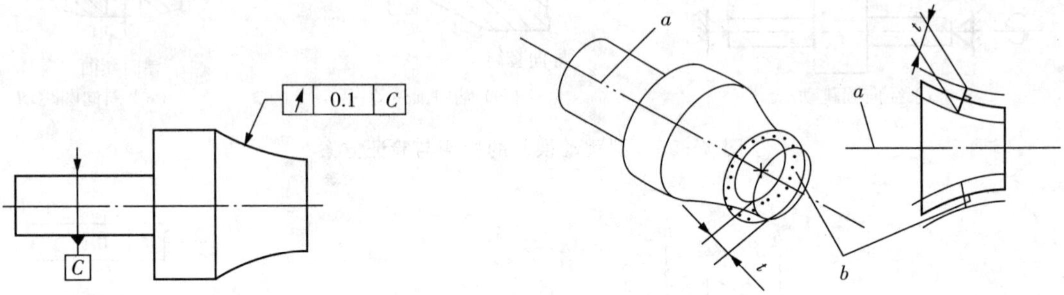

（a）二维标注　　（b）斜向圆跳动公差带（*a*为基准；*b*为公差带）

图 3－58　斜向圆跳动公差

应用实例 35

给定方向的圆跳动公差：如图 3－59 所示，被测要素是组成要素回转体曲面，基准为中心线 *C*。在相对于方向要素（给定角度 α）的任一圆锥截面上，提取实际圆，应限定在圆锥截面内，间距等于 0.1mm 的两不等圆之间。采用如图 3－55(c)所示方案，测量给定方向的圆跳动误差 *f*（最大与最小示值之差），此时圆锥截面的锥角始终与基准轴线 *C* 始终保持理论正确角度 α，当 $f \leqslant 0.1$mm，加工所得回转曲面合格。

因为圆锥面的公差带宽度的方向与基准中心线 C 始终保持理论正确角度，因此标注时使用方向要素框格，并且作为公差框格的延伸部分标注在其右侧。

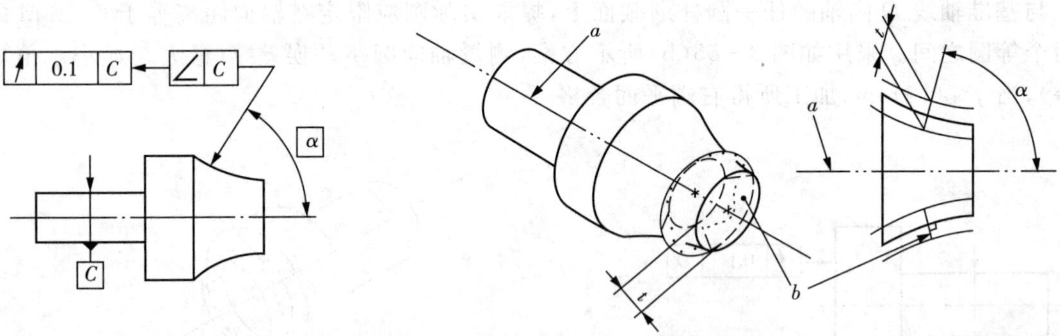

（a）二维标注　　（b）定向圆跳动公差带（*a*为基准；*b*为公差带）

图 3－59　给定方向的圆跳动公差

注释：除非另有规定，公差带的宽度应沿几何要素的法向（图 3－56）。如果要改变在面要素（回转曲面）上的线要素（曲线）的公差带宽度方向，应该使用方向要素，标注时使用方向要素框格，以避免歧义。

2. 全跳动(Total Runout)

全跳动是被测提取要素绕基准轴线相对回转一周或几周时,测头同时轴向移动,在给定计值方向上,测得的最大与最小示值之差。被测要素是组成要素,公称被测要素的形状与属性为平面或回转体表面。

根据测量方法及应用场合,全跳动误差可分为径向全跳动误差和轴向全跳动误差两种常见表现形式。

如图 3－60(a)所示,一对同轴导向套筒,体现左右两端外圆柱面轴线构成的公共基准,被测工件回转几周,同时测量架上测头轴向移动,测量架上的指示计测量径向全跳动误差。

如图 3－55(b)所示,导向套筒体现下方外圆柱面轴线单一基准,被测工件回转几周,同时测量架上测头径向移动,测量架上的指示计测量轴向全跳动误差。

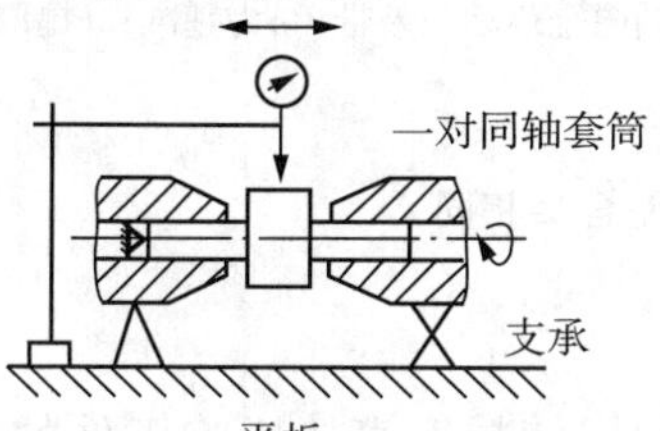

(a) 径向全跳动

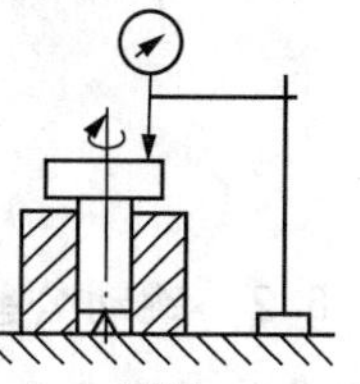

(b) 轴向全跳动

图 3－60　全跳动误差的检测与验证方案

应用实例 36

径向全跳动公差:如图 3－61 所示,被测要素是组成要素外圆柱面,两端圆柱面中心线共同构成的公共基准 $A—B$。提取实际表面应限定在半径差等于 0.1mm、与公共基准轴线 $A—B$ 同轴的两圆柱面之间。采用如图 3－60(a)所示方案,测量径向全跳动误差 f(最大与最小示值之差),当 $f \leqslant 0.1$mm,加工所得外圆柱面合格。

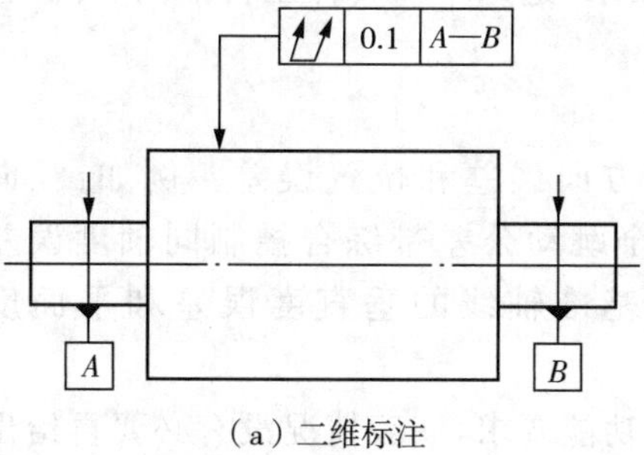

(a) 二维标注

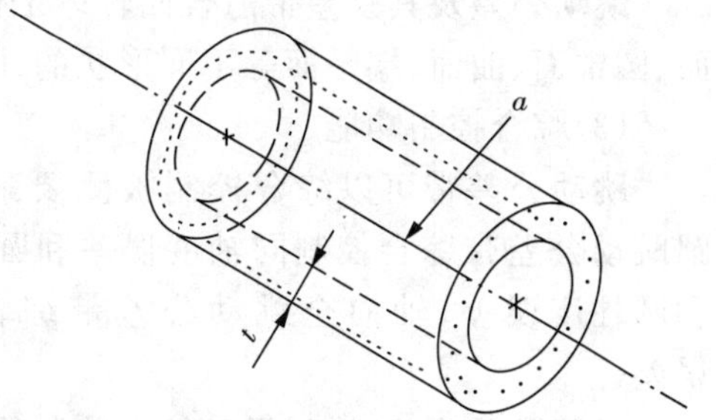

(b) 径向全跳动公差带 (a为公共基准)

图 3－61　径向圆跳动公差

应用实例 37

轴向全跳动公差:如图 3－62 所示,被测要素是组成要素右端平面,基准为左端圆柱面中心线。提取实际表面应限定在间距等于 0.1mm、垂直于基准轴线 D 的两平行平面之间。

采用如图 3-60(b)所示方案,测量轴向全跳动误差 f(最大与最小示值之差),当 $f \leqslant 0.1$mm,加工所得右端平面合格。

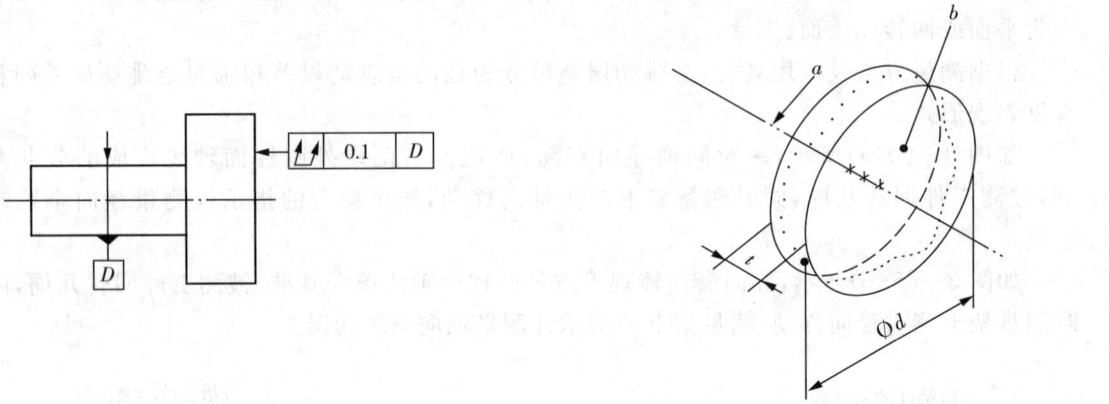

(a) 二维标注　　(b) 轴向全跳动公差带(a为基准;b提取表面)

图 3-62　轴向全跳动公差

注:轴向全跳动公差的描述与垂直度公差含义相同。

3.6.2　跳动公差的应用

跳动公差在工程领域应用十分广泛。例如机床主轴的回转精度直接影响工件的加工精度,因此需要设计出合理的跳动公差控制主轴的回转误差。例如,精加工齿轮的剃齿刀具端面对其安装轴的轴向跳动精度至关重要,直接影响齿轮的加工精度。

跳动公差及其公差带具有以下特征:

(1)测量简便、效率高、成本低

如图 3-55 和图 3-60 所示,跳动误差的测量方法简便,只要测量的实际跳动量(测得的最大与最小示值之差)不超出对应的跳动公差值便合格;工件定位后只需要转动一周或几周,测头固定或移动,即可完成测量过程,因此测量效率高,成本低。

(2)适用范围广泛

跳动公差及其公差带适合回转体工件的精度设计要求,适用于回转体工件的内、外圆柱面、圆锥面、曲面、端平面等不同形状的几何要素。

(3)综合控制功能

跳动公差带可以综合控制被测要素的形状误差、方向误差和位置误差。例如:径向圆跳动公差带综合控制同轴度误差和圆度误差;径向全跳动公差带综合控制同轴度误差和圆柱度误差;轴向全跳动公差带综合控制端面对基准轴线的垂直度误差和平面度误差。

采用跳动公差时,如果被综合控制的被测要素满足功能要求,一般情况没有必要再给出相应的形状公差、方向公差和位置公差。

齿轮零件如图 3-63 所示,安装孔直径尺寸公差 Ø40H7,为尺寸精度技术要求,并进一步提高形状精度要求,提出圆柱度形状公差,严格保证了齿轮安装孔与传动轴的配合性质。两个端面对于通孔轴线基准的轴向圆跳动公差 0.015mm,提取实际圆应限定在轴向距离等于 0.015mm 的两个等圆之间。控制轴向跳动误差,有利于减少磨损和噪音。因此,上述尺寸精度和几何精度的设计要求，保证了齿轮的运动精度、工作性能与使用寿命，同时保证齿轮零件的顺利拆装。

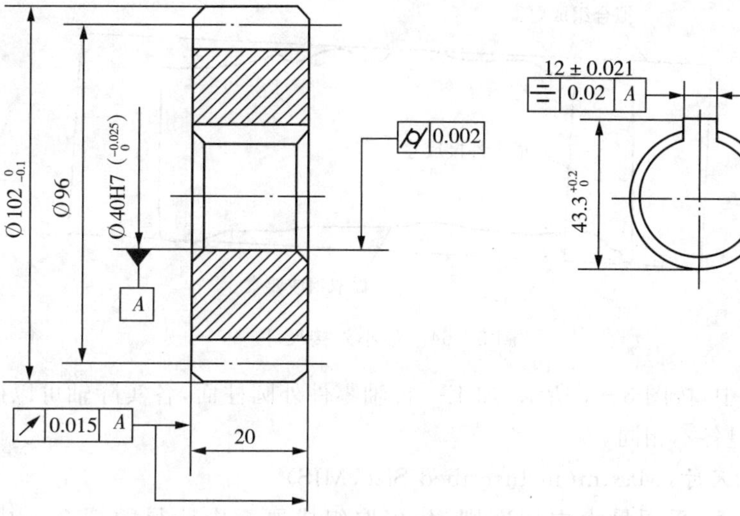

图 3－63　跳动精度设计示例

注释：跳动公差如果不能满足功能要求，可以进一步给出相应的形状公差，但数值应小于跳动公差值（$t_{形状} < t_{跳动}$）。

3.7　几何公差与尺寸公差的关系

在设计零件时，根据零件的功能要求，对零件的重要几何要素，不仅规定尺寸公差，同时还规定几何公差。尺寸公差用于控制零件的尺寸误差，保证零件的尺寸精度；几何公差用于控制零件的几何误差，保证零件的几何精度。为了满足配合性质、装配要求以及最低强度等功能需求，保证设计要求，正确判断零件是否合格，需要明确尺寸公差和几何公差的内在联系，这就产生了如何处理两者之间的关系问题。

同一被测要素规定的几何公差与尺寸公差既可以彼此独立，又可以彼此相关。本节详细阐述独立要求、包容要求、最大实体要求、最小实体要求和可逆要求的术语和定义、基本规定、图样表示方法及应用示例。

注释：现行国家标准 GB/T 4249—2018《产品几何技术规范（GPS）　基础　概念、原则和规则》替代 GB/T 4249—2009《产品几何技术规范（GPS）公差原则》，增加并删除了部分术语和定义，删除了相关要求、公差原则的图样标注等技术内容。

3.7.1　基本术语及定义

1. 最小外接尺寸（Minimum Circumscribed Size，MCS）

最小外接尺寸：采用最小外接准则，从提取组成要素中获得的拟合组成要素的直接全局尺寸（Direct Global Size）。对于外尺寸要素而言，最小外接尺寸也可以称为“外要素的配合尺寸”，即拟合组成要素必须外接于提取组成要素，并且其尺寸为最小（提取组成要素与拟合组成要素相接触）。

如图 3-64 所示，拟合组成要素外接于提取组成要素(被测要素)，并且其尺寸为最小，那么图示尺寸为最小外接尺寸。此时，提取组成要素与拟合组成要素相接触。

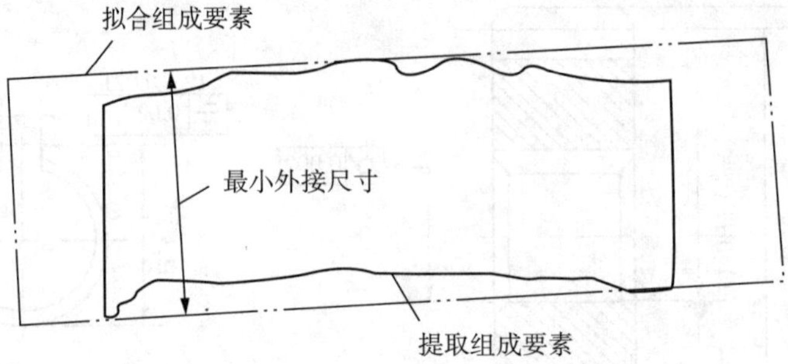

图 3-64　最小外接尺寸

在实际生产中，按图 3-1 所示，加工一批轴零件外圆柱面，各实际轴可以确定其唯一的最小外接尺寸，但各不相同。

2. **最大内切尺寸**(Maximum Inscribed Size，MIS)

最大内切尺寸：采用最大内切准则，从提取组成要素中获得的拟合组成要素的直接全局尺寸。对于内尺寸要素而言，最大内切尺寸也可以称为“内要素的配合尺寸”，即拟合组成要素必须内切于提取组成要素，并且其尺寸为最大(提取组成要素与拟合组成要素相接触)。

如图 3-65 所示，拟合组成要素内切于提取组成要素(被测要素)，并且其尺寸为最大，那么图示尺寸为最大内切尺寸。此时，提取组成要素与拟合组成要素相接触。

在实际生产中，按图 3-3 所示，加工一批零件的通孔，各实际孔可以确定其唯一的最大内切尺寸，但各不相同。

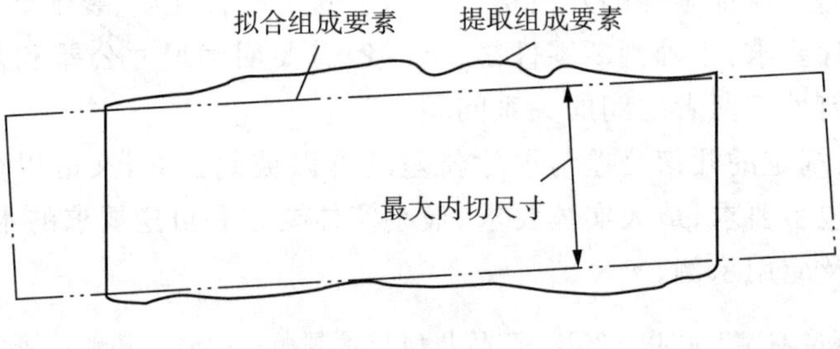

图 3-65　最大内切尺寸

注释：现行国家标准 GB/T 38762.1—2020《产品几何技术规范(GPS)尺寸公差第 1 部分：线性尺寸》取消了“作用尺寸”的概念，定义了最小二乘尺寸、最大内切尺寸、最小外接尺寸和最小区域尺寸，都是直接全局尺寸。

3. **最大实体状态**(Maximum Material Condition，MMC)

最大实体状态：当尺寸要素的提取组成要素的局部尺寸处处位于极限尺寸且使其具有材料最多(实体最大)时的状态，例如圆孔最小直径和轴最大直径。

4. **最大实体尺寸**(Maximum Material Size，MMS)

最大实体尺寸：确定要素最大实体状态的尺寸，即外尺寸要素的上极限尺寸，内尺寸要素的下极限尺寸。孔和轴的最大实体尺寸分别用 D_M 和 d_M 表示。

$$D_M = D_{min}, d_M = d_{max}$$

5. 最小实体状态(Least Material Condition, LMC)

最小实体状态：当尺寸要素的提取组成要素的局部尺寸处处位于极限尺寸且使其具有材料最小(实体最小)时的状态，例如圆孔最大直径和轴最小直径。

6. 最小实体尺寸(Least Material Size, LMS)

最小实体尺寸：确定要素最小实体状态的尺寸，即外尺寸要素的下极限尺寸，内尺寸要素的上极限尺寸。孔和轴的最小实体尺寸分别用 D_L 和 d_L 表示。

$$D_L = D_{max}, d_L = d_{min}$$

7. 最大实体实效尺寸(Maximum Material Virtual Size, MMVS)

最大实体实效尺寸：尺寸要素的最大实体尺寸(MMS)和其导出要素的几何公差(形状、方向或位置)共同作用产生的尺寸。

对于外尺寸要素，MMVS 是 MMS 和几何公差之和；对于内尺寸要素，是 MMS 和几何公差之差。

外尺寸要素

$$\text{MMVS} = \text{MMS} + t_{几何}$$

内尺寸要素

$$\text{MMVS} = \text{MMS} - t_{几何}$$

式中：MMS——最大实体尺寸；$t_{几何}$——几何公差。

8. 最大实体实效状态(Maximum Material Virtual Condition, MMVC)

最大实体实效状态(MMVC)：拟合要素的尺寸为其最大实体实效尺寸时的状态。

最大实体实效边界(MMVB)：最大实体实效状态下，具有理想形状的极限包容面(拟合要素)。

应用实例 38

如图 3－66(a)所示，图样给出了外圆柱面的直径尺寸公差和其导出要素轴线的直线度公差；如图 3－66(b)所示，加工后的外圆柱面存在直径尺寸误差和轴线直线度误差，当最大

图 3－66　外尺寸要素的最大实体实效尺寸、状态与边界

实体尺寸 MMS＝Ø20mm，轴线直线度误差 0.1mm（等于直线度公差值），因此最大实体实效尺寸 MMVS＝Ø20.1mm。被测要素外圆柱面处于最大实体实效状态（MMVC），其拟合要素也为最大实体实效边界（MMVB）。

应用实例 39

如图 3－67(a)所示，图样给出了通孔内圆柱面的直径尺寸公差和其导出要素轴线的垂直度公差；如图 3－67(b)所示，加工后的内圆柱面存在直径尺寸误差和轴线垂直度误差，当最大实体尺寸 MMS＝Ø50mm，轴线垂直度误差 0.08mm（等于垂直度公差值），因此最大实体实效尺寸 MMVS＝Ø49.92mm。因此被测要素内圆柱面处于最大实体实效状态（MMVC），其拟合要素也为最大实体实效边界（MMVB）。

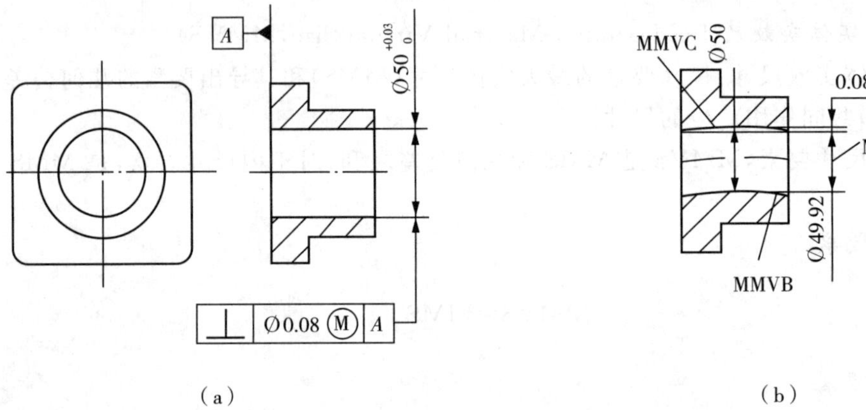

图 3－67　内尺寸要素的最大实体实效尺寸、状态与边界

9. 最小实体实效尺寸（Least Material Virtual Size，LMVS）

最小实体实效尺寸：尺寸要素的最小实体尺寸（LMS）和其导出要素的几何公差（形状、方向或位置）共同作用产生的尺寸。

对于外尺寸要素，LMVS 是 LMS 和几何公差之差；对于内尺寸要素，是 LMS 和几何公差之和。

外尺寸要素

$$\mathrm{LMVS}=\mathrm{LMS}-t_{几何}$$

内尺寸要素

$$\mathrm{LMVS}=\mathrm{LMS}+t_{几何}$$

式中：LMS——最小实体尺寸；$t_{几何}$——几何公差。

10. 最小实体实效状态（Least Material Virtual Condition，LMVC）

最小实体实效状态（LMVC）：拟合要素的尺寸为其最小实体实效尺寸时的状态；

最小实体实效边界（LMVB）：最小实体实效状态下，具有理想形状的极限包容面（拟合要素）。

相关术语与概念如图 3－68 所示：

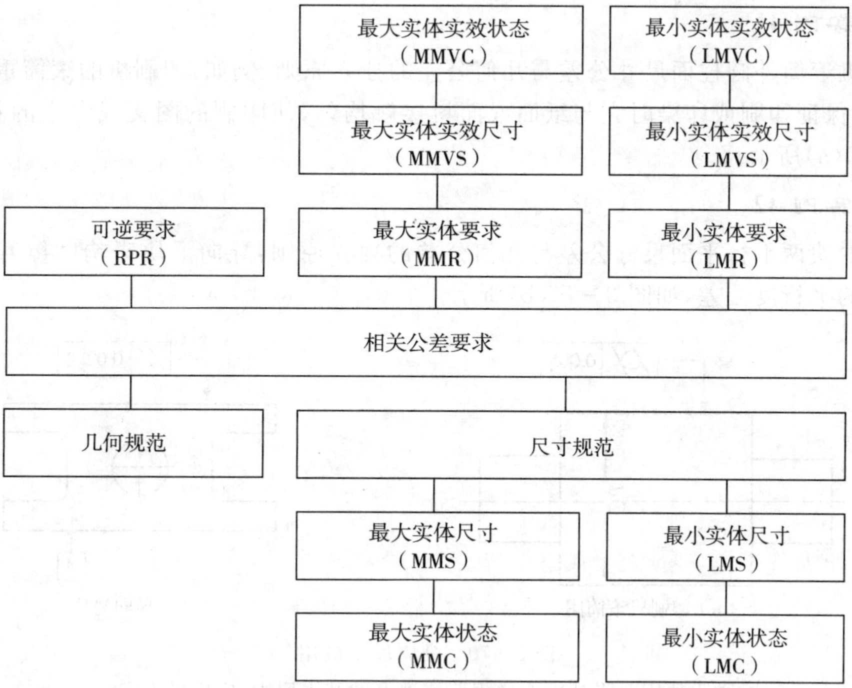

图 3-68　相关术语与概念

3.7.2　独立原则

1. 独立原则的含义

独立原则(Independent Principle)：缺省情况下，每个要素的产品几何技术规范(GPS)或各要素间关系的规范与其他规范之间均相互独立，应分别满足，除非产品的实际规范中规定有其他标注或特殊标注。

图样中每个几何要素给定的尺寸公差和几何公差相互独立，分别满足各自功能要求，即独立原则。它是尺寸公差和几何公差相互关系遵循的基本准则，应用广泛。尺寸公差控制提取组成要素实际尺寸的变动量，几何公差控制几何误差。独立要求一般用于对零件几何公差有特定功能要求的场合。尺寸公差与几何公差遵守独立原则时，在图样上不做任何附加标记。

应用实例 40

尺寸公差与几何公差的独立原则：图 3-69 为按照独立原则标注的尺寸公差和几何公差的示例。零件加工后，外圆柱面实际尺寸在 Ø20～Ø19.979mm 的范围内，同时其形状误差应在给定的相应形状公差之内，即外圆柱面任意横截面的圆度误差应不大于 0.005mm；其轴线的直线度误差应不大于 0.01mm。

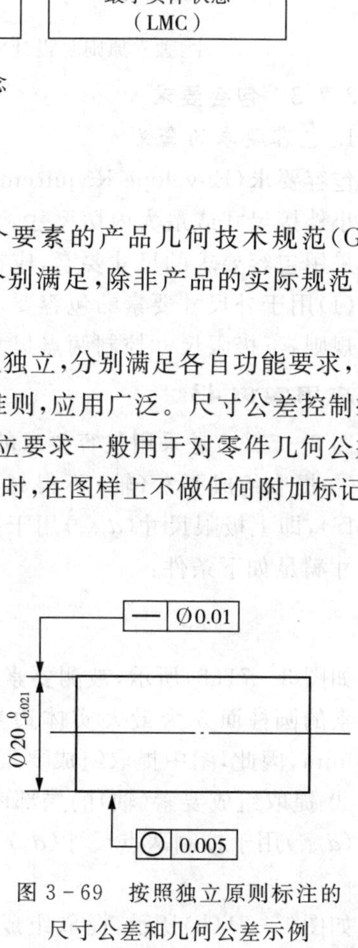

图 3-69　按照独立原则标注的尺寸公差和几何公差示例

2. 应用场合

独立原则主要应用于零件的几何精度要求较高的场合，且几何公差与尺寸公差彼此不发生联系，根据不同的功能要求分别满足各自的公差要求。

应用实例 41

印刷机滚筒外圆柱面尺寸公差与几何公差的独立原则：例如，印刷机的滚筒重点控制圆柱度误差，保证印刷或印染时它与纸面或面料接触均匀，使印刷的图文或印染的花色清晰，如图 3-70(a)所示。

应用实例 42

导向滑块两平行平面尺寸公差与几何公差的独立原则：导向滑块影响摩擦寿命的两个工作表面的平行度公差，如图 3-70(b)所示。

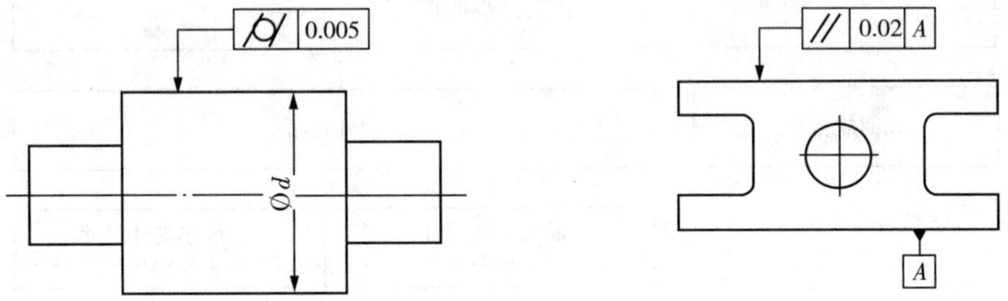

(a) 印刷机滚筒图　　(b) 导向滑块

图 3-70　独立原则应用

注：独立原则是设计中图样规范应遵循的基本原则，应用最为广泛。

3.7.3　包容要求

1. 包容要求的含义

包容要求(Envelope Requirement)：最小实体尺寸控制两点尺寸，同时最大实体尺寸控制最小外接尺寸或最大内切尺寸。

采用包容要求的尺寸要素，应在其尺寸极限偏差或公差带代号之后标注符号Ⓔ。

(1)用于外尺寸要素的包容要求(Envelope Requirement for External Features of Size)

规则：下极限尺寸控制两点尺寸，同时上极限尺寸控制最小外接尺寸。

应用实例 43

图 3-71(a)是采用包容要求的外尺寸要素图样标注示例。

① 提取组成要素(轴)不得超越最大实体边界(MMB)，其边界尺寸为最大实体尺寸(MMS)，即上极限尺寸(d_{max})用于控制最小外接尺寸(d_{fe})。因此，提取组成要素的最小外接尺寸满足如下条件：

$$d_{fe} \leqslant MMS = d_{max} \tag{3-1}$$

如图 3-71(b)所示，被测要素即提取组成要素 4 存在尺寸误差与形状误差，包容该提取要素的圆柱面 3 为最大实体边界，该包容圆柱面直径尺寸 3 为最大实体尺寸 MMS=Ø150mm，因此，图中提取组成要素 4 的最小外接尺寸 $d_{fe} \leqslant$ Ø150mm。

② 提取组成要素(轴)的局部两点尺寸(d_a)都不得小于最小实体尺寸(LMS)，即下极限尺寸(d_{min})用于控制两点尺寸(d_a)。因此，提取组成要素局部两点尺寸满足如下条件：

$$d_a \geqslant LMS = d_{min} \tag{3-2}$$

如图 3-71(b)所示，提取组成要素 4 的局部两点尺寸 1 处处不得小于最小实体尺寸 LMS=Ø149.94mm，因此图中提取组成要素 4 的局部两点尺寸 $d_a \geqslant$ Ø149.94mm。

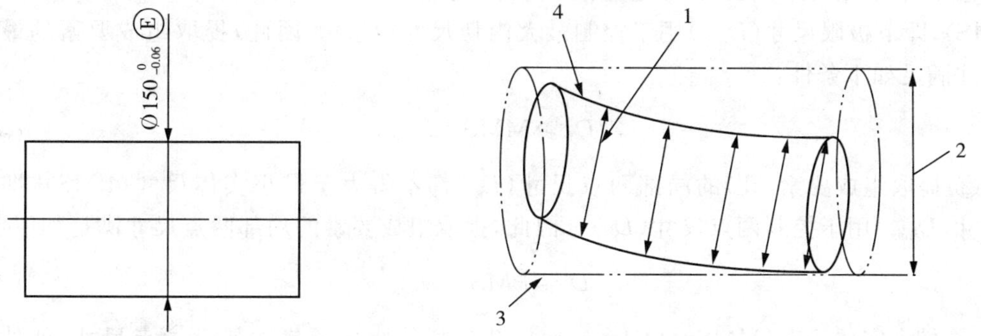

(a) 范例　　　　(b) 说明

1—两点尺寸;2—包容圆柱面直径尺寸;3—包容提取要素 4 的圆柱面;4—提取组成要素。

图 3－71　外尺寸要素应用包容要求示例

③ 最大实体状态(MMS＝Ø150mm)时,轴的提取组成要素的局部两点尺寸,处处皆为最大实体尺寸即上极限尺寸,MMS＝d_{max}＝Ø150mm。如图 3－72(a)所示,提取组成要素的最小外接尺寸 d_{fe}＝Ø150mm,此时该提取组成要素与最大实体边界 MMB(包容圆柱面)完全重合,无形状误差。

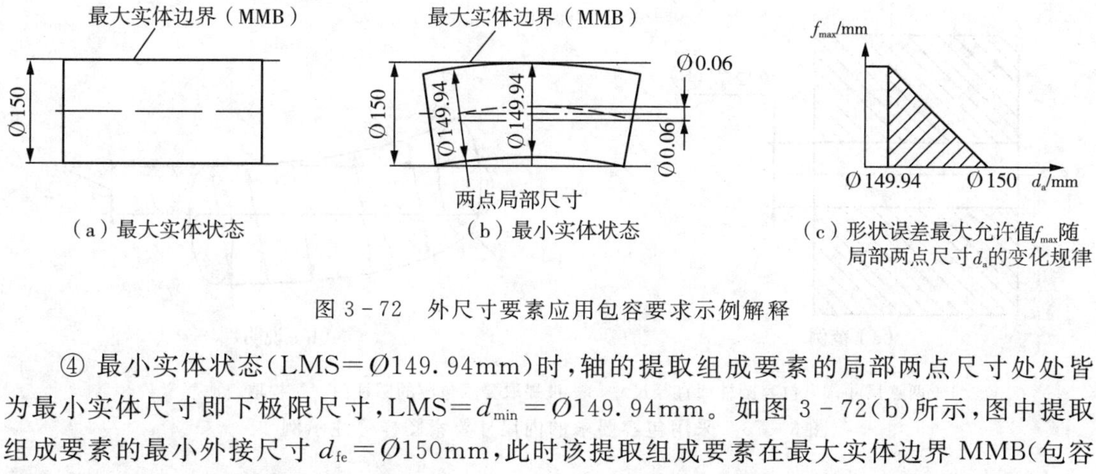

(a) 最大实体状态　　(b) 最小实体状态　　(c) 形状误差最大允许值f_{max}随局部两点尺寸d_a的变化规律

图 3－72　外尺寸要素应用包容要求示例解释

④ 最小实体状态(LMS＝Ø149.94mm)时,轴的提取组成要素的局部两点尺寸处处皆为最小实体尺寸即下极限尺寸,LMS＝d_{min}＝Ø149.94mm。如图 3－72(b)所示,图中提取组成要素的最小外接尺寸 d_{fe}＝Ø150mm,此时该提取组成要素在最大实体边界 MMB(包容圆柱面)范围内,但其形状误差(轴线直线度误差)允许值达到最大值,即等于图样上给出的尺寸公差值(0.06mm)。

⑤ 因此,加工后外圆柱面的两个合格条件:①和②,实际外圆柱面应处于最大实体状态和最小实体状态之间变化,其形状误差(轴线直线度误差)随局部两点尺寸在 0～0.06mm 之间变化。图 3－72(c)表示外圆柱面的形状误差(轴线直线度误差)最大允许值 f_{max},随局部两点尺寸 d_a 的变化规律。

(2)用于内尺寸要素的包容要求(Envelope Requirement for Internal Features of Size)

规则:上极限尺寸控制两点尺寸,同时下极限尺寸控制最大内切尺寸。

应用实例 44

图 3－73(a)是采用包容要求的内尺寸要素图样标注示例。

① 提取组成要素(孔)不得超越最大实体边界(MMB),其边界尺寸为最大实体尺寸(MMS),即下极限尺寸(D_{min})用于控制最大内切尺寸(D_{fe})。因此,提取组成要素的最大内切尺寸满足如下条件:

$$D_{fe} \geqslant MMS = D_{min} \tag{3-3}$$

② 提取组成要素(孔)的局部两点尺寸(D_a)都不得大于最小实体尺寸(LMS),即上极限尺寸(D_{max})用于控制两点尺寸(D_a)。因此,提取组成要素的局部两点尺寸满足如下条件:

$$D_a \leqslant LMS = D_{max} \tag{3-4}$$

③ 最大实体状态(MMS=Ø12mm)时,孔的提取组成要素的局部两点尺寸,处处皆为最大实体尺寸即下极限尺寸,MMS=D_{min}=Ø12mm。此时该提取组成要素与最大实体边界 MMB(被包容圆柱面)完全重合,无形状误差。

④ 最小实体状态(LMS=Ø12.1mm)时,孔的提取组成要素的局部两点尺寸处处皆为最小实体尺寸即上极限尺寸,LMS=D_{max}=Ø12.1mm。此时最大实体边界 MMB(被包容圆柱面)在该提取组成要素范围内,但该提取组成要素的形状误差(轴线直线度误差)允许值达到最大值,即等于图样上给出的尺寸公差值(0.1mm)。

⑤ 加工后内圆柱面的两个合格条件:①和②,实际内圆柱面应处于最大实体状态和最小实体状态之间变化,其形状误差(轴线直线度误差)在 0～0.1mm 之间变化。

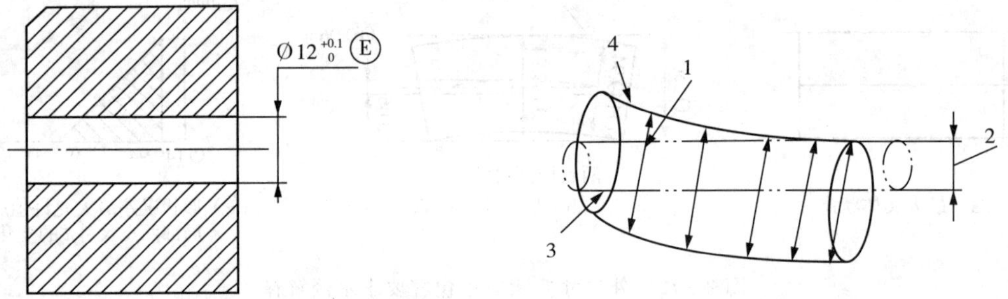

(a) 范例　　(b) 说明

1—两点尺寸;2—包容圆柱面直径尺寸;3—被提取要素包容的圆柱面;4—提取组成要素。

图 3-73　采用包容要求的内尺寸要素图样标注示例

2. 应用场合

包容要求常用于严格保证孔、轴的配合性质,特别是配合公差较小的精密配合要求,用最大实体边界保证所需要的最小间隙或最大过盈。

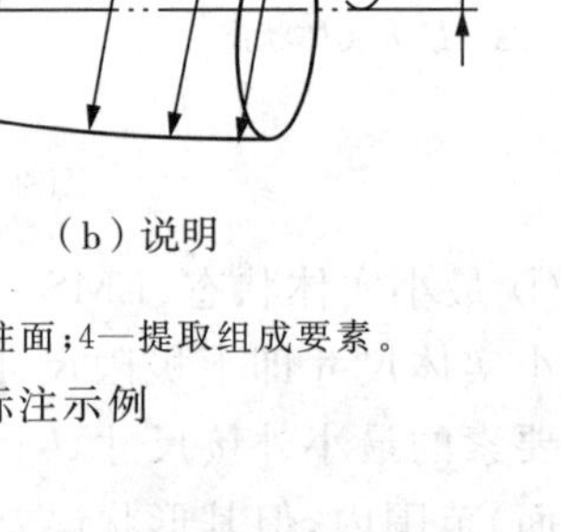

图 3-74　包容要求严格保证孔、轴配合性质

如图 3-74 所示,孔、轴配合 Ø50H7/h6 属于间隙配合,最小间隙 X_{min}=0mm,但是当被测提取组成要素实际孔与实际轴装配时,虽然实际孔、轴实际尺寸在各自极限尺寸范围内,为合格尺寸,但是由于形状误差的存在,在局部区域上出现实际过盈,并不满足间隙配合的设计要求。因此,采用包容要求,被测要素实际孔与

实际轴的最大实体边界 MMB 重合，最大实体边界尺寸均为最大实体尺寸 MMS＝Ø50mm（轴 d_{max}＝Ø50mm，孔 D_{min}＝Ø50mm）。图中被测要素实际轴的最小外接尺寸 d_{fe}≤Ø50mm；被测要素实际孔的最大内切尺寸 D_{fe}≥Ø50mm，实际孔和实际轴各自的最大实体边界保证了所需要最小间隙 X_{min}＝0mm。

工程实际中，为了严格保证孔、轴的配合性质，采用包容要求的应用场合比较多。例如为了保证液体摩擦状态，滑动轴承与轴的配合；车床尾座孔与尾座套筒的配合皆可采用包容要求，孔、轴的实际间隙是通过孔、轴各自遵守最大实体边界（MMB）来保证的，这样保证了最小间隙的设计要求，避免了因孔、轴的形状误差而产生实际过盈。

① 包容要求曾被称为“泰勒原则”；

② 国家标准 GB/T38762.1—2020《产品几何技术规范（GPS）　尺寸公差第 1 部分：线性尺寸》详细叙述了包容要求的定义及其使用要求。

3.7.4　最大实体要求

1. 最大实体要求的含义

最大实体要求（Maximum material requirement，MMR）：尺寸要素的非理想要素不得违反其最大实体实效状态（MMVC），这是一种尺寸要素要求，也就是尺寸要素的非理想要素不得超越其最大实体实效边界（MMVB）。最大实体要求 MMR 可用于由一个或多个作为被测要素的一组尺寸要素，也可用于作为基准的尺寸要素。这些要求可规定尺寸要素的尺寸及其导出要素几何要求（形状、方向或位置）之间的组合要求。

最大实体要求应用于被测要素时，应在被测要素公差框格中的公差值后标注符号Ⓜ；应用于基准要素时，应在几何公差框格内的基准字母代号后标注符号Ⓜ，如图 3－75 所示。

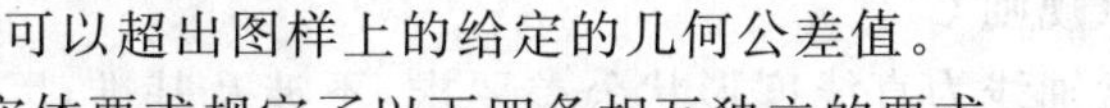

图 3－75　最大实体要求的图样标注

2. 最大实体要求应用于被测要素

当最大实体要求应用于被测要素时，图样上的几何公差值是在该要素处于最大实体状态时给出的。当提取组成要素偏离其最大实体状态，即尺寸要素的非理想要素偏离其最大实体状态时，几何误差可以超出图样上的给定的几何公差值。

被测要素的最大实体要求规定了以下四条相互独立的要求：

规则 A：被测要素的提取局部尺寸要求

对于外尺寸要素，局部尺寸等于或小于最大实体尺寸（MMS）；

对于内尺寸要素，局部尺寸等于或大于最大实体尺寸（MMS）。

规则 B：被测要素的提取局部尺寸要求

对于外尺寸要素，局部尺寸等于或大于最小实体尺寸（LMS）；

对于内尺寸要素，局部尺寸等于或小于最小实体尺寸（LMS）。

规则 C：被测要素的提取组成要素不得违反其最大实体实效状态（MMVC），如图 3－66 和图 3－67 所示。

规则 D：当几何规范是相对于（第一）基准或基准体系的方向或位置要求时，被测要素的最大实体实效状态(MMVC)应相对于基准或基准体系，处于理论正确方向或位置。

(1)用于外尺寸要素的最大实体要求(MMR for External Features of Size)

外尺寸要素(轴)的提取组成要素各处的局部尺寸应不小于最小实体尺寸，并且不大于最大实体尺寸，即在上、下极限尺寸的范围内(规则 A 和规则 B)。

$$\mathrm{MMS} \geqslant d_a \geqslant \mathrm{LMS} \text{ 或 } d_{\max} \geqslant d_a \geqslant d_{\min} \tag{3-5}$$

外尺寸要素(轴)的提取组成要素不得违反其最大实体实效状态(MMVC)，即最小外接尺寸不大于最大实体实效尺寸 MMVS(规则 C)。

$$d_{fe} \leqslant \mathrm{MMVS} = \mathrm{MMS} + t_{几何} = d_{\max} + t_{几何} \tag{3-6}$$

最大实体实效状态 MMVC 方向和位置是否有约束要求(规则 D)。

应用实例 45

图 3-76(a)是采用最大实体要求的外尺寸要素图样标注示例，试解释其含义。

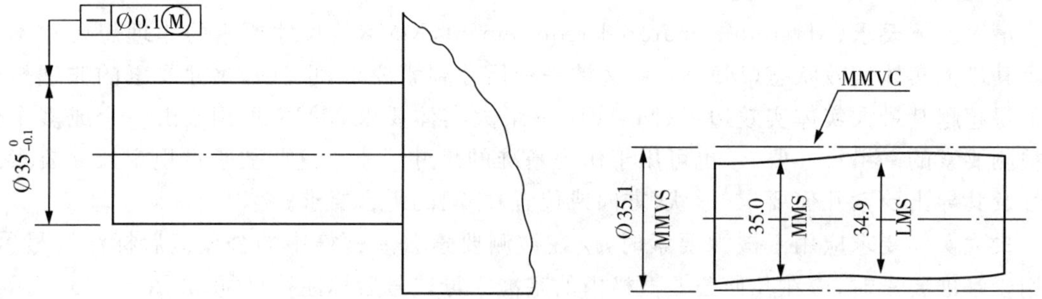

(a) 范例　　(b) 说明

图 3-76　外尺寸要素最大实体要求示例

① 如图 3-76(b)所示，轴的提取要素各处局部直径尺寸在 Ø34.9mm～Ø35mm(规则 A 和规则 B)。

② 轴的提取要素不得违反其最大实体实效状态(MMVC)，即不得超出最大实体实效边界(MMVB)，其尺寸 MMVS=Ø35.1mm，如图 3-76(b)所示。因此，提取要素的最小外接尺寸 $d_{fe} \leqslant$ Ø35.1mm(规则 C)。

③ 图样上被测要素轴线为直线度形状公差要求，不涉及基准，因此最大实体实效状态 MMVC 方向和位置无约束要求(规则 D)。

④ 最大实体状态(MMS=Ø35mm)时，轴的提取要素局部两点尺寸处处皆为 Ø35mm，其轴线直线度误差最大允许值(公差值)为图样上标注的直线度公差(Ø0.1mm)，如图 3-77(b)所示。

⑤ 最小实体状态(LMS=Ø34.9mm)时，轴的提取要素局部两点尺寸处处皆为 Ø34.9mm，其轴线直线度误差最大允许值(公差值)，即等于图样上给出的直线度公差值(Ø0.1mm)与尺寸公差(0.1mm)之和(Ø0.2mm)，如图 3-77(a)所示。

⑥ 加工后外圆柱面的两个合格条件：①和②，实际轴的外圆柱面应处于最大实体状态和最小实体状态之间变化，其形状误差(轴线直线度误差)随局部两点尺寸在 0～0.2mm 变化。图 3-77(c)表示外圆柱面的形状误差(轴线直线度误差)最大允许值 $f_{\max}$，随局部两点尺寸 d_a 的变化规律。

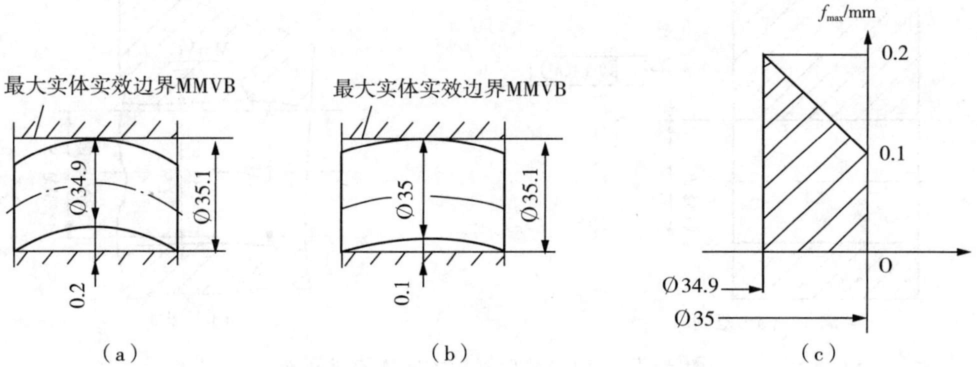

图 3-77　外尺寸要素最大实体要求示例的解释

(2)用于内尺寸要素的最大实体要求(MMR for Internal Features of Size)

内尺寸要素(孔)的提取组成要素各处的局部尺寸应不小于最大实体尺寸,且不大于最小实体尺寸,即在上、下极限尺寸的范围内(规则 A 和规则 B)。

$$\mathrm{LMS} \geqslant D_a \geqslant \mathrm{MMS} \text{ 或 } D_{max} \geqslant D_a \geqslant D_{min} \tag{3-7}$$

内尺寸要素(孔)的提取组成要素不得违反其最大实体实效状态(MMVC),即最大内切尺寸不小于最大实体实效尺寸 MMVS(规则 C)。

$$D_{fe} \geqslant \mathrm{MMVS} = \mathrm{MMS} - t_{几何} = D_{min} - t_{几何} \tag{3-8}$$

最大实体实效状态 MMVC 的方向和位置无约束(规则 D)。

应用实例 46

图 3-78(a)是采用最大实体要求的内尺寸要素图样标注示例,试解释其含义。

① 图 3-78(b)所示,孔的提取要素各处局部直径尺寸在 Ø35.2mm～Ø35.3mm(规则 A 和规则 B)。

② 孔的提取要素不得违反其最大实体实效状态(MMVC),即不得超出最大实体实效边界(MMVB),其尺寸 MMVS=Ø35.1mm,如图 3-78(b)所示。因此,提取要素的最大内切尺寸 $D_{fe} \geqslant$ Ø35.1mm(规则 C)。

③ 图样上被测要素轴线为直线度形状公差要求,不涉及基准,因此最大实体实效状态 MMVC 方向和位置无约束要求(规则 D)。

④ 最大实体状态(MMS = Ø35.2mm)时,孔的提取要素局部两点尺寸处处皆为 Ø35.2mm,其轴线直线度误差最大允许值(公差值)为图样上标注的直线度公差(Ø0.1mm)。

⑤ 最小实体状态(LMS = Ø35.3mm)时,孔的提取要素局部两点尺寸处处皆为 Ø35.3mm,其轴线直线度误差最大允许值(公差值),即等于图样上给出的直线度公差值(Ø0.1mm)与尺寸公差(0.1mm)之和(Ø0.2mm)。

⑥ 加工后外圆柱面的两个合格条件:①和②,实际孔的内圆柱面应处于最大实体状态和最小实体状态之间变化,其形状误差(轴线直线度误差)随局部两点尺寸在 0～0.2mm 变化。

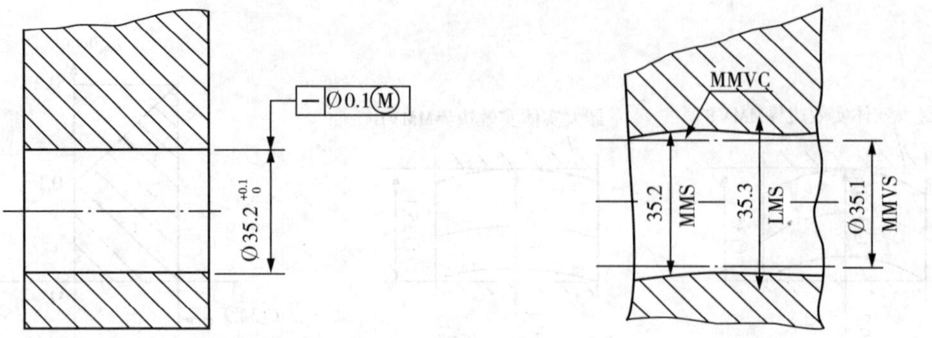

（a）范例　　（b）说明

图 3－78　内尺寸要素最大实体要求示例

应用实例 47

图 3－79(a)是采用最大实体要求的关联内尺寸要素图样标注示例，涉及基准，试解释其含义。

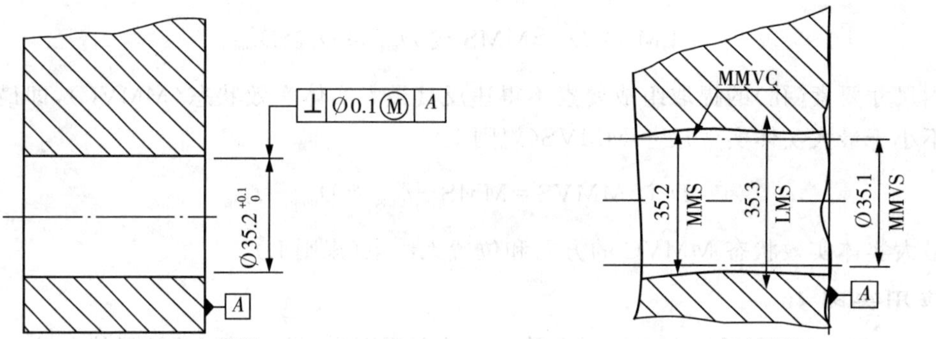

（a）范例　　（b）说明

图 3－79　关联内尺寸要素最大实体要求示例

注：最大实体要求用于被测要素，几何公差为形状公差时，形状公差值可以为零值，其要求和包容要求意义相同。

① 孔的提取要素各处局部直径尺寸在 Ø35.2mm～Ø35.3mm（规则 A 和规则 B）。

② 孔的提取要素不得违反其最大实体实效状态（MMVC），即不得超出最大实体实效边界（MMVB），其尺寸 MMVS＝Ø35.1mm，如图 3－79(b)所示。因此，提取组成要素的最大内切尺寸 D_{fe}≥Ø35.1mm（规则 C）。

③ 最大实体实效状态（MMVC）的方向和基准面 A 相垂直（规则 D）。

④ 最大实体状态（MMS＝Ø35.2mm）时，孔的提取要素局部两点尺寸处处皆为 Ø35.2mm，其轴线垂直度误差最大允许值（公差值）为图样上标注的垂直度公差（Ø0.1mm）。

⑤ 最小实体状态（LMS＝Ø35.3mm）时，孔的提取要素局部两点尺寸处处皆为 Ø35.3mm，其轴线垂直度误差最大允许值（公差值），即等于图样上给出的垂直度公差值（Ø0.1mm）与尺寸公差（0.1mm）之和（Ø0.2mm）。

⑥ 加工后外圆柱面的两个合格条件：①和②，实际孔的内圆柱面应处于最大实体状态和最小实体状态之间变化，其方向误差（轴线垂直度误差）随局部两点尺寸在 0～0.2mm 变化。

3. 最大实体要求应用于基准要素

基准要素的最大实体要求规定了以下要求。

规则 E:基准要素的提取要素,不得违反关联基准要素的最大实体实效状态(MMVC)

规则 F:当关联基准要素没有标注几何规范,或者注有几何规范但其后没有符号Ⓜ时,或者没有标注符合规则 G 的几何规范时,关联基准要素的最大实体实效状态(MMVC)尺寸为最大实体尺寸(MMS),即 MMVS=MMS。

规则 G:关联基准要素的最大实体实效状态(MMVC)的尺寸为最大实体尺寸(MMS)(对于外尺寸要素)加上或(对于内尺寸要素)减去几何公差。

应用实例 48

图 3-80(a)是一个外尺寸要素的被测要素和基准要素都应用最大实体要求的图样标注示例,试解释其含义。

① 图 3-80(b)所示,轴的提取要素各处局部直径尺寸在 Ø34.9mm～Ø35mm(规则 A 和规则 B)。

② 轴的提取要素不得违反其最大实体实效状态(MMVC),即不得超出最大实体实效边界(MMVB),其尺寸 MMVS=Ø35.1mm,如图 3-80(b)所示。因此,提取要素的最小外接尺寸 d_{fe}≤Ø35.1mm(规则 C)。

③ 轴的提取要素最大实体实效状态(MMVC)的位置和基准的最大实体实效状态(MMVC)同轴(规则 D)。

④ 基准要素注有尺寸公差,但其导出要素没有标注几何公差,此时,基准要素 A 的提取要素不得违反最大实体实效状态(MMVC),其最大实体实效尺寸 MMVS=MMS=Ø70mm(规则 E 和规则 F)。

⑤ 基准要素的提取要素各处的局部直径应大于 LMS=Ø69.9mm(规则 B)。

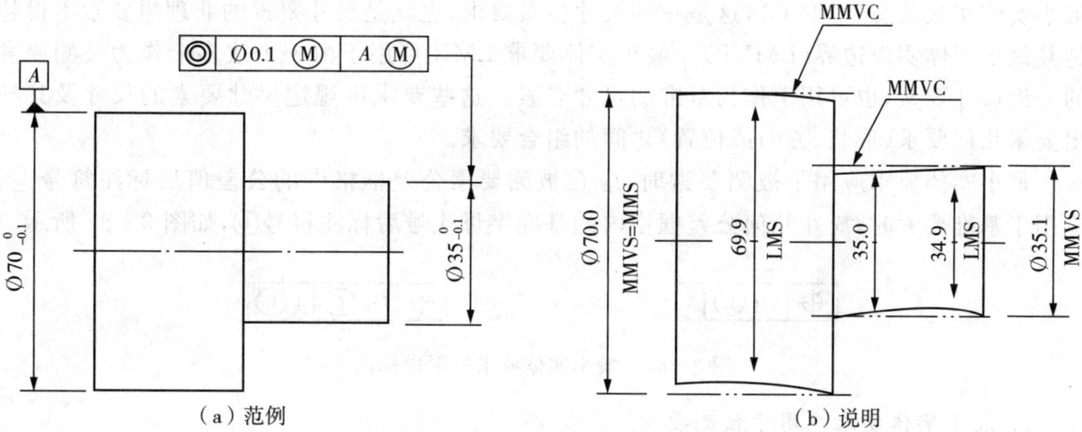

(a) 范例　　(b) 说明

图 3-80　外尺寸要素与基准要素最大实体要求的标注及解释

注:内尺寸要素与基准要素最大实体要求的标注示例可以参照现行国家标准 GB/T 16671—2018。

4. 应用场合

由于最大实体要求在几何公差与尺寸公差之间建立了联系,只有被测要素或基准要素为导出要素时,才能应用最大实体要求。最大实体要求一般主要用于保证可装配性,而且对其他功能要求较低的零件要素，这样可以充分利用尺寸公差补偿几何公差，提高零件的合格率。

例如，图 3 - 81 所示零件的预期功能是两圆柱销和具有中心距为 25mm 的两个 Ø10mm 定位孔的零件装配，且要和基准面 A 垂直。采用最大实体要求可以充分利用两圆柱销直径的尺寸公差，降低位置精度要求，以降低加工工艺成本，但不影响两圆柱销与两定位孔的装配质量(不影响实际配合性质与松紧程度)，从而获得最佳的技术经济效益。

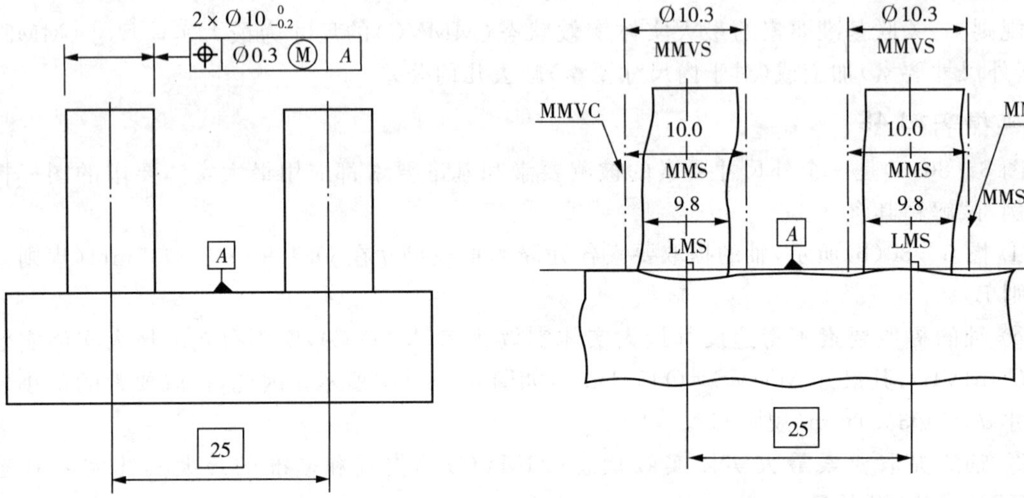

图 3 - 81　最大实体要求的应用场合

3.7.5　最小实体要求

1. 最小实体要求的含义

最小实体要求 LMR(Least Material Requirement)：尺寸要素的非理想要素不得违反其最小实体实效状态(LMVC)，这是一种尺寸要素要求，也就是尺寸要素的非理想要素不得超越其最小实体实效边界(LMVB)。最小实体要求 LMR 可用于由一个或多个作为被测要素的一组尺寸要素，也可用于作为基准的尺寸要素。这些要求可规定尺寸要素的尺寸及其导出要素几何要求(形状、方向或位置)之间的组合要求。

最小实体要求应用于被测要素时，应在被测要素公差框格中的公差值后标注符号Ⓛ；应用于基准要素时，应在几何公差框格内的基准字母代号后标注符号Ⓛ，如图 3 - 82 所示。

图 3 - 82　最小实体要求的图样标注

2. 最小实体要求应用于被测要素

当最小实体要求应用于被测要素时，图样上的几何公差值是在该要素处于最小实体状态时给出的。当提取组成要素偏离其最小实体状态，即尺寸要素的非理想要素偏离其最小实体状态时，几何误差可以超出图样上的给定的几何公差值。

被测要素的最小实体要求规定了以下四条相互独立的要求：

规则 H：被测要素的提取局部尺寸要求

对于外尺寸要素，局部尺寸等于或大于最小实体尺寸(LMS)；

对于内尺寸要素，局部尺寸等于或小于最小实体尺寸(LMS)。

规则 I：被测要素的提取局部尺寸要求

对于外尺寸要素，局部尺寸等于或小于最大实体尺寸(MMS)；

对于内尺寸要素，局部尺寸等于或大于最大实体尺寸(MMS)。

规则 J：被测要素的提取组成要素不得违反其最小实体实效状态(LMVC)

规则 K：当几何规范是相对于(第一)基准或基准体系的方向或位置要求时，被测要素的最小实体实效状态(LMVC)应相对于基准或基准体系，处于理论正确方向或位置。

(1)用于外尺寸要素的最小实体要求(LMR for External Features of Size)

外尺寸要素(轴)的提取组成要素各处的局部尺寸应大于最小实体尺寸且小于最大实体尺寸，即在上、下极限尺寸的范围内(规则 H 和规则 I)

$$\text{MMS} \geqslant d_a \geqslant \text{LMS} \text{ 或 } d_{max} \geqslant d_a \geqslant d_{min} \quad (3-9)$$

外尺寸要素(轴)的提取组成要素不得违反其最小实体实效状态(LMVC)，即最大内切尺寸不小于最小实体实效尺寸 LMVS(规则 J)

$$d_{fe} \geqslant \text{LMVS} = \text{LMS} - t_{几何} = d_{min} - t_{几何} \quad (3-10)$$

最小实体实效状态 LMVC 的方向和位置是否有约束(规则 K)。

(2)用于内尺寸要素的最小实体要求(LMR for internal features of size)

内尺寸要素(孔)的提取组成要素各处的局部尺寸应大于最大实体尺寸且小于最小实体尺寸，即在上、下极限尺寸的范围内(规则 H 和规则 I)

$$\text{LMS} \geqslant D_a \geqslant \text{MMS} \text{ 或 } D_{max} \geqslant D_a \geqslant D_{min} \quad (3-11)$$

内尺寸要素(孔)的提取组成要素不得违反其最小实体实效状态(LMVC)，即最小外接尺寸不大于最小实体实效尺寸 LMVS(规则 J)。

$$D_{fe} \leqslant \text{LMVS} = \text{LMS} + t_{几何} = D_{max} + t_{几何} \quad (3-12)$$

最小实体实效状态 LMVC 的方向和位置是否有约束(规则 K)。

注：最小实体要求应用于基准要素的示例可以参照现行国家标准 GB/T 16671—2018。

3. 应用场合

最小实体要求用于导出要素，对材料内非理想要素进行限制。在产品和零件设计中，最小实体要求常用于控制零件的最小壁厚，防止承受内压力而断裂，以及保证机械零件必要强度的场合。

3.7.6　可逆要求

1. 可逆要求的含义

可逆要求(Reciprocity Requirement，RPR)是作为最大实体要求或最小实体要求的附加要求，表示尺寸公差可以在实际几何误差小于几何公差之间的差值内相应地增大。

可逆要求仅用于被测要素，通常和最大实体要求或最小实体要求同时采用，不能单独使用。在最大实体要求或最小实体要求附加可逆要求后，改变了尺寸要素的尺寸公差。用可逆要求可以充分利用最大实体实效状态和最小实体实效状态的尺寸，在制造可能性的基础上，可逆要求允许尺寸公差和几何公差之间相互补偿。

在图样上用符号Ⓡ标注在公差框格Ⓜ或Ⓛ之后，如图 3－83 所示。

⊥	Ø0.08 Ⓜ Ⓡ	*A*

⊥	Ø0.08 Ⓜ Ⓡ	*A*

图 3－83　可逆要求的图样标注

2. 可逆要求与最大实体要求

可逆要求通过以下规则，改变（尺寸要素的）面要素的最大实体要求。此时，规则 A 无效，规则 B～规则 D 仍然有效。

(1)用于外尺寸要素的最大实体要求 MMR 与可逆要求 RPR（MMR and RPR for External Features of Size）

外尺寸要素（轴）的提取组成要素不得违反其最大实体实效状态（MMVC），即最小外接尺寸不大于最大实体实效尺寸 MMVS（规则 C）。

$$d_{fe} \leqslant MMVS = MMS + t_{几何} = d_{max} + t_{几何} \tag{3-13}$$

外尺寸要素（轴）的提取组成要素各处的局部尺寸应大于最小实体尺寸（规则 B），但对尺寸上限无要求，可逆要求 RPR 允许其局部直径的尺寸公差增加，但不允许超过最大实体实效尺寸 MMVS。

$$MMVS \geqslant d_a \geqslant LMS \text{ 或 } d_{max} + t_{几何} \geqslant d_a \geqslant d_{min} \tag{3-14}$$

最大实体实效状态 MMVC 的方向和位置是否有约束（规则 K）。

(2)用于内尺寸要素的最大实体要求 MMR 与可逆要求 RPR（MMR and RPR for Internal Features of Size）

内尺寸要素（孔）的提取组成要素不得违反其最大实体实效状态（MMVC），即最大内切尺寸不小于最大实体实效尺寸 MMVS（规则 C）。

$$D_{fe} \geqslant MMVS = MMS - t_{几何} = D_{min} - t_{几何} \tag{3-15}$$

内尺寸要素（孔）的提取组成要素各处的局部尺寸应小于最小实体尺寸（规则 B），但对尺寸下限无要求，可逆要求 RPR 允许其局部直径的尺寸公差增加，但不允许超过最大实体实效尺寸 MMVS。

$$LMS \geqslant D_a \geqslant MMVS \text{ 或 } D_{max} \geqslant D_a \geqslant D_{min} - t_{几何} \tag{3-16}$$

最大实体实效状态 MMVC 的方向和位置是否有约束（规则 D）。

3. 可逆要求与最小实体要求

可逆要求通过以下规则，改变（尺寸要素的）面要素的最小实体要求。此时，规则 H 无效，规则 I～规则 K 仍然有效。

(1)用于外尺寸要素的最小实体要求 LMR 与可逆要求 RPR(LMR and RPR for External Features of Size)

外尺寸要素(轴)的提取组成要素不得违反其最小实体实效状态(LMVC),即最大内切尺寸不小于最小实体实效尺寸 LMVS(规则 J)。

$$d_{fe} \geqslant LMVS = LMS - t_{几何} = d_{min} - t_{几何} \tag{3-17}$$

外尺寸要素(轴)的提取组成要素各处的局部尺寸应小于最大实体尺寸(规则 I),但对尺寸下限无要求,可逆要求 RPR 允许其局部直径的尺寸公差增加,但不允许超过最小实体实效尺寸 LMVS。

$$MMS \geqslant d_a \geqslant LMS - t_{几何} \text{ 或 } d_{max} \geqslant d_a \geqslant d_{min} - t_{几何} \tag{3-18}$$

最小实体实效状态 LMVC 的方向和位置是否有约束(规则 K)。

(2)用于内尺寸要素的最小实体要求 LMR 与可逆要求 RPR(LMR and RPR for Internal Features of Size)

内尺寸要素(孔)的提取组成要素不得违反其最小实体实效状态(LMVC),即最小外接尺寸不大于最小于实体实效尺寸 LMVS(规则 J)。

$$D_{fe} \leqslant LMVS = LMS + t_{几何} = D_{max} + t_{几何} \tag{3-19}$$

内尺寸要素(孔)的提取组成要素各处的局部尺寸应小于最小实体尺寸(规则 I),但对尺寸下限无要求,可逆要求 RPR 允许其局部直径的尺寸公差增加,但不允许超过最小实体实效尺寸 LMVS。

$$LMVS \geqslant D_a \geqslant LMS \text{ 或 } D_{max} + t_{几何} \geqslant D_a \geqslant D_{min} \tag{3-20}$$

最小实体实效状态 LMVC 的方向和位置是否有约束(规则 K)。

4. 应用场合

可逆要求与最大实体要求联用,既可以充分利用尺寸公差补偿几何公差,保证可装配性;又可以利用几何公差补偿尺寸公差,降低尺寸精度要求,从而降低制造成本。

可逆要求与最小实体要求联用,既可以充分利用尺寸公差补偿几何公差,控制零件的最小壁厚,保证机械零件必要强度;又可以利用几何公差补偿尺寸公差,降低尺寸精度要求,降低制造成本。

因此在制造可能性的基础上,可逆要求(RPR)允许尺寸公差和几何公差之间相互补偿,以获取最佳经济效益。

3.8　几何公差的选用

3.8.1　公差项目的选择

几何公差特征项目的选择是从零件的几何特征、功能要求和检测的方便性等方面综合考虑。

1. 零件的几何特征

零件的几何特征不同,加工后将产生不同形式的几何误差。例如轴类零件加工后,外圆柱面会产生不同情况的形状误差,细长轴(长度尺寸远大于直径尺寸)容易发生弯曲变形,选用轴线的直线度公差较合理;短粗轴横截面容易出现椭圆形的形状误差,选用圆度公差较合理。例如,箱体类零件的平面表面产生平面度误差,齿轮孔的键槽表面会产生对称度误差,阶梯轴的各段外圆柱面的轴线产生同轴度误差等。

2. 零件的功能要求

根据零件不同的功能要求,应给定不同的几何公差特征项目。例如影响机床主轴回转精度的主要误差是前后轴颈的同轴度误差和圆跳动误差;为了保证机床工作台或刀架的运动精度,需要对导轨提出直线度要求;对安装齿轮轴的箱体孔,为保证齿轮的正确啮合,需要提出孔中心线的平行度要求;为了使箱体、端盖等零件上各螺栓孔能够顺利装配,应规定孔系各孔中心线的位置度公差等。

3. 检测的方便性

在同样满足功能要求的前提下,为了检测方便,应该选用测量简便的项目代替测量较难的项目,有时可将所需的公差项目用控制效果相同或相近的公差项目来代替。例如,对于轴类零件,可以用径向全跳动综合控制圆柱度、同轴度;用轴向全跳动代替端面对轴线的垂直度,因为跳动误差检测方便,又能更好的控制相应的几何误差。

3.8.2　基准要素的选择

选择基准时,根据零件的功能要求和设计要求,基准统一原则和零件结构特征,从以下几个方面考虑。

① 从设计考虑,根据零件形体的功能要求及要素间的几何关系来选择基准。如回转体零件,选用与轴承配合的轴颈表面或轴两端的中心孔作为基准。

② 从加工工艺考虑,应选择零件加工时在夹具中定位的相应要素作为基准。

③ 从测量考虑,选择零件在测量、检验时计量器具中定位的相应要素作为基准。

④ 从装配关系考虑,应选择零件相互配合、相互接触的表面作为基准,以保证零件的正确装配。

3.8.3　几何公差值的选择

零件的几何公差对机器装备的使用性能及质量要求有很大影响。因此,合理地选择几何公差值,对保证机器装备的功能要求、提高经济效益是十分重要的。一般情况下,对几何精度要求较高时,需要在图样上标注出公差项目和公差值;而对于几何精度要求不高,采用一般加工技术条件就能够保证精度的,则不必将几何公差在图样上注出,而由未注几何公差来控制。这样,既可以简化制图,又突出了注出公差的精度要求。

1. 几何公差等级和公差值

几何公差所有特征项目中,除了线轮廓度和面轮廓度两个项目没有规定公差值以外,都规定了公差等级和公差值。其中直线度、平面度、平行度、垂直度、倾斜度、同轴度、对称度、圆跳动和全跳动都规定了 12 个公差等级(1～12 级);圆度和圆柱度公差规定了 13 个公差等级(0～12 级),等级依次降低。位置度公差没有规定公差等级,只规定了数系。几何公差推荐的公差等级及公差值(GB/T 1184—1996)见表 3-2 所列。

表 3-2　几何公差推荐的公差等级及公差值(GB/T 1184—1996)

直线度、平面度主参数(mm)①	公差等级											
	1	2	3	4	5	6	7	8	9	10	11	12
	直线度、平面度公差值(μm)											
>25～40	0.4	0.8	1.5	2.5	4	6	10	15	25	40	60	120
>40～63	0.5	1	2	3	5	8	12	20	30	50	80	150
>63～100	0.6	1.2	2.5	4	6	10	15	25	40	60	100	200
>100～160	0.8	1.5	3	5	8	12	20	30	50	80	120	250
>160～250	1	2	4	6	10	15	25	40	60	100	150	300
平行度、垂直度、倾斜度主参数(mm)②	平行度、垂直度、倾斜度公差值(μm)											
>25～40	0.8	1.5	3	6	10	15	25	40	60	100	150	250
>40～63	1	2	4	8	12	20	30	50	80	120	200	300
>63～100	1.2	2.5	5	10	15	25	40	60	100	150	250	400
>100～160	1.5	3	6	12	20	30	50	80	120	200	300	500
>160～250	2	4	8	15	25	40	60	100	150	250	400	600
同轴度、对称度、圆跳动、全跳动主参数(mm)③	同轴度、同心度、对称度、圆跳动、全跳动公差值(μm)											
>18～30	1	1.5	2.5	4	6	10	15	25	50	100	150	300
>30～50	1.2	2	3	5	8	12	20	30	60	120	200	400
>50～120	1.5	2.5	4	6	10	15	25	40	80	150	250	500
>120～250	2	3	5	8	12	20	30	50	100	200	300	600

圆度、圆柱度公差值(mm)④	公差等级												
	0	1	2	3	4	5	6	7	8	9	10	11	12
	圆度、圆柱度公差值(μm)												
>18～30	0.2	0.3	0.6	1	1.5	2.5	4	6	9	13	21	33	52
>30～50	0.25	0.4	0.6	1	1.5	2.5	4	7	11	16	25	39	62
>50～80	0.3	0.5	0.8	1.2	2	3	5	8	13	19	30	46	74
>80～120	0.4	0.6	1	1.5	2.5	4	6	10	15	22	35	54	87
>120～180	0.6	1	1.2	2	3.5	5	8	12	18	25	40	63	100

位置公差值优先数系⑤	位置公差值优先数系(μm)									
	1	1.2	1.5	2	2.5	3	4	5	6	8
	1×10n	1.2×10n	1.5×10n	2×10n	2.5×10n	3×10n	4×10n	5×10n	6×10n	8×10n

注：① 对于直线度、平面度公差，棱线和回转表面的轴线、素线以及长度的公称尺寸作为主参数，矩形平面以其较长边、圆平面以其直径的公称尺寸作为主参数。

② 对于方向公差，被测要素以其长度或直径的公称尺寸作为主参数。

③ 对于同轴度、对称度公差和跳动公差，被测要素以其直径或宽度的公称尺寸作为主参数。

④ 回转表面、球、圆以其直径的公称尺寸作为主参数。

⑤ n 为正整数。

2. 几何公差等级和公差值的选用原则

几何公差值的确定要根据零件功能要求、结构特征、工艺性等因素综合考虑。在满足要素功能要求前提下,尽可能选择大的公差数值。

确定几何公差值的方法有计算法和类比法。类比法是根据零件的结构特点和功能要求,参考现有资料和经过实际生产验证的同类产品中类似零件的几何公差要求,经过分析后确定较为合理的公差值的方法。

几何公差值的选用应考虑以下情况。

① 几何公差和尺寸公差之间的大小应该相互协调,在同一被测要素上给出的形状公差值应小于方向公差值,方向公差值应小于位置公差值,位置公差值小于尺寸公差值。但应注意特殊情况:细长轴轴线的直线度公差远大于尺寸公差;位置度和对称度公差往往与尺寸公差相当。

② 综合公差值大于单项公差值。例如全跳动公差值应大于圆柱度公差值和同轴度公差值。

③ 形状公差值与表面粗糙度之间的关系也应该协调。一般情况下,常用尺寸且一般精度的零件,表面粗糙度 Ra 值占形状公差值的 20%～25%。

④ 考虑加工的难易程度和除主参数外其他参数的影响,在满足零件功能要求下,可以降低 1～2 级选用。

几何公差的常用公差等级为 5～9 级,表 3-3 列出了 11 个几何公差特征项目的常用公差等级的应用场合,根据所选择的公差等级查取几何公差值。

表 3-3　几何公差等级的应用实例

几何公差项目	几何公差等级				
	5	6	7	8	9
直线度 平面度	平面磨床纵导轨、立柱导轨及工作台;液压龙门刨床和六角车床床身导轨;柴油机进气排气阀门导杆	普通机床如普通车床、龙门刨床、滚齿机、自动车床等的床身导轨和立柱导轨;柴油机壳体	机床主轴箱;摇臂钻床底座和工作台;镗床工作台;液压泵盖、减速器壳体结合面	机床传动箱体;连杆分离面;汽车发动机缸盖与气缸体结合面;液压管件和法兰连接面	自动车床床身底面;摩托车曲轴箱体;汽车变速箱壳体;手动机械的支撑面
圆度 圆柱度	普通计量仪器主轴、测杆外圆柱面;普通机床主轴轴颈及主轴轴孔;柴油机汽油机活塞和活塞销	仪表端盖外圆柱面;普通机床主轴及前轴孔;水泵和压缩机活塞、气缸;汽油机凸轮轴;减速器转轴轴颈;高速柴油机主轴颈	大功率低速柴油机曲轴轴颈、活塞、活塞销、连杆和气缸;高速柴油机箱体轴承孔;机车传动轴;水泵转轴轴颈	压气机连杆盖、连杆体;拖拉机气缸、活塞;内燃机曲轴轴颈;柴油机凸轮轴颈、轴承孔	空气压缩机缸体;拖拉机活塞环和套筒孔

（续表）

几何公差项目	几何公差等级		
	4、5	6、7、8	9、10
平行度 垂直度 倾斜度 轴向跳动	普通车床导轨及重要支承面、主轴孔对基准平行度；精密机床重要零件；计量仪器、量具、模具的基准面和工作面；机床主轴箱体重要孔；通用减速器轴承孔；齿轮泵油孔端面	普通机床主轴箱体孔、导轨和刀架等；压力机和锻锤工作面；机床一般轴承孔对基准平行度；变速箱体孔；重型机械滚动轴承端盖；卷扬机传动轴；气缸配合面对基准轴线垂直度	重型机械滚动轴承端盖，柴油机箱体曲轴孔、曲轴轴颈，花键轴和轴肩端面对基准轴线垂直度；卷扬机传动机构中轴承孔端面；减速器壳体端面
	5、6、7		8、9
同轴度 对称度 径向跳动	几何精度要求较高，尺寸公差≤8 级的零件。机床主轴轴颈、计量仪器测杆、涡轮机主轴柱塞泵转子、高精度滚动轴承外圈等常用 5 级；内燃机的曲轴和凸轮轴、水泵轴、电机转子等常用 7 级		一般几何精度要求，尺寸公差 IT9～IT11 级的零件。拖拉机发动机分配轴轴颈、水泵叶轮、离心泵体等常用 8 级；内燃机气缸套配合面、自行车转轴等常用 9 级

3. 未注几何公差的规定

应用未注公差的总原则是：实际要素的功能允许几何公差大于或等于未注公差值，一般不需要单独标出，而采用未注公差。如功能要求允许大于未注公差值，而这个较大的公差值会给工厂带来经济效益，则可将这个较大的公差值单独标注在该要素上。因此，未注公差值是一般机床或中等制造精度就能保证的几何精度，为了简化标注，不必在图样上注出几何公差，但是应在技术要求中注出采用未注公差值的国家标准号和公差等级代号，如“GB/T 1184—K”。

注：几何公差的未注公差值，参考目前仍在实行的国家标准 GB/T 1184—1996。

习题 3

3-1　几何公差特征项目有哪些？如何分类？分别采用什么符号表示？（GB/T 1182—2018）

3-2　几何公差框格指引线的箭头如何指向组成要素和导出要素？图样上标注有什么区别？

3-3　由几个同类要素构成的被测公共轴线、被测公共中心平面的几何公差如何标注？

3-4　几何公差带有哪些特性？

3-5　什么形状的几何公差带的公差数值前面应该加符号“Ø”？哪些几何公差的公差带位置是固定的？哪些几何公差的公差带位置是浮动的？

3-6　从公差含义及公差带特征角度比较下列几何公差项目之间的异同点。

(1)平面度和平行度；

(2)圆度和圆柱度；

(3)圆度和径向圆跳动；

(4)圆柱度和径向全跳动；

(5)轴向全跳动和端面对轴线的垂直度；

(6)径向全跳动和同轴度。

3-7　试将下列技术要求标注在图 3-84 上。

(1)大端圆柱面的直径尺寸公差 Ø45h8，小端圆柱面的直径尺寸公差 Ø25js7；

(2)大端圆柱面的圆柱度公差为 0.01mm；

(3)小端圆柱面轴线对大端圆柱面轴线的同轴度公差为 0.03mm。

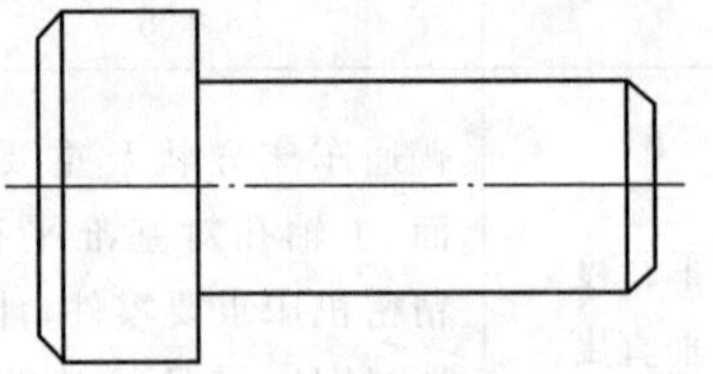

图 3-84　题 3-7 图

3-8　试将下列技术要求标注在图 3-85 上。

(1)通孔的直径尺寸公差 Ø80H7，通孔轴线的直线度公差为 0.01mm；

(2)外圆柱面的直径尺寸公差 Ø100h6，外圆柱面对 Ø80H7 通孔轴线的径向圆跳动公差为 0.015mm；

(3)端面 a 的平面度公差为 0.01mm；

(4)端面 a 对 Ø80H7 通孔轴线的垂直度公差为 0.03mm。

3-9　试将下列技术要求标注在图 3-86 上。

(1)圆锥面的圆度公差为 0.01mm；

(2)圆锥面轴线对大小端两圆柱面公共轴线的同轴度公差为 0.05mm；

(3)台阶面 a 对大小端两圆柱面公共轴线的轴向圆跳动公差为 0.03mm。

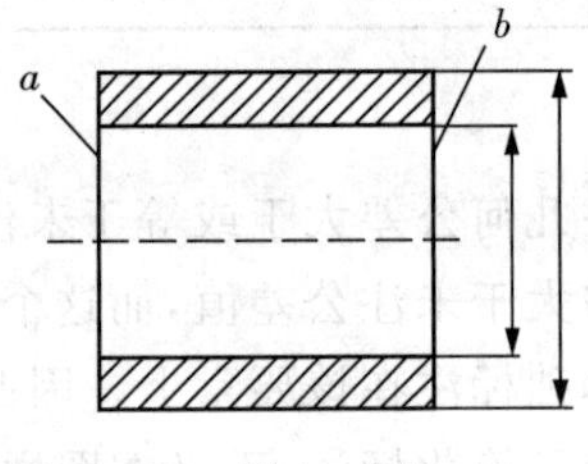

图 3-85　题 3-8 图

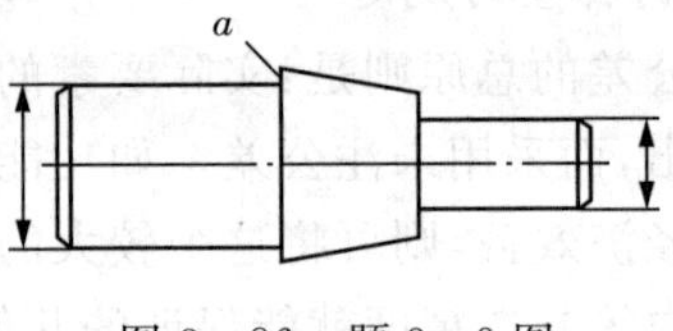

图 3-86　题 3-9 图

3-10　试将下列技术要求标注在图 3-87 上。

(1)中间通孔直径的尺寸公差 Ø70H7，通孔轴线对左端面的垂直度公差为 0.02mm；

(2)左端面的平面度公差 0.01mm，右端面对左端面的平行度公差为 0.04mm；

(3)外圆柱面直径的尺寸公差 Ø210h7，对通孔 Ø70H7 轴线的同轴度公差为 0.03mm；

(4)4×Ø20H8 孔轴线对左端面(第一基准)和通孔 Ø70H7 轴线的位置度公差为 0.15mm。

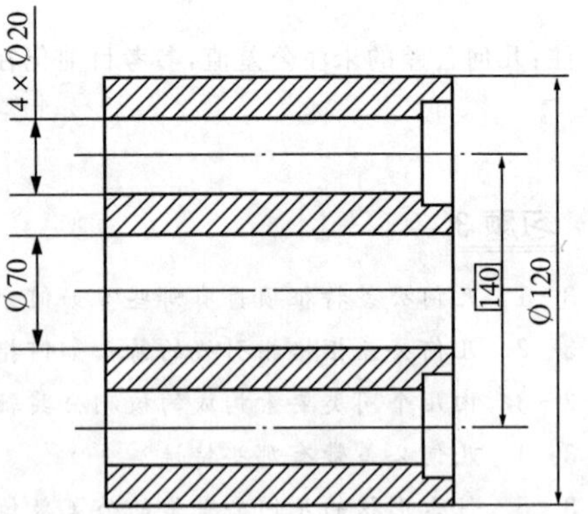

图 3-87　题 3-10 图

3-11　试将下列技术要求标注在图 3-88 上。

(1)两通孔 a，b 轴线对其公共轴线的同轴度公差为 Ø0.02mm；

(2)通孔 c 轴线对两通孔 a，b 公共轴线的垂直度公差为 0.02mm；

(3)通槽两侧面中心平面对于通孔 c 轴线的对称度公差为 0.04mm。

3-12　试将下列技术要求标注在图 3-89 上。

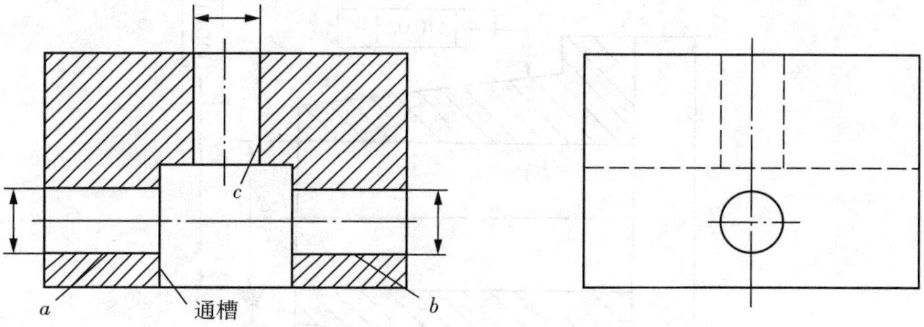

图 3-88　题 3-11 图

(1)轴头外径尺寸公差 Ø45m6;两支承轴颈外径尺寸公差 Ø55j6;

(2)轴头键槽宽度尺寸公差 10N9;轴头键槽以外圆柱面 Ø45m6 轴线为基准,对称度公差 0.02mm;

(3)轴头外圆柱面以两支承轴颈 Ø55j6 轴线为公共基准,径向圆跳动公差 0.02mm;

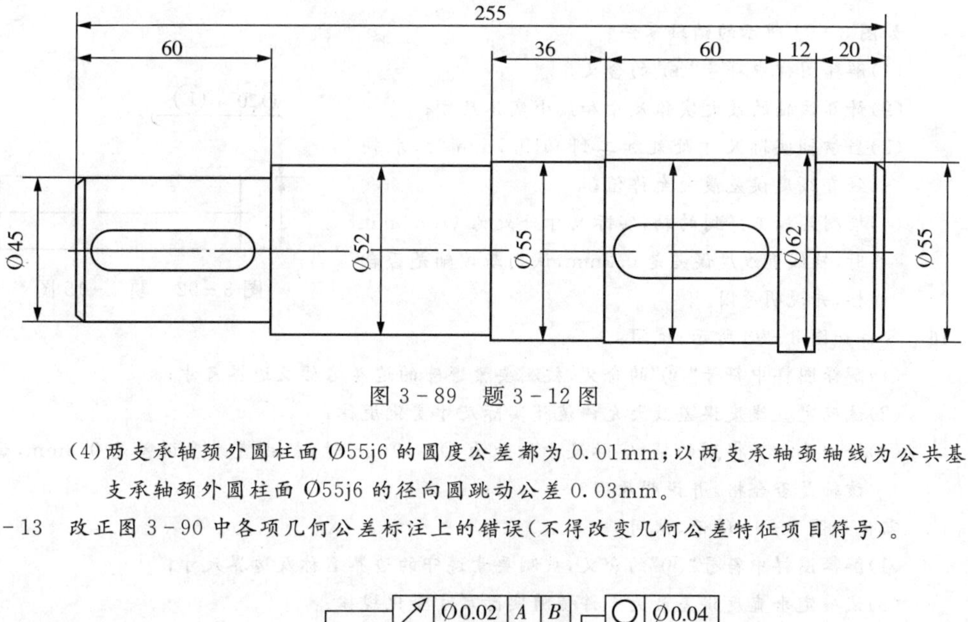

图 3-89　题 3-12 图

(4)两支承轴颈外圆柱面 Ø55j6 的圆度公差都为 0.01mm;以两支承轴颈轴线为公共基准,两支承轴颈外圆柱面 Ø55j6 的径向圆跳动公差 0.03mm。

3-13　改正图 3-90 中各项几何公差标注上的错误(不得改变几何公差特征项目符号)。

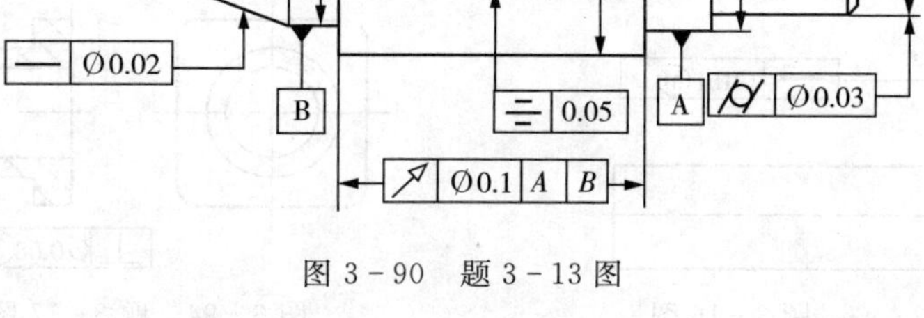

图 3-90　题 3-13 图

3-14　改正图 3-91 中各项几何公差标注上的错误(不得改变几何公差特征项目符号)。

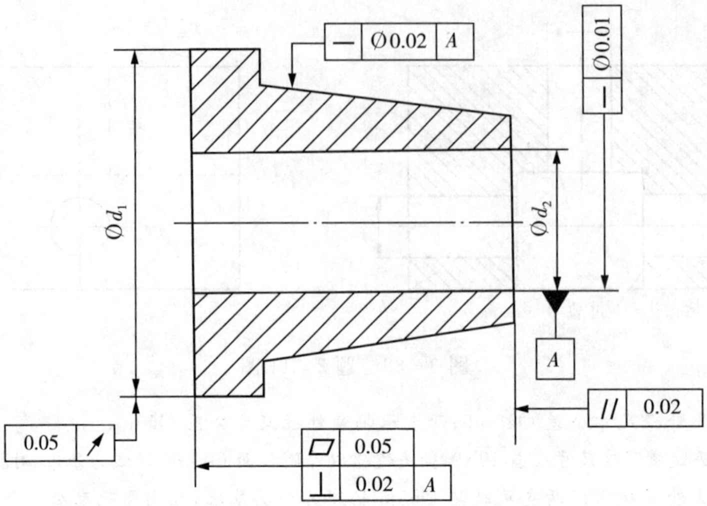

图 3-91　题 3-14 图

3-15　如图 3-92 所示的销轴零件

(1)解释图样中符号“Ⓔ”的含义；

(2)计算该轴的最大实体尺寸和最小实体尺寸；

(3)当该轴实际尺寸处处加工到 Ø19.7mm 时，求轴线直线度误差最大允许值；

(4)检测某加工得到的轴，实际尺寸处处为 Ø19.8mm 时，轴线直线度误差是 0.2mm，试判断该轴是否合格，并说明原因。

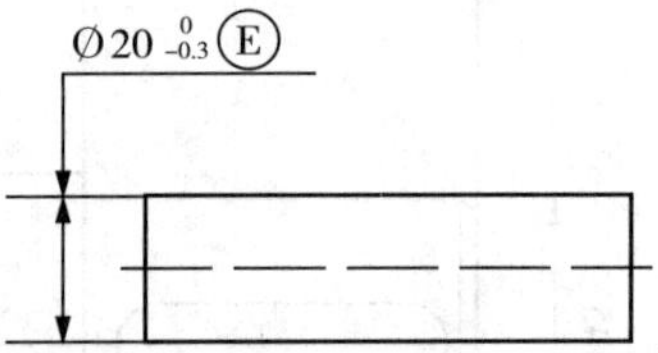

图 3-92　题 3-15 图

3-16　零件如图 3-93 所示，试问：

(1)解释图样中符号“Ⓜ”的含义，被测要素遵守的边界名称及边界尺寸；

(2)试确定直线度误差最大允许值随实际尺寸变化规律；

(3)检测某加工得到的轴，实际尺寸处处为 Ø19.9mm 时，轴线直线度误差是 0.2mm，试判断该轴是否合格，并说明原因？

3-17　零件如图 3-94 所示，试问：

(1)解释图样中符号“Ⓜ”的含义，被测要素遵守的边界名称及边界尺寸；

(2)试确定垂直度误差最大允许值随实际尺寸变化规律；

(3)检测某加工得到的孔，实际尺寸处处为 Ø50.1mm 时，轴线垂直度误差是 0.1mm，试判断该孔是否合格，并说明原因？

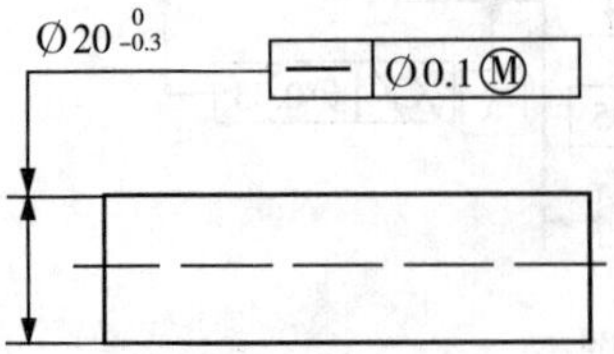

图 3-93　题 3-16 图

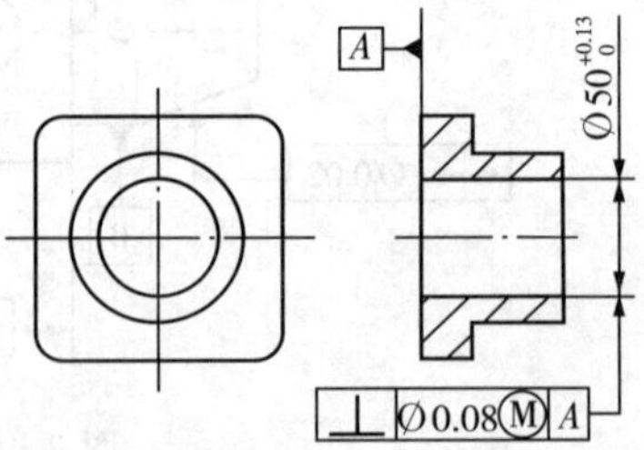

图 3-94　题 3-17 图

第 4 章 表面粗糙度轮廓及其评定

任何加工方法获得的零件表面都不是理想表面，存在着由间距很小的微小峰、谷所形成的微观几何误差，从而构成不同的表面结构。表面结构对零件的功能要求、使用寿命、美观程度有重大影响。为了正确地测量和评定零件表面结构以及在零件图上正确标注表面的技术要求，保证零件的互换性，国家标准对表面结构的表示方法分为轮廓法和区域法两大类。

轮廓法操作简便，经济性好，可以满足工程上绝大部分需求，因此工程中应用最为广泛，但由于是对单一截面的纹理信息进行评估，测量数据对于整个表面区域的评估具有一定的局限性。而区域法采集表面三维形貌数据，可以测量区域内的大量表面特征，获得轮廓法无法测量的沟槽和划痕方向等信息。

如图 4-1 所示为轴承与轴和外壳孔的配合，采用了表面形貌轮廓法进行标注与检测。根据使用要求在不同位置规定了不同的表面粗糙度数值，其中轴颈为配合面，与轴承内圈配合，对表面质量要求较高，选用表面粗糙度 Ra 为 0.8 μm，而外壳孔与轴承外圈配合，选用表面粗糙度 Ra 为 3.2 μm。。

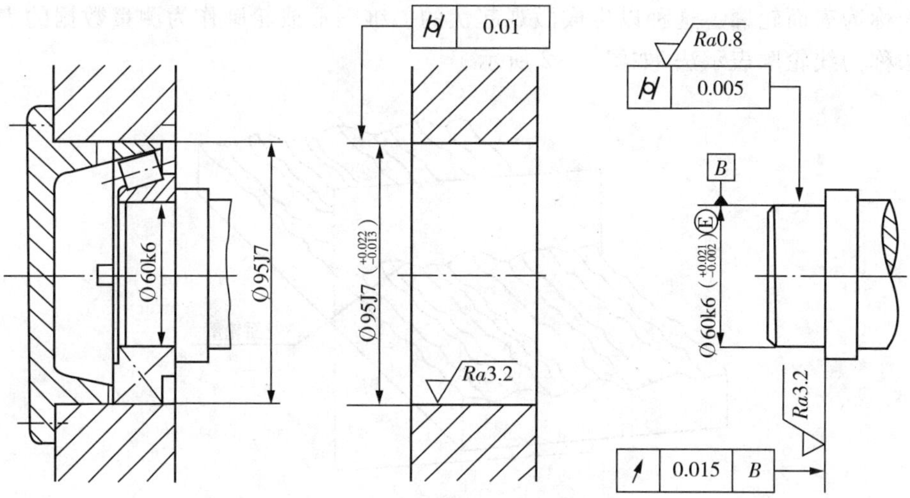

图 4-1 轴承与轴和外壳孔的配合

本章引用和参考的相关国家标准有：

① GB/T 131—2006(ISO 1302:2002,IDT)《产品几何技术规范(GPS) 技术产品文件中表面结构的表示法》；

② GB/T 3505—2009(ISO 4287:1997,IDT)《产品几何技术规范(GPS) 表面结构 轮廓法 术语、定义及表面结构参数》；

③ GB/T 10610—2009(ISO 4288:1996,IDT)《产品几何技术规范(GPS) 表面结构 轮廓法 评定表面结构的规则和方法》；

④ GB/T 1031—2009《产品几何技术规范(GPS)　表面结构　轮廓法　表面粗糙度参数及其数值》;

⑤ GB/T 33523.2—2017(ISO 25178-2:2012,IDT)《产品几何技术规范(GPS)　表面结构　区域法　第2部分:术语、定义及表面结构参数》;

⑥GB/T 33523.1—2020(ISO 25178-1:2016,MOD)《产品几何技术规范(GPS)　表面结构　区域法　第1部分:表面结构的表示法》。

4.1 表面粗糙度轮廓的基本术语及评定参数

4.1.1 表面粗糙度轮廓(Surface Roughness Profile)

零件的实际表面是物体与周围介质分离的表面,由加工形成的实际表面一般并非理想状况,它是由表面粗糙度轮廓、表面波纹度轮廓和表面形状轮廓叠加而成的表面。根据轮廓上相邻峰与谷之间的距离,即波距 λ 的大小来划分:波距小于 1mm 的轮廓属于粗糙度轮廓;波距在 1～10mm 的轮廓属于波纹度轮廓;波距大于 10mm 的属于宏观形状轮廓。它们反映了零件实际表面对理想表面的几何形状误差。

表面粗糙度轮廓是指加工表面所具有较小间距和微小峰谷组成的微观几何特性。通常用一个垂直于零件实际表面的平面与该零件实际表面相交所得的轮廓作为评定对象,这条轮廓曲线称为表面轮廓。这种以生成微观起伏的二维图形或轮廓作为测量数据的表面形貌测量方法称为线轮廓表示法,如图 4-2 所示。

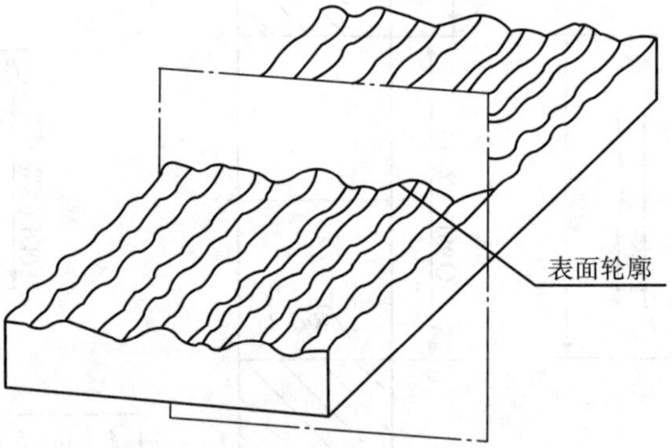

图 4-2　表面轮廓

4.1.2 基本术语

1. 轮廓滤波器(Profile Filter)

实际表面轮廓是由表面粗糙度轮廓、波纹度轮廓及原始轮廓(或称形状轮廓)叠加而成的,如图 4-3 所示。为了评价表面轮廓上各种几何形状误差中的某一几何形状误差,可以利用轮廓滤波器。轮廓滤波器是指将表面轮廓分成长波和短波成分的滤波器。轮廓滤波器所能抑制的波长称为截止波长。从短波截止波长至长波截止波长这两个极限值之间的波长范围称为传输带。

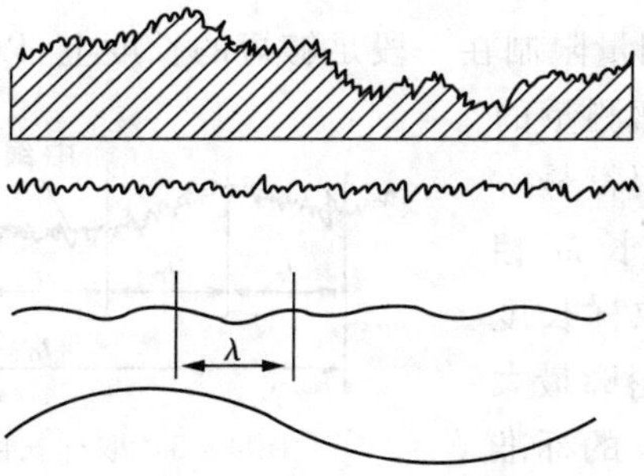

λ—波距(间距)。

图 4-3　零件实际表面轮廓的形状和组成成分

在测量粗糙度轮廓、波纹度轮廓和原始轮廓的仪器中使用 λs、λc、λf 三种滤波器，如图 4-4所示。它们具有相同的传输特性，但截止波长不同。从图 4-4 看原始轮廓是在应用 λs 滤波之后的总轮廓，是由 λs 滤波器来限定的，滤掉的是短波长的形状成分。表面粗糙度轮廓是对原始轮廓采用 λc 滤波器抑制长波成分后形成的轮廓，其传输频带是由 λs 和 λc 轮廓滤波器来限定的，粗糙度轮廓是评定粗糙度参数轮廓的基础。波纹度轮廓是对原始轮廓连续采用 λc 滤波器抑制短波成分和采用 λf 滤波器抑制长波成分后形成的轮廓。

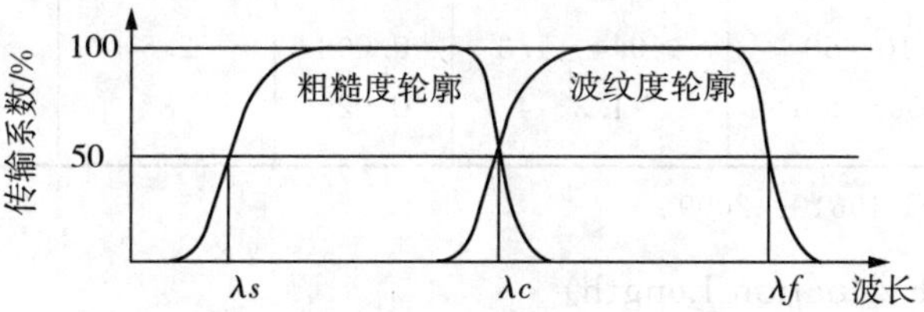

图 4-4　粗糙度和波纹度轮廓的传输特性

三种轮廓(原始轮廓、粗糙度轮廓和波纹度轮廓)因为它们对零件的使用性能的影响不同，所以在评定时分别提出不同的规定。在原始轮廓上计算得到的参数称为 P 参数，在粗糙度轮廓上计算得到的参数为 R 参数，在波纹度轮廓上计算得到的参数为 W 参数。三组参数中同类型参数的定义类似，但代号不同，具体见表 4-1 所列，下文重点介绍表面粗糙度轮廓的相关评定参数。

表 4-1　表面结构参数代号

参数	P 参数	R 参数	W 参数
取样长度	*lp*	*lr*	*lw*
评定轮廓的算术平均偏差	*Pa*	*Ra*	*Wa*
轮廓最大高度	*Pz*	*Rz*	*Wz*
轮廓单元的平均宽度	*Psm*	*Rsm*	*Wsm*
轮廓支撑长度率	*Pmr*(*c*)	*Rmr*(*c*)	*Wmr*(*c*)

2. 取样长度 lr(Sampling Length)

测量表面粗糙度轮廓时,应把测量限制在一段足够短的长度上,以限制或减弱波纹度轮廓、排除形状误差对表面粗糙度轮廓测量的影响。这段长度称为取样长度,使用符号 lr 表示,与粗糙度轮廓传输带的截止波长 λc 相等,如图 4-5 所示。表面越粗糙,取样长度就应越大。轮廓算术平均偏差 Ra、轮廓最大高度 Rz 和轮廓单元的平均宽度 Rsm 的标准取样长度和标准评定长度见表 4-2 所列。

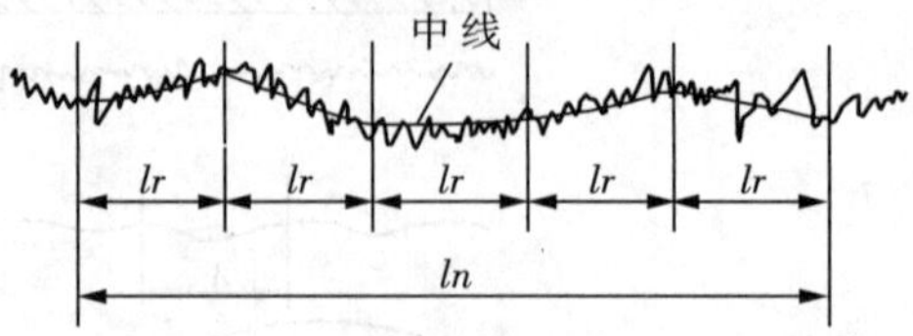

图 4-5　取样长度和评定长度

表 4-2　轮廓算术平均偏差 Ra、轮廓最大高度 Rz 和轮廓单元的平均宽度 Rsm 的标准取样长度和标准评定长度

Ra/μm	Rz/μm	Rsm/mm	标准取样长度 lr/mm		标准评定长度 ln(等于 5 个标准取样长度)/mm
			λs/mm	$\lambda c=lr$/mm	
>(0.006)~0.02	>(0.025)~0.1	>0.013~0.04	0.0025	0.08	0.4
>0.02~0.1	>0.1~0.5	>0.04~0.13	0.0025	0.25	1.25
>0.1~2	>0.5~10	>0.13~0.4	0.0025	0.8	4
>2~10	>10~50	>0.4~1.3	0.008	2.5	12.5
>10~80	>50~200	>1.3~4	0.025	8	40

资料来源:摘自 GB/T 10610—2009。

3. 评定长度 ln(Evaluation Length)

由于零件表面微小峰谷的不均匀性,在实际表面轮廓不同位置的取样长度上的表面粗糙度测量值不尽相同。因此,为了更可靠地反映表面粗糙度轮廓的特性,应测量连续的几个取样长度上的表面粗糙度轮廓。这些连续的几个取样长度称为评定长度,用符号 ln 表示,如图 4-5 所示。一般情况下,取 $ln=5lr$;若被测表面比较均匀,可选 $ln<5lr$;反之,$ln>5lr$。

在一般情况下,按表 4-2 选用对应的取样长度及评定长度值,在图样上可省略标注取样长度值,当有特殊要求不能选用表 4-2 中的数值时,应在图样上标注出取样长度值。

4. 中线(Mean Lines)

轮廓中线是评定表面粗糙度参数值大小的一条参考线(也称基准线)。中线有轮廓的最小二乘中线和轮廓的算术平均中线两种形式。

(1)轮廓最小二乘中线

轮廓最小二乘中线是指在取样长度内使轮廓上各点至该线的距离 Z_i 的平方和为最小的线,即 $\int_0^{lr} Z_i^2 \, dr$ 为最小,如图 4-6 所示。

(2)轮廓算术平均中线

轮廓算术平均中线是指在取样长度内,划分轮廓为上下两部分,且使上下两部分面积相等的线,即 $F_1+F_2+\cdots+F_n=F'_1+F'_2+\cdots+F'_n$,如图 4-7 所示。

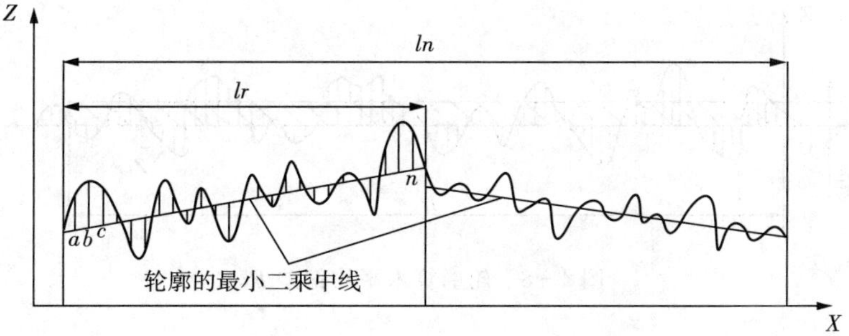

$a,b,c,\cdots,n$—轮廓上各点至最小二乘中线的距离。

图 4－6　表面粗糙度轮廓的最小二乘中线与算术平均偏差

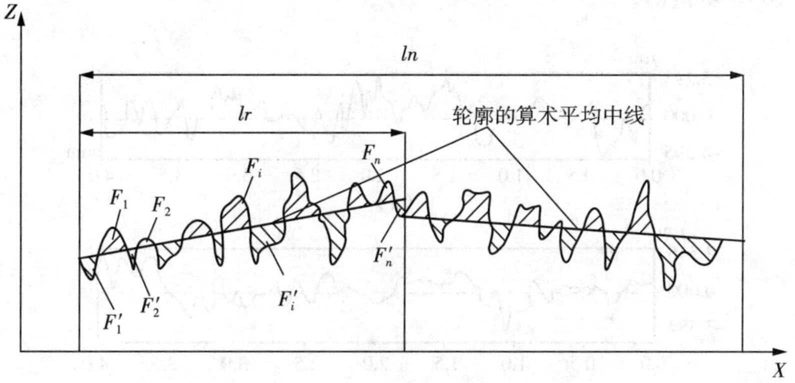

图 4－7　表面粗糙度轮廓的算术平均中线

4.1.3　评定参数

为了满足对零件表面不同的功能要求，国标 GB/T 3505—2009 规定的评定参数有幅度参数、间距参数、混合参数、曲线和相关参数。下面介绍几种常用的表面粗糙度轮廓评定参数。

1. 轮廓的算术平均偏差 Ra（幅度参数）(Arithmetical Mean Deviation of the Assessed Profile)

轮廓的算术平均偏差 Ra 是指在一个取样长度 lr 内，被评定轮廓上各点至中线的纵坐标值 $Z(x)$ 的绝对值的算术平均值，如图 4－8 所示。用公式表示为

$$Ra = \frac{1}{lr}\int_0^{lr} |Z(x)|\,dx \tag{4-1}$$

或近似表示为

$$Ra = \frac{1}{n}\sum_{i=1}^{n} |Z(x_i)| = \frac{1}{n}\sum_{i=1}^{n} |Z_i| \tag{4-2}$$

测得的 Ra 值越大，表面越粗糙。Ra 值能客观地反映表面微观几何形状误差，是通常采用的评定参数，一般用电动轮廓仪进行测量，测量方法比较简单。但因受到计量器具功能限制，不宜用作过于粗糙或太光滑表面的评定参数。

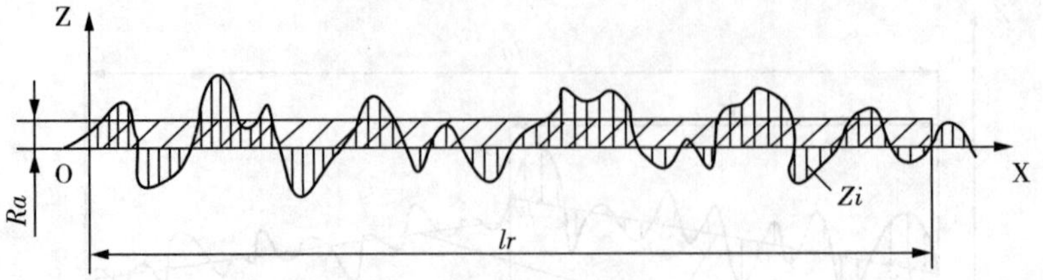

图 4-8　轮廓算术平均偏差 Ra

应用实例 1

图 4-9(a)和图 4-9(b)分别为某航空发动机用高温合金材料经粗加工和精加工后的材料表面轮廓曲线，对应的 Ra 值分别为 1.6μm 和 0.8μm，对比可知，图 4-9(a)的表面明显要比图 4-9(b)要粗糙。

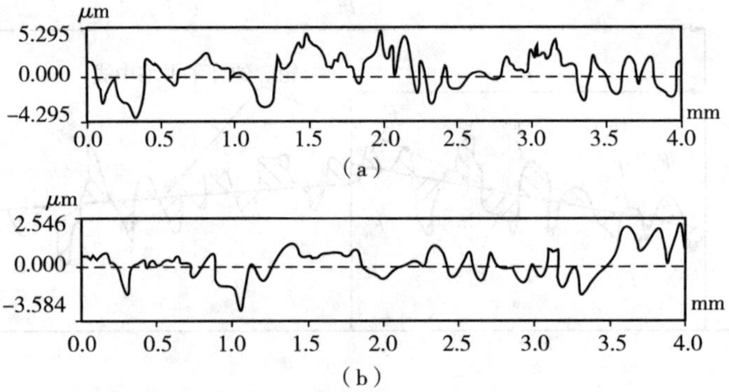

图 4-9　某航空发动机用高温合金材料经粗加工和精加工后的材料表面轮廓曲线

2. 轮廓的最大高度 Rz(幅度参数)(Maximum Height of Profile)

如图 4-10 所示，在一个取样长度范围内，轮廓上各个高极点至中线的距离叫作轮廓峰高，用符号 Zp_i 表示，其中最大的距离叫作最大轮廓峰高，用符号 Rp 表示(图中 $Rp=Zp_6$)；轮廓上各个低极点至中线的距离叫作轮廓谷深，用符号 Zvi 表示，其中最大的距离叫作最大轮廓谷深 Rv，用符号 Rv 表示(图中 $Rv=Zv_2$)。

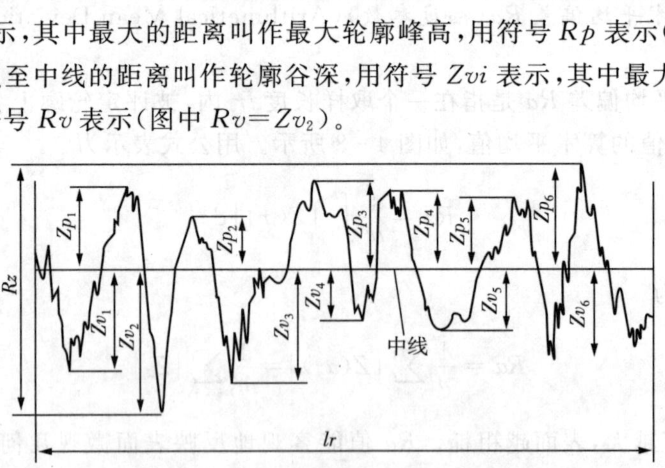

图 4-10　表面粗糙度轮廓的最大高度

轮廓的最大高度 Rz 是指在一个取样长度内，最大轮廓峰高 Rp 与最大轮廓谷深 Rv 之和，即

$$Rz = Rp + Rv \tag{4-3}$$

式中，Rp 和 Rv 均取绝对值。

3. 轮廓单元的平均宽度 Rsm（间距参数）(Mean Width of the Profile Elements)

如图 4-11 所示，一个轮廓峰与相邻的轮廓谷的组合叫作轮廓单元，在一个取样长度范围内，中线与各个轮廓单元相交线段的长度称为轮廓单元的宽度，用符号 Xs_i 表示。

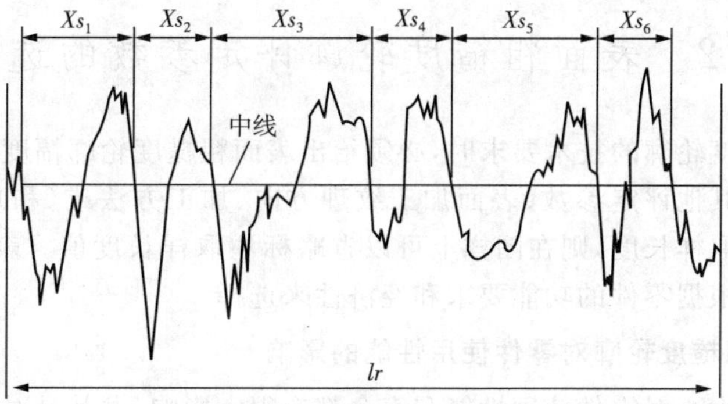

图 4-11　轮廓单元的宽度与轮廓单元的平均宽度

轮廓单元的平均宽度是指在一个取样长度内，所有轮廓单元宽度 Xs 的平均值，用符号 Rsm 表示，即

$$Rsm = \frac{1}{m}\sum_{i=1}^{m} Xs_i \tag{4-4}$$

4. 轮廓支承长度率 $Rmr(c)$（曲线及其相关参数）(Relative Material Ratio)

如图 4-12 所示，轮廓支承长度率是指在给定水平截面高度 c 上轮廓的实体材料长度 $Ml(c)$ 与评定长度的比率。用公式表示为

$$Ml(c) = b_1 + b_2 + \cdots + b_i + \cdots b_n = \sum_{i=1}^{n} b_i \tag{4-5}$$

$$Rmr(c) = \frac{Ml(c)}{ln} = \frac{1}{ln}\sum_{i=1}^{n} b_i \tag{4-6}$$

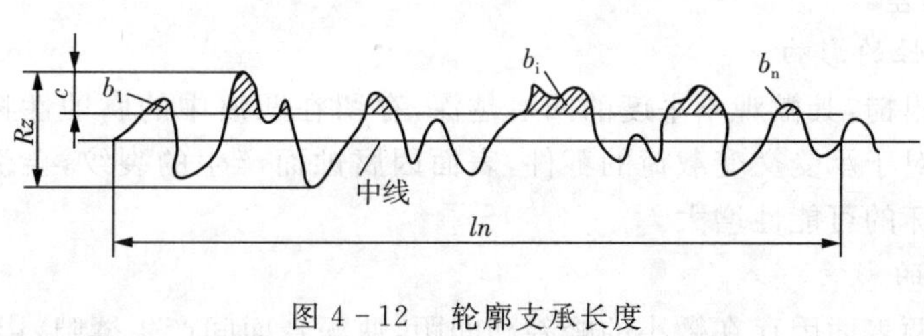

图 4-12　轮廓支承长度

轮廓的实体材料长度 $Ml(c)$ 是指在评定长度内，一平行于中线的直线从峰顶线向下移一截距 c 时，与轮廓相截所得各截线长度 b_i 之和。各截线属于形状特征参数，是对应于不同

截距 c 给出的。当选用 $Rmr(c)$ 参数时，必须同时给出轮廓水平截距 c 的数值。水平截距 c 是从峰顶线开始计算的，可用 μm 或 Rz 的百分比表示。当 c 一定时，$Rmr(c)$ 值越大，则支撑能力和耐磨性越好。

轮廓支承长度率能直观地反映零件表面的耐磨性，对提高承载能力也具有重要的意义。在动配合中，轮廓支承长度率值大的表面，使配合面之间的接触面积增大，减少了摩擦损耗，延长零件的寿命。

间距参数 Rsm 与曲线及其相关参数 $Rmr(c)$，相对于基本参数而言，称为附加参数，只有零件表面有特殊使用要求时才选用。

4.2　表面粗糙度轮廓评定参数的选用

规定表面粗糙度轮廓的技术要求时，必须给出表面粗糙度轮廓幅度参数符号及允许值。必要时可规定轮廓其他评定参数、表面加工纹理方向、加工方法或（和）加工余量等附加要求。如果采用标准取样长度，则在图样上可以省略标注取样长度值。表面粗糙度轮廓的评定参数及允许值应根据零件的功能要求和经济性来选择。

4.2.1　表面粗糙度轮廓对零件使用性能的影响

表面粗糙度的大小对零件使用性能和寿命都有很大影响，尤其是对在高温、高压和高速条件下工作的机械零件影响更大，其影响主要体现在如下几个方面：

1. 对耐磨性的影响

表面粗糙的两个零件只能在若干波峰处相接触，当它们产生相对运动时，波峰间的接触作用就会产生摩擦阻力，对零件造成磨损。一般情况下，对存在相互运动的两个零件表面来说，表面越粗糙，摩擦阻力则越大，磨损也就越快，零件的耐磨性越差。但是，零件表面过于光滑，由于不利于储存润滑油或因分子间的吸附作用，也会使摩擦阻力增大，加速磨损。

2. 对配合性质的影响

对于间隙配合，由于零件表面峰尖在工作过程中很快磨损而使间隙增大，甚至会破坏原有的配合性质；对于过盈配合，由于在装配过程中峰尖被挤平而使有效过盈减小，从而降低连接强度；对于过渡配合，表面粗糙也有使配合变松的趋势，导致定心和导向精度降低。

3. 对耐疲劳性的影响

对于承受交变应力作用的零件表面，表面粗糙度的凹谷部位容易引起应力集中，产生疲劳裂纹，破坏零件。表面越粗糙，凹痕就越深，其根部的曲率半径就越小，对应力集中越敏感，耐疲劳性就越差。

4. 对耐腐蚀性的影响

零件表面越粗糙，其微观不平度的凹痕越深，存留在凹痕中的腐蚀性物质也越多，腐蚀作用就越严重。对于承受交变载荷的零件，表面因腐蚀而产生的裂纹，会引起应力集中，使零件发生突然破坏的可能性增大。

5. 对密封性的影响

相互配合的两表面因存在微小的峰谷和间距，使配合面间产生缝隙，影响密封性。当表面过于粗糙时，由于粗糙度轮廓的谷底过深，密封填料无法充满这些谷底，使密封面上留有渗漏间隙。

4.2.2　评定参数的选用

国家标准规定涉及机械零件时，表面粗糙度轮廓评定参数大多数情况下可以只从高度特征评定参数——轮廓算术平均偏差 Ra 和轮廓最大高度 Rz 中选取，只有当幅度参数不能满足表面功能要求时才按需要选用附加参数一轮廓单元的平均宽度 Rsm 和轮廓支承长度率 $Rmr(c)$，且不能单独使用。如：对涂镀性、冲压成形时抗裂纹、抗振、耐腐蚀性、密封性、流体流动摩擦阻力等有要求时，需加选 Rsm 来控制间距的细密度(如汽车外形薄钢板表面、电机电子硅钢片表面等)；对表面的接触刚度和耐磨性有较高要求时，应加选 $Rmr(c)$ 来控制表面的微观形状特性。

选用幅度参数 Ra 或 Rz 时需注意：

① Ra 能充分反映零件表面微观几何形状特征，且测量方便，在常用数值范围内(Ra 为 0.025～6.3μm，Rz 为 0.1～25μm)时，国家标准推荐的首选参数为 Ra。

② Rz 是对被测轮廓峰和谷的最大高度的单一评定，不如 Ra 反映的几何特性全面，在测量均匀性较差的表面时尤其如此。但由于 Rz 的测量非常简单，对某些不允许出现较深加工痕迹常标注 Rz 参数；被测表面很小(如刀尖、刀尖的刃部等)时也常采用 Rz 参数；当材料较软时，测量 Ra 的仪器触针不但会划伤表面，测得的结果也不准确，此时也需采用 Rz 参数。

③ 对易产生应力集中而导致疲劳破坏的敏感表面，可在选取 Ra 参数的基础上再选取 Rz 参数，使轮廓的最大高度也加以控制。

4.2.3　评定参数允许值的选择

表面粗糙度轮廓数值的选用原则是：在满足功能需求的前提下，尽量选用较大的表面粗糙度轮廓数值($Rmr(c)$除外)，以降低生产成本。

在具体设计过程中，通常采用类比法来选择参数值的大小，考虑的因素有如下几项：

① 同一零件上，工作面的粗糙度轮廓参数值应小于非工作面的粗糙度轮廓参数值。但对于特殊用途的非工作表面，如机械设备上的操作手柄表面，为了美观和手感舒适，其表面粗糙度轮廓参数值应予以特殊考虑。

② 摩擦表面比非摩擦表面的粗糙度轮廓参数值小，滚动摩擦表面比滑动摩擦表面的粗糙度轮廓参数值小。

③ 相对运动速度高、单位面积压力大的表面，受交变应力作用的重要零件圆角、沟槽的表面粗糙度轮廓参数值要小。

④ 配合精度要求高的配合表面(如间隙小的配合面)以及要求连接可靠、受重载的过盈配合面的粗糙度轮廓参数值要小些；配合性质要求越稳定，其配合表面的粗糙度轮廓值应越小。配合性质相同时，小尺寸结合面的粗糙度轮廓值应比大尺寸结合面小。

⑤ 在确定表面粗糙度轮廓评定参数允许值时，应注意它与孔、轴尺寸的标准公差等级的协调。这可参考表 4-3 所列比例关系来确定。一般来说，孔、轴尺寸的标准公差等级越高，则该孔或轴的表面粗糙度轮廓参数值就应越小。对于同一标准公差等级的不同尺寸孔、轴，小尺寸的孔或轴的表面粗糙度轮廓参数值应比大尺寸的小一些，轴比孔的粗糙度轮廓参数值要小。

⑥ 凡有关标准已经对表面粗糙度轮廓技术要求做出具体规定的特殊表面，如与滚动轴承配合的轴颈和外壳孔，应按该标准的规定来确定其粗糙度轮廓参数值。

⑦ 防腐蚀性、密封性要求高，或外形要求美观的表面应选用较小的表面粗糙度轮廓参数值。

表 4-3　表面粗糙度轮廓幅度参数值与尺寸公差值、形状公差值的一般关系

形状公差 t 占尺寸公差 T 的百分比 t/T(%)	表面粗糙度轮廓幅度参数占尺寸公差值的百分比	
	Ra/T(%)	Ra/t(%)
约 60	≤5	≤30
约 40	≤2.5	≤15
约 25	≤1.2	≤7

表 4-4、表 4-5 分别是 Ra,Rz,Rsm 和 $Rmr(c)$的参数值。具体确定粗糙度轮廓参数的允许值,除有特殊要求的表面外,通常采用类比法。表 4-6 列出了各种不同的表面粗糙度轮廓的表面特征、经济加工方法、应用实例,供选用时参考。

表 4-4　轮廓算术平均偏差 Ra、轮廓最大高度 Rz 和轮廓单元的平均宽度 Rsm 基本系列的数值

轮廓算术平均偏差 Ra(μm)			轮廓最大高度 Rz(μm)			轮廓单元平均宽度 Rsm(μm)		
0.012	0.40	12.5	0.025	1.60	100	0.006	0.100	1.60
0.025	0.80	25	0.050	3.2	200	0.0125	0.20	3.2
0.050	1.60	50	0.100	6.3	400	0.025	0.40	6.3
0.100	3.2	100	0.20	12.5	800	0.50	0.80	12.5
0.20	6.3		0.40	25	1600			
			0.80	50				

资料来源:摘自 GB/T 1031—2009。

表 4-5　轮廓的支承长度率 $Rmr(c)$的数值

轮廓的支承长度率 $Rmr(c)$的数值											
$Rmr(c)$	10	15	20	25	30	40	50	60	70	80	90

资料来源:摘自 GB/T 1031—2009。

注:选用轮廓的支承长度率参数时,应同时给出轮廓截面高度 c 值。它可用微米或 Rz 的百分数表示。Rz 的百分数系列如下:5%、10%、15%、20%、25%、30%、40%、50%、60%、70%、80%、90%。

表 4-6　表面粗糙度轮廓的表面特征、经济加工方法及应用举例

表面微观特征		Ra(μm)	Rz(μm)	应用实例
粗糙表面	微见刀痕	>10～20	>63～125	半成品粗加工过的表面,非配合的加工表面,如轴端面、倒角、钻孔、齿轮皮带轮侧面、键槽底面、垫圈接触面、穿螺钉和铆钉的孔表面
半光表面	可见加工痕迹	>5～10	>32～63	轴上不安装轴承、齿轮的非配合表面,紧固件的自由装配表面,轴和孔的退刀槽
	微见加工痕迹	>2.5～5	>16.0～32	半精加工表面,箱体、支架、盖面、套筒等和其他零件结合而无配合要求的表面,需要发蓝的表面,需要滚花的预先加工面,主轴非接触的全部外表面等
	看不清加工痕迹	>1.25～2.5	>8.0～16.0	基面及表面质量要求较高的表面,中型机床(普通精度)工作台面,衬套、滑动轴承的压入孔,中等尺寸带轮、齿轮的工作面,低速转动的轴颈
光表面	可辨加工痕迹方向	>0.63～1.25	>4.0～8.0	中型机床(普通精度)滑动导轨面,导轨压板,圆柱销和圆锥销的表面,一般精度的分度盘,需镀铬抛光的外表面,中速转动的轴颈,定位销压入孔等

（续表）

表面微观特征		Ra(μm)	Rz(μm)	应用实例
光表面	微辨加工痕迹方向	>0.32～0.63	>2.0～4.0	中型机床(提高精度)滑动导轨面,滑动轴承轴瓦的工作表面,夹具定位元件和钻套的主要表面,曲轴和凸轮轴的轴颈的工作面,分度盘表面,高速工作下的轴颈及衬套的工作面等
	不可辨加工痕迹方向	>0.16～0.32	>1.0～2.0	精密机床主轴锥孔,顶尖圆锥面,直径小的精密心轴和转轴结合面,活塞的活塞销孔,要求气密的表面和支承面
极光表面	暗光泽面	>0.08～0.16	>0.5～1.0	精密机床主轴箱上与套筒配合的孔,仪器在使用中要求受摩擦的表面(例如导轨、槽面),液压传动用的孔的表面,阀的工作面,气缸内表面,活塞销的表面等
	亮光泽面	>0.04～0.08	>0.25～0.5	特别精密的滚动轴承套圈滚道、钢球及滚子表面,量仪中的中等精度间隙配合零件的工作表面,工作量规的测量表面等
	镜状光泽面	>0.02～0.04		特别精密的滚动轴承套圈滚道、钢球及滚子表面,高压油泵中的柱塞和柱塞套的配合表面,保证高度气密的配合表面
	雾状镜面	>0.01～0.02		仪器的测量表面,量仪中的高精度间隙配合零件的工作表面,尺寸超过 100mm 的量块工作表面等
	镜面	<0.01		量块工作表面,高精度量仪的测量表面,光学量仪中的金属镜面等

应用实例 2

图 4-13 为某减速器的输出轴,公称尺寸 Ø45 的轴表面粗糙度要求 Ra 为 1.6μm,公称

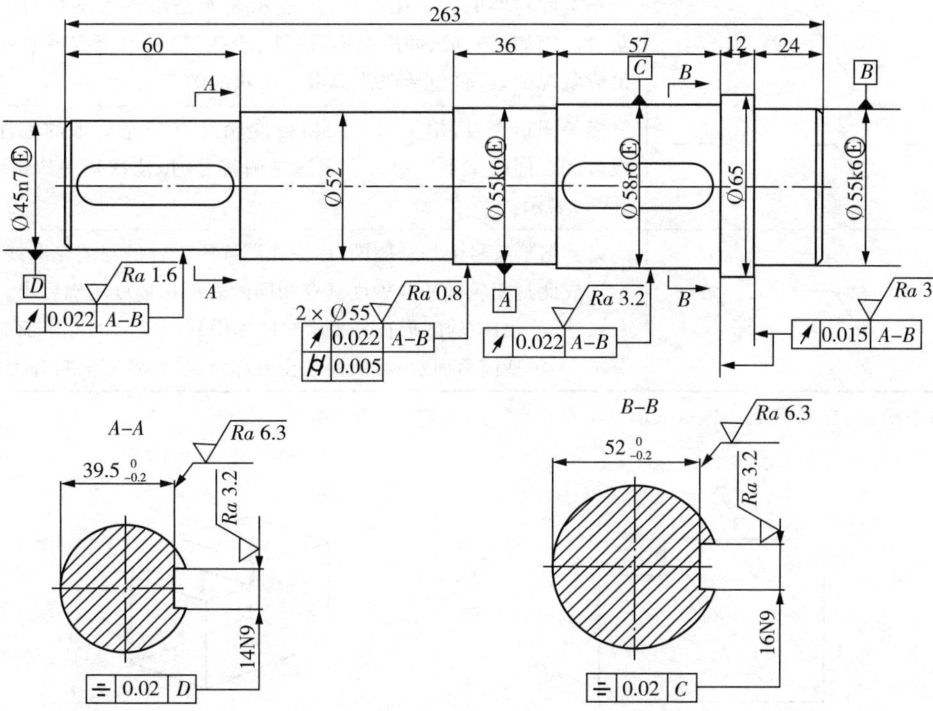

图 4-13　减速器输出轴

尺寸为 Ø55 的轴表面粗糙度要求 *Ra* 为 0.8μm。键槽侧面为配合面，有更高的表面质量要求，其表面粗糙度的要求 *Ra* 为 3.2μm。键槽底部为非配合面，粗糙度要求 *Ra* 为 6.3μm。

4.3　表面粗糙度轮廓技术要求在图样上的标注

表面粗糙度轮廓的评定参数及允许值和其他技术要求确定后，应按 GB/T 131—2006《产品几何技术规范(GPS)　技术产品文件中表面结构的表示法》的规定，将表面粗糙度轮廓的技术要求正确地标注在零件图上。

产品的工作性能、可靠性、寿命在很大程度上取决于主要零件的表面质量。一般而言，重要或关键零件的表面质量要求都比普通零件要高。

4.3.1　表面粗糙度轮廓的图形符号

表面粗糙度轮廓的图形符号见表 4-7 所列。

表 4-7　表面粗糙度轮廓的图形符号

符　号	含　义
	基本图形符号，表示表面可用任何方法获得。仅用于简化代号标注，没有补充说明(例如，表面处理、局部热处理状况等)时不能单独使用
	要求去除材料的扩展图形符号，表示表面是用去除材料的方法获得。例如，车、铣、钻、磨、剪切、抛光、腐蚀、电火花加工、气割等
	不去除材料的扩展图形符号，表示表面是用不去除材料的方法获得。例如，铸、锻、冲压变形、热轧、冷轧、粉末冶金等或者保持原供应状况的表面(包括保持上道工序状况的表面)
	完整图形符号，用于对表面粗糙度轮廓有补充要求的标注。在报告和合同的文本中用文字表达左侧符号时，依次用 APA、MRR、NMR 表示
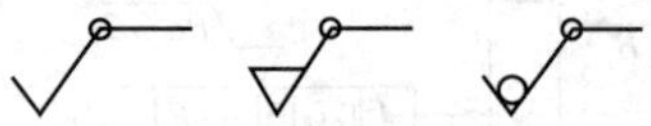	完整图形符号上加一圆圈，标注在图样中工件的封闭轮廓线上，表示构成此封闭轮廓的各表面具有相同的表面粗糙度轮廓要求。如图 4-14所示，图中的图形符号表示对图形中封闭轮廓的 6 个面有相同要求(不包括前后面)。如果标注会引起歧义时，各表面需分别标注

资料来源：摘自 GB/T 131—2006。

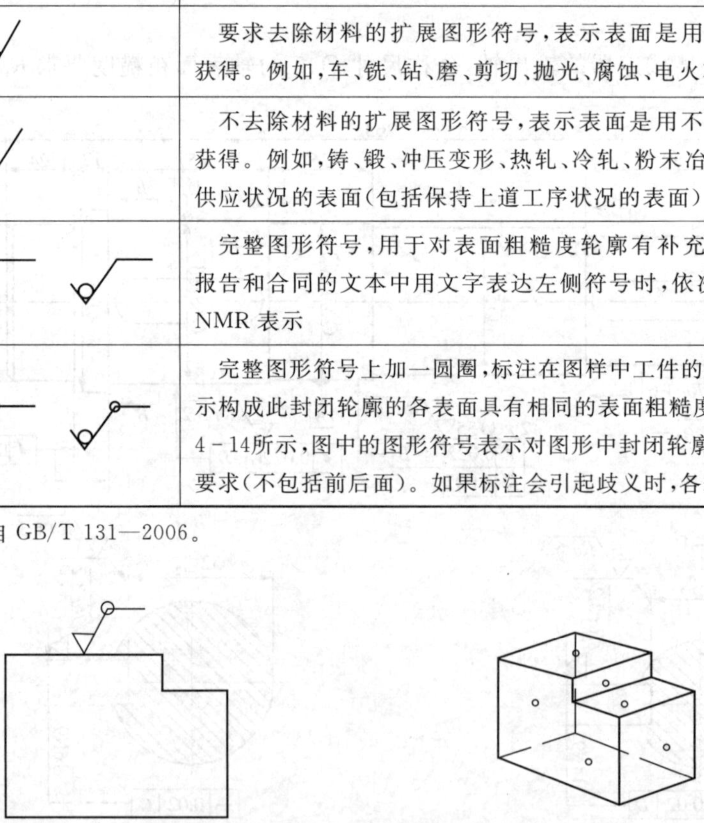

图 4-14　对周边各面有相同要求的注法

4.3.2　表面粗糙度轮廓技术要求的标注

1. *表面粗糙度各项技术要求在完整图形符号上的标注位置*

表面粗糙度轮廓各项技术要求应标注在图 4－15 所示的指定位置上，此图为在去除材料的完整图形符号上的标注。

在完整图形符号周围注写技术要求称为表面粗糙度轮廓符号，简称粗糙度轮廓符号。在完整图形符号周围的各个指定位置上分别标注下列技术要求。

位置 a：标注幅度参数符号（Ra 或 Rz）及极限值（单位为 μm）和有关技术要求。在位置 a 依次标注下列各项技术要求的符号及相关数值：上、下限值符号，传输带数值/幅度参数符号，评定长度值、幅度参数极限值。

位置 b：标注附加评定参数的符号及相关数值（如 Rsm，其单位为 mm）。

位置 c：标注加工方法、表面处理、涂层或其他工艺要求，如车、磨、镀等加工表面。按图 4－16、图 4－17 和图 4－18 所示方法在完整符号中注明。

位置 d：标注表面纹理。纹理方向符号见表 4－8 所列。

位置 e：标注加工余量（单位为 mm）。按图 4－19 所示方法在完整符号中注明。

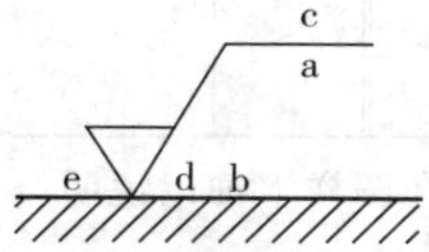

图 4－15　表面粗糙度轮廓完整图形符号上各项技术要求的标注位置

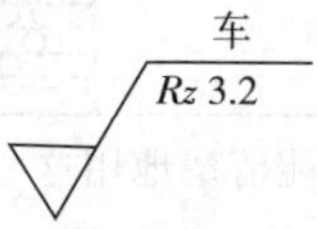

图 4－16　加工工艺和表面粗糙度要求的注法

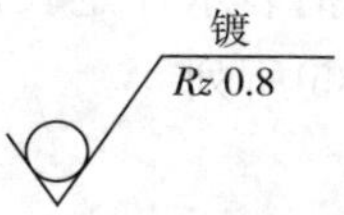

图 4－17　涂覆和表面粗糙度要求的注法

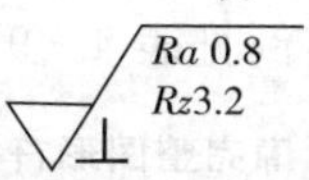

图 4－18　垂直与视图所在投影面的表面纹理方向的注法

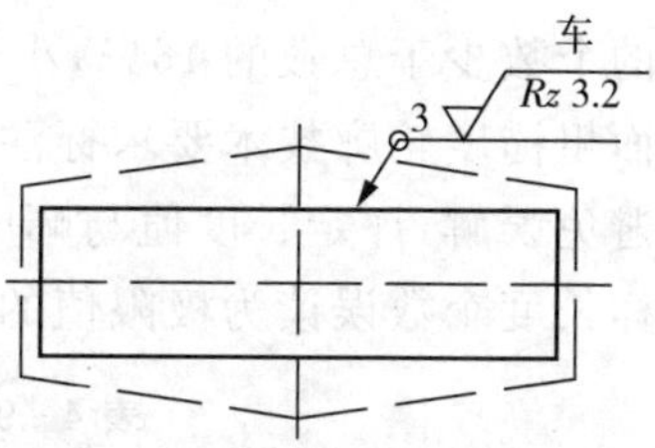

图 4－19　在表示完工零件的图样中给出加工余量的注法

表 4－8　表面纹理的标注

符　号	解　释	示　例	符　号	解　释	示　例
＝	纹理平行于视图所在的投影面	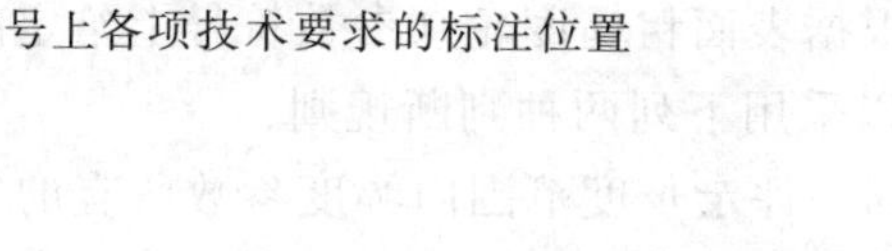	C	纹理呈近似同心圆与表面中心相关	

（续表）

符　号	解　释	示　例	符　号	解　释	示　例
⊥	纹理垂直于视图所在的投影面	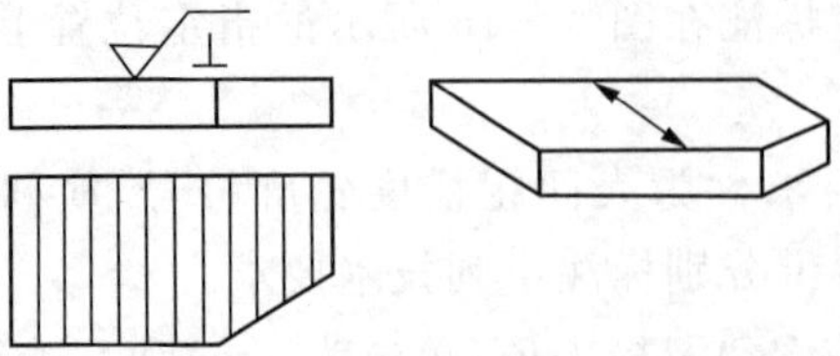	R	纹理呈近似放射状且与表面圆心相关	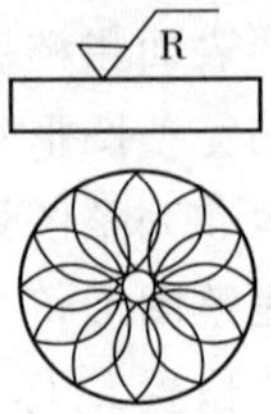
×	纹理呈两斜向交叉且与视图所在投影面相交	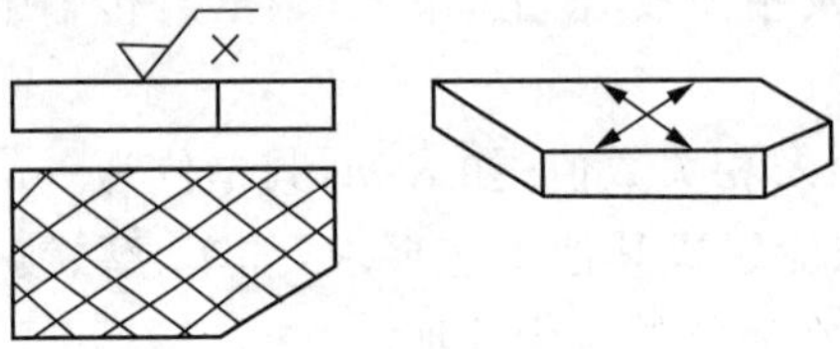	P	纹理呈微粒凸起，无方向	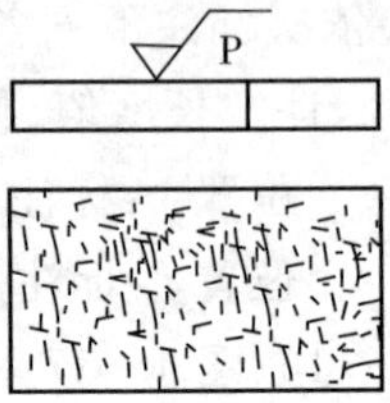
M	纹理呈多方向	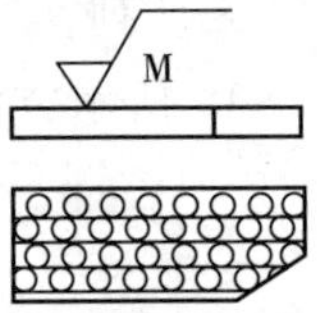			

注：如果表面纹理不能清楚地用这些符号表示，必要时可在图样上加以说明。

2. 极限值判断规则的标注

按 GB/T 10610—2009 的规定，根据表面粗糙度轮廓参数符号上给定的极限值，对实际表面进行检测后判断其合格性时，可以采用下列两种判断规则：

① 16％规则。16％规则是指在同一评定长度范围内幅度参数所有的实测值中，大于上限值的个数少于总数的 16％，小于下限值的个数少于总数的 16％，则认为合格。16％规则是表面粗糙度轮廓技术要求标注中的默认规则，即在表面粗糙度轮廓完整图形上省略标注。为了避免误解，评定长度值与幅度参数极限值之间应插入空格，否则可能把表示评定长度值的取样长度个数误读为极限值的首位。标注实例见表 4－9 中①、②、③、⑤所列。

表 4－9　表面粗糙度轮廓完整图形符号示例

序　号	符　号	含　义
①	0.008–0.8/*Ra* 3.2	表示去除材料，单向上限值，传输带 $\lambda s=0.008$mm，$\lambda c=lr=0.8$mm，表面粗糙度轮廓算术平均偏差 3.2μm，评定长度为默认的 5 个取样长度，采用默认的“16％规则”
②	–0.08/*Ra* 3 3.2	表示去除材料，单向上限值，传输带中的 λs 默认标准化值，$\lambda c=lr=0.8$mm，表面粗糙度轮廓算术平均偏差 3.2μm，评定长度包含 3 个取样长度，采用默认的“16％规则”
③	0.0025–/*Ra* 3.2	表示去除材料，单向上限值，传输带 $\lambda s=0.0025$mm，λc 默认为标准化值。表面粗糙度轮廓算术平均偏差 3.2μm，评定长度为默认的 5 个取样长度，采用默认的“16％规则”

（续表）

序　号	符　号	含　义
④	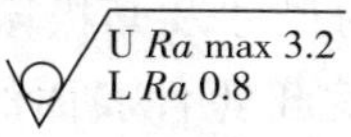	表示不去除材料，双向极限值，两极限均使用默认传输带。表面粗糙度轮廓上限值：算术平均偏差 3.2μm，评定长度为默认的 5 个取样长度，“最大规则”；表面粗糙度轮廓下限值：算术平均偏差 0.8μm，评定长度为默认的 5 个取样长度，采用默认的“16%规则”
⑤	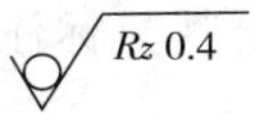	表示不去除材料，单向上限值，默认传输带，表面粗糙度轮廓最大高度 0.4μm，评定长度为默认的 5 个取样长度，“16%规则”
⑥	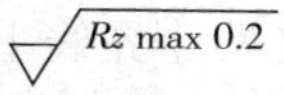	表示去除材料，单向上限值，默认传输带，表面粗糙度轮廓最大高度的最大值 0.2μm，评定长度为默认的 5 个取样长度，“最大规则”

② 最大规则。在幅度参数符号的后面增加标注一个“max”的标记，则表示检测时合格性的判断采用最大规则。它是指整个被测表面上幅度参数所有的实测值皆不大于上限值，才认为合格。表 4－8 中，④所示为确认最大规则的上限值和默认 16%规则的下限值的标注；⑥所示为确认最大规则的单个幅度参数值且默认为上限值的标注。

3. *表面粗糙度轮廓极限值的标注*

按 GB/T 131—2006 的规定，在完整图形符号上标注幅度参数值时，分为下列几种情况。

① 标注极限值中的一个数值且默认为上限值在完整图形符号上，幅度参数的符号及极限值应一起标注。当只单向标注一个数值时，则默认其为幅度参数的上限值。标注实例见表 4－9 中①、②、③、⑤、⑥所列。

② 同时标注上、下限值需要在完整图形符号上同时标注幅度参数上、下限值时，则应分成两行标注幅度参数符号和上、下限值。当传输带采用默认的标准化值而省略标注时，则在上方和下方幅度参数符号的前面加注“U”和“L”，标注实例见表 4－9 中④所列。对某一表面标注幅度参数的上、下限值时，在不引起歧义的情况下可以不加写“U”和“L”。上、下极限值也可以用不同的参数代号和传输带表达。

③ 传输带和取样长度、评定长度的标注。需要指定传输带时，传输带标注在幅度参数符号的前面，并用斜线隔开“/”。传输带用短波和长波滤波器的截止波长（mm）进行标注，短波滤波器 λs 在前，长波滤波器 λc 在后（$\lambda c = lr$），它们之间用连字号“-”隔开，标注实例见表 4－9 中①、②、③所列。

如果表面粗糙度轮廓完整图形符号上没有标注传输带，标注实例见表 4－9 中④、⑥所示，则表示采用默认传输带，即默认短波滤波器和长波滤波器的截止波长（λs 和 λc）皆为标准化值。则斜线“/”也不予注出。

评定长度值是用所包含的取样长度个数（阿拉伯数字）来表示的，如果默认为标准化值 5（即 $ln = 5lr$），则省略标注，标注实例见表 4－9 中①、③、④、⑤、⑥所列；若需要制定评定长度时（在评定长度范围内的取样长度个数不等于 5）则应在幅度参数符号的后面注写取样长度的个数，为了避免误解，幅度参数符号与幅度参数极限值之间应插入空格。标注实例见表 4－9 中②所列。

4.3.3　表面粗糙度轮廓要求在图样和其他技术产品文件中的标注方法

1. 一般规定

零件上任一表面粗糙度轮廓技术要求一般只标注一次，并且用在周围注写了技术要求的表面粗糙度轮廓完整图形符号，尽可能标注在注写了相应的尺寸及其极限偏差的同一视图上，除非另有说明，所标注的表面粗糙度轮廓技术要求是对完工零件表面的要求。表面粗糙度轮廓符号上的各种代号和数字的注写及读取方向应与尺寸的注写及读取方向一致。并且表面粗糙度轮廓符号的尖端必须从材料外指向并接触零件表面。

为了使图例简单，下述各个图例中的表面粗糙度轮廓符号上都只标注了幅度参数符号及上限值，其余的技术要求均采用默认的标准化值。

2. 常规标注方法

① 表面粗糙度轮廓符号可以标注在轮廓线上或其延长线、尺寸界线上，可以用带箭头的指引线或用带黑端点的指引线引出标注。

应用实例 3

某轴套零件的标注，如图 4-20 所示。

② 在不引起误解的前提下，表面粗糙度轮廓符号可以标在给定的尺寸线上。

应用实例 4

某轴键槽的标注，如图 4-21 所示，表面粗糙度轮廓符号标注在孔、轴直径定形尺寸和键槽的宽度定形尺寸的尺寸线上。

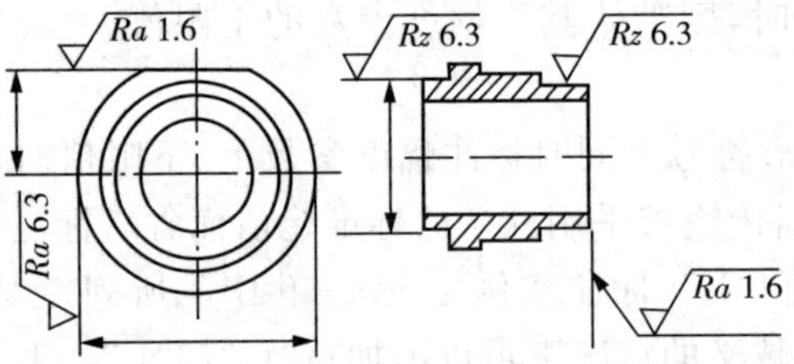

图 4-20　表面粗糙度轮廓符号的注写方向

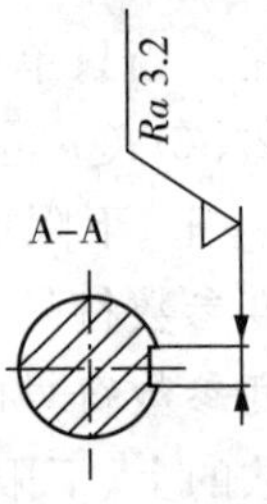

图 4-21　表面粗糙度轮廓要求标注在特征尺寸的尺寸线

③ 表面粗糙度轮廓要求可标注在几何公差框格的上方。

应用实例 5

表面粗糙度轮廓要求标注在平面度/位置度公差框格上，如图 4-22 所示。

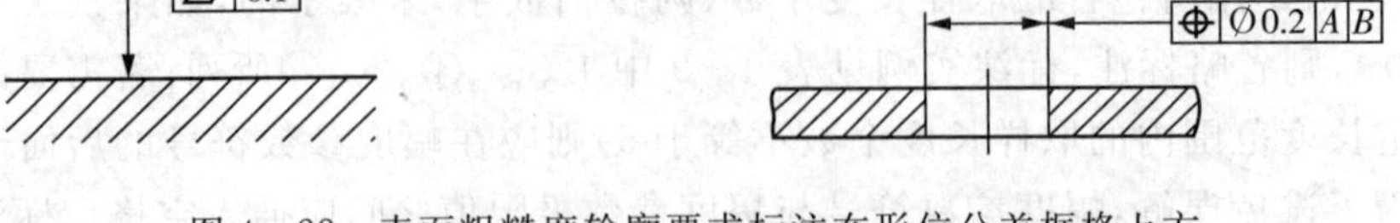

图 4-22　表面粗糙度轮廓要求标注在形位公差框格上方

④ 圆柱和棱柱表面的表面结构要求只标注一次。

应用实例 6

图 4－23 所示的每个棱柱表面有不同的表面结构要求，则应分别单独标注。

3. 表面粗糙度轮廓技术要求的简化注法

(1)有相同表面粗糙度轮廓技术要求的简化注法

如果在工件的多数(包括全部)表面有相同的表面粗糙度轮廓技术要求，则其表面粗糙度轮廓技术要求可统一标注在图样的标题栏附近。除了需要标注相关表面统一技术要求的表面粗糙度轮廓符号以外，还需要在其右侧画出一个圆括号，在这个括号内给出基本图形符号。

应用实例 7

如图 4－24 所示，不同的表面粗糙度轮廓技术要求应直接标注在图形中。

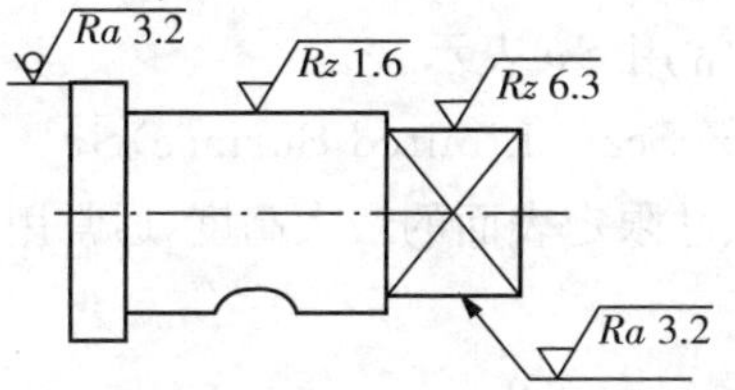

图 4－23　圆柱和棱柱的表面粗糙度轮廓技术要求的注法

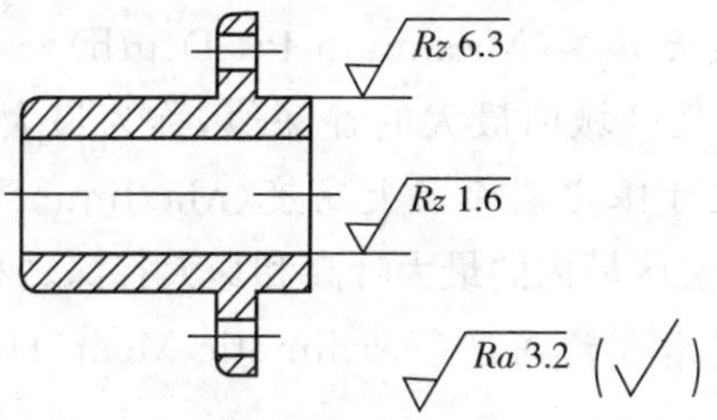

图 4－24　大多数表面有相同表面粗糙度轮廓要求的简化注法

(2)多个表面有共同要求的注法

当零件的几个表面具有相同的表面粗糙度轮廓技术要求，但表面粗糙度轮廓符号直接标注受到空间的限制时，可以用基本图形或只带字母的完整符号标注在这些表面上，而在图形或标题栏附近以等式标注相应的表面粗糙度轮廓符号。

应用实例 8

简化标注示例如图 4－25 所示。

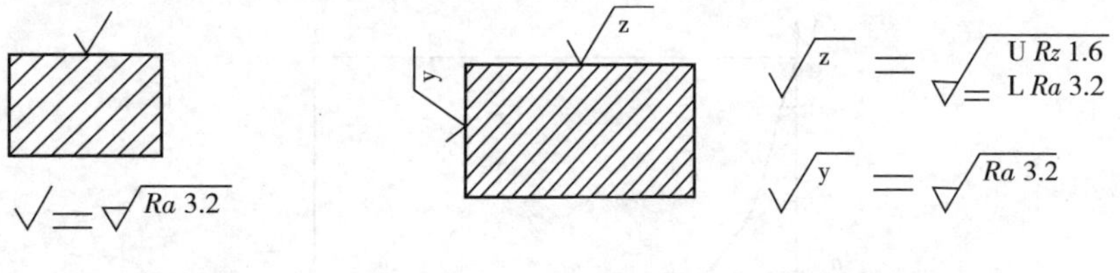

(a) 用基本符号标注　　(b) 用完整符号标注

图 4－25　用基本符号和只带字母的完整符号的简化注法

4.4　表面结构的区域法表示

4.4.1　概　述

表面结构区域法可分为区域形貌法(Line－profiling Method)和区域整体法(Areal－topography Method)。区域形貌法是指其生成表面的一个形貌图像，可以用数学方法表示为两个独立变量(X,Y)的高度函数$Z(X,Y)$。区域整体法是指测量表面上一个有代表性的区域生成其整体性特征的数值结果。

为了明确区域表面结构要求，除了标注表面结构参数和数值外，必要时应标注补充要求，例如尺度限定的类型、传输带、滤波器类型、加工工艺、表面纹理和加工余量等。为了保证表面的功能特性，还应对表面结构参数规定不同要求。

区域法评定表面结构包括表面粗糙度、波纹度以及原始表面叠加而成。为了评价表面结构上各种几何形状误差中的某一几何形状误差，可以利用滤波器。滤波器的介绍参照前文，此处不再赘述。

4.4.2　基本术语

1. 最大峰高(Maximum Peak Height)Sp

在定义区域内最大的高度值，称为最大的峰高，通常用Sp表示。

2. 最大谷深(Maximum Pit Depth)Sv

在定义区域内最大的谷深值，称为最大谷深，通常用Sv表示。

3. 尺寸限定表面最大高度(Maximum Height of Scale Limited Surface)Sz

在定义区域内的最大峰高和最大谷深之和，称为尺寸限定表面的最大高度，通常用Sz表示。

4. 算术平均高度(Arithmetic Mean Height)Sa

在定义区域内，各点高度绝对值的算术平均值，$Sa=\frac{1}{A}\iint_A |z(x,y)|\,\mathrm{d}x\mathrm{d}y$。

4.4.3　相关参数

1. 尺寸限定表面的支承面积率函数(Areal Material Ratio Function of the Scale - limited Surface)

该函数可以解释为评定区域内，其纵坐标$z(x,y)$的采样累积概率函数，表示尺度限定表面支承面积率的高度函数。

2. 尺度限定表面的支承面积率(Areal Material Ratio of the Scale - limited Surface)

此面积率指在一个特定高度c上的支承面积与评定区域的比值，通常用$Smr(c)$表示($Smr(c)$一般用百分数表示)。其中特定高度为相对于参考平面的高度，如图 4 - 26 所示。

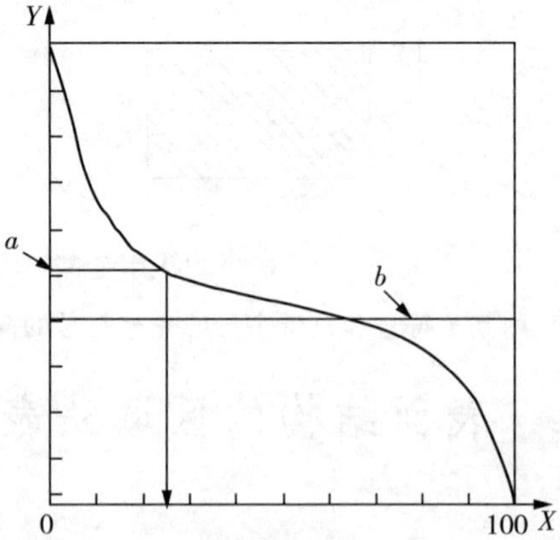

X—百分数形式的支承面积率 Smr(c)；Y—高度；a—特定高度 c；b—参考平面。

图 4 - 26　支承面积率

4.4.4　区域表面结构的图形符号的标注

1. 区域表面结构图形符号

在产品技术文件中对表面结构的要求可用不同的图形符号表示。为了识别其为区域表面结构的要求，在标注符号中添加了一个菱形，见表 4－10 所列。

表 4－10　区域表面结构表示法的图形符号

编　号	说　明	符　号
①	区域表面结构的基本图形符号	
②	表示去除材料的扩展图形符号	
③	表示不去除材料的扩展图形符号	
④	完整图形符号允许任何工艺	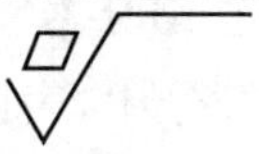
⑤	完整图形符号去除材料	
⑥	完整图形符号不去除材料	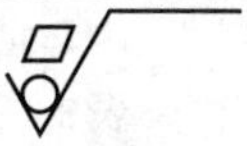
⑦	完整图形符号使用“全方位”修饰符	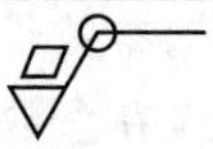

资料来源：摘自 GB/T 33523.1—2020。

如果有必要指定没有被表 4－11 中符号明确定义的表面样式，则应通过在图纸上添加适当的注释来实现。

表 4－11　表面纹理的区域法标注

符　号	解　释	示　例	符　号	解　释	示　例
═	纹理平行于视图所在的投影面	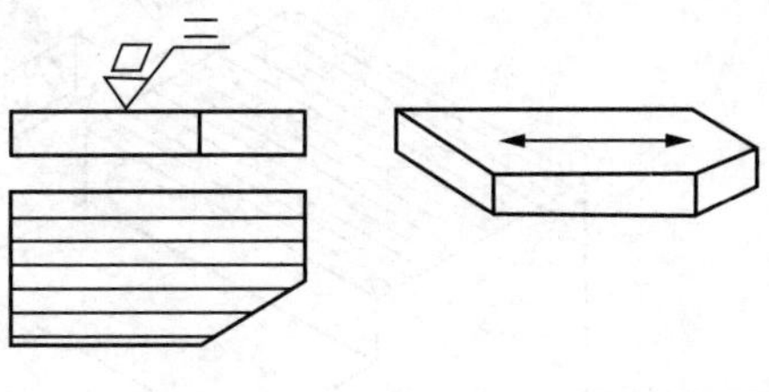	C	纹理呈近似同心圆与表面中心相关	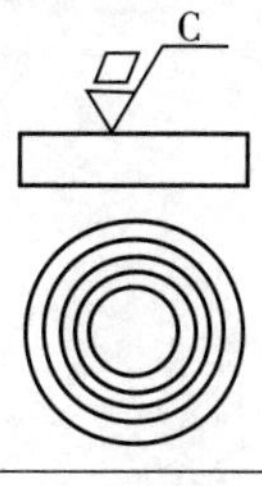
⊥	纹理垂直于视图所在的投影面	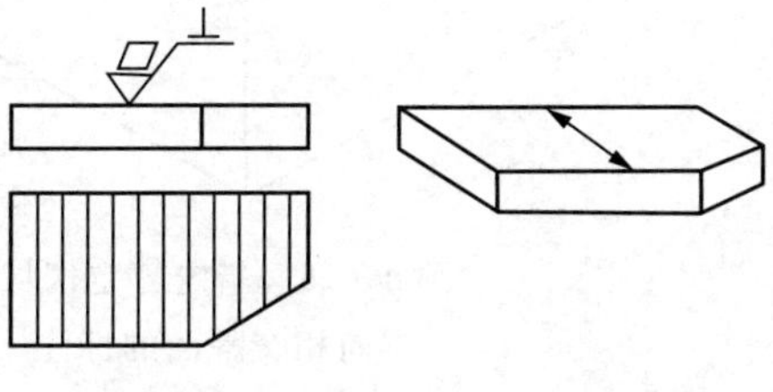	R	纹理呈近似放射状且与表面圆心相关	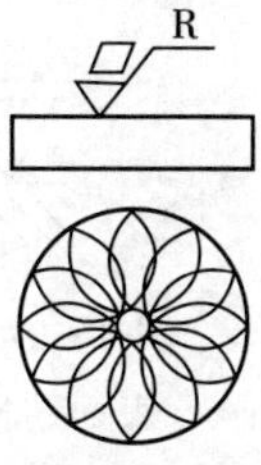

（续表）

符　号	解　释	示　例	符　号	解　释	示　例
×	纹理呈两斜向交叉且与视图所在投影面相交	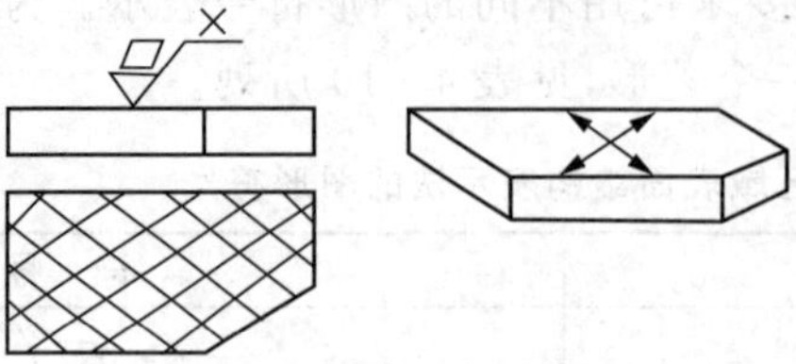	P	纹理呈微粒凸起，无方向	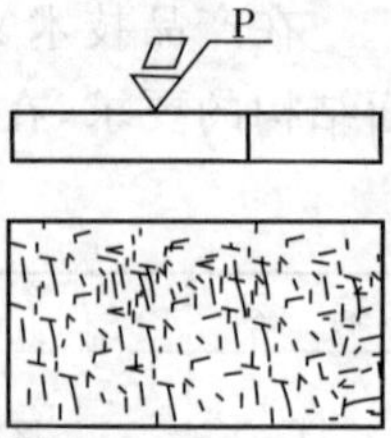
M	纹理呈多方向	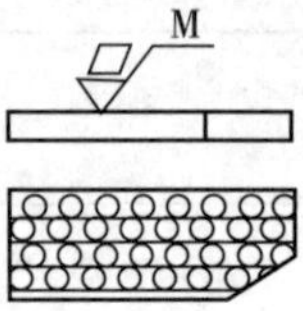			

2. 表面结构区域法各项技术要求在完整图形符号上的标注位置

在完整图形符号中，表面结构的各项要求应注写在图 4－27 所示的指定位置，此图为在去除材料的完整图形符号上的标注。在完整图形符号周围的各个指定位置上分别标注下列技术要求。

表面结构补充要求包括：表面结构参数代号，数值，传输带。

位置 a：标注单一表面结构要求，标注规范限制的类型、尺度限定表面的类型及其嵌套指数、区域表面结构参数代号及其极限值等。通常，标注内容的不同部分由单个空格隔开，但为了避免误解，应在参数代号和极限值之间插入双空格。

位置 b：标注第二个表面结构要求，即附加评定参数的符号及相关数值。如需标注第三个或更多个表面结构要求，图形符号应该在垂直方向扩大以空出足够的空间。扩大图形符号时，a 和 b 的位置随之上移。

位置 c：注写指示评定区域方向的相交平面，如果对注释的清晰表达有帮助，可以为评定区域方向标注相交平面，如图 4－28 所示。

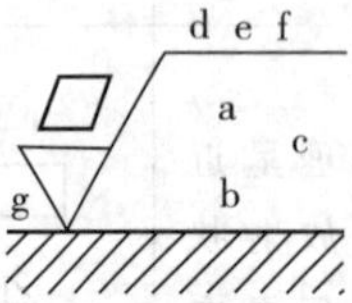

图 4－27　完整图形符号中表面结构要求的注写位置

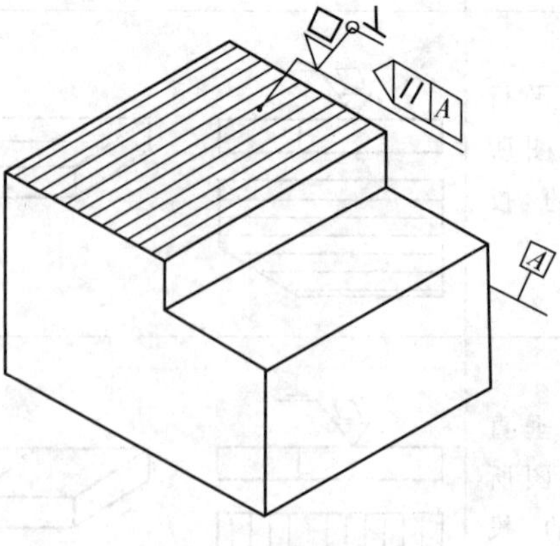

图 4－28　指定评定区域方向相交平面的标注

位置 d:标注加工方法、表面处理、涂层或其他加工工艺等。如车、磨、镀等加工表面,按图 4－29、图 4－30 和图 4－31 所示方法在完整符号中注明。

位置 e:注写表面纹理,在位置 e 注写所需的表面纹理符号,如"＝""X""M"。同评定区域内,纹理方向由图形符号位置确定。

位置 f:注写用于指示表面纹理方向的相交平面指示符,如果表面纹理方向与表面结构符号方向不同,可以使用相交平面指示符来进行标注。

位置 g:注写加工余量,注写所要求的加工余量,以毫米为单位给出数值。

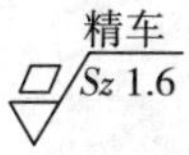

图 4－29　加工工艺和表面结构的注法

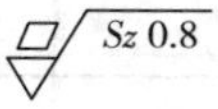

图 4－30　涂覆和表面结构的注法

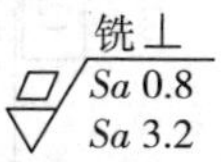

图 4－31　垂直与视图所在投影面的表面纹理方向的注法

习题 4

4－1　GB/T 1031—2009 规定的表面粗糙度轮廓评定参数有哪些?哪些是基本参数?哪些是附加参数?

4－2　评定表面粗糙度轮廓时,为什么要规定取样长度?有了取样长度,为什么还要规定评定长度?

4－3　按下列要求在图 4－32 上标注表面粗糙度要求:

用任何方法加工圆柱面 $\varnothing d_1$,Ra 上限值为 3.2μm;

用去除材料的方法获得孔 $\varnothing d_2$,Ra 上限值为 3.2μm;

用去除材料的方法获得表面 a,Rz 最大值为 3.2μm;

其余表面用去除材料的方法获得,Ra 允许值为 25μm。

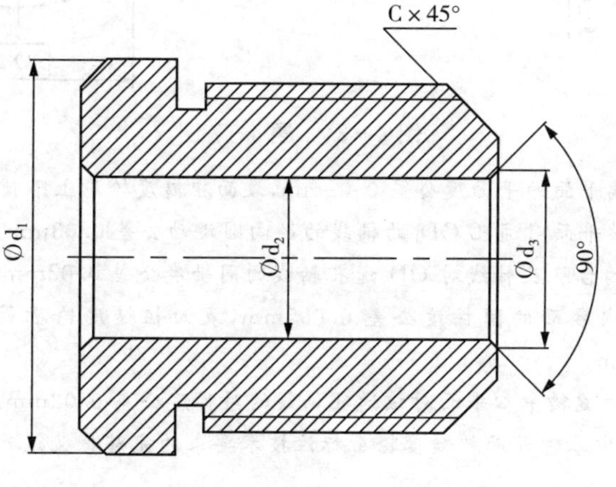

图 4－32　题 4－3 图

4－4　表面轮廓法和表面结构区域法有什么相同,什么不同之处?

4－5　一般情况下,Ø60H6 孔和 Ø30H6 孔相比较,Ø50H7/k6 与 Ø50H7/g6 中的两孔相比较,圆柱度公差分别为 0.01mm 和 0.02mm 的两个 Ø40H7 孔相比较,哪个孔应选用较小的表面粗糙度轮廓幅度参数值?

4－6　将下列几何公差或表面粗糙度要求正确标注在下图 4－33 上。

(1)Ø20f6 圆柱面表面粗糙度 Ra 的上限值 1.6μm;

(2)Ø20f6 圆柱面的轴线对右端面 A 的垂直度公差为 0.01mm；

(3)6N9 键槽中心平面相对于 Ø20f6 圆柱面轴线的对称度公差为 0.015mm；

(4)4×Ø4 孔轴线相对于右端面 A 和 Ø20f6 圆柱面轴线的位置度公差值为 0.02mm；

(5)左端面 B 相对于右端面 A 的平行度公差值为 0.012mm。

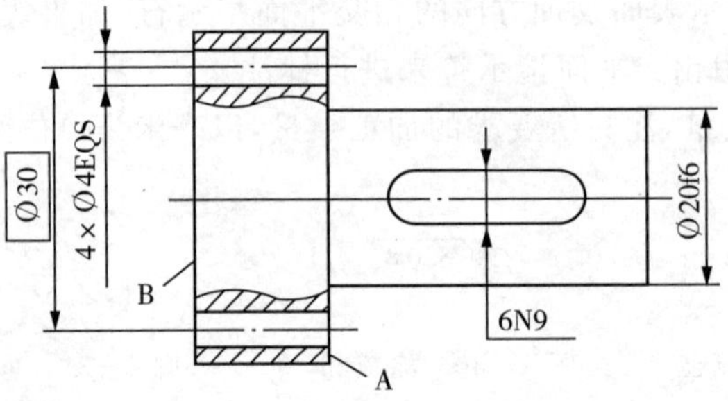

图 4-33　题 4-6 图

4-7　法兰盘零件如图 4-34 所示，请将以下技术要求标注到图上。

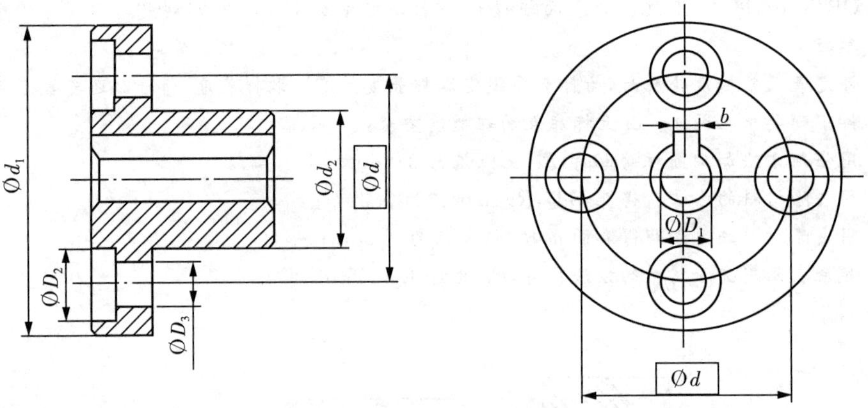

图 4-34　题 4-7 图

(1)法兰盘左端平面的平面度公差 0.02mm，表面粗糙度轮廓上限值 $Ra3.2\mu m$；

(2)法兰盘左端平面对通孔 $ØD_1$ 的轴线的径向圆跳动公差 0.03mm；

(3)四个 $ØD_2$ 的台阶孔轴线对 $ØD_3$ 通孔轴线的同轴度公差 0.02mm；

(4)通孔 $ØD_1$ 内表面的圆柱度公差 0.005mm，表面粗糙度轮廓最大值 $Ra1.6\mu m$；

(5)通孔 $ØD_1$ 的键槽中心平面对该通孔轴线的对称度公差 0.02mm。

4-8　解释图 4-35 中零件表面粗糙度轮廓标注技术要求的完整含义。

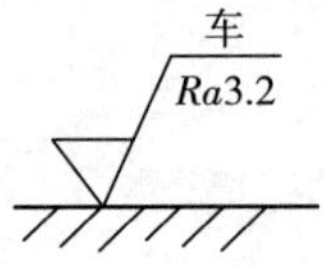

图 4-35　题 4-8 图

第5章　滚动轴承与孔、轴配合的精度设计

滚动轴承是现代机器中应用广泛的一种传动支撑的标准部件，具有通用性强、标准化、系列化程度高等特性。它依靠主要元件间的滚动接触来支承转动零件，与滑动轴承相比，滚动轴承具有摩擦系数小、消耗功率低、润滑较简单、启动容易以及更换方便等特点。

滚动轴承的基本结构如图5-1所示，一般由外圈、内圈、一组滚动体（钢球或滚子）和一个保持架组成。公称内径为d的轴承内圈与轴颈配合，公称外径为D的轴承外圈与轴承座孔配合。通常，内圈与轴颈一起旋转，外圈与轴承座孔固定不动。但也有些机器的部分结构中要求外圈与轴承座孔一起旋转，而内圈与轴颈固定不动。滚动体是承载并使轴承形成滚动摩擦的元件，它们的尺寸、形状和数量由承载能力和载荷方向等因素决定。保持架的作用是将轴承内滚动体均匀地分开，每个滚动体轮流承受相等的载荷，并使滚动体在轴承内、外圈滚道间正常滚动。

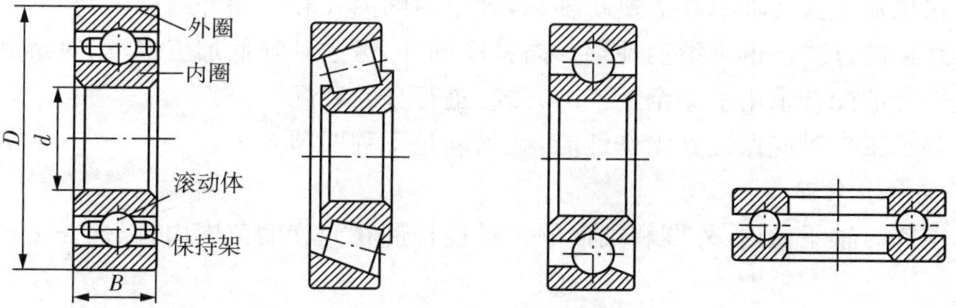

（a）向心轴承　（b）圆锥滚子轴承　（c）角接触球轴承　（d）推力轴承

图5-1　滚动轴承的基本结构

滚动轴承的结构类型很多，按其所能承受的载荷方向的不同，滚动轴承分为主要承受径向载荷的向心轴承和承受轴向载荷的推力轴承。滚动轴承按滚动体的不同，又分为球轴承和滚子轴承等。滚动轴承与孔、轴配合的精度设计是指正确确定滚动轴承内圈与轴颈的配合、外圈与轴承座孔的配合以及轴颈和轴承座孔的尺寸公差带、几何公差和表面粗糙度轮廓幅度参数值，以保证滚动轴承的工作性能和使用寿命。

为了实现滚动轴承及其相配件的互换性，需要制定相应的公差与配合标准，以正确进行滚动轴承的公差与配合设计，满足机械设计制造的不同需要。

本章引用和参考的相关国家标准有：

① GB/T 271—2017《滚动轴承　分类》；

② GB/T 6930—2002(ISO 5593:1997,IDT)《滚动轴承　词汇》；

③ GB/T 272—2017《滚动轴承　代号方法》；

④ GB/T 275—2015《滚动轴承　配合》；

⑤ GB/T 273.3—2020(ISO 15:2017,Rolling bearings-Radial bearings - Boundary dimensions,general plan,IDT)《滚动轴承　外形尺寸总方案　第3部分：向心轴承》；

⑥ GB/T 4604.1—2012(ISO 5753-1:2009,IDT)《滚动轴承　游隙　第1部分:向心轴承的径向游隙》;

⑦ GB/T 307.1—2017(ISO 492:2014,IDT)《滚动轴承　向心轴承　产品几何技术规范(GPS)和公差值》;

⑧ GB/T 307.3—2017《滚动轴承　通用技术规则》;

⑨ GB/T 307.4—2012(ISO 199:2005, Rolling bearings - Thrust bearings - Tolerances,IDT)《滚动轴承　公差　第4部分:推力轴承公差》;

⑩ GB/T 1800.1—2020(ISO 286-1:2010,MOD)《产品几何技术规范(GPS)线性尺寸公差ISO代号体系　第1部分:公差、偏差和配合的基础》。

5.1　滚动轴承与孔、轴结合的互换性

5.1.1　滚动轴承的互换性使用要求

根据滚动轴承的结构及制造特点,其具有两方面的互换性要求:一方面是本身制造时各组成零件的互换性要求;另一方面是滚动轴承作为部件与其他配件结合时的互换性要求。为了便于在机器上安装轴承和更换新轴承,轴承内圈内孔和外圈外圆柱面与其他孔、轴配合采用完全互换的方式。由于滚动轴承为高精度部件,考虑到降低加工成本,对滚动轴承内部四个组成部分的配合采用不完全互换的方式,进行分组装配。

滚动轴承工作时应保证其工作性能,必须满足下列两项要求。

1. 必要的旋转精度

轴承工作时轴承的内、外圈和端面的跳动应控制在允许的范围内,以保证传动零件的回转精度。

2. 合适的游隙

滚动体与内、外圈之间的游隙分为径向游隙 δ_1 和轴向游隙 δ_2(图5-2)。滚动轴承的游隙是轴承的重要质量指标之一,对轴承的振动、寿命和主机精度等都有一定影响。游隙过小,滚动轴承温度升高,无法正常工作,甚至滚动体卡死;游隙过大,设备振动大,滚动轴承噪声大。轴承工作时这两种游隙的大小都应该保持在合适的范围内,以保证正常运转,使得其使用寿命延长。

5.1.2　滚动轴承的公差及其公差带特征

1. 滚动轴承的公差等级

滚动轴承的公差等级由轴承的尺寸公差和旋转精度决定。前者是指轴承内径 d、外径 D、宽度 B 等尺寸公差。后者是指轴承内、外圈作相对转动时跳动的程度,包括成套轴承内、外圈的径向跳动,成套轴承内、外圈端面对滚道的跳动,内圈基准端面对内孔的跳动等。各个公差等级滚动轴承的等级代号参见表5-1所列。

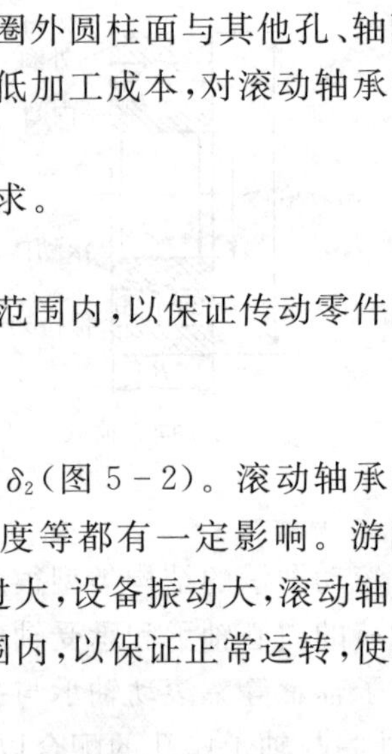

(a) 径向游隙　　(b) 轴向游隙

图5-2　滚动轴承的游隙

根据GB/T 307.3—2017,滚动轴承按尺寸公差和旋转精度分级。公差等级依次由高到低排列,向心轴承分

为 2、4、5、6、普通五个公差等级；圆锥滚子轴承分为 2、4、5、6X、普通五个公差等级；推力轴承分为 4、5、6、普通四个公差等级。6X 轴承与 6 级轴承的内径公差、外径公差和径向跳动公差均分别相同，仅前者装配宽度要求较为严格。

表 5－1　各个公差等级滚动轴承的等级代号

等　级	示　例	备　注
普通级	6204	深沟球轴承轻系列普通级精度
6 级	N2210/P6	单列圆柱滚子轴承 6 级精度
6X 级	30210/P6X	圆锥滚子轴承 6X 级精度
5 级	6204/P5	深沟球轴承轻系列 5 级精度
4 级	5203	推力球轴承 4 级精度
2 级	6204/P2	深沟球轴承轻系列 2 级精度

2. 各个公差等级的滚动轴承的应用

各个公差等级的滚动轴承的应用范围参见表 5－2 所列。

表 5－2　各个公差等级的滚动轴承的应用范围

轴承公差等级	应用示例
普通级	在机械工程中应用最广。它应用于旋转精度不高、中等载荷、中等转速的一般机构中，如普通电机、水泵、压缩机、减速器的旋转机构，普通机床、汽车、拖拉机的变速机构等
6 级、6X 级(中级) 5 级(较高级)	多用于旋转精度和运转平稳性要求较高或转速较高的旋转机构中，如普通机床主轴轴系(前支承采用 5 级，后支承采用 6 级)和比较精密的仪器、仪表、机械的旋转机构
4 级(高级)	多用于转速很高或旋转精度要求很高的机床和机器的旋转机构中，如高精度磨床和车床、精密螺纹车床和齿轮磨床等的主轴轴系；航海陀螺仪、高速摄影机等
2 级(精密级)	多用于旋转精度高、转速很高和严格控制噪声、振动的旋转机构中，如精密坐标镗床、高精度齿轮磨床和数控机床等的主轴轴系、高精度仪器和高转速机构中使用的轴承等

3. 滚动轴承内、外径公差带的特征

滚动轴承内圈与轴颈的配合应采用基孔制配合，外圈与轴承座孔的配合应采用基轴制配合。

GB/T 307.1—2017 规定：内圈基准孔公差带位于以公称内径 d 为零线的下方，且上极限偏差为零(图 5－3)。这种特殊的基准孔公差带不同于 GB/T 1800.1—2020 中基本偏差代号为 H 的基准孔公差带。

滚动轴承公差带采用这种分布主要是考虑配合的特殊需要。因为滚动轴承作为传动轴的支承件，在多数情况下内圈随着轴一起旋转，工作时承受一定的扭矩或轴向力，加上一般有同轴度要求，另外，还要考虑拆装和装配的方便，所以过盈不宜过大。假如轴承内径的公差带与一般基孔制一样的位于零线的上方，当从 GB/T 1800.1—2020 国标规定的配合种类中选择过盈配合，往往过盈量偏大，使薄壁的内圈产生较大变形，即内圈弹性膨胀和外圈收缩，使得滚动体和滚道之间的游隙减小甚至为零，从而影响轴承机构的正常工作。假如从过渡配合类中选，又因其不能保证过盈，必须附加紧固件才能固紧，而使轴承薄壁套圈无法实现这一要求。如果采用非标准配合，又违反了标准化和互换性原则。为此，将滚动轴承内径公差带位于以公称内径 d 为零线的下方，当其与从 GB/T 1800.1—2020 中的轴常用公差带中选取的 k6、m6、n6 等组成配合时，其过盈量比原有过盈配合的过盈量稍小，既可以防止内圈与轴颈的配合面相对滑动，又可以避免它们的配合面产生磨损，从而保证轴承的工作性能，满足轴承内圈和轴颈的配合要求，同时还可以按标准设计与制造相应的轴。

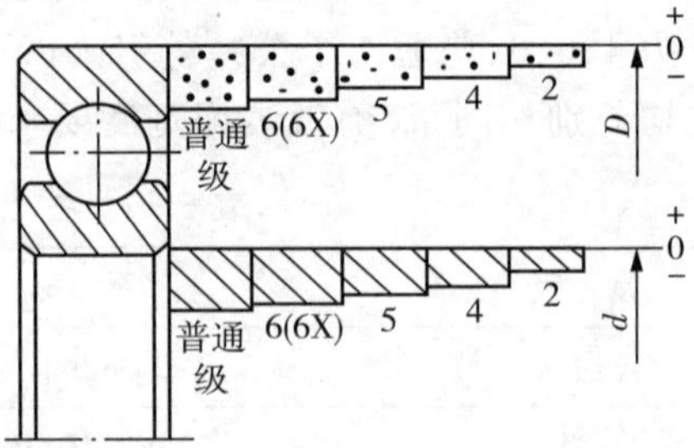

图 5-3　滚动轴承内、外径公差带

轴承外圈安装在机器轴承座孔中。机器工作时，温度升高会使轴热膨胀。若外圈不旋转，则应使外圈与轴承座孔的配合稍微松一点，以便能够补偿轴热膨胀产生的微量伸长，允许轴连同轴承一起轴向移动，否则轴会弯曲，轴承内、外圈之间的滚动体就有可能卡死。GB/T 307.1—2017 规定：轴承外圈外圆柱面公差带位于以公称外径 D 为零线的下方，且上极限偏差为零（图 5-3）。该公差带的基本偏差与一般基轴制配合的基准轴的公差带的基本偏差（其代号为 h）相类似，但这两种公差带的公差数值不相同。滚动轴承采用这样的基准轴公差带与 GB/T 1800.1—2020 中基轴制配合的孔公差带所组成的配合，基本上保持 GB/T 1800.1—2020 的配合性质。

薄壁零件型的轴承内、外圈无论在制造过程中或在自由状态下都容易变形。但是，当轴承与刚性零件轴、箱体的具有正确几何形状的轴颈、轴承座孔装配后，这种变形容易得到矫正。因此，GB/T307.1—2017 规定，在轴承内、外圈任一横截面内测得内孔、外圆柱面的最大与最小直径的平均值对公称直径的实际偏差分别在内、外径公差带内，就认为合格。

5.2　滚动轴承与孔、轴的配合与选用

5.2.1　与滚动轴承配合的轴颈、轴承座孔公差带

由于滚动轴承内圈内径和外圈外径的公差带在生产轴承时已经确定，因此在使用轴承时，内圈与轴颈和外圈与轴承座孔的配合所要求的配合性质必须分别由轴颈和轴承座孔的公差带确定。为了实现各种松紧程度的配合性质要求，GB/T 275—2015 规定了普通级和 6 级向心轴承（圆锥滚子轴承除外）与轴颈和轴承座孔配合时轴颈和轴承座孔的常用公差带。该国标对轴颈规定了 17 种公差带（图 5-4），对轴承座孔规定了 16 种公差带（图 5-5）。

该标准规定的轴承座孔和轴颈的公差带适用范围：

● 轴承外形尺寸符合 GB/T 273.3—2020（ISO 15：2017，Rolling bearings - Radical bearings - Boundary dimentions，general plan，IDT）《滚动轴承　外形尺寸总方案　第 3 部分：向心轴承》；

- 轴为实心或厚壁钢制轴；
- 轴承座应为钢或铸铁件；
- 对轴承的旋转精度和运转平稳性无特殊要求；
- 轴承的工作温度一般不应超过 100℃的场合。

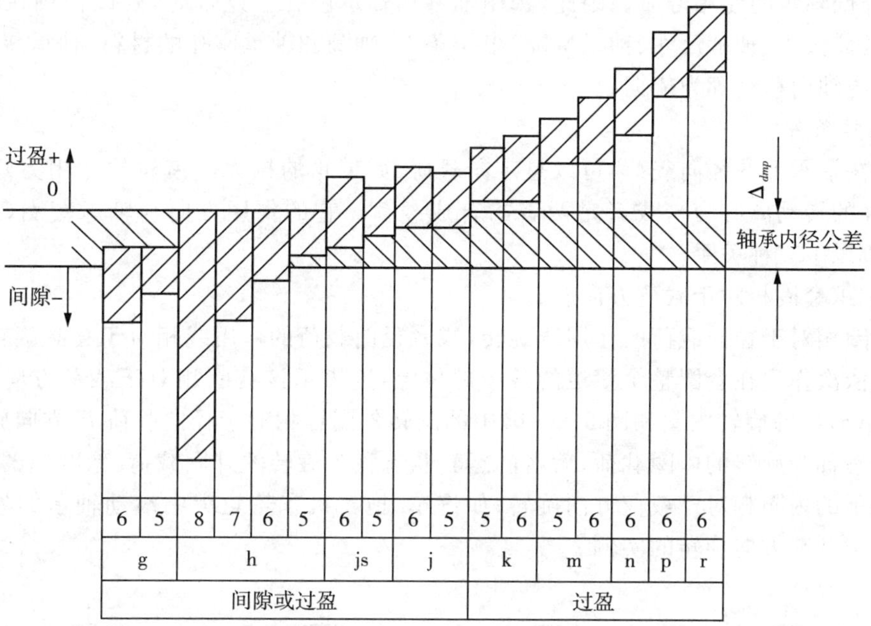

图 5-4　与滚动轴承配合的轴颈的常用公差带

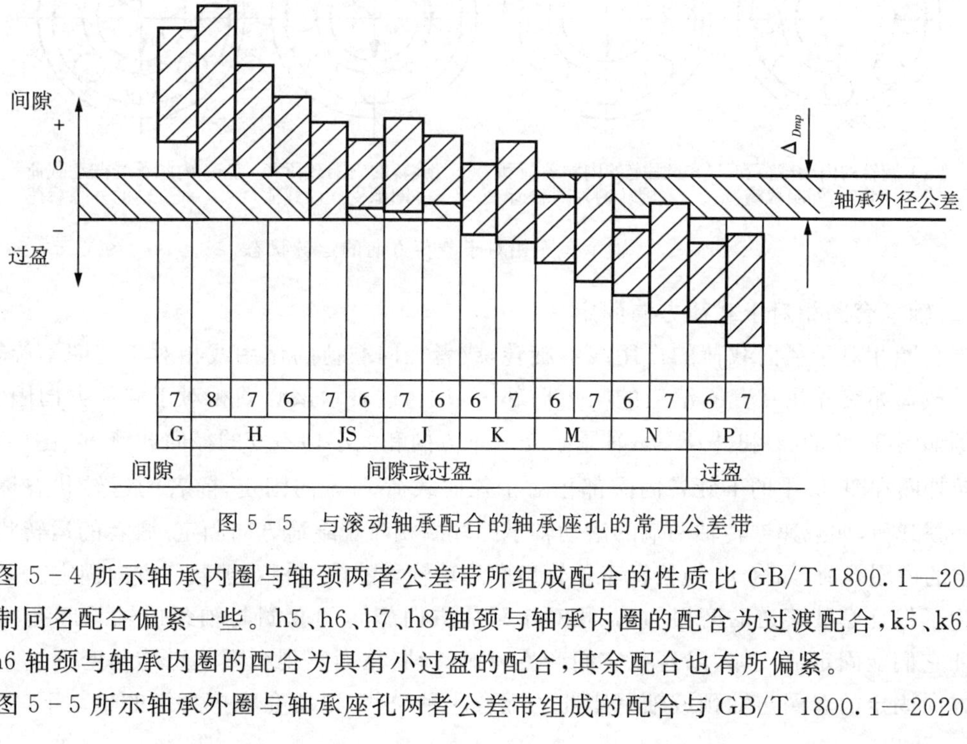

图 5-5　与滚动轴承配合的轴承座孔的常用公差带

图 5-4 所示轴承内圈与轴颈两者公差带所组成配合的性质比 GB/T 1800.1—2020 中基孔制同名配合偏紧一些。h5、h6、h7、h8 轴颈与轴承内圈的配合为过渡配合，k5、k6、m5、m6、n6 轴颈与轴承内圈的配合为具有小过盈的配合，其余配合也有所偏紧。

图 5-5 所示轴承外圈与轴承座孔两者公差带组成的配合与 GB/T 1800.1—2020 中基

轴制同名配合相比较，它们的配合性质基本一致。

5.2.2　配合选用的依据

正确合理地选用滚动轴承与轴颈和轴承座孔的配合，对保证机器正常运转、提高轴承的寿命有很大的好处。根据在各种机械产品中使用轴承的经验，如配合不当，不仅影响正常运转，还会降低轴承的使用寿命。因此，选用轴颈和轴承座孔公差带时，要以作用在轴承上运转条件、载荷大小、轴承尺寸、轴承游隙、工作条件、轴颈和轴承座孔的材料、轴承装拆以及游动端轴承的轴向移动等为依据。

1. 运转条件

作用在轴承上的径向载荷，可以是定向载荷（如带轮的拉力或齿轮的作用力）或旋转载荷（如机件的转动离心力），或者是两者的合成载荷。它的作用方向与轴承套圈（内圈或外圈）存在着以下三种关系。

(1)轴承套圈相对于载荷方向旋转

当套圈相对于径向载荷的作用线旋转，或者径向载荷的作用线相对于套圈旋转时，该径向载荷就依次作用在套圈整个滚道的各个部位上，这表示该套圈相对于载荷方向旋转。例如图 5-6(a)中的旋转内圈和图 5-6(b)中的旋转外圈皆相对于径向载荷 F_r 方向旋转，前者的运转状态称为旋转的内圈载荷，后者的运转状态称为旋转的外圈载荷，像减速器转轴两端的滚动轴承的内圈相对于载荷方向旋转；如汽车、拖拉机车轮轮毂中滚动轴承的外圈，都是套圈相对于载荷方向旋转的实例。

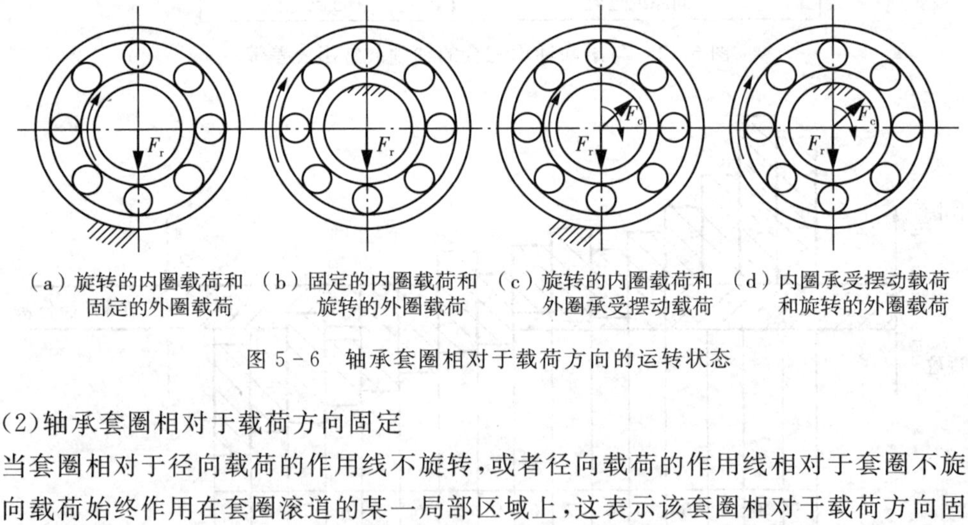

(a) 旋转的内圈载荷和固定的外圈载荷　(b) 固定的内圈载荷和旋转的外圈载荷　(c) 旋转的内圈载荷和外圈承受摆动载荷　(d) 内圈承受摆动载荷和旋转的外圈载荷

图 5-6　轴承套圈相对于载荷方向的运转状态

(2)轴承套圈相对于载荷方向固定

当套圈相对于径向载荷的作用线不旋转，或者径向载荷的作用线相对于套圈不旋转时，该径向载荷始终作用在套圈滚道的某一局部区域上，这表示该套圈相对于载荷方向固定。

例如图 5-6 的(a)和(b)所示，轴承承受一个方向和大小均不变的径向载荷 F_r，图(a)中的不旋转外圈和图(b)中的不旋转内圈都相对于径向载荷 F_r 方向固定，前者的运转状态称为固定的外圈载荷，如减速器转轴两端的滚动轴承的外圈相对于载荷方向固定；后者的运转状态称为固定的内圈载荷，如汽车、拖拉机车轮轮毂中滚动轴承的内圈相对于载荷方向固定。

为了保证套圈滚道的磨损均匀，相对于载荷方向旋转的套圈与轴颈或轴承座孔的配合应保证它们能固定成一体，以避免它们产生相对滑动，从而实现套圈滚道均匀磨损。相对于载荷方向固定的套圈与轴颈或轴承座孔的配合应稍松些，以便在摩擦力矩的带动下，它们可以做非常缓慢的相对滑动，从而避免套圈滚道局部磨损。这样选择配合就能提高轴承的使用寿命。

(3)轴承套圈相对于载荷方向摆动

当大小和方向按一定规律变化的合成径向载荷依次往复地作用在套圈滚道的一段区域上时，这表示该套圈相对于载荷方向摆动。例如图 5-6 的(c)和(d)所示，套圈承受一个大小和方向均固定的径向载荷 F_r 和一个旋转的径向载荷 F_c，两者合成的径向载荷的大小将由小逐渐增大，再由大逐渐减小，周而复始地周期性变化，这样的径向载荷称为摆动载荷。参看图 5-7，当 $F_r > F_c$ 时，按照向量合成的平行四边形法则，F_r 与 F_c 的合成载荷 F 就在滚道 AB 区域内摆动。因此，不旋转的套圈相对于载荷 F 的方向摆动，而旋转的套圈相对于载荷 F 的方向旋转。前者的运转状态称为摆动的套圈载荷。

如果 $F_r < F_c$，则 F_r 与 F_c 的合成载荷 F 沿整个滚道圆周变动，因此，不旋转的套圈就相对于合成载荷的方向旋转，而旋转的套圈则相对于合成载荷的方向摆动。后者的运转状态称为摆动的套圈载荷。

总之，轴承套圈相对于载荷方向的运转状态不同，该套圈与轴颈或轴承座孔的配合的松紧程度也应不同。

当套圈相对载荷方向旋转时，该套圈与轴颈或轴承座孔的配合应较紧，一般选用具有小过盈的配合或过盈概率大的过渡配合。

当套圈相对于载荷方向固定时，该套圈与轴颈或轴承座孔的配合应稍松些，一般选用具有间隙概率大的过渡配合或具有极小间隙的间隙配合。

当套圈相对于载荷方向摆动时，该套圈与轴颈或轴承座孔的配合的松紧程度，一般与套圈相对载荷方向旋转时选用的配合相同或稍松一些。

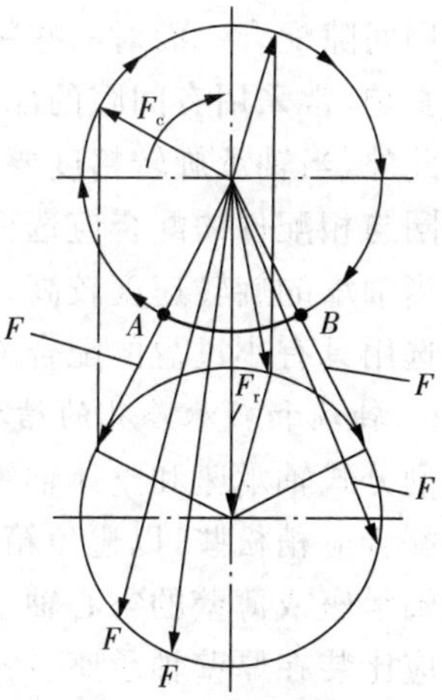

图 5-7　摆动载荷

2. 载荷大小

轴承与轴颈、轴承座孔的配合的松紧程度跟载荷的大小有关。对于向心轴承，GB/T 275—2015 按其径向当量动载荷 P_r 与径向额定动载荷 C_r 的比值将载荷状态分为轻载荷、正常载荷和重载荷三类，见表 5-3 所列。

表 5-3　向心轴承载荷大小分类

载荷大小	轻载荷	正常载荷	重载荷
P_r/C_r	≤0.06	>0.06～0.12	>0.12

P_r 和 C_r 的数值分别由计算公式求出和轴承产品样本查出。

轴承在重载荷作用下，套圈容易产生变形，这会使该套圈与轴颈或轴承座孔配合的实际过盈减小而引起松动，影响轴承的工作性能。因此，承受轻载荷、正常载荷、重载荷的轴承与轴颈或轴承座孔的配合应依次越来越紧。

3. 轴承尺寸

滚动轴承的尺寸越大，选取的配合应越紧，但对于重型机械上使用的特别大尺寸的轴承，应采用较松的配合。

4. 轴承游隙

采用过盈配合会导致轴承游隙减小，应检验安装后的轴承游隙是否满足使用要求，以便正确选择配合及轴承游隙。

5. 轴承的工作条件

主要考虑轴承的工作温度、旋转精度和旋转速度对配合的影响。

(1)工作温度的影响

轴承工作时，由于摩擦发热和其他热源的影响，套圈的温度会高于相配件的温度。内圈的热膨胀会引起它与轴颈的配合变松，而外圈的热膨胀则会引起它与轴承座孔的配合变紧。因此，当轴承工作温度高于100℃时，应对所选择的配合做适当的修正。

(2)旋转精度和旋转速度的影响

因机械要求有较高的旋转精度时，相应地要选较高精度等级的轴承，因此，与轴承相配合的轴颈和轴承座孔也要选择较高精度的标准公差等级。

对于承受载荷较大且要求较高旋转精度的轴承，为了消除弹性变形和振动的影响，应避免采用间隙配合。而对一些精密机床的轻载荷轴承，为了避免孔和轴的形状误差对轴承精度的影响，常采用有间隙的配合。

此外，当轴承旋转精度要求较高时，为了消除弹性变形和振动的影响，不仅受旋转载荷的套圈与相配件的配合应选得紧些，套圈相对于载荷方向固定也应紧些。

当轴承的旋转速度较高，又在冲击振动载荷下工作时，轴承与轴颈、轴承座孔的配合最好都选用具有小过盈的配合或较紧的配合。

6. 轴颈和轴承座孔的结构与材料

剖分式轴承座和整体轴承座上的轴承孔与轴承外圈的配合的松紧程度应有所不同，前者的配合应稍松些，以避免箱盖和箱座装配时夹扁轴承外圈。当轴承安装在薄壁轴承座、轻合金轴承座或薄壁的空心轴上时，为了保证轴承工作时有足够的支承刚度和强度，所采用的配合应比装在厚壁轴承座、铸铁轴承座或实心轴上紧些。

7. 轴承的安装和拆卸的影响

为了轴承安装与拆卸的方便，宜采用较松的配合，特别是对重型机械所采用的大型轴承，这点尤为重要。当需要采用过盈配合时，可采用分离型轴承或内圈带锥孔和紧定套或退卸套的轴承。综上所述，选择滚动轴承与轴颈和轴承座孔配合，需考虑的因素较多，在实际设计中常采用类比法。

8. 游动端轴承的轴向移动

当以不可分离轴承作游动支承时，应以相对于载荷方向固定的套圈作为游动套圈，选择间隙或过渡配合。

5.2.3 轴颈、轴承座孔公差与表面粗糙度

轴颈与轴承座孔的标准公差等级与轴承本身公差等级密切相关。与普通级、6X级轴承配合的轴颈，其尺寸公差等级一般取IT6，轴承座孔一般取IT7。对于旋转精度和运转平稳有较高的要求的工作条件，轴颈取IT5，轴承座孔取IT6。与5级轴承配合的轴颈和轴承座孔均取IT6，要求高的场合取IT5；与4级轴承配合的轴颈取IT5，轴承座孔取IT6，要求更高的场合，轴颈取IT4，轴承座孔取IT5。GB/T 275—2015《滚动轴承 配合》列出了与滚动

轴承配合的轴颈和轴承座孔尺寸公差带可供具体设计选用时参考。

轴承游隙为 N 组游隙，轴为实心或厚壁钢制轴，轴承座孔为铸钢或铸铁件，轴承的工作温度不超过 100℃时，确定向心轴承配合的轴颈和轴承座孔的尺寸公差带可分别根据表 5－4 和表 5－5 进行选择。

表 5－4　与向心轴承配合的轴颈的公差带

运转状态		载荷状态	深沟球轴承、调心轴承和角接触轴承	圆柱滚子轴承和圆锥轴承	调心滚子轴承	公差带
说明	举例		轴承公差内径，mm			
圆柱孔轴承						
循环载荷及摆动载荷	输送机、轻载齿轮箱	轻载荷	≤18 ＞18～100 ＞100～200 —	— ≤40 ＞40～140 ＞140～200	— ≤40 ＞40～100 ＞100～200	h5 j6① k6① m6①
	一般通用机械、电动机、机床主轴、泵、内燃机、正齿轮传动装置	正常载荷	≤18 ＞18～100 ＞100～140 ＞140～200 ＞200～280 — —	— ≤40 ＞40～100 ＞100～140 ＞140～200 ＞200～400 —	— ≤40 ＞40～65 ＞65～100 ＞100～140 ＞140～280 ＞280～500	j5,js5 k5② m5② m6 n6 p6 r6
	铁路机车车辆轴箱、牵引电机、破碎机等	重载荷	—	＞50～140 ＞140～200 ＞200 —	＞50～100 ＞100～140 ＞140～200 ＞200	n6③ p6③ r6③ r7③
局部载荷	非旋转轴上的各种轮子	所有载荷	所有尺寸			f6 g6
	张紧轮、绳轮					h6 j6
仅有轴向载荷		所有尺寸				j6、js6
圆锥孔轴承						
所有载荷	铁路机车车辆轴箱	装在推卸套上的所有尺寸				h8(IT6)④⑤
	一般机械传动	装在紧定套上的所有尺寸				h9(IT7)④⑤

注：① 对精度有较高要求的场合，应该选用 j5、k5、m5、f5 以分别代替 j6、k6、m6、f6。

② 圆锥滚子轴承、角接触轴承配合对游隙的影响不大，可以选用 k6、m6 分别代替 k5、m5。

③ 重载荷下轴承游隙应选用大于 N 组的游隙。

④ 凡精度要求较高或转速要求较高的场合，应选用 h7(IT5)代替 h8(IT6)等。

⑤ IT6、IT7 表示圆柱度公差数值。

表 5 - 5　与向心轴承配合的轴承座孔的公差带

运转状态		载荷状态	其他状态		尺寸公差带①	
说明	举例				球轴承	滚子轴承
固定的外圈载荷	一般机械、铁路机车车辆轴箱	轻、正常、重载荷	轴向容易移动	轴处于高温下工作	G7②	
				采用剖分式轴承座	H7	
		冲击载荷	轴向能移动，采用整体式或剖分式轴承座		J7、JS7	
摆动载荷	电机、泵、曲轴主轴承、牵引电机	轻、正常载荷				
		正常、重载荷	轴向不移动，采用整体式轴承座		K7	
		重、冲击载荷			M7	
旋转的外圈载荷	皮带张紧轮、轮毂轴承	轻载荷			J7	K7
		正常载荷			M7	N7
		重载荷			—	N7、P7

注：① 并列尺寸公差带随尺寸的增大从左至右选择；对旋转精度要求较高时，可相应提高一个标准公差等级。

② 不适用于剖分式轴承座。

轴颈和轴承座孔的尺寸公差带确定以后，为了保证轴承的工作性能，还应对它们分别确定几何公差和表面粗糙度值，这可参照表 5 - 6、表 5 - 7 选取。

如果轴颈或轴承座孔存在较大的形状误差，则轴承与它们安装后，套圈会产生变形而不圆，因此必须对轴颈和轴承座孔规定严格的圆柱度公差。轴的轴颈肩部和轴承座上轴承孔的端面是安装滚动轴承的轴向定位面，若它们存在较大的垂直度误差，则滚动轴承与它们安装后，轴承套圈会产生歪斜，因此应规定轴颈肩部和轴承座孔端面对基准轴线的轴向圆跳动公差。图 5 - 8 为减速器的齿轮轴（图 1 - 1 中的零件 2）的零件图，其上对轴颈表面标注了尺寸及其公差带代号、几何公差和表面粗糙度轮廓技术要求。

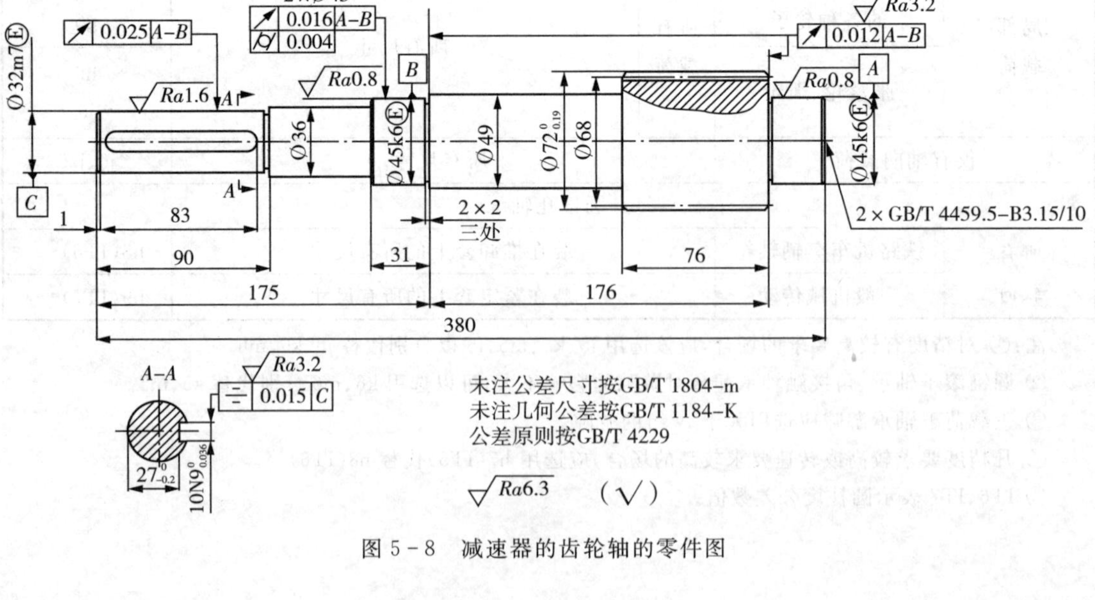

图 5 - 8　减速器的齿轮轴的零件图

表 5-6　轴颈和轴承座孔的几何公差

公称尺/mm		圆柱度 $t/\mu m$				轴向圆跳动 $t_1/\mu m$			
		轴颈		轴承座孔		轴肩		轴承座孔肩	
		轴承公差等级							
>	≤	普通级	6(6X)级	普通级	6(6X)级	普通级	6(6X)级	普通级	6(6X)级
—	6	2.5	1.5	4	2.5	5	3	8	5
6	10	2.5	1.5	4	2.5	6	4	10	6
10	18	3	2	5	3	8	5	12	8
18	30	4	2.5	6	4	10	6	15	10
30	50	4	2.5	7	4	12	8	20	12
50	80	5	3	8	5	15	10	25	15
80	120	6	4	10	6	15	10	25	15
120	180	8	5	12	8	20	12	30	20
180	250	10	7	14	10	20	12	30	20

资料来源：摘自 GB/T 275—2015。

表 5-7　轴颈和轴承座孔配合表面及端面的表面粗糙度值

轴颈或轴承座孔的直径/mm		轴颈或轴承座孔配合表面的直径公差等级					
		IT7		IT6		IT5	
		表面粗糙度 Ra 值/μm					
>	≤	磨	车(镗)	磨	车(镗)	磨	车(镗)
—	80	1.6	3.2	0.8	1.6	0.4	0.8
80	500	1.6	3.2	1.6	3.2	0.8	1.6
500	1250	3.2	6.3	1.6	3.2	1.6	3.2
端面		3.2	6.3	6.3	6.3	6.3	3.2

资料来源：摘自 GB/T 275—2015。

5.3　滚动轴承与孔、轴配合精度设计

现以第 1 章图 1-1 所示圆柱齿轮减速器输出轴上的深沟球轴承(零件 6)作为应用实例，说明如何确定与该轴承配合的轴颈和轴承座孔的各项公差及它们在图样上的标注方法。

已知减速器的功率为 6.91kW，输出轴转速为 44.4r/min，其两端的轴承为 6212 深沟球轴承(d=60mm，D=95mm)。从动齿轮的齿数 z=104，法向模数 m=2.5mm，标准压力角 $\alpha_n=20°$。试确定轴颈和轴承座孔的公差带代号(尺寸上、下极限偏差)，几何公差值和表面粗糙度轮廓幅度参数值，并将它们分别标注在装配图和零件图上。

解：

① 本例的减速器属于一般机械，轴的转速不高，所以选用普通级轴承。

② 该轴承承受定向的径向载荷的作用，内圈与轴一起旋转，外圈安装在剖分式轴承座

的轴承孔中，不旋转。因此，内圈相对于载荷方向旋转，它与轴颈的配合应较紧；外圈相对于载荷方向固定，它与轴承座孔的配合应较松。

③ 按照该轴承的工作条件，由《机械设计》教材和《机械工程手册》一书“轴承”的计算公式，并经计量单位换算，求得该轴承的径向当量动载荷 P_r 为 2825N，查得 6212 轴承的径向额定动载荷 C_r 为 47800N，所以 $P_r/C_r=0.059$，小于 0.06。故该轴承载荷状态属于轻载荷。此外，减速器工作时该轴承有时承受冲击载荷。

④ 按轴承工作条件，从表 5-4、表 5-5 分别选取轴颈公差带为 Ø60k6（基孔制配合），轴承座孔公差带为 Ø95J7（基轴制配合）。

⑤ 按表 5-6 选取几何公差值：轴颈圆柱度公差 0.005mm，轴颈肩部的轴向圆跳动公差 0.015mm；轴承座孔圆柱度公差 0.01mm。

⑥ 按表 5-7 选取轴颈和轴承座孔的表面粗糙度轮廓幅度参数值：轴颈 Ra 的上限值为 0.8μm，轴颈肩部 Ra 的上限值为 3.2μm；轴承座孔 Ra 的上限值为 3.2μm。

⑦ 将确定好的上述各项公差标注在图样上，如图 5-9 所示。由于滚动轴承是外购的标准部件，因此，在装配图上只需注出轴颈和轴承座孔的公差带代号。

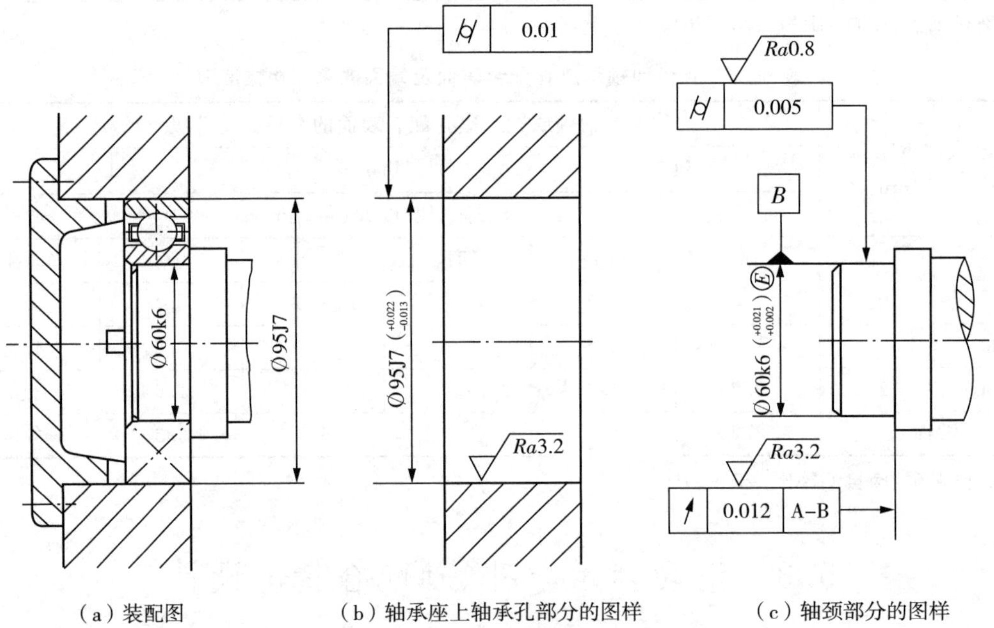

（a）装配图　　（b）轴承座上轴承孔部分的图样　　（c）轴颈部分的图样

图 5-9　轴颈和轴承座孔公差在图样上标注示例

习题 5

5-1　滚动轴承有几级精度？各适用于什么场合？

5-2　滚动轴承的互换性有何特点？

5-3　滚动轴承内圈与轴颈的配合采用哪种基准制？配合有何特点？

5-4　滚动轴承外圈与轴承座孔的配合采用哪种基准制？配合有何特点？

5-5　滚动轴承内圈内孔及外圈外圆柱面公差带与一般基孔制的基准孔及一般基轴制的基准轴公差

带有何不同？

5-6　与 6 级深沟球轴承（代号为 6309/p6），内径为 $\varnothing 45_{-0.010}^{0}$ mm，外径为 $\varnothing 100_{-0.013}^{0}$ mm 配合的轴颈公差带代号为 j5，轴承座孔的公差带代号为 H6。试画出轴承内、外圈分别于轴颈、轴承座孔配合的公差带示意图，并计算它们的极限过盈和间隙。

5-7　某单级直齿圆柱齿轮减速器输出轴上安装两个普通级 6211 深沟球轴承（公称内径 55mm，公称外径 100mm），径向额定动载荷为 33354N，工作时内圈旋转，外圈固定，承受的径向当量动载荷为 883N。试确定：

(1)与内圈和外圈分别配合的轴颈和轴承座孔的公差带代号；

(2)轴颈和轴承座孔的极限偏差、几何差值和表面粗糙度幅度参数值；

(3)参照图 5-9，把上述公差带代号和各项公差标注在装配图和零件图上。

第6章　渐开线圆柱齿轮公差与配合

齿轮是机器和仪器中使用较多的传动件，尤其是渐开线圆柱齿轮的应用甚广。齿轮的精度在一定程度上影响着整台机器或仪器的质量和工作性能。为了更好地指导齿轮的设计、制造和应用，我国发布了渐开线圆柱齿轮精度标准和相应的指导性技术文件，本章将依据这些国际标准和指导性技术文件，从使用要求出发，通过分析齿轮的加工误差与评定指标，阐述渐开线齿轮精度设计的内容和方法。

本章引用和参考的相关国家标准有：

① GB/T 10095.1—2008(ISO 1328－1:1995)《圆柱齿轮　精度制　第1部分：轮齿同侧齿面偏差的定义和允许值》；

② GB/T 10095.2—2008(ISO 1328－2:1997)《圆柱齿轮　精度制　第2部分：径向综合偏差与径向跳动的定义和允许值》；

③ GB/Z 18620.1—2002(ISO TR 10064－1:1992)《圆柱齿轮　检验实施规范　第1部分：轮齿同侧齿面的检验》；

④ GB/Z 18620.2—2008(ISO TR 10064－2:1996)《圆柱齿轮　检验实施规范　第2部分：径向综合偏差、径向跳动、齿厚和侧隙的检验》；

⑤ GB/Z 18620.3—2008(ISO TR 10064－3:1996)《圆柱齿轮　检验实施规范　第3部分：齿轮坯、轴中心距和轴线平行度的检验》；

⑥ GB/Z 18620.4—2008(ISO TR 10064－4:1998)《圆柱齿轮　检验实施规范　第4部分：表面结构和轮齿接触斑点的检验》。

6.1　齿轮传动的使用要求

齿轮用来传递运动和动力。传递运动，应保证传递准确、平稳；传递动力，则应保证传递可靠。对齿轮传动的要求因其在不同机械中的用途不同而异，一般可以归纳为四个方面：齿轮传动的准确性、齿轮传动的平稳性、齿轮传动载荷分布的均匀性及侧隙。不同的偏差项目将对齿轮传动使用要求产生不同的影响，见表6－1所列。因此，需要根据齿轮的工作场合合理控制相应偏差允许值以满足齿轮的正常使用。

表6－1　齿轮精度指标对齿轮传动使用要求的影响

偏差项目	主要特征	对齿轮传动使用要求的影响
齿距累积总偏差 F_p，齿距累积偏差 F_{pk}	长周期误差，在多个齿上或者齿轮一转范围内度量	传递运动的准确性
单个齿距偏差 f_{pt}，齿廓总偏差 F_α	小周期误差，在一个齿上或一个齿距内度量	传动的平稳性；载荷分布的均匀性

（续表）

偏差项目	主要特征	对齿轮传动使用要求的影响
螺旋线总偏差 F_{β}	在齿轮轴线方向上的误差	载荷分布的均匀性
齿厚偏差 E_{sn}，公法线长度偏差 E_{w}	几何偏心对齿轮分度圆齿厚有影响，而测量公法线长度是沿齿圈（实质是在基圆切线）上进行的，与齿轮轴线无关，反映不出几何偏心的影响。为此，换算时应该从齿厚上、下极限偏差中扣除几何偏心的影响。	侧隙

6.1.1　齿轮传动的准确性

齿轮传递运动的准确性：要求齿轮在转动一周范围内，转角误差的最大值（绝对值）限制在一定范围内，用来控制主、从动齿轮在转动一周范围内传动比的变化。即要求齿轮工作时实际的传动比的变化尽量小，保证主、从动齿轮的运动协调。

如图 6-1 所示，假设主动齿轮为理想齿轮（无误差），从动齿轮为实际齿轮（有误差）。从动齿轮由于存在制造误差，因此各个轮齿相对于回转轴线 O_2 的分布是不均匀的。图中，1，2，…，8 为齿轮的轮齿序号；实线齿廓表示轮齿的实际位置；虚线齿廓表示轮齿的理想位置当两齿轮单面啮合，主动齿轮匀速回转时，从动齿轮就不等速的回转——渐快渐慢的回转，从动齿轮转角偏差的变化情况如图 6-2 所示。从动齿轮从第 3 齿旋转到第 7 齿位置的理论角度为 180°，实际转角为 179°59′18″。因此实际转角对理论转角的转角误差的最大值为（+24″）-（-18″）=42″，将其化为弧度并乘以半径则得到线性值。它表示从动齿轮传递运动准确性的精度。

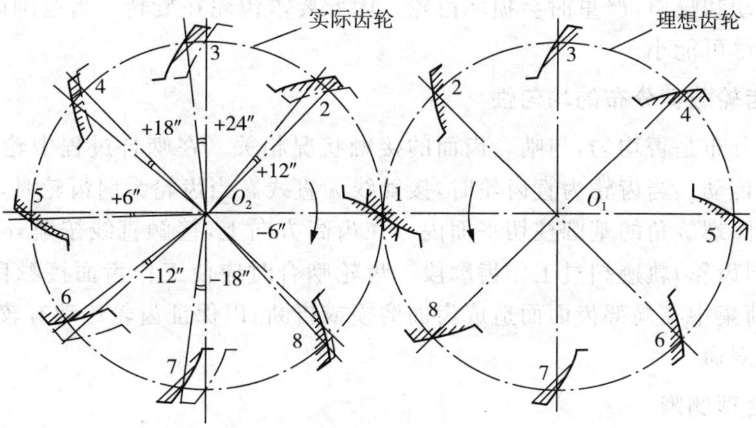

图 6-1　齿轮啮合的转角误差

转角误差会导致传递运动不准确。要使齿轮副的传动误差尽可能小，必须要求齿轮在旋转一转范围内，齿轮副的传动比变化尽可能不变。

齿轮传递运动的准确性对机器使用性能影响很大。例如汽车发动机内曲轴和凸轮轴上的一对正时齿轮，如果传递运动准确性较低，传递运动不协调，转角误差较大，对进气阀的开启和关闭的正确时间影响很大，从而影响发动机的正常工作。例如车床主轴与丝杠之间的交换齿轮，如果传递运动的准确性较低，使所加工的螺纹产生较大的螺距偏差。

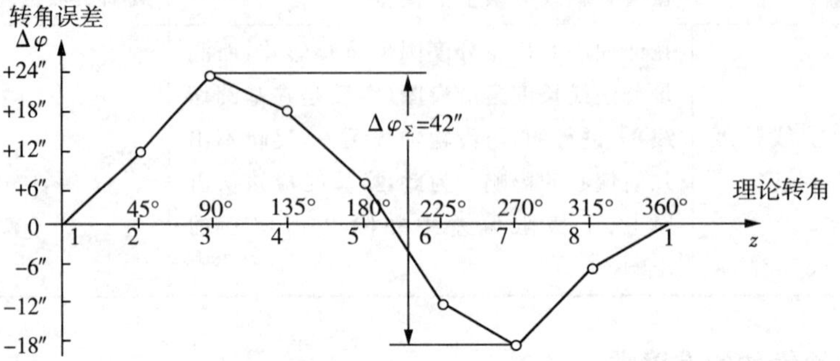

Z— 齿轮的齿序；φ— 轮齿实际位置对理想位置的偏差；φ_Σ— 转角误差最大值。

图 6-2　从动齿轮转角偏差的变化情况

6.1.2　齿轮传动的平稳性

齿轮传递运动的平稳性：要求齿轮旋转过程中瞬时传动比变化尽量小，即齿轮在一个较小角度范围内(如一个齿距角范围内)转角误差的变化不得超过一定的限度。

如图 6-1 所示，从动齿轮每转过一齿的实际转角对理论转角的转角误差中最大值(绝对值)为第 5 齿转至第 6 齿的转角误差，为 $|(-12'')-(+6'')|=18''$。转化为弧度并乘以半径则得到线性值，它在很大程度上表示从动齿轮传动平稳性的精度。

齿轮在传动过程中，由于受到齿廓误差和齿距误差等影响，从一对轮齿过渡到另一对轮齿的齿距角范围内，存在着这种较小的转角误差，在齿轮转动一周过程中多次重复出现，导致一个齿距角内瞬时传动比也在变化。如果一个齿距角内的瞬时传递比变化过大，将引起冲击、撞击、振动和噪声，严重时会损坏齿轮。因此要求齿轮在旋转一齿范围内，齿轮副的瞬间传递比变化尽可能小。

6.1.3　齿轮载荷分布的均匀性

齿轮载荷分布是否均匀，与啮合齿面的接触状况相关。在啮合过程中轮齿在全齿宽上依次接触完成传动。当齿轮为直齿轮时，接触线为直线。当齿轮为斜齿轮时，该接触线在与齿轮轴线成基圆螺旋角的基圆柱切平面内。在齿高方向上，接触直线按渐开面(直齿轮)或螺旋渐开面(斜齿轮)轨迹扫过工作齿廓段。齿轮啮合时应使工作齿面接触良好，载荷分布均匀，避免载荷集中在局部齿面而造成齿面磨损或折断，以保证齿轮传动有较大的承载能力和较长的使用寿命。

6.1.4　合理侧隙

侧隙即齿侧间隙，是指齿轮副的工作齿面接触时，相邻的两个非工作齿面之间形成的间隙，如图 6-3 所示。侧隙是在齿轮、轴、箱体和其他零部件装配成减速器、变速箱或其他传动装置后自然形成的。适当的侧隙用来储存润滑油，补偿热变形和弹性变形，防止齿轮在工作中发生齿面烧蚀或卡死，保证齿轮副能够正常工作。

上述四项要求中，前三项是对齿轮传动的精度要求。不同用途的齿轮及齿轮副，对每项精度要求的侧重点不同。因此，根据齿轮的不同用途，应规定不同的精度等级，以适应不同的要求，获得最佳的技术经济效益。

① 齿轮加工机床的分度齿轮和仪器仪表的读数齿轮，传递功率小，转速低，要求传递运动的准确性。

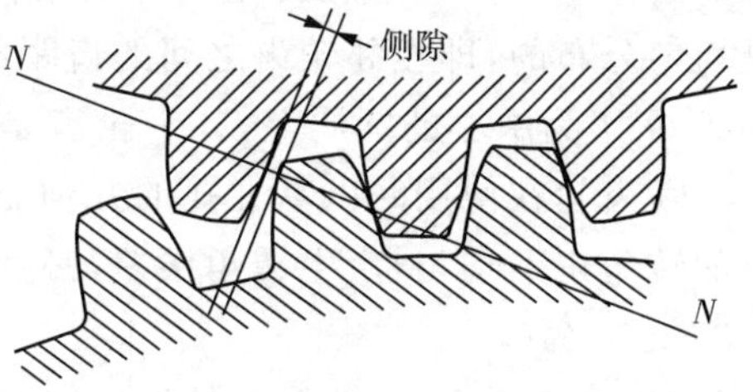

图 6-3　齿轮齿侧间隙

② 机床和汽车变速箱内的变速齿轮传动，为了减小振动、降低噪音，要求齿轮传递运动的平稳性；此外还要保证承载能力，要求承受载荷的均匀性。

③ 低速重载齿轮，如轧钢机、矿山机械和起重机用的齿轮，功率大、转速低，工作环境恶劣，要求承受载荷的均匀性。

④ 侧隙与前三项要求有所不同，是独立于精度要求的另一类要求。齿轮副所要求侧隙大小，主要取决于齿轮副的工作条件。对重载、高速齿轮传动，由于受力变形和受热变形较大，侧隙应大些，以补偿较大的变形，使润滑油畅通。经常正转、逆转的齿轮，为减小回程误差，应适当减小侧隙。

6.2　影响齿轮使用要求的主要误差

6.2.1　影响齿轮传动准确性的主要误差

影响齿轮传动准确性的主要误差来源于齿轮的几何偏心和运动偏心。下面以滚齿加工为例说明齿轮误差的主要来源。

1. 几何偏心

几何偏心是齿轮基准孔的几何轴线与其回转轴线不重合而产生的偏心。

滚齿机上滚齿加工齿轮如图 6-4所示。齿轮毛坯 2 安装在工作台 3 的心轴 1 上。滚刀 6 转动一周，工作台转动一个齿距角。滚刀和工作台连续旋转，滚刀架沿刀架导轨垂直方向上下运动，加工出齿轮整个齿宽方向的齿廓。

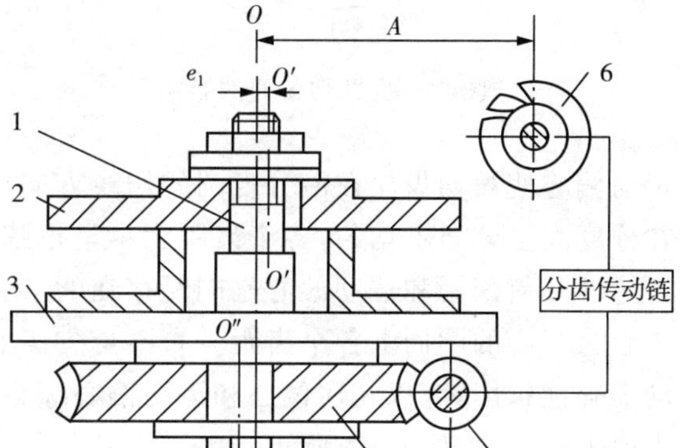

1—心轴；2—齿轮毛坯；3—工作台；
4—分度蜗轮；5—分度蜗杆；6—滚刀。
图 6-4　滚齿机上滚齿加工齿轮示意图

齿轮毛坯孔几何轴线 $O'O'$ 和工作台的心轴回转轴线 OO 存在同轴度误差，安装后两轴线不重合而产生了几何偏心 e_1。在切齿过程中，回转轴线 OO 与滚刀的径向距离虽然始终保持不变，但齿轮毛坯几何轴线 $O'O'$ 与滚刀的径向距离发生周期性的变化，其最大变动量为 $2e_1$，因此加工的齿轮各个齿槽的深度不相同。

如图 6－5 所示，理想齿轮只有以回转轴线 OO 为中心的圆周（包括分度圆）上，各个轮齿是均匀分布的，即相邻轮齿之间的齿距都相等。由于几何偏心，实际齿轮以齿轮毛坯孔几何轴线 $O'O'$ 为中心的圆周上，各个轮齿是不均匀分布的，即相邻轮齿之间的齿距是不相等的。实际齿轮在使用时以基准孔的几何轴线 $O'O'$ 为回转轴线，因此齿距不均匀，转过每个齿时的转角也不均匀，产生转角误差，必然影响齿轮传递运动的准确性。

2．运动偏心

如图 6－4 所示，运动偏心是齿轮在滚齿机上滚齿加工时，分度蜗轮 4 的几何轴线 $O''O''$ 与工作台（或齿轮毛坯）回转轴线 OO 不重合时产生的偏心。如图 6－6 所示，当分度蜗轮旋转时，蜗轮齿距在其几何轴线 $O''O''$ 为中心的圆周上分布均匀，但是蜗轮几何轴线 $O''O''$ 绕工作台回转轴线 OO 旋转，而齿轮毛坯与分度蜗轮同步回转，因此齿轮毛坯的角速度在（$\omega+\Delta\omega$）至（$\omega-\Delta\omega$）的范围内变化。分度蜗轮的齿距分布不均匀误差按一定比例复映到被切齿轮上，称为齿轮运动偏心 e_2。

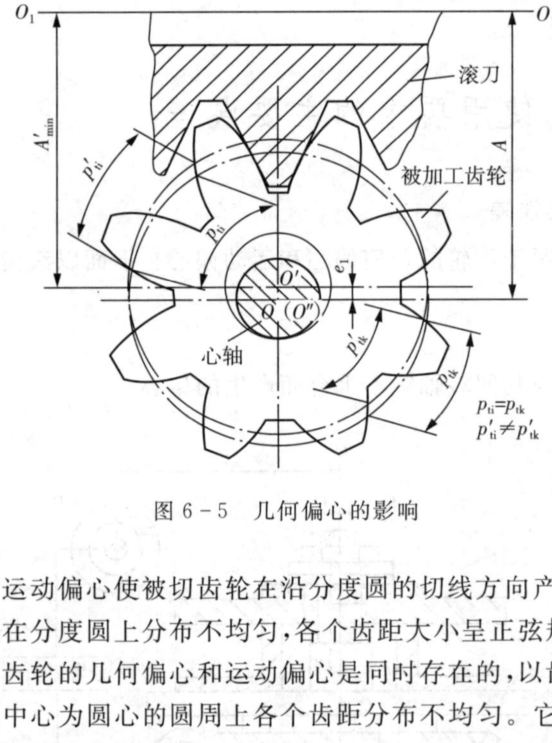

图 6－5　几何偏心的影响

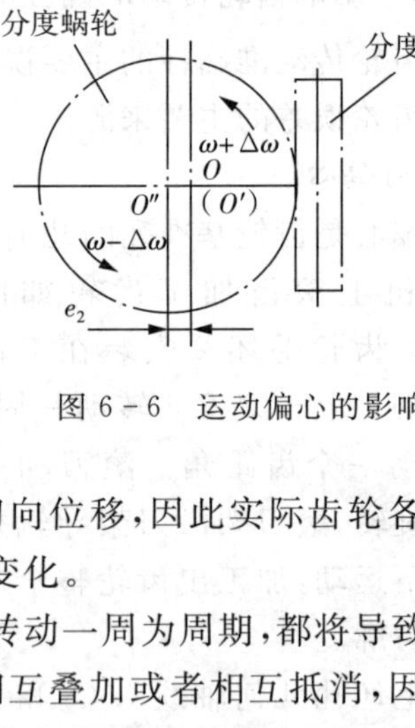

图 6－6　运动偏心的影响

运动偏心使被切齿轮在沿分度圆的切线方向产生切向位移，因此实际齿轮各个轮齿的齿距在分度圆上分布不均匀，各个齿距大小呈正弦规律变化。

齿轮的几何偏心和运动偏心是同时存在的，以齿轮转动一周为周期，都将导致以齿轮基准孔中心为圆心的圆周上各个齿距分布不均匀。它们相互叠加或者相互抵消，因此齿轮传动运动准确性精度，应以几何偏心和运动偏心综合造成的各个齿距不均匀而产生的转角误差最大值来评定，如图 6－1 所示。

6.2.2　影响齿轮传动平稳性的主要误差

影响齿轮传动平稳性误差，是齿轮同侧相邻齿廓间的齿距偏差和各个齿廓的形状误差，来源于被切齿轮齿距分布不均匀的加工误差，齿轮刀具和机床分度蜗轮的制造误差和安装误差。

1．齿轮同侧相邻齿廓间的齿距偏差

齿轮同侧相邻齿廓间的齿距偏差称为单个齿距偏差，是指同侧相邻齿廓间的实际齿距和理论齿距的代数差。由于齿轮各个实际齿距存在不同程度的齿距偏差,因此齿轮每转动一个齿距角都会出现转角误差,如图 6 - 1 所示,因此瞬时传动比不断变化,影响齿轮传动的平稳性。

2. 齿轮各齿廓的形状误差

齿轮齿廓的形状误差也称为齿廓偏差,指实际齿廓偏离设计齿廓(渐开线齿廓)的量,该量在齿轮端平面内垂直于对渐开线齿廓的方向计值。只有理论渐开线、摆线或共轭齿廓才能使啮合传动的主从动齿轮的齿廓接触点的公法线始终通过同一节点,传动比保持不变。但是渐开线齿轮切齿加工过程中,总是存在齿廓偏差,因此所切的齿廓形状不可能是理论渐开线。因此齿轮啮合传动过程中,瞬时传动比不断变化,影响齿轮传动的平稳性。

齿轮每转过一齿时,单个齿距偏差和齿廓偏差同时存在,因此齿轮传动的平稳性精度应以两者综合评定。

6.2.3　影响齿轮轮齿载荷分布均匀性的主要误差

齿轮啮合传动时,齿面接触不良会影响轮齿载荷分布均匀性。影响齿轮齿宽方向载荷分布均匀性的主要误差是螺旋线偏差;影响齿高方向载荷分布均匀性的主要误差是齿廓偏差。

滚切加工直齿轮时,刀架导轨相对于工作台回转轴线的平行度误差、心轴轴线相对于工作台回转轴线倾斜、齿轮毛坯的切齿定位端面对其基准孔轴线的垂直度误差等,都会使被切齿轮在齿宽方向产生螺旋线偏差,即齿轮轮齿方向不平行于齿轮基准轴线。而滚切加工斜齿轮时,除了以上因素使被切齿轮产生螺旋线偏差以外,齿轮的机床差动传动链的误差也会使被切齿轮产生螺旋线偏差。

如图 6 - 7 所示,滚齿机刀架导轨在齿轮毛坯径向平面内的倾斜,造成滚刀进给方向与工作台回转轴线不平行,会使被切直齿轮左、右齿面产生大小相等而方向相反的螺旋线偏差。这样的齿轮和无螺旋线偏差的配对齿轮安装后,齿面载荷分布不均匀,工作时单边接触应力大而造成磨损,出现单边接触斑点。

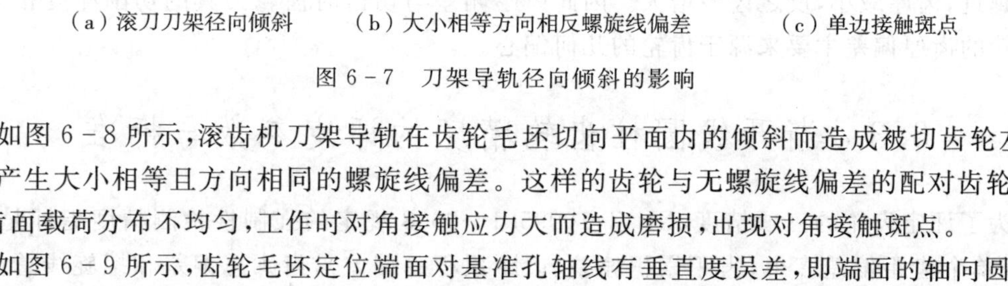

(a) 滚刀刀架径向倾斜　(b) 大小相等方向相反螺旋线偏差　(c) 单边接触斑点

图 6 - 7　刀架导轨径向倾斜的影响

如图 6 - 8 所示,滚齿机刀架导轨在齿轮毛坯切向平面内的倾斜而造成被切齿轮左、右齿面产生大小相等且方向相同的螺旋线偏差。这样的齿轮与无螺旋线偏差的配对齿轮安装后,齿面载荷分布不均匀,工作时对角接触应力大而造成磨损,出现对角接触斑点。

如图 6 - 9 所示,齿轮毛坯定位端面对基准孔轴线有垂直度误差,即端面的轴向圆跳动误差,会使被切齿轮齿面产生螺旋线偏差,这样的齿轮与无螺旋线偏差的配对齿轮安装后,齿面载荷分布不均匀，出现位置随机变化的接触斑点。

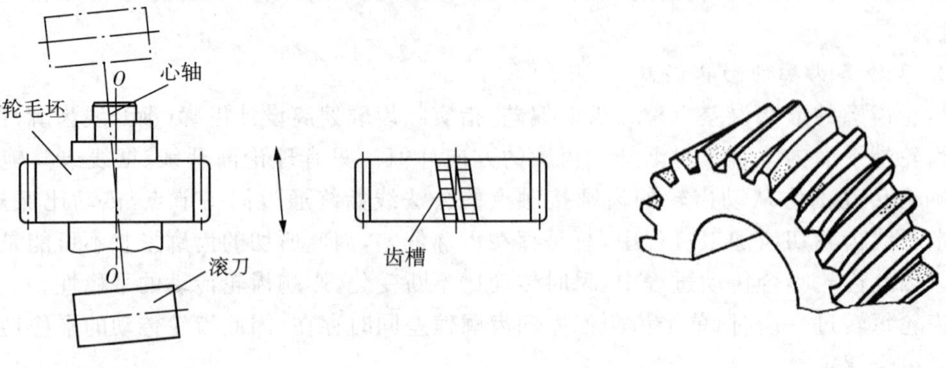

（a）滚刀刀架切向倾斜　（b）大小相等方向相同螺旋线偏差　（c）对角接触斑点

图 6-8　刀架导轨径向倾斜的影响

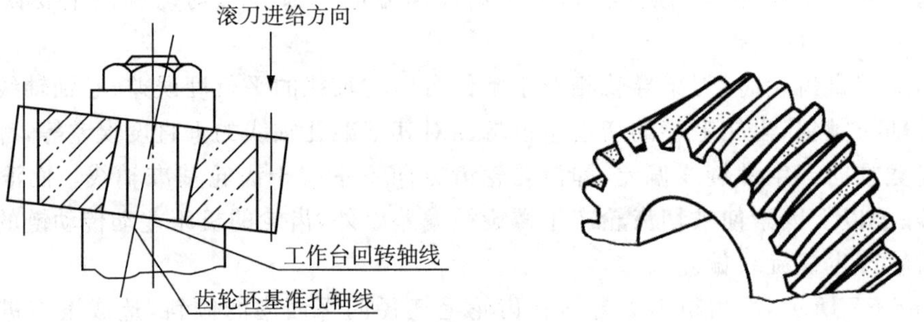

（a）齿轮毛坯定位端面对基准孔轴线垂直度误差　（b）位置随机变化的接触斑点

图 6-9　齿轮端面对基准孔轴线的垂直度误差的影响

齿轮轮齿齿宽方向的螺旋线偏差和齿高方向的齿廓偏差是同时存在的，因此，齿轮载荷分布均匀性的精度应采用螺旋线偏差和齿廓偏差综合评定。

6.2.4　影响侧隙的主要误差

齿轮上影响侧隙大小和侧隙不均匀的主要误差是齿厚偏差、齿轮副中心距偏差。齿厚增大，侧隙减小；中心距增大，侧隙增大。造成齿轮副中心距偏差的主要原因是箱体孔的中心距偏差。造成齿厚变化的主要原因是切齿时刀具的进给位置的影响，刀具离工作台回转轴线越近，齿厚减小，反之齿厚增大。因此齿厚偏差与切齿时齿轮刀具的切削深度相关，同一齿轮的齿厚偏差主要来源于齿轮的几何偏心。

6.3　渐开线圆柱齿轮精度的评定参数与标准

为了评定齿轮的三项精度，GB/T 10095.1—2008 规定的强制性检测精度指标是齿距偏差（单个齿距偏差多个、齿距累积偏差、齿距累积总偏差），齿廓总偏差和螺旋线总偏差。为了评定齿轮的齿厚减薄量，常用的指标是齿厚偏差或公法线长度偏差。除此之外，还有非强制性的检测精度指标来评定齿轮传递运动准确性和齿轮传动平稳性的精度要求。

6.3.1　齿轮传动准确性的评定指标

评定齿轮传递运动准确性的强制性检测精度指标是齿距累积偏差、齿距累积总偏差，其他误差项目是非强制性检测精度指标。

1. 齿距累积总偏差 F_p

如图 6－10 所示，齿距累积总偏差 F_p 指在齿轮端平面上，接近齿高中部的一个与齿轮基准轴线同心的圆上，任意弧段（$k=1\sim z$）内两个同侧齿面之间实际弧长与理论弧长的代数差中的最大绝对值。它表现为齿距累积误差曲线的总幅值，如图 6－11 所示。齿距累积总偏差反映齿轮一转范围内齿轮几何偏心和运动偏心的综合结果引起的转角误差，即反映齿轮转动一周过程中的传动比的变化，影响齿轮传递运动的准确性。

合格条件是齿距累积总偏差 F_p 不大于齿距累积总偏差的允许值。

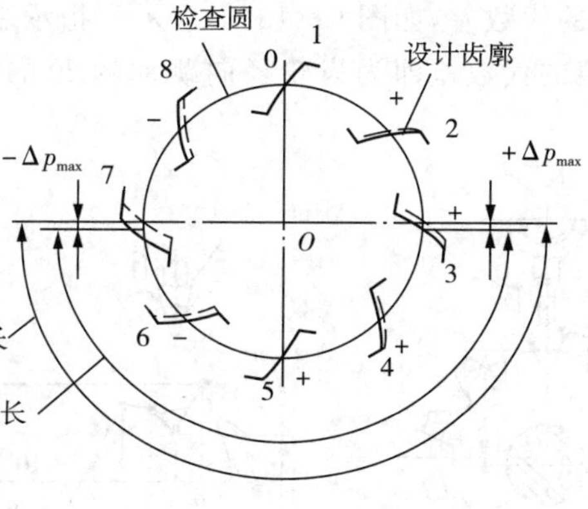

图 6－10　齿轮齿距累积总偏差 F_p

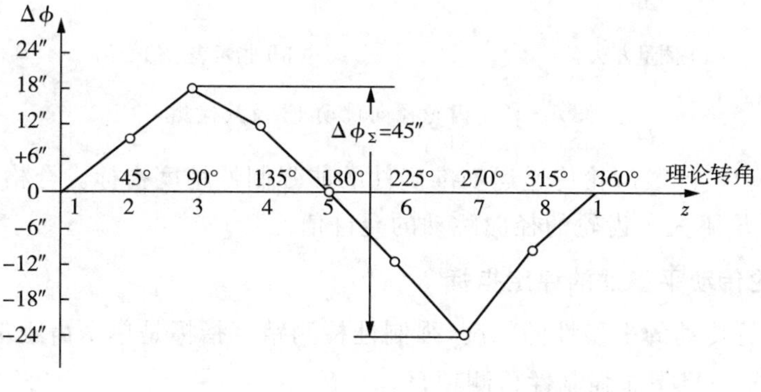

图 6－11　从动齿轮的 $\Delta\phi$ 转角误差曲线

2. 齿距累积偏差 F_{pk}

对于齿数较多的高精度齿轮，非圆整齿轮或高速齿轮，要求评定在一段范围内的（k 个齿距范围内）的齿距累积偏差。齿距累积偏差 F_{pk} 是齿轮端平面上，接近齿高中部的一个与齿轮基准轴线同心的圆上，任意 k 个齿距的两个同侧齿面之间实际弧长与理论弧长的代数差，如图 6－12 所示。理论上它等于这 k 个齿距的各单个齿距偏差的代数和。除另有规定，

F_{pk}值被限定在不大于 1/8 的圆周上评定。因此，F_{pk}的允许值适宜于齿距数 k 为 2 到小于 $z/8$ 的弧段内（通常 F_{pk} 取 $k=z/8$）。齿距累积偏差 F_{pk} 过大，齿轮工作时将产生振动和噪声。

合格条件是齿距累积偏差 F_{pk} 不大于齿距累积偏差的允许值。

说明：F_p和 F_{pk}虽然都定义在分度圆上，实际测量时允许在齿高中部进行；规定 F_{pk} 主要是为了限制齿距累积偏差集中在局部圆周上。

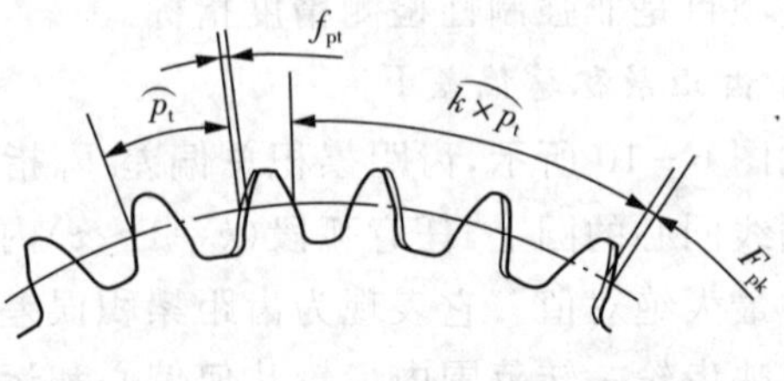

图 6-12　齿轮单个齿距偏差 f_{pt}与齿距累积偏差 F_{pk}

3. 齿轮径向跳动 F_r

齿轮径向跳动 F_r 是指量仪测头依次放入被测齿轮的每个齿槽内，在接近齿高中部位置与左、右齿面接触时，距离齿轮基准轴线最大距离与最小距离的代数差，如图 6-13(a)所示。指示表的示值变化如图 6-13(b)所示，最大示值与最小示值的代数差即为齿轮径向跳动的 F_r的数值，大约是几何偏心 e 的两倍($2e$)。

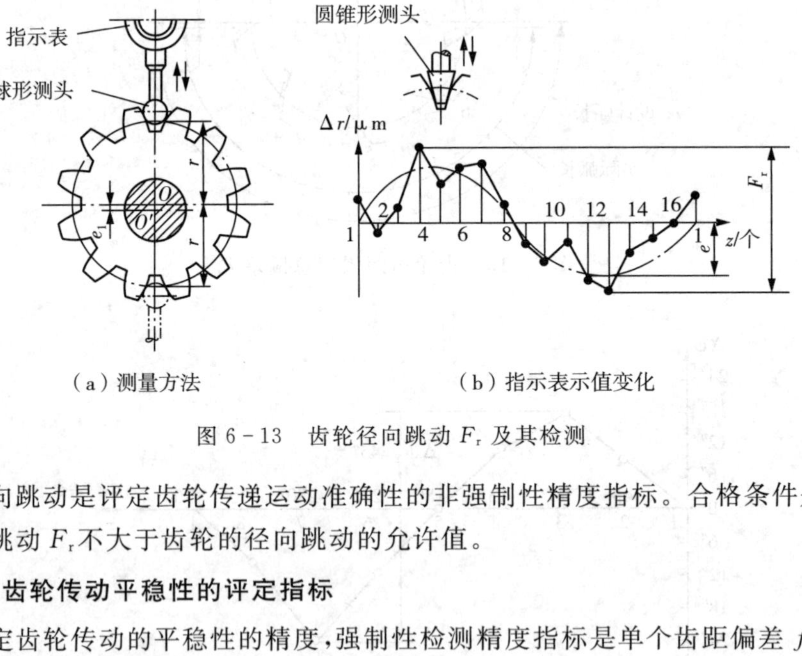

图 6-13　齿轮径向跳动 F_r 及其检测

齿轮径向跳动是评定齿轮传递运动准确性的非强制性精度指标。合格条件是被测齿轮的齿轮径向跳动 F_r不大于齿轮的径向跳动的允许值。

6.3.2　齿轮传动平稳性的评定指标

为了评定齿轮传动的平稳性的精度，强制性检测精度指标是单个齿距偏差 f_{pt}和齿廓总偏差 F_α，其他误差项目是非强制性检测项目。

1. 单个齿距偏差 f_{pt}

f_{pt}为单个齿距偏差，是指在端平面上，在接近齿高中部的一个与齿轮轴线同心的圆上，实际齿距与理论齿距的代数差，如图 6-12 所示。取其中绝对值最大的数值 f_{ptmax} 作为评定值。

合格条件是被测齿轮所有的单个齿距偏差 f_{pt}都在单个齿距偏差 $\pm f_{pt}$的允许值范围内。

2. 齿廓总偏差 F_α

齿廓偏差是实际齿廓偏离设计齿廓的量，该量在端平面内且垂直于渐开线齿廓的方向计值。齿廓总偏差是在端平面上计值范围 L_α 内，包容实际齿廓迹线的两条设计齿廓迹线间的距离。图 6－14 所示，包容实际齿廓迹线工作部分（轮齿两端的倒角或修圆部分除外）且距离为最小的两条设计齿廓迹线间的法向距离，为齿廓总偏差 F_α。

凡是符合设计规定的齿廓，当无其他限定时是指端面齿廓。设计齿廓通常为渐开线。考虑到制造误差和轮齿受载后的弹性变形，为了降低噪声和减小动载荷的影响，也可以采用以渐开线为基础的修形齿廓，如凸齿廓、修缘齿廓。

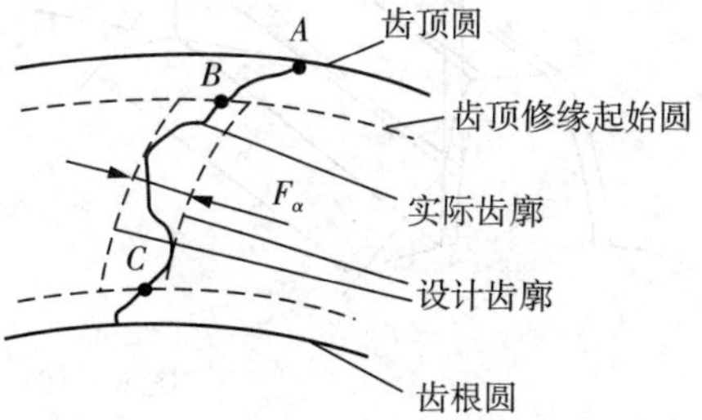

AB—倒棱部分；AC—齿廓有效长度

BC—工作部分（齿廓计值范围）。

图 6－14　齿廓总偏差

在测量齿廓偏差时得到的记录图上的齿廓曲线叫作齿廓迹线，如图 6－15 在齿廓曲线图中，未经修形的渐开线齿廓迹线一般是直线。实际齿廓迹线用粗实线表示，设计齿廓迹线用点划线表示。齿廓总偏差 F_α 是指在齿廓的计值范围内 L_α 包容实际齿廓迹线的两条设计齿廓迹线间的距离。

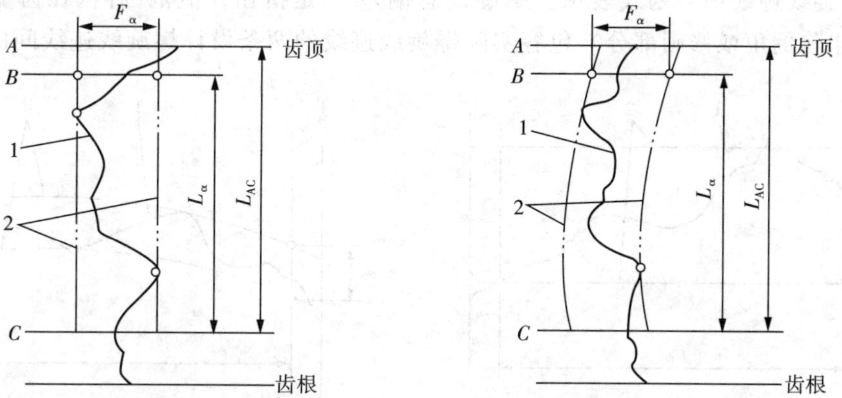

（a）未经修形的渐开线　　　（b）修形的渐开线（凸齿廓）

L_α—齿廓计值范围；L_{AC}—齿廓有效长度；1—实际齿廓迹线；2—设计齿廓迹线。

图 6－15　齿廓偏差测量记录图

合格条件是在被测齿轮各个轮齿圆周上测量均匀分布的三个轮齿或更多的轮齿左、右齿面的齿廓总偏差 F_α 不大于齿廓总偏差的允许值。

6.3.3　齿轮载荷分布均匀性的评定指标

评定齿轮载荷分布均匀性的强制性检测精度指标，在齿宽方向是螺旋线总偏差 F_β，在齿高方向是齿轮传动平稳性的强制性检测精度指标（单个齿距偏差 f_{pt} 和齿廓总偏差 F_α）。

在端面基圆切线方向上测得的实际螺旋线对设计螺旋线的偏离量称为螺旋线偏差。螺旋线总偏差 F_β 是指在计值范围 L_β 内包容实际螺旋线迹线两条设计螺旋线迹线间的距离。直齿轮的轮齿螺旋角为 0°，因此直齿轮的设计螺旋线为一条直线，它平行于齿轮基准轴线。

在基圆柱的切平面内，在齿宽工作部分(轮齿两端的倒角或修圆部分除外)范围内包容实际螺旋线且距离为最小的两条设计螺旋线之间的法向距离，为螺旋线总偏差 F_β，如图 6-16 所示。

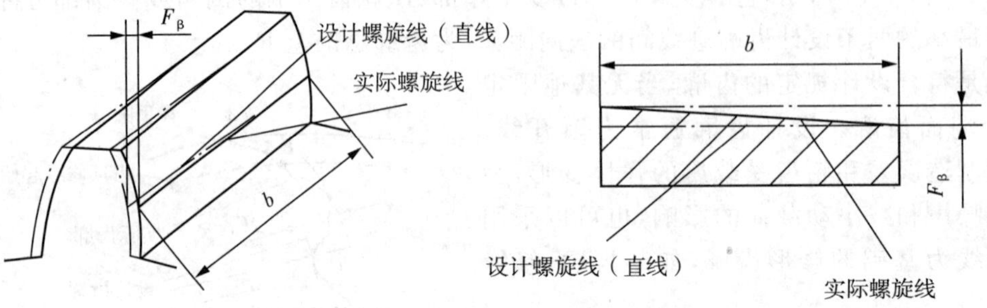

图 6-16 直齿轮的螺旋线总偏差

凡符合设计规定的螺旋线都是设计螺旋线。为了减小齿轮的制造误差和安装误差对轮齿载荷分布均匀性不利影响，以及补偿轮齿在受载下的变形，提高齿轮的承载能力，也可以像修形渐开线那样，将螺旋线进行修形，如将轮齿加工成鼓形齿。

在测量螺旋线偏差时得到的记录图上的螺旋线曲线叫作螺旋线迹线，在螺旋线曲线图中，未经修形的螺旋线的迹线一般为直线。例如图 6-17 所示，实际螺旋线迹线用粗实线表示，设计螺旋线迹线用点划线表示。螺旋线总偏差 F_β 是指在计值范围内(在齿宽上从轮齿两端处各扣除倒角或修圆部分)，包容实际螺旋线迹线的两条设计螺旋线迹线间的距离。

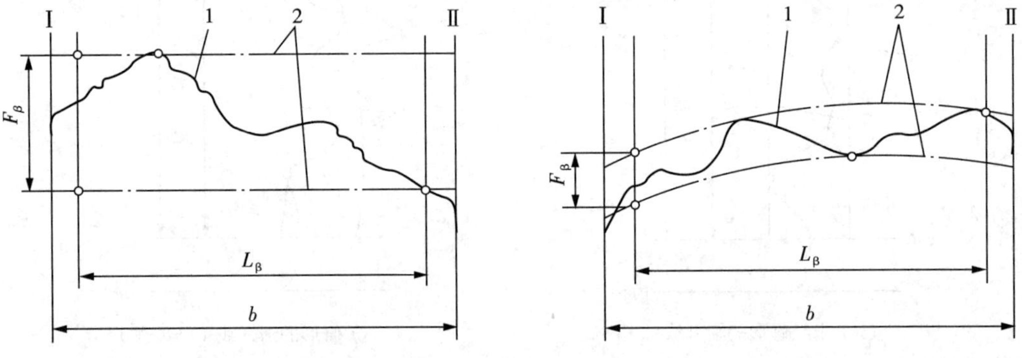

L_β—螺旋线计值范围；Ⅰ、Ⅱ—齿轮的两端；1—实际螺旋线迹线；2—设计螺旋线迹线。

图 6-17 螺旋线偏差测量记录图

合格条件是应在被测齿轮圆周上测量均匀分布的三个齿轮或更多的轮齿左、右齿面的螺旋线总偏差 F_β 不大于螺旋线总偏差的允许值。

6.3.4 评定齿轮副传动侧隙指标

齿轮副侧隙的大小与齿轮齿厚减薄量密切相关，齿轮齿厚减薄量可以用齿厚偏差或公法线长度偏差来评定。

1. 齿厚偏差 E_{sn}

对于直齿轮，齿厚偏差 E_{sn} 是指在分度圆柱面上，实际齿厚与公称齿厚(齿厚理论值)之差，如图 6-18 所示。对于斜齿轮，是指法向实际齿厚与公称齿厚之差。

齿轮轮齿的齿厚以分度圆弧长（弧齿厚）计算，但弧长不易测量。因此实际上是按分度圆上的弦齿高定位来测量齿厚。

直齿圆柱齿轮分度圆上的公称弦齿高 h_{nc} 与公称弦齿厚 s_{nc} 分别为：

$$h_{nc}=r_a-\frac{mz}{2}\cos\left(\frac{\pi+4x\tan\alpha}{2z}\right)$$
$$s_{nc}=mz\sin\left(\frac{\pi+4x\tan\alpha}{2z}\right) \tag{6-2}$$

式中：r_a——齿轮齿顶圆半径的公称值；m——模数；z——齿数；α——标准压力角；x——变位系数

对于标准直齿圆柱齿轮，变位系数 $x=0$。

合格条件是被测齿轮各齿的齿厚偏差 E_{sn} 都在齿厚上偏差 E_{sns} 和齿厚下偏差 E_{sni}。

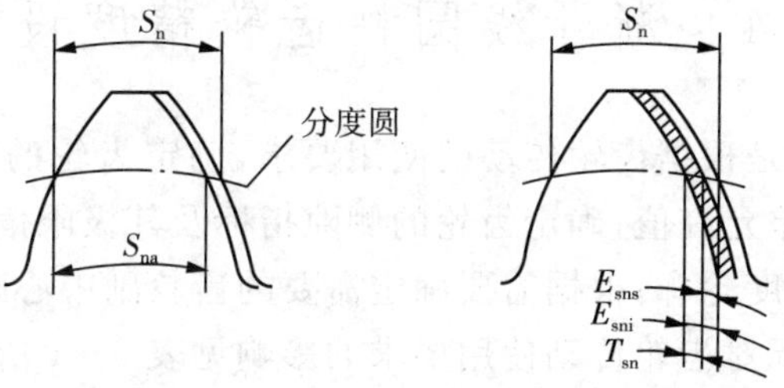

S_n—公称齿厚；S_{na}—实际齿厚；E_{sns}—齿厚上偏差；E_{sni}—齿厚下偏差；T_{sn}—齿厚公差。

图 6-18　齿厚偏差与公差

2. 公法线长度偏差 E_w

齿厚偏差还可以通过测量公法线长度偏差来实现。公法线的长度可以用公法线千分尺测量，所以测量方便。公法线长度偏差 E_w 是指实际公法线长度 W_k 与公称公法线长度 W 之差。它是评定齿轮齿厚减薄量的指标。测量公法线长度时跨 k 齿且公法线千分尺两个测量面与齿面在分度圆附近相切，即在齿高中部附近。如图 6-19 所示，在一个接触到齿的右齿面和另一个接触到齿的左齿面的两个平行测量平面之间测得的距离。由机械原理可知渐开线的公法线公与基圆相切。公称公法线长度在两个齿廓间沿所有法线都是常数。

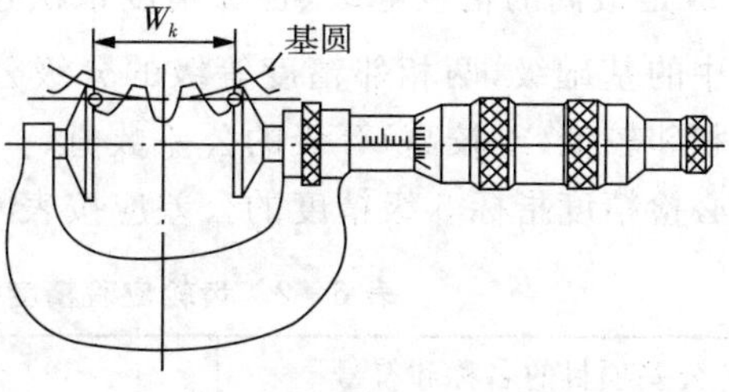

图 6-19　公法线长度的测量

直齿轮的公称公法线长度 W 按下式计算：

$$W=m_n\cos\alpha_n[\pi(k-0.5)+z\cdot inv\alpha+2x\cdot\tan\alpha_n] \tag{6-3}$$

式中：m_n——法向模数；z——齿数；α_n——法向压力角；α_n——变位系数；k——跨齿数；α_t——端面压力角；$inv\alpha_t$——端面压力角 α_t 的渐开线函数。

斜齿轮端面压力角 α_t 和法向压力角 α_n 的关系是：$\tan\alpha_n = \tan\alpha_t \cdot \cos\beta$，$\beta$ 为螺旋角。

对于标准直齿圆柱齿轮($x=0$)时的跨齿数 k 按下式计算：

$$k = \frac{z\alpha}{180^\circ} + 0.5 \tag{6-3}$$

当 $\alpha = 20^\circ$ 时，跨齿数 $k = z/9 + 0.5$。

对于变位直齿圆柱齿轮时的跨齿数 k 按下式计算：

$$k = \frac{z\alpha_m}{180^\circ} + 0.5 \tag{6-4}$$

式中，$\alpha_m = arccos[d_b/(d+2xm)]$，$d_b$——基圆直径；$d$——分度圆直径。

计算出的 k 值通常不是整数，必须将它圆整为最接近计算值的整数。

合格条件是被测各条公法线长度的偏差都在公法线长度上偏差 E_{ws} 和下偏差 E_{wi} 范围内。

6.4 渐开线圆柱齿轮精度设计

齿轮精度的设计，就是根据齿轮传动的使用要求，确定齿轮的精度等级；确定齿轮的强制性检测精度指标的偏差允许值；确定齿轮的侧隙指标及其极限偏差；确定齿轮坯的尺寸公差、几何公差和表面粗糙度轮廓；根据需要确定需要的齿轮副中心距的极限偏差和轴线的平行度公差。齿轮精度指标对齿轮传动使用要求的影响见表 6-1 所列。

6.4.1 齿轮的精度等级及选择

国家标准对齿轮及齿轮副规定了 13 个精度等级，用阿拉伯数字 0，1，2，…，12 表示。其中，0 级是最高的精度等级，各级精度依次递减，12 级是最低的精度等级。5 级精度是各级精度中的基础级，两相邻精度等级的分级公比等于 $\sqrt{2}$，本级公差数值乘以(或除以)$\sqrt{2}$ 即可得到相邻较低(或较高)等级的公差数值。

必检精度指标 5 级精度的公差应按表 6-2 的公式计算确定。

表 6-2 齿轮应验精度指标 5 级精度的公差计算公式

公差项目的名称和符号	计算公式(μm)
齿距累积总偏差 F_p	$F_p = 0.3m_n + 1.25\sqrt{d} + 7$
齿距累积偏差 F_{pk}	$F_{pk} = f_{pt} + 1.6\sqrt{(k-1)m_n}$
单个齿距偏差 f_{pt}	$f_{pt} = 0.3(m_n + 0.4\sqrt{d}) + 4$
齿廓总偏差 F_α	$F_\alpha = 3.2\sqrt{m_n} + 0.22\sqrt{d} + 0.7$
螺旋线总偏差 F_β	$F_\beta = 0.1\sqrt{d} + 0.63\sqrt{b} + 4.2$

表 6-2 中，m_n——齿轮的法向模数，d——分度圆直径，b——齿宽(单位均为 mm)，k——测量齿距累积偏差 F_{pk} 时的齿距数。

为了使用方便，GB/T 10095.1、2—2008 还给出了齿轮公差数值表。表 6-3 列出了圆柱齿轮各强制性检测精度指标的公差和极限偏差。

齿轮的 13 个精度等级中，0～2 级精度齿轮的精度要求非常高，目前我国只有极少数单位能够制造和测量 2 级精度齿轮，因此 0～2 级属于有待发展的精度等级；而 3～5 级为高精度等级；6～9 级为中精度等级；10～12 级为低精度等级。

表 6－3　圆柱齿轮各强制性检测精度指标的公差和极限偏差

分度圆直径 d(mm)	法向模数 m_n 或齿宽 b(mm)	精度等级												
		0	1	2	3	4	5	6	7	8	9	10	11	12
齿轮传递运动准确性		齿轮齿距累总偏差允许值 F_p(μm)												
$50<d\leqslant125$	$2.0<m_n\leqslant3.5$	3.3	4.7	6.5	9.5	13	19	27	38	53	76	107	151	241
	$3.5<m_n\leqslant6.0$	3.4	4.9	7.0	9.5	14	19	28	39	55	78	110	156	220
$125<d\leqslant280$	$2.0<m_n\leqslant3.5$	4.4	6.0	9.0	12	18	25	35	50	70	100	141	199	282
	$3.5<m_n\leqslant6.0$	4.5	6.5	9.0	13	18	25	36	51	72	102	144	204	288
齿轮传动平稳性		齿轮单个齿距偏差允许值 $\pm f_{pt}$(μm)												
$50<d\leqslant125$	$2.0<m_n\leqslant3.5$	1.0	1.5	2.1	2.9	4.1	6.0	8.5	12	17	23	33	47	66
	$3.5<m_n\leqslant6.0$	1.1	1.6	2.3	3.2	4.6	6.5	9.0	13	18	26	36	52	73
$125<d\leqslant280$	$2.0<m_n\leqslant3.5$	1.1	1.6	2.3	3.2	4.6	6.5	9.0	13	18	26	36	51	73
	$3.5<m_n\leqslant6.0$	1.2	1.8	2.5	3.5	5.0	7.0	10.0	14	20	28	40	56	79
齿轮传动平稳性		齿轮齿廓偏差允许值 F_α(μm)												
$50<d\leqslant125$	$2.0<m_n\leqslant3.5$	1.4	2.0	2.8	3.9	5.5	8.0	11.0	16	22	31	44	63	89
	$3.5<m_n\leqslant6.0$	1.7	2.4	3.4	4.8	6.5	9.5	13.0	19	27	38	54	76	108
$125<d\leqslant280$	$2.0<m_n\leqslant3.5$	1.6	2.2	3.2	4.5	6.5	9.0	13.0	18	25	36	50	71	101
	$3.5<m_n\leqslant6.0$	1.9	2.6	3.7	5.5	7.5	11.0	15.0	21	30	42	60	84	119
轮齿载荷分布均匀性		齿轮螺旋线总偏差允许值 F_β(μm)												
$50<d\leqslant125$	$20<b\leqslant40$	1.5	2.1	3.0	4.2	6.0	8.5	12	17	24	34	48	68	95
	$40<b\leqslant80$	1.7	2.5	3.5	4.9	7.0	10.0	14	20	28	39	56	79	111
$125<d\leqslant280$	$20<b\leqslant40$	1.6	2.2	3.2	4.5	6.5	9.0	13	18	25	36	50	71	101
	$40<b\leqslant80$	1.8	2.6	3.6	5.0	7.5	10.0	15	21	29	41	58	82	117

对于同一齿轮的传递运动准确性、平稳性和载荷分布均匀性三项精度要求，根据齿轮传动在工作中的具体使用条件可以选用相同的精度等级，或者选用不同的精度等级的组合。

选择精度等级的主要依据是齿轮的用途和工作条件，应考虑齿轮的圆周速度、传递的功率、工作持续时间、传递运动准确性的要求、振动和噪声、承载能力、寿命等。选择精度等级的方法有类比法和计算法。

类比法按齿轮的用途和工作条件等进行对比选择。表 6－4 列出了齿轮某些精度等级应用范围，供参考。

表 6-4　齿轮某些精度等级的应用范围

精度等级		4 级	5 级	6 级	7 级	8 级	9 级
应用范围		极精密分度机构的齿轮，非常高速并要求平稳、无噪声的齿轮，高速涡轮机齿轮	精密分度机构的齿轮，高速并要求平稳、无噪声的齿轮，高速涡轮机齿轮	高速、平稳、无噪声、高效率的齿轮，航空、汽车、机床中的重要齿轮，分度机构齿轮，读数机构齿轮	高速、动力小而需逆转的齿轮，机床中的进给齿轮，航空齿轮，读数机构齿轮，具有一定速度的减速器齿轮	一般机器中的普通齿轮，汽车、拖拉机、减速器中的一般齿轮，航空器中的不重要齿轮，农机中的重要齿轮	精度要求低的齿轮
齿轮圆周速度(m/s)	直齿	<35	<20	<15	<10	<6	<2
	斜齿	<70	<40	<30	<15	<10	<4

资料来源：摘自 GB/T 10095.1—2008。

计算法主要用于精密齿轮传动系统。当精度要求很高时，可按使用要求计算出所允许的回转角误差，以确定齿轮传递运动准确性的精度等级，例如对于读数齿轮传动链就应该进行这方面的分析和计算。对于高速动力齿轮，可按其工作时最高转速计算出的圆周速度，或按允许的噪声大小，来确定齿轮平稳性的精度。对于重载齿轮，可在强度计算或寿命计算的基础上确定轮齿载荷分布均匀性的精度等级。

6.4.2　齿轮侧隙指标的极限偏差

1. *齿厚极限偏差的确定*

相互啮合齿轮的相邻非工作齿面间的侧隙是齿轮副装配后自然形成的。适当的侧隙可以通过改变齿轮副的中心距或齿轮轮齿的齿厚来实现。

齿厚上偏差根据齿轮副所需要的最小侧隙通过计算或类比确定。齿厚下偏差根据齿轮精度等级和加工齿轮时的径向进刀公差和几何偏心确定。齿轮精度等级和齿厚极限偏差确定后，齿轮副的最大侧隙自然形成。

(1)齿轮副的最小侧隙

侧隙通常在相互啮合齿轮齿面的法向平面或沿着啮合线测量，称为法向侧隙，可以用塞尺测量，如图 6-20 所示。

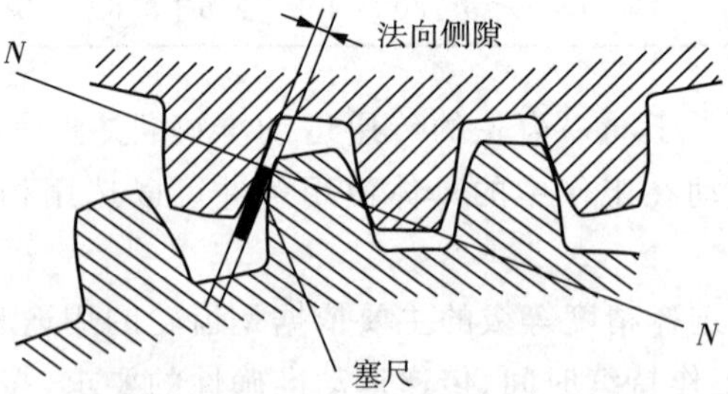

图 6-20　用塞尺测量法向侧隙

为了保证齿轮传动的灵活性，根据润滑和补偿热变形的需要，齿轮副必须具有一定的最小侧隙。在标准温度 20℃ 的条件下，齿轮副没有负载时，所需要的最小限度的法向侧隙称为最小法向侧隙 $j_{bn\,min}$，与齿轮精度等级无关。

最小法向侧隙 $j_{bn\,min}$ 根据齿轮副工作时，齿轮和箱体的工作温度、润滑方式及齿轮的圆周速度等工作条件确定，由以下两部分组成。

① 齿轮传动时补偿齿轮和箱体热变形所需的法向侧隙 j_{bn1}

法向侧隙 j_{bn1} 按下式确定：

$$j_{bn1}=a(\alpha_1\Delta t_1-\alpha_2\Delta t_2)\times 2\sin\alpha_n \tag{6-5}$$

式中：a——齿轮副的公称中心距；α_1 和 α_2——齿轮和箱体材料的热膨胀系数(℃$^{-1}$)；

Δt_1 和 Δt_2——齿轮温度 t_1 和箱体温度 t_2 分别相对于 20℃ 的变化量，即 $\Delta t_1=t_1-20$℃，$\Delta t_2=t_2-20$℃；

α_n——齿轮的标准压力角。

② 齿轮传动时正常润滑条件所需法向侧隙 j_{bn2}

法向侧隙 j_{bn2} 取决于润滑方法和齿轮的圆周速度，从表 6-5 中选取。

表 6-5　保证正常润滑条件所需的法向侧隙 j_{bn2}(推荐值)

润滑方式	齿轮的圆周速度 v(m/s)			
	≤10	>10～25	>25～60	>60
喷嘴润滑	$0.01m_n$	$0.02m_n$	$0.03m_n$	$(0.03\sim0.05)m_n$
油池润滑	$(0.005\sim0.01)m_n$			

表中：m_n——齿轮法向模数(mm)

齿轮副的最小法向侧隙为

$$j_{bnmin}=j_{bn1}+j_{bn2} \tag{6-6}$$

(2)齿厚上偏差的确定

齿厚上偏差 E_{sns} 即齿厚的最小减薄量，要保证齿轮副所需的最小法向侧隙 $j_{bn\,min}$，还要补偿齿轮和箱体制造和安装过程形成的误差所导致的侧隙减小量 J_{bn}。制造误差与相互啮合的两齿轮的基圆齿距偏差 f_{pb} 和螺旋线总偏差 f_β 相关；安装误差与箱体成对的轴承孔的公共轴线的平行度误差有关。

取齿轮标准压力角 $\alpha_n=20°$，侧隙减小量 J_{bn} 为

$$J_{bn}=\sqrt{1.76f_{pt}^2+[2+0.34(L/b)^2]F_\beta^2} \tag{6-7}$$

式中：f_{pt}——单个齿距极限偏差；L——箱体轴承跨距；b——齿宽；F——螺旋线总偏差允许值。

为了方便设计和计算，令齿轮副两个齿轮的齿厚上偏差相同，因此齿厚上偏差为

$$|E_{sns1}|=|E_{sns2}|=|E_{sns}|=\frac{j_{bn\,min}+J_{bn}}{2\cos\alpha}+f_a\tan\alpha_n \tag{6-8}$$

式中：$j_{bn\,min}$——最小法向侧隙；J_{bn}——侧隙减小量；α_n——标准压力角；f_a——中心距极限偏差。

(3)齿厚下偏差的确定

齿厚下偏差 E_{sni} 由齿厚上偏差 E_{sns} 和齿厚公差 T_{sn} 计算得到

$$E_{sni}=E_{sns}-T_{sn} \tag{6-9}$$

齿厚公差 T_{sn} 大小与齿轮切齿加工时的径向进刀公差 b_r 和齿轮径向跳动允许值 F_r 有关，齿厚公差 T_{sn} 为

$$T_{sn}=2\tan\alpha\sqrt{b_r^2+F_r^2} \tag{6-10}$$

式 6-11 中，径向进刀公差 b_r 的数值按表 6-6 选取，齿轮径向跳动允许值 F_r 的数值从表 6-7 中选取。

表 6-6　齿轮切齿加工时的径向进刀公差 b_r

齿轮传递运动准确性的精度等级	4 级	5 级	6 级	7 级	8 级	9 级
b_r	1.26IT7	IT8	1.26IT8	IT9	1.26IT9	IT10

注：标准公差值 IT 根据齿轮分度圆直径从表 2-5 查取。

表 6-7　圆柱齿轮径向跳动允许值 F_r

分度圆直径 d(mm)	法向模数 m_n(mm)	精度等级												
		0	1	2	3	4	5	6	7	8	9	10	11	12
$50<d\leqslant125$	$2.0<m_n\leqslant3.5$	2.5	4.0	5.5	7.5	11	15	21	30	43	61	86	121	171
	$3.5<m_n\leqslant6.0$	3.0	4.0	5.5	8.0	11	16	22	31	44	62	88	125	176
$125<d\leqslant280$	$2.0<m_n\leqslant3.5$	3.5	5.0	7.0	10	14	20	28	40	56	80	113	159	225
	$3.5<m_n\leqslant6.0$	3.5	5.0	7.0	10	14	20	29	41	58	82	115	163	231

资料来源：摘自 GB/T 10095.2—2008。

2. 公法线长度极限偏差的确定

公法线长度的上偏差 E_{ws} 和下偏差 E_{wi} 分别由齿厚的上偏差 E_{sns} 和下偏差 E_{sni} 换算得到。

外齿轮公法线长度偏差的换算公式如下：

$$\begin{aligned}E_{ws}&=E_{sns}\cos\alpha-0.72F_r\sin\alpha\\E_{wi}&=E_{sni}\cos\alpha+0.72F_r\sin\alpha\end{aligned} \tag{6-11}$$

模数、齿数和标准压力角相同的内齿轮的公称公法线长度和外齿轮长度相同，跨齿数相同。内齿轮的公法线长度极限偏差和外齿轮符号相反，即正、负号相反。

内齿轮公法线长度偏差的换算公式如下：

$$\begin{aligned}E_{ws}&=-E_{sni}\cos\alpha-0.72F_r\sin\alpha\\E_{wi}&=-E_{sns}\cos\alpha+0.72F_r\sin\alpha\end{aligned} \tag{6-12}$$

6.4.3　图样上齿轮精度等级的标注

当齿轮所有精度指标的公差(偏差允许值)同为某一精度等级时,图样上可标注该精度等级和标准号。例如同为 7 级时,可标注为

7　GB/T 10095.1—2008

当齿轮各个精度指标的公差(偏差允许值)的精度等级不同时,图样上可按齿轮传递运动准确性、齿轮传动平稳性和轮齿载荷分布均匀性的顺序分别标注它们的精度等级及带括号的对应偏差允许值的符号和标准号。例如:齿距累积总偏差允许值 F_p 和单给齿距偏差允许值 f_{pt}、齿廓总偏差允许值 F_α 均为 8 级,而螺旋线总偏差 F_β 为 7 级时,则标注为

$8(F_p、f_{pt}、F_\alpha)、7(F_\beta)$GB/T 10095.1—2008

或标注为　8-8-7　GB/T 10095.1—2008

按照 GB/T 6443—1986《渐开线圆柱齿轮图样上注明的尺寸数据》的规定,将齿厚(公法线长度)的极限偏差数值,注在图样右上角参数表中。

6.4.4　齿轮齿面和基准面的表面粗糙度轮廓要求

齿轮齿面粗糙度影响齿轮的传动精度、表面承载能力和弯曲强度,因此必须控制。齿轮齿面、盘形齿轮的基准孔、齿轮轴的轴颈、基准端面、径向找正用的圆柱面和作为测量齿厚基准点齿顶圆柱面的轮廓的算术平均偏差 Ra 的上限值,可按表 6-8 确定。

表 6-8　齿轮齿面和齿轮坯基准面的表面粗糙度轮廓幅度参数 Ra 上限值　单位:μm

齿轮精度等级	3	4	5	6	7	8	9	10
齿　面	≤0.63	≤0.63	≤0.63	≤0.63	≤1.25	≤5	≤10	≤10
盘形齿轮的基准孔	≤0.2	≤0.2	0.4~0.2	≤0.8	1.6~0.8	≤1.6	≤3.2	≤3.2
齿轮轴的轴颈	≤0.1	0.2~0.1	≤0.2	≤0.4	≤0.8	≤1.6	≤1.6	≤1.6
端面、齿顶圆柱面	0.2~0.1	0.4~0.2	0.8~0.4	0.8~0.4	1.6~0.8	3.2~1.6	≤3.2	≤3.2

注:齿轮的三项精度等级不同时,按最高精度等级确定。齿轮轴轴颈的值可按滚动轴承的公差等级确定。

6.4.5　圆柱齿轮精度设计

圆柱齿轮精度设计包括以下内容:确定齿轮精度等级;确定齿轮强制性检测精度指标的公差(偏差允许值);确定齿轮的侧隙指标及其极限偏差;确定齿面的表面粗糙度轮廓幅度参数及上限值;确定齿轮毛坯公差;此外,应包括确定齿轮副中心距的极限偏差和轴线的平行度公差。下面以两级直齿圆柱齿轮减速器为例进行圆柱齿轮精度设计。

例:两级直齿圆柱齿轮减速器,传动功率 6.91kW,高速轴(小齿轮)转速 $n_1=136$r/min,主、从动齿轮为标准直齿轮,采用油池润滑。模数 $m=2.5$mm,标准压力角 $\alpha=20°$,小齿轮和大齿轮的齿数分别为 $z_1=34$ 和 $z_2=104$,齿宽分别为 $b_1=95$mm 和 $b_2=85$mm,大齿轮基准孔的公称直径尺寸为 Ø65mm。齿轮材料为钢,线膨胀系数 $\alpha_1=11.5\times10^{-6}$℃$^{-1}$;箱体材料为铸铁,线膨胀系数 $\alpha_2=10.5\times10^{-6}$℃$^{-1}$;减速器工作时,齿轮温度增至 $t_1=45$℃和箱体

温度增至 $t_2=30$℃，箱体的跨距 $L=241$mm，中心距极限偏差 $f_a=31.5\mu$m。对大齿轮进行精度设计，确定齿轮中心距的极限偏差和两轴线的平行度公差，并将各项技术要求标注到齿轮零件图上和箱体零件图上。

解：

(1)确定齿轮的精度等级

小齿轮的分度圆直径 $d_1=mz_1=2.5\times34=852$mm

大齿轮的分度圆直径 $d_2=mz_2=2.5\times104=260$mm

公称中心距 $a=(d_1+d_2)/2=(260+85)/2=172.5$mm

齿轮圆周速度 $v=\pi d_1 n_1=3.14\times34\times136/1000=14.52$ m/min$=0.24$ m/s

参考通用减速器齿轮及精度等级，根据齿轮圆周速度，确定齿轮传动准确性、传动平稳性和载荷分布均匀性的精度等级分别为 8 级、8 级和 7 级。为此，将该齿轮精度等级在图样上的标注为

8.8.7　GB/T 10095.1—2008

(2)确定齿轮强制性精度指标的公差(允许值)

查表 7-3，大齿轮的强制性精度指标的公差(偏差允许值)为：齿距累积总公差 $F_p=70\mu$m，单个齿距极限偏差 $\pm f_{pt}=\pm18\mu$m，齿廓总公差 $F_\alpha=25\mu$m，螺旋线总公差 $F_\beta=21\mu$m。

(3)确定公称齿厚及其极限偏差

按公式 6-1 计算分度圆上的公称弦齿高：

$$h_{nc}=r_a-\frac{mz}{2}\cos\left(\frac{\pi+4x\tan\alpha}{2z}\right)=132.5-\frac{2.5\times104}{2}\cos\left(\frac{180^\circ}{2\times104}\right)\approx2.50\text{mm}$$

按公式 6-2 计算分度圆上的公称弦齿厚：

$$s_{nc}=mz\sin\left(\frac{\pi+4x\tan\alpha}{2z}\right)=2.5\times104\sin\left(\frac{180^\circ}{2\times104}\right)=3.93\text{mm}$$

确定齿厚极限偏差时，首先确定齿轮副所需的最小法向间隙 $j_{bn\,min}$，减速器标准温度条件(20℃)下开始工作，齿轮温度上升 $t_1=25$℃，箱体温度上升 $t_2=10$℃。

由式 6.8 确定补偿热变形所需要的侧隙：

$$\begin{aligned}j_{bn1}&=a(\alpha_1\Delta t_1-\alpha_2\Delta t_2)\times2\sin\alpha\\&=172.5\times(11.5\times25-10.5\times10)\times10^{-6}\times2\sin20^\circ\\&=0.022\text{mm}\end{aligned}$$

减速器采用油池润滑，由表 6-5 查得保证正常润滑所需的侧隙：

$$j_{bn2}=0.01m_n=0.01\times2.5=0.025\text{mm}$$

因此最小法向间隙为 $j_{bn\,min}=j_{bn1}+j_{bn2}=0.022+0.025=0.049$mm

确定补偿齿轮和箱体的制造及安装误差引起侧隙减小量 j_{bn}。箱体轴承跨距 241mm。

$$J_{bn}=\sqrt{1.76f_{pt}^2+[2+0.34\,(L/b)^2]F_\beta^2}$$

$$=\sqrt{1.76\times18^2+[2+0.34\times(241/85)^2]\times21^2}$$

$$=51.6\mu m$$

令大小齿轮齿厚上偏差相同，按式 6 - 9 计算大齿轮齿厚上偏差为

$$E_{sns2}=-\left(\frac{j_{bnmin}+J_{bn}}{2\cos\alpha}+f_a\tan\alpha\right)=-\left(\frac{49+51.55}{2\cos 20^\circ}+31.5\tan 20^\circ\right)=-65\mu m$$

表 6 - 7 查得齿轮径向跳动公差 $F_r=56\mu m$，从表 6 - 6 查取切齿径向进刀公差

$$b_r=1.26IT9=1.26\times130=163.8\mu m$$

因此齿厚公差按式 6 - 11 为：

$$T_{sn2}=2\tan\alpha\sqrt{b_r^2+F_r^2}=2\tan 20^\circ\sqrt{56^2+163.8^2}=126\mu m$$

齿厚下偏差

$$E_{sni2}=E_{sns2}-T_{sn2}=(-65)-126=-191\mu m$$

(4)确定公称法向公法线长度及其偏差

若用公法线长度极限偏差控制齿轮副侧隙，则公差弦齿厚及其上、下极限偏差和公称弦齿厚不在图样上标注。

跨齿数对于标准直齿圆柱齿轮($x=0$)时的跨齿数 k 按下式计算：

$$k=\frac{z_2\alpha_n}{180^\circ}+0.5=z_2/9+0.5=104/9+0.5\approx12$$

公法线长度

$$W=m\cos\alpha[\pi(k-0.5)+z_2\cdot inv\alpha]+2\chi m\sin\alpha$$

$$=2.5\cos20^\circ[3.14\times(12-0.5)+104\times0.014904]$$

$$=88.516mm$$

确定公法线长度的上、下偏差为

$$E_{ws2}=E_{sns2}\cos\alpha-0.72F_r\sin\alpha=(-65\cos 20^\circ)-0.72\times56\times\sin 20^\circ=-76\mu m$$

$$E_{wi2}=E_{sni2}\cos\alpha+0.72F_r\sin\alpha=(-191\cos 20^\circ)+0.72\times56\times\sin 20^\circ=-166\mu m$$

根据计算结果，图样上的标注为$88.516_{-0.166}^{-0.076}$mm。

(5)确定大齿轮齿面的表面粗糙度轮廓的幅度参数及上限值

按齿轮精度要求，由表 6 - 8 查得齿轮齿面的表面粗糙度轮廓的幅度参数 Ra 上限值为 1.25μm。

大齿轮零件图如图 6 - 21 所示。

大齿轮的技术参数见表 6 - 9 所列。

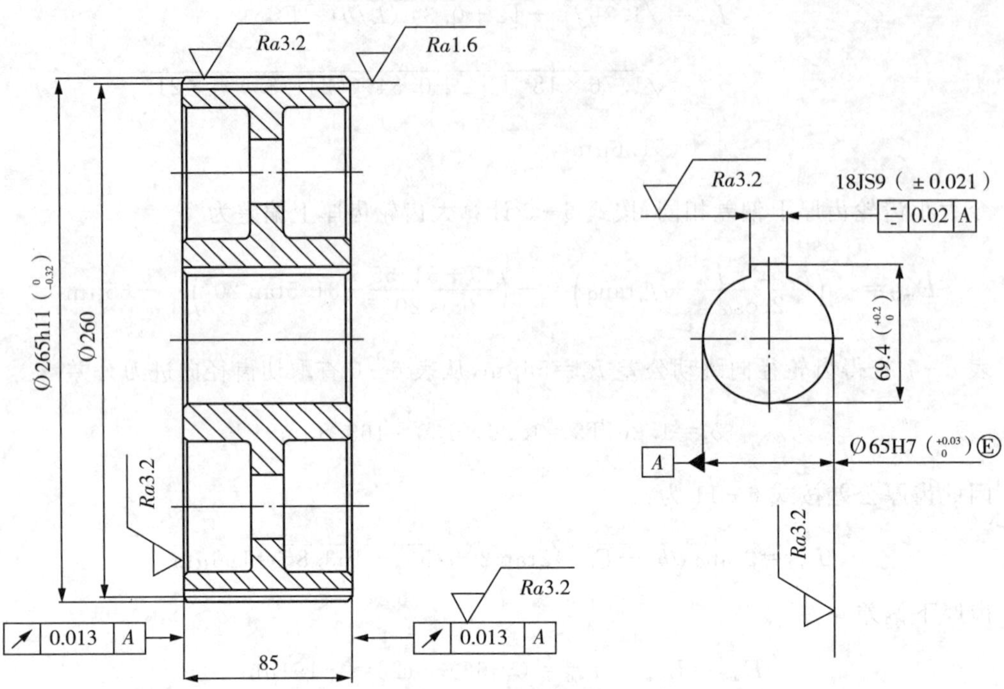

图 6-21　齿轮零件图

表 6-9　大齿轮的技术参数　　单位:mm

模数		m	2.5
齿数		z_2	85
标准压力角		α_n	20°
变位系数		x	0
螺旋角		β	0°
精度等级		8-8-7 GB/T 10095.1—2008	
齿距累积总偏差允许值		F_p	0.07
单个齿距偏差允许值		$\pm f_{pt}$	±0.018
齿廓总偏差允许值		F_α	0.025
螺旋线总偏差允许值		F_β	0.021
公法线长度	跨齿数	k	12
	公称值及极限偏差	$W^{+E_{ws}}_{+E_{wi}}$	$88.516^{-0.076}_{-0.166}$

习题 6

6-1　试述对齿轮传动的四项使用要求。不同用途不同工作条件下的齿轮的使用要求的侧重点有什么不同？试举例说明。

6-2　在滚齿机上滚齿加工齿轮，被切齿轮存在几何偏心和运动偏心，对齿轮传递运动准确性有什么影响？并说明原因。

6-3　GB/T 10095.1—2008 规定的齿轮强制性检测精度指标有哪些？试述它们的名称和符号。

6-4　什么是齿距累积总偏差、齿距累积偏差、单个齿距偏差？分别是评定齿轮哪一项精度要求的强制性检测精度指标？各项指标的合格条件是什么？

6-5　什么是齿廓总偏差？根据测量得到的渐开线齿廓偏差记录图形，如何确定齿廓总偏差的数值？

6-6　什么是螺旋线总偏差？根据测量得到的螺旋线偏差记录图形，如何确定螺旋线总偏差的数值？

6-7　试述齿轮的侧隙指标中的齿厚偏差和公法线长度偏差的定义？侧隙指标的合格条件是什么？

6-8　GB/T 10095.1、2—2008 对单个渐开线圆柱齿轮的精度如何规定的？齿轮精度等级如何选择？图样上齿轮精度等级如何标注？

6-9　齿轮副所需要的最小侧隙如何确定？最小侧隙大小与齿轮精度等级是否有关？

6-10　有一直齿轮，齿数 $z=40$，模数 $m=4$mm，齿宽 $b=30$mm，压力角 $\alpha=20$℃，其精度标注为 6GB/T 10095.1—2008，查出下列项目公差值：

(1)单个齿距偏差 f_{pt}；(2)齿距累计总偏差 F_p；(3)齿廓总偏差 F_α；(4)螺旋线总偏差 F_β。

6-11　齿轮减速器中相互啮合的直齿圆柱齿轮的模数 $m=3$mm，标准压力角 $\alpha=20°$，变位系数为零，小齿轮齿数 $z_1=25$，齿宽 $b_1=75$mm，大齿轮齿数 $z_2=74$，齿宽 $b_2=70$mm，传递功率 7kW，基准孔直径分别为 $d_1=Ø40$mm 和 $d_2=Ø55$mm。主动齿轮转速 $n_1=1280$r/min。采用油池润滑。工作时受热引起温度升高，要求最小侧隙 0.21mm。试确定：

(1)大、小齿轮的精度等级；

(2)大、小齿轮的应检精度指标的公差或极限偏差；

(3)大、小齿轮齿厚的极限偏差；

(4)大、小齿轮公称公法线长度及相应的跨齿数、极限偏差；

(5)大、小齿轮的齿轮坯公差；

(6)大、小齿轮齿面的表面粗糙度轮廓幅度参数及其允许值；

(7)画出小齿轮的零件图，并将上述技术要求标注在齿轮零件图上。

6-12　某7级精度直齿圆柱齿轮的模数 $m=5$mm，齿数 $z=12$，标准压力角 $\alpha=20$℃。该齿轮加工后采用绝对法测量各个左齿面齿距偏差，测量数据（指示表示值）列于表6-10。试处理这些数据，确定该齿轮的齿距累积总偏差和单个齿距偏差，并判断它们合格与否。

表6-10　左齿面齿距偏差数据

齿距序号	p_1	p_2	p_3	p_4	p_5	p_6	p_7	p_8	p_9	p_{10}	p_{11}	p_{12}
理论累计齿距角	30°	60°	90°	120°	150°	180°	210°	240°	270°	300°	330°	360°
指示表示值 μm	+6	+10	+16	+20	+16	+6	−1	−6	−8	−10	−4	0

（注：$F_p=50\mu m$，$\pm f_{pt}=\pm 20\mu m$）

6-13　某8级精度直齿圆柱齿轮的模数 $m=5$mm，齿数 $z=12$，标准压力角 $\alpha=20$℃。该齿轮加工后采用相对法测量各个右齿面齿距偏差，测量数据（指示表示值）列于表6-11。试处理这些数据，确定该齿轮的齿距累积总偏差和单个齿距偏差，并判断它们合格与否。

表6-11　右齿面齿距偏差数据

齿距序号	p_1	p_2	p_3	p_4	p_5	p_6	p_7	p_8	p_9	p_{10}	p_{11}	p_{12}
指示表示值 μm	0	+8	+12	−4	−12	+20	+12	+16	0	+12	+12	−4

（注：$F_p=50\mu m$，$\pm f_{pt}=\pm 20\mu m$）

第 7 章　键和花键的互换性

键是一种常用的标准零件，其一半嵌在轴上的槽里（如图 7－1 所示），另一半嵌在安装于轴上的零件（如：齿轮、皮带轮、手轮、拨叉等）的孔槽里。用键使轴和轴上零件结合在一起的联结为键联结。键联结和花键联结广泛应用于轴和轴上传动件的连接，用以传递转矩和运动，需要时也可用作轴上传动件的导向，特殊场合还能起到定位和保证安全的作用。键联结和花键联结属于可拆联结，常用于需要经常拆卸和便于装配的场合，本章将介绍键和花键联结的公差与配合。

本章引用和参考的相关国家标准有：

① GB/T 1096—2003《普通型　平键》；

② GB/T 1097—2003《导向型　平键》；

③ GB/T 1099.1—2003《普通型　半圆键》；

④ GB/T 1095—2003《平键　键槽的剖面尺寸》；

⑤ GB/T 1096—2003（ISO 6413：1988）《普通型　平键》；

⑥ GB/T 1144—2001（neq ISO 14：1982）《矩形花键尺寸、公差和检验》；

⑦ GB/T 1184—1996（eqv ISO 2768－2：1989）《形状和位置公差　未注公差值》；

⑧ GB/T 1800.1—2020（ISO 286－1：2010，MOD）《产品几何技术规范（GPS）　线性尺寸公差 ISO 代号体系　第 1 部分：公差、偏差和配合的基础》。

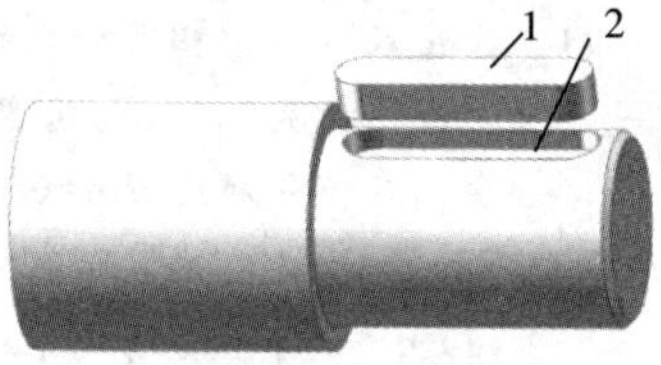

1—键；2—键槽。

图 7－1　键和键槽

7.1　概　　述

键的种类见表 7－1 所列，可分为平键、半圆键、楔形键等几种，其中平键应用最为广泛，键的两侧面是工作面，工作时，靠键同键槽侧面的挤压来传递扭矩。键的上表面和轮毂的键槽底面则留有间隙。平键联结具有结构简单、装拆方便、对中性好等优点。它又分为普通平键、薄型平键、导向平键，其中普通平键和薄型平键用于静联结，导向平键用于动联结。

普通平键按构造可分为圆头（A 型）、平头（B 型）及单圆头（C 型）三种。圆头平键（A 型）安装在轴上用键槽铣刀铣出的键槽中，键在键槽中轴向固定良好。缺点是键的头部侧面与轮毂上的键槽并不接触，因而键的圆头部分不能充分利用，而且轴上键槽端部的应力集中较大。平头平键（B 型）安装在用盘铣刀铣出的键槽中，因而避免了上述缺点，但对于尺寸较大的键，需要用紧定螺钉固定在键槽中以防松动。单圆头平键（C 型）则常用于轴端与毂类零件的联结。

当被联结的毂类零件在工作中必须在轴上作轴向移动时，则需采用导向平键。导向平键是一种较长的平键，可分为 A 型和 B 型两种。

表 7-1　单键、花键的种类

类型		图形	类型		图形
平键	普通平键	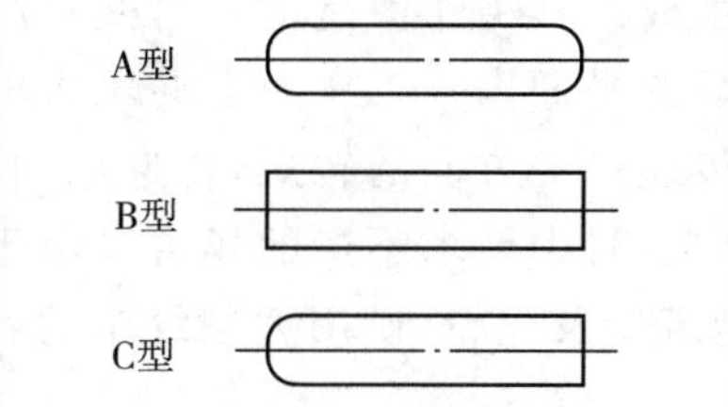	半圆键		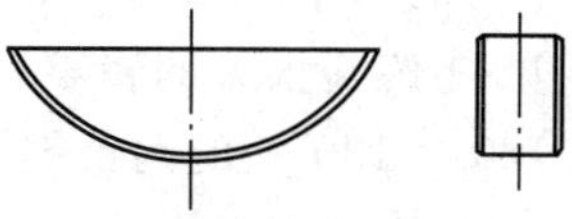
	导向平键	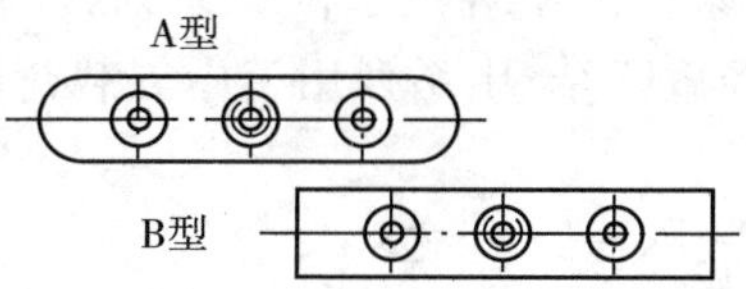	楔键	普通楔键	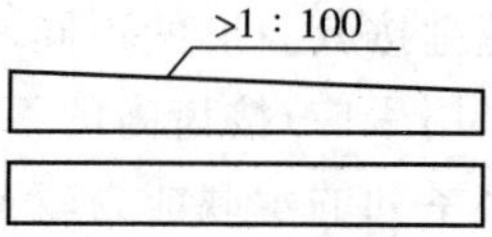
				钩头楔键	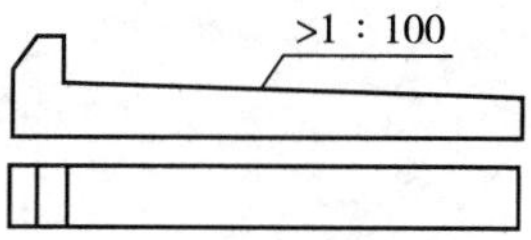
	薄型平键	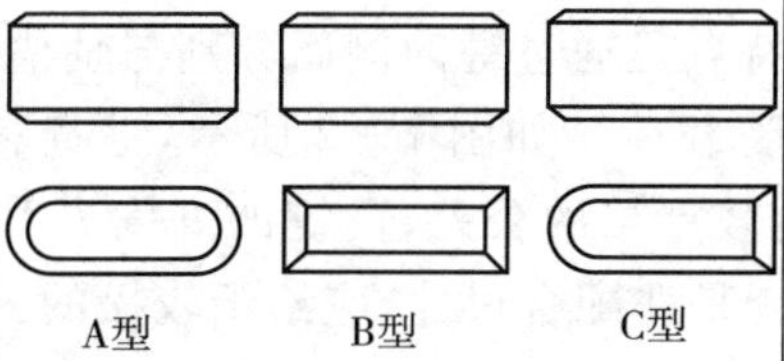		切向键	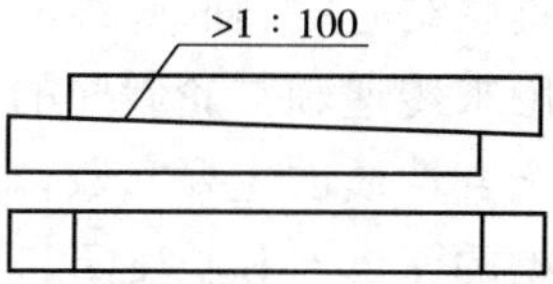
花键	矩形花键	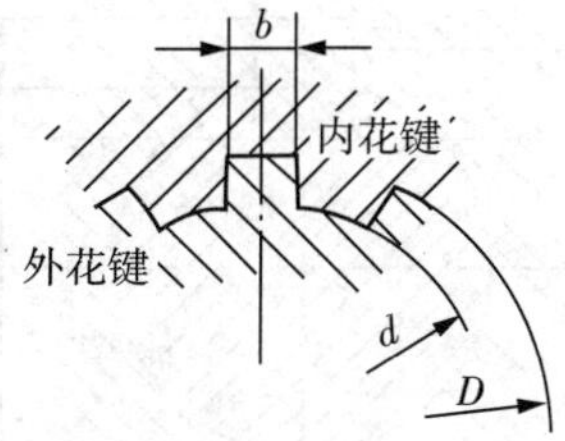	渐开线花键		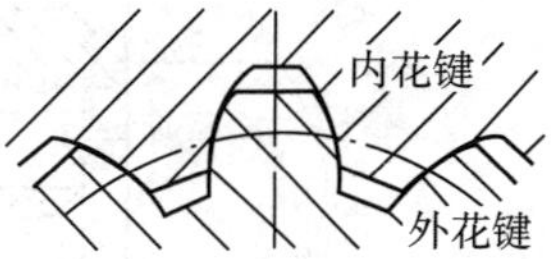
			三角花键		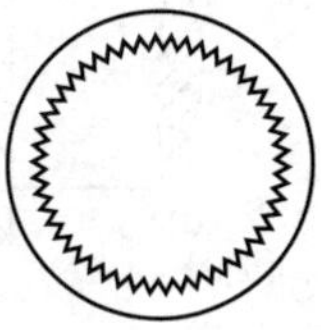

薄型平键与普通平键的主要区别是键的高度为普通平键的 60%～70%，也分圆头（A 型）、平头（B 型）和单圆头（C 型）三种形式，但传递转矩的能力较低，常用于薄壁结构、空心轴及一些径向尺寸受限制的场合。

半圆键的侧面为工作面，键能在轴上的键槽中绕其圆心摆动，以适应轮毂上键槽的斜度。这种键的优点是工艺性较好、安装方便，常用于锥形轴端与轮毂的联结；缺点是轴上键槽较深，对轴的强度削弱较大，故一般只用于轻载静联结中。

楔键可分为普通楔键、钩头楔键和切向键三类。普通楔键和钩头楔键的上、下表面为工作面，两侧面为非工作面，键的上表面和与它相配合的轮毂键槽底面均有 1∶100 的斜度。工作时，键的上下两工作面分别与轮毂和轴的键槽工作面压紧，靠其摩擦力和挤压传递扭矩,同时还可以承受单向的轴向载荷,对轮毂起到单向的轴向固定作用。缺点是键楔紧后,轴和轮毂的配合产生偏心和倾斜,因此主要用于毂类零件的定心精度要求不高和低转速的场合。而切向键由一对斜度为 1∶100 的楔键组成。其工作面是由一对楔键沿斜面拼合后相互平行的两个窄面,其中之一面在通过轴心线的平面内。工作面上的压力沿轴的切线方向作用,能传递很大的转矩。一个切向键只能传递一个方向的转矩,传递双向转矩时,须用互成 120°～130°角的两个键。主要用于载荷很大,对中要求不严的场合。由于键槽对轴削弱较大,常用于直径大于100mm的轴上,如大型带轮及飞轮,矿用大型绞车的卷筒及齿轮等与轴的联结。

花键按其齿形的不同,可以分为矩形花键、渐开线花键和三角形花键等几种,其中矩形花键应用最广,按齿高的不同,其齿形尺寸在国家标准中规定了两个系列,即轻系列和中系列。轻系列的承载能力较差,多用于静联结或轻载联结;中系列用于中等载荷的联结。

7.2　键联结的公差与配合

7.2.1　键联结配合尺寸的公差与配合

键联结是键、轴、轮毂三个零件的结合,其特点是通过键的侧面分别与轴槽、轮毂槽的侧面接触来传递轴与轮毂间的运动和转矩,并承受载荷。如图 7－2 所示,键宽和键槽宽 b 是决定配合性质的主要参数,即配合尺寸,应规定较严格的公差;而键的高度 h 和长度 L 以及轴键槽的深度 t_1 和长度 L、轮毂键槽的深度 t_2 皆是非配合尺寸,应给予较松的公差。

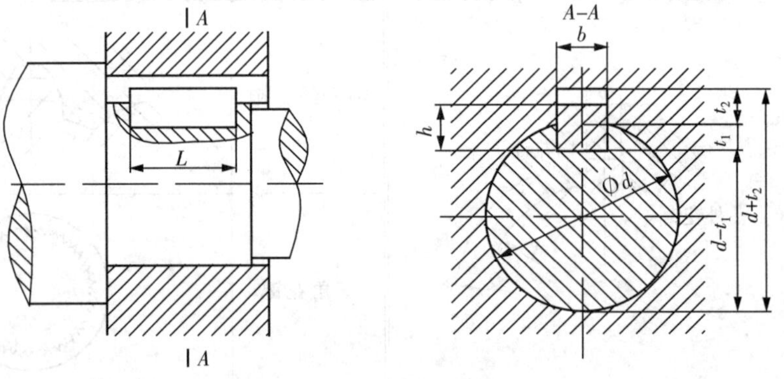

图 7－2　普通平键联结

7.2.2　键联结的精度设计与标注

1. 普通平键和键槽配合尺寸的公差带和配合种类

普通平键联结中的键是用标准型钢制造的标准件。在键宽与键槽宽的配合中,键宽相当于轴,键槽宽相当于孔,两者间的配合采用基轴制。GB/T 1095—2003 规定的键宽和键槽宽的公差带均根据 GB/T 1801—2009《产品几何技术规范(GPS)极限与配合　公差带和配合的选择》选取,如图 7－3 所示,对键宽规定了一种公差带 h8,对轴槽宽和轮毂槽宽各规定了三种公差带,构成三类配合,即松联结、正常联结和紧密联结,以满足不同用途的需要。它们的应用可参考表 7－2。

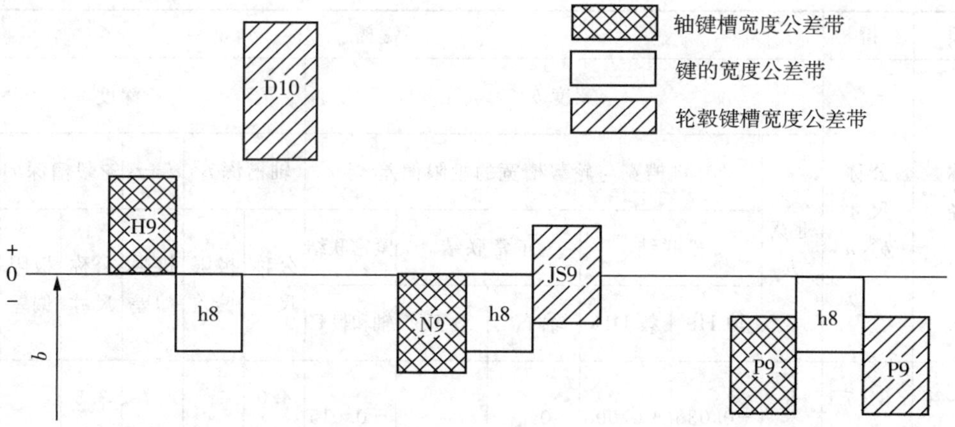

图 7-3　普通平键宽度和键槽宽度 b 的公差带图

表 7-2　普通平键联结的三类配合及应用

<table>
<tr><th rowspan="2">配合类型</th><th colspan="3">宽度 b 的公差带</th><th rowspan="2">应用场合</th></tr>
<tr><th>键</th><th>轴键槽</th><th>轮毂键槽</th></tr>
<tr><td>松联结</td><td rowspan="3">h8</td><td>H9</td><td>D10</td><td>用于导向平键，轮毂在轴上移动</td></tr>
<tr><td>正常联结</td><td>N9</td><td>JS9</td><td>键在轴和轮毂中均固定，用于载荷不大的场合</td></tr>
<tr><td>紧密联结</td><td>P9</td><td>P9</td><td>键在轴和轮毂中均牢固地固定，主要用于载荷较大、有冲击和双向转矩的场合</td></tr>
</table>

2. 普通平键和键槽非配合尺寸的公差带

普通平键高度 h 的公差带一般采用 h11，平键长度 L 的公差带采用 h14(GB/T 1096—2003)；轴键槽长度 L 的公差带采用 H14(GB/T 1095—2003)。GB/T 1095—2003 还对轴键槽深度 t_1 和轮毂键槽深度 t_2 的极限偏差做了专门规定，为了便于测量，在图样上对轴键槽深度和轮毂键槽深度分别标注“$d-t_1$”和“$d+t_2$”，其极限偏差见表 7-3 所列。

表 7-3　普通平键、键槽剖面尺寸及键槽公差

<table>
<tr><th>轴颈</th><th>键</th><th colspan="12">键槽</th></tr>
<tr><th rowspan="4">公称
直径
d</th><th rowspan="4">公称
尺寸
b×h</th><th colspan="6">宽度 b</th><th colspan="6">深度</th></tr>
<tr><th rowspan="3">键宽
b</th><th colspan="5">键槽宽与轮毂槽宽的极限偏差</th><th colspan="2">轴槽深 t_1</th><th>$d-t_1$</th><th colspan="2">轮毂槽深 t_2</th><th>$d+t_2$</th></tr>
<tr><th colspan="2">松联结</th><th colspan="2">正常联结</th><th>紧密联结</th><th rowspan="2">公称
尺寸</th><th rowspan="2">极限
偏差</th><th rowspan="2">极限
偏差</th><th rowspan="2">公称
尺寸</th><th rowspan="2">极限
偏差</th><th rowspan="2">极限
偏差</th></tr>
<tr><th>轴 H9</th><th>毂 D10</th><th>轴 N9</th><th>毂 JS9</th><th>轴和毂 P9</th></tr>
<tr><td>68</td><td>2×2</td><td>2</td><td rowspan="2">+0.025
0</td><td rowspan="2">+0.060
+0.020</td><td rowspan="2">−0.004
−0.029</td><td rowspan="2">±0.0125</td><td rowspan="2">−0.006
−0.031</td><td>1.2</td><td rowspan="5">+0.1
0</td><td rowspan="5">0
−0.1</td><td>1.0</td><td rowspan="5">+0.1
0</td><td rowspan="5">+0.1
0</td></tr>
<tr><td>>8～10</td><td>3×3</td><td>3</td><td>1.8</td><td>1.4</td></tr>
<tr><td>>10～12</td><td>4×4</td><td>4</td><td rowspan="3">+0.030
0</td><td rowspan="3">+0.078
+0.030</td><td rowspan="3">0
−0.030</td><td rowspan="3">±0.015</td><td rowspan="3">−0.012
−0.042</td><td>2.5</td><td>1.8</td></tr>
<tr><td>>12～17</td><td>5×5</td><td>5</td><td>3.0</td><td>2.3</td></tr>
<tr><td>>17～22</td><td>6×6</td><td>6</td><td>3.5</td><td>2.8</td></tr>
</table>

（续表）

轴颈	键	键槽											
公称直径 d	公称尺寸 $b\times h$	宽度 b						深度					
		键宽 b	键槽宽与轮毂槽宽的极限偏差					轴槽深 t_1		$d-t_1$	轮毂槽深 t_2		$d+t_2$
			松联结		正常联结		紧密联结	公称尺寸	极限偏差	极限偏差	公称尺寸	极限偏差	极限偏差
			轴 H9	毂 D10	轴 N9	毂 JS9	轴和毂 P9						
>22～30	8×7	8	+0.036 0	+0.098 +0.040	0 −0.036	±0.018	−0.015 −0.051	4.0	+0.2 0	0 −0.2	3.3	+0.2 0	+0.2 0
>30～38	10×8	10						5.0			3.3		
>38～44	12×8	12	+0.043 0	+0.012 +0.050	0 −0.043	±0.0215	−0.018 −0.061	5.0			3.3		
>44～50	14×9	14						5.5			3.8		
>50～58	16×10	16						6.0			4.3		
>58～65	18×11	18						7.0			4.4		
>65～75	20×12	20	+0.052 0	+0.149 +0.065	0 −0.052	±0.026	−0.022 −0.074	7.5			4.9		
>75～85	22×14	22						9.0			5.4		
>85～95	25×14	25						9.0			5.4		
>95～110	28×16	28						10.0			6.4		

3. 键槽的几何公差

为保证键侧与键槽之间有足够的接触面积且容易装配，需要对轴键槽两侧面的中心平面对轴的基准轴线和轮毂键槽两侧面的中心平面对孔的基准轴线的对称度公差做出规定。根据不同功能要求，该对称度公差与键槽宽度公差的关系以及与孔、轴尺寸公差的关系可采用独立原则，或者采用最大实体要求。对称度公差等级可按 GB/T 1184—1996 取 7～9 级。当普通平键的长度和宽度之比（L/b）大于或等于 8 时，可规定普通平键两侧面在长度方向上的平行度公差。此平行度公差等级可按 GB/T 1184—1996 选取：当 $b\leqslant 6$mm 时取为 7 级；当 b 为 8～36mm 时取为 6 级；当 $b\geqslant 40$mm 时取为 5 级。

4. 键槽的表面粗糙度轮廓要求

键槽宽度 b 两侧面的粗糙度轮廓幅度参数 Ra 的上限值一般取为 1.6～3.2μm，键槽底面的 Ra 的上限值一般取为 6.3μm。

5. 普通平键键槽尺寸和公差在图样上的标注

轴键槽和轮毂键槽的剖面尺寸及其公差带、键槽的几何公差和表面粗糙度轮廓要求，所采用的公差原则在图样上的标注分别如图 7－4 所示。

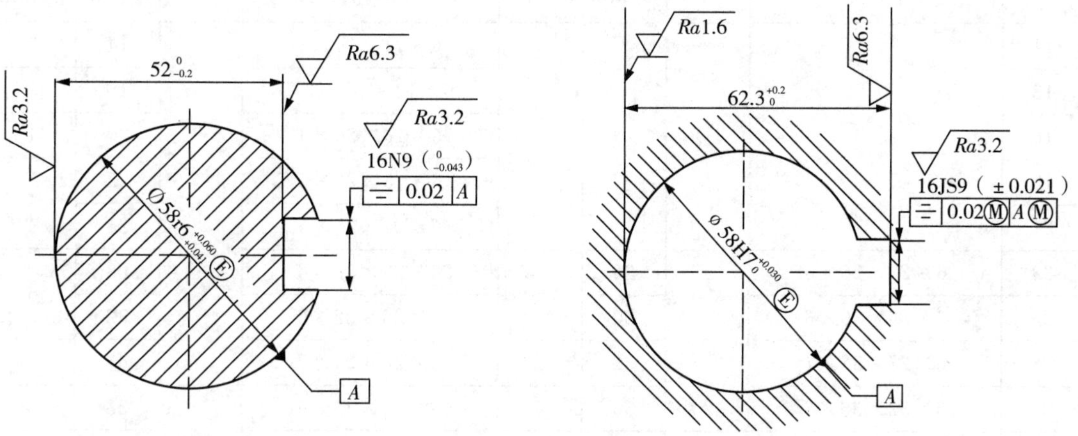

（a）对称度公差采用独立原则　　（b）对称度公差采用最大实体要求

图 7－4　键槽尺寸和公差标注示例

7.3　花键联结的公差与配合

7.3.1　花键尺寸参数和定心方式

1. 矩形花键的主要尺寸

GB/T 1144—2001 规定矩形花键的主要尺寸有大径 D、小径 d、键宽或键槽宽 B，如图 7－5所示。国标规定键数 N 为偶数，有 6，8，10 三种，以便于加工和检验。按承载能力的不同，分为轻、中两个系列。中系列的键高尺寸较大，承载能力较强；轻系列的键高尺寸较小，承载能力相对较低。矩形花键基本尺寸系列见表 7－4 所列。

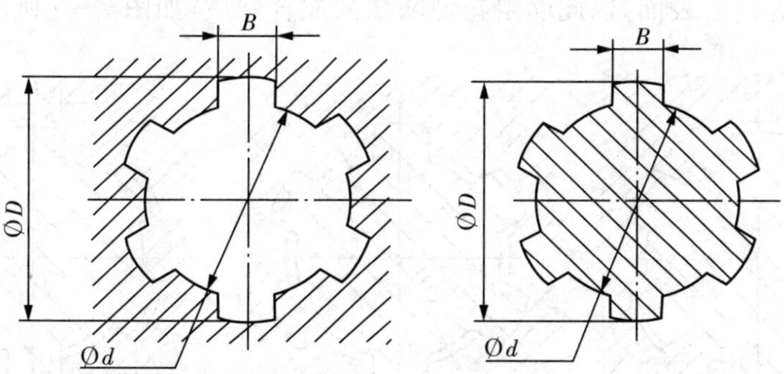

（a）内花键（孔）　　（b）外花键（轴）

图 7－5　矩形花键的主要尺寸

表 7-4　矩形花键基本尺寸系列

小径 d/mm	轻系列				中系列			
	规格 $N\times d\times D\times B$	键数 N	大径 D/mm	键宽 B/mm	规格 $N\times d\times D\times B$	键数 N	大径 D/mm	键宽 B/mm
11	—	—	—	—	6×11×14×3	6	14	3
13					6×13×16×3.5		16	3.5
16					6×16×20×4		20	4
18					6×18×22×5		22	5
21					6×21×25×5		25	
23	6×23×26×6	6	26	6	6×23×28×6		28	6
26	6×26×30×6		30		6×26×32×6		32	
28	6×28×32×7		32	7	6×28×34×7		34	7
32	6×32×36×6		36	6	8×32×38×6	8	38	6
36	8×36×40×7	8	40	7	8×36×42×7		42	7
42	8×42×46×8		46	8	8×42×48×8		48	8
46	8×46×50×9		50	9	8×46×54×9		54	9
52	8×52×58×10		58	10	8×52×60×10		60	10
56	8×56×62×10		62		8×56×65×10		65	
62	8×62×68×12		68	12	8×62×72×12		72	12
72	10×72×78×12	10	78		10×72×82×12	10	82	
82	10×82×88×12		88		10×82×92×12		92	
92	10×92×98×14		98	14	10×92×102×14		102	14

2. 矩形花键联结的定心方式

由于花键联结具有大径、小径和键侧面 3 个结合面，如果要求这 3 个结合面都有很高的加工精度是很困难的，而且也无必要。为了简化花键的加工工艺，通常是在上述 3 个结合表面中选取一个作为定心表面，以此确定花键联结的配合性质，如图 7-6 所示。

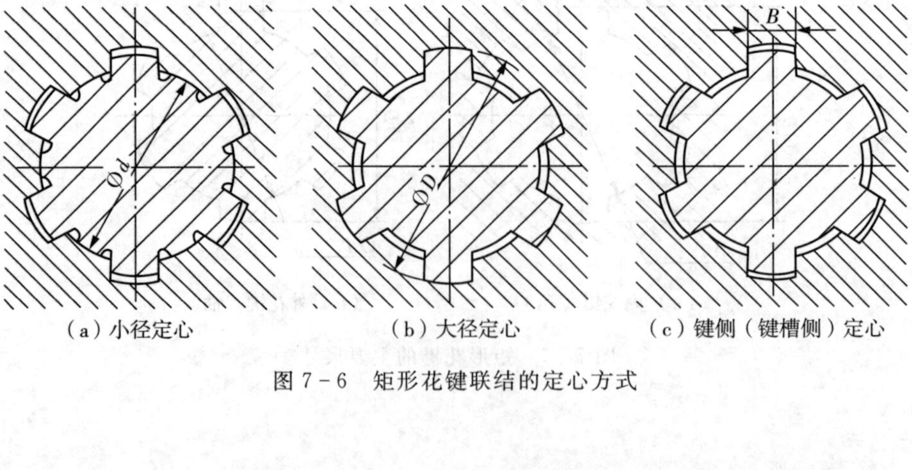

(a) 小径定心　　(b) 大径定心　　(c) 键侧（键槽侧）定心

图 7-6　矩形花键联结的定心方式

在实际生产中，大批量生产的花键孔主要采用拉削方式加工，花键孔的加工质量由拉刀来保证。如果采用大径定心，生产中当花键孔要求较高的硬度时，热处理后花键孔的变形就很难用拉刀进行修正；另外当花键联结要求较高的定心精度和表面粗糙度轮廓时，拉削工艺也很难保证加工质量要求。如果采用小径定心，其优点是：

① 热处理后的花键孔小径变形可通过内圆磨削进行修复，使其具有较高的尺寸及形状精度和更小的表面粗糙度轮廓值；同时花键轴的小径也可通过成形磨削，达到所要求的精度。

② 高精度的小径可作为传动或其他加工的基准，有利于提高零件整体的质量，降低机器的震动和噪声。由于可用热处理后精加工工艺，或直接采用硬度与强度高的优质钢或优质合金材料制造零件，从而提高机器产品的使用寿命。

③ 有利于齿轮精度标准的实施。花键联结常用于齿轮传动装置，齿轮内孔很多时候是加工、安装的基准孔。7～8 级齿轮的孔径公差等级为 IT7，轴径公差等级为 IT6；6 级齿轮的孔径公差等级为 IT6，轴径公差等级为 IT5；5 级齿轮的孔径公差等级为 IT5，轴径公差等级为 IT4。这样高精度的基准，只有采用小径定心才有相应的工艺保证。国标规定采用小径定心。非定心直径表面之间有相当大的间隙，以保证它们不接触。键和键槽两侧面的宽度应具有足够的精度，以传递转矩和起导向作用。

7.3.2　花键联结的精度设计与标注

1. 矩形花键联结的公差与配合

矩形花键联结按精度高低可分为一般用途和精密传动使用两种。为减少花键拉刀和花键塞规的品种、规格，国标规定矩形花键采用基孔制，其公差配合的选择可参照表 7-5。

表 7-5　矩形花键的尺寸公差带

<table>
<tr><th colspan="4">内花键</th><th colspan="3">外花键</th><th rowspan="3">装配型式</th></tr>
<tr><th rowspan="2">d(小径)</th><th rowspan="2">D(大径)</th><th colspan="2">B(键槽宽)</th><th rowspan="2">d(小径)</th><th rowspan="2">D(大径)</th><th rowspan="2">B(键槽宽)</th></tr>
<tr><th>拉削后
不热处理</th><th>拉削后
热处理</th></tr>
<tr><td colspan="8">一般使用</td></tr>
<tr><td rowspan="3">H7</td><td rowspan="3">H10</td><td rowspan="3">H9</td><td rowspan="3">H11</td><td>f7</td><td rowspan="3">a11</td><td>d10</td><td>滑动</td></tr>
<tr><td>g7</td><td>f9</td><td>紧滑动</td></tr>
<tr><td>h7</td><td>h10</td><td>固定</td></tr>
<tr><td colspan="8">精密传动使用</td></tr>
<tr><td rowspan="3">H5</td><td rowspan="6">H10</td><td colspan="2" rowspan="6">H7、H9</td><td>f5</td><td rowspan="6">a11</td><td>d8</td><td>滑动</td></tr>
<tr><td>g5</td><td>f7</td><td>紧滑动</td></tr>
<tr><td>h5</td><td>h8</td><td>固定</td></tr>
<tr><td rowspan="3">H6</td><td>f6</td><td>d8</td><td>滑动</td></tr>
<tr><td>g6</td><td>f7</td><td>紧滑动</td></tr>
<tr><td>h6</td><td>h8</td><td>固定</td></tr>
</table>

资料来源：摘自 GB/T 1144—2001。

注：①精密传动使用的内花键，当需要控制键侧配合间隙时，键宽可选 H7，一般情况下选用 H9；

② 小径 d 为 H6 和 H7 的内花键，允许与提高一级的外花键配合。

2. 矩形花键联结的公差与配合的选用

通过改变外花键的小径和外花键的键宽的尺寸公差带可形成不同的配合性质。按装配型式可分为滑动、紧滑动和固定三种。滑动联结常用于移动距离较长、移动频率较高的条件下工作的花键，而当内、外花键定心精度要求高、传递扭矩大并常伴有反向转动的情况下，可选用配合间隙较小的紧滑动联结，这两种配合在工作过程中，内花键既可传递扭矩，又可沿花键轴做轴向移动。对于内花键在轴上固定不动，只用来传递扭矩的情况，应选用固定联结。

一般用内花键分为拉削后热处理和不热处理两种，拉削后需热处理的内花键，由于键槽产生变形，国标规定了较低的精度等级(由 H9 降为 H11)。精密传动用的内花键，当需要控制键侧配合间隙时，键宽可选 H7，一般情况下选用 H9。

花键配合的定心精度要求越高、传递的扭矩越大时，花键应选用较高的公差等级。常见汽车、拖拉机变速箱中多采用一般级花键；精密机床变速箱中多采用精密级花键。

3. 矩形花键联结的几何公差和表面粗糙度轮廓幅度参数

由于矩形花键的几何误差会影响装配性、定心精度、承载的均匀性，故必须加以控制。

① 以小径定心时，其小径既是定心部位又是配合尺寸，其尺寸公差应按包容要求设计。

② 花键键宽、键槽宽的几何误差直接影响装配互换和承载的接触好坏，应规定几何公差，如位置度、对称度，同时，应按最大实体要求设计。矩形花键位置度公差值 t_1 见表 7-6 所列。矩形花键位置度公差标注示例如图 7-7 所示。

表 7-6　矩形花键位置度公差值 t_1

键槽宽或键宽 B		3	3.5～6	7～10	12～18
		位置度公差值 t_1			
键槽宽		0.010	0.015	0.020	0.025
键宽	滑动、固定	0.010	0.015	0.020	0.025
	紧滑动	0.006	0.010	0.013	0.016

资料来源：摘自 GB/T 1144—2001。

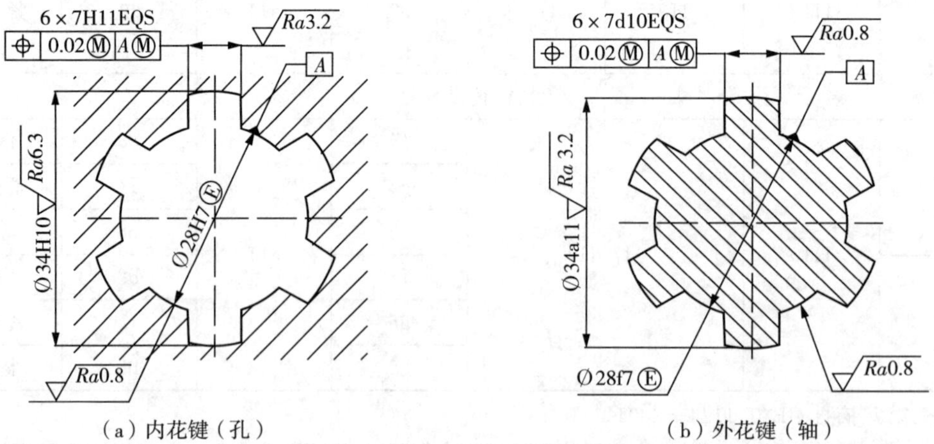

(a) 内花键(孔)　　(b) 外花键(轴)

图 7-7　矩形花键位置度公差标注示例

单件小批量生产时，一般规定键或键槽两侧面的中心平面对定心表面轴线的对称度公差和花键等分度公差，并遵守独立原则，矩形花键对称度公差标注示例如图 7－8 所示，矩形花键对称度公差值 t_2 见表 7－7 所列。花键各键（键槽）沿圆周均匀分布为它们的理想位置，允许它们偏离理想位置的最大值为花键均匀分度公差值，其值等于对称度公差值。

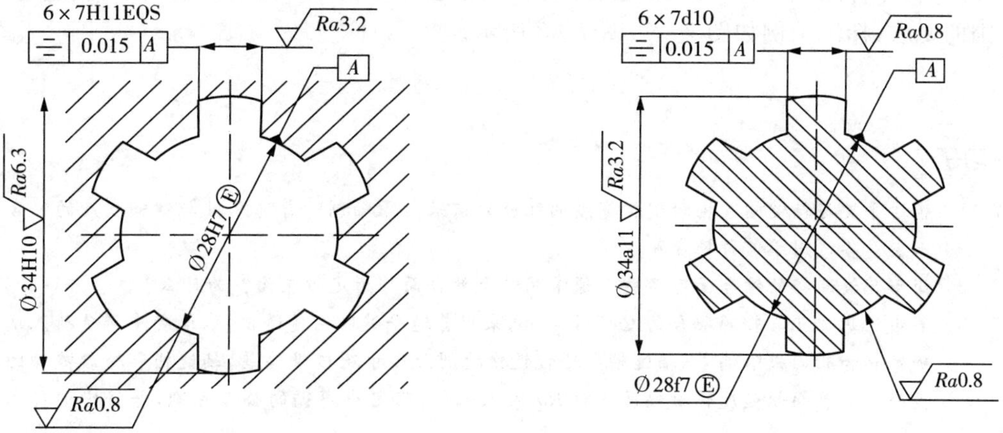

（a）内花键（孔）　　　（b）外花键（轴）

图 7－8　矩形花键对称度公差标注示例

表 7－7　矩形花键对称度公差值 t_2

键槽宽或键宽 B	3	3.5～6	7～10	12～18
	对称度公差值 t_2			
一般用	0.010	0.012	0.015	0.018
精密传动用	0.006	0.008	0.009	0.011

资料来源：摘自 GB/T 1144—2001。

对于较长的花键，应根据产品的性能要求，规定内花键各键槽侧面和外花键各键槽侧面对定心表面轴线的平行度公差。

矩形花键各配合表面的粗糙度轮廓参数推荐值见表 7－8 所列。

表 7－8　矩形花键各配合表面的粗糙度轮廓参数推荐值

加工表面	内花键	外花键
	Ra（上限值）	
小径	1.6	0.8
大径	6.3	3.2
键侧	6.3	1.6

4. 矩形花键联结的图样标注

矩形花键联结在图样上的标注应按下列顺序表示：键数 N×小径 d×大径 D×键宽（键侧宽）B。在装配图上标注花键的配合代号，在零件图上标注花键的尺寸公差带代号。

标注示例：键数 $N=6$，定心小径 $d=23\text{H7/f7}$，大径 $D=26\text{H10/a11}$，键宽 $B=6\text{H11/}$

d10 的花键标注如下：

花键副：6×23 H7/f7×26 H10/a11×6 H11/d10　GB/T 1144—2001

内花键：6×23 H7×26 H10×6 H11　GB/T 1144—2001

外花键：6×23f7×26 a11×6d10　GB/T 1144—2001

此外，在零件图上，对内、外花键除了标注尺寸公差带代号以外，还应标注几何公差和公差原则的要求，标注示例如图 7－7、图 7－8 所示。

习题 7

7－1　普通平键与轴键槽及轮毂键槽宽度的配合为何采用基轴制？普通平键与键槽宽度的配合有哪三类？各适用于何种场合？

7－2　矩形花键连接的结合面有哪些？通常用哪个结合面作为定心表面？为什么？

7－3　某齿轮基准孔与轴的配合为 Ø45H7/m6，采用普通平键联结传递扭矩，承受中等负荷。试查表确定轴和孔的极限偏差，轴键槽和轮毂键槽的剖面尺寸及极限偏差，轴键槽和轮毂键槽的对称度公差及表面粗糙度轮廓幅度参数 Ra 的上限值，确定应遵循的公差原则，并将它们标注在图样上。

7－4　某机床变速箱中有一个 6 级精度的齿轮的花键孔与花键轴连接，花键规格为 6mm×26mm×30mm×6mm，花键孔长 30mm，花键轴长 75mm，齿轮花键孔经常需要相对花键轴做轴向移动，要求定心精度较高。试确定：

(1)齿轮花键孔和花键轴的公差带代号，计算小径、大径、键(槽)宽的极限尺寸；

(2)分别写出在装配图上和零件图上的标注代号；

(3)绘制公差带图，并将各参数的公称尺寸和极限偏差标注在图上。

第 8 章 圆柱螺纹的公差与配合

圆柱螺纹(在圆柱表面上形成的螺纹)连接在工业生产中应用很普遍,其中普通螺纹连接的应用最为广泛。为了保证圆柱螺纹的使用设计和配合要求,保证互换性,需要制定相应的国家标准,以满足零件设计制造的需求。

本章引用和参考的相关国家标准有:

① GB/T 14791—2013(ISO 5408:2009,IDT)《螺纹 术语》;

② GB/T 192—2003(ISO 68 - 1:1998,ISO general purpose screw threads - Basic profile - Part 1:Metric screw threads,MOD)《普通螺纹 基本牙型》;

③ GB/T 193—2003(ISO 261:1998,ISO general purpose metric screw threads - General plan,MOD)《普通螺纹 直径与螺距系列》;

④ GB/T 196—2003(ISO 724:1993,ISO general purpose metric screw threads - Basic dimensions,MOD)《普通螺纹 基本尺寸》;

⑤ GB/T 197—2018(ISO 965 - 1:2013,ISO general purpose metric screw threads - Tolerances - Part 1:Principles and basic data,MOD)《普通螺纹 公差》;

⑥ GB/T 2516—2003(ISO 965 - 3:1998,ISO general purpose metric screw threads - Tolerances - Part 3:Deviations for constructional screw threads,MOD)《普通螺纹 极限偏差》。

8.1 概 述

8.1.1 螺纹的种类和使用要求

螺纹按用途可分为以下三类:

1. 紧固螺纹

紧固螺纹主要用于连接和紧固各种机械零件,包括普通螺纹、过渡配合螺纹和过盈配合螺纹等。紧固螺纹的使用要求是保证旋合性和连接强度。其中,普通螺纹应用最为普遍,分为粗牙和细牙两种。粗牙螺纹用于一般连接;细牙螺纹连接强度高、自锁性好,一般用于薄壁零件或受冲击及振动件或旋合长度短、结构紧凑件。

2. 传动螺纹

传动螺纹主要用于传递动力和精确位移,传递动力的螺纹有千斤顶中的起重螺杆、传递位移的螺纹有机床进给机构中的传动丝杠、量仪微调装置中的测微螺杆上的螺纹。传动螺纹的使用要求是传递动力的可靠性和传递位移的准确性。

3. 紧密螺纹

紧密螺纹用于密封的螺纹连接,其互换性要求主要是结合紧密,不漏水、不漏气和不漏油,当然也必须有足够的连接强度,如气、液管道连接、容器接口或封口螺纹等。

8.1.2　普通螺纹主要几何要素及参数术语

1. 牙型及其有关术语

(1)基本牙型

削去原始三角形的顶部和底部后形成内、外螺纹共有的理论牙型。它是确定螺纹设计牙型的基础,如图 8-1 中的粗实线所示。

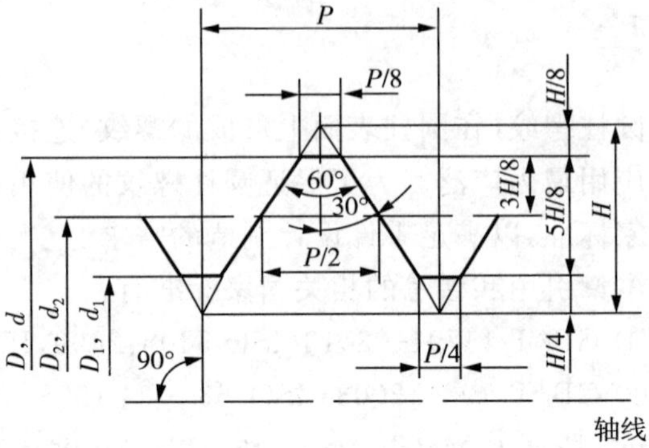

$D(d)$—内(外)螺纹基本大径(公称直径);

$D_2(d_2)$—内(外)螺纹基本中经;

$D_1(d_1)$—内(外)螺纹基本小径;H—原始三角形高度;

$5H/8$—牙型高度;P—螺距。

图 8-1　普通螺纹基本牙型

(2)牙型角 α 和牙型半角 $\alpha/2$

牙型角是指在螺纹牙型上,两相邻牙侧间的夹角。牙型角的一半称为牙型半角。米制普通螺纹的牙型角为 60°,牙型半角为 30°,如图 8-2 所示。

(3)牙侧角 α_1,α_2

牙侧角是指在螺纹牙型上,牙侧与螺纹轴线的垂线间的夹角。普通螺纹的牙侧角基本值为 30°,牙侧角决定了螺纹牙侧对螺纹轴线的方向。实际螺纹的牙型角正确不一定说明牙侧角正确,如图 8-3 所示。

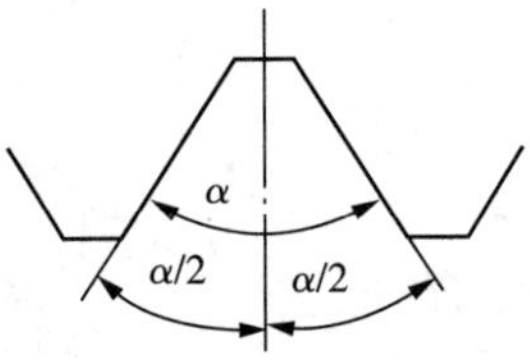

图 8-2　普通螺纹牙型角和牙型半角

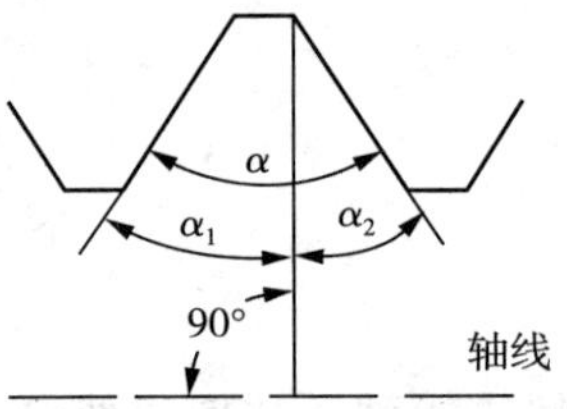

图 8-3　普通螺纹牙型角和牙侧角

2. 直径及其有关术语

(1)公称直径

公称直径代表螺纹尺寸的直径。

(2)基本大径 D,d(简称大径)

大径是指与外螺纹牙顶或内螺纹牙底相切的假想圆柱的直径。D 表示内螺纹的大径,d 表示外螺纹的大径。大径的公称尺寸是内、外螺纹的公称直径。相互结合的普通螺纹,内、外螺纹大径的公称尺寸是相等的。

(3)基本小径 D_1,d_1(简称小径)

小径是指与外螺纹牙底或内螺纹牙顶相切的假想圆柱的直径。D_1 表示内螺纹的小径,d_1 表示外螺纹的小径。相互结合的普通螺纹,内、外螺纹小径的公称尺寸也是相等的。

外螺纹的大径 d 和内螺纹的小径 D_1 统称为顶径,外螺纹的小径 d_1 和内螺纹的大径 D 统称为底径。

(4)基本中径 D_2，d_2(简称中径)

中径是一个假想圆柱的直径，该圆柱的母线通过牙型上沟槽和凸起宽度相等的地方。该假想圆柱称为中径圆柱。螺纹中径的大小，直接影响螺纹牙型相对于螺纹轴线的径向位置，直接影响螺纹的旋合性能，它是螺纹公差与配合中一个重要的几何参数。

(5)螺纹轴线和中径线

螺纹轴线是中径圆柱或中径圆锥的轴线；中径线是中径圆柱或中径圆锥的母线，如图 8-4所示。

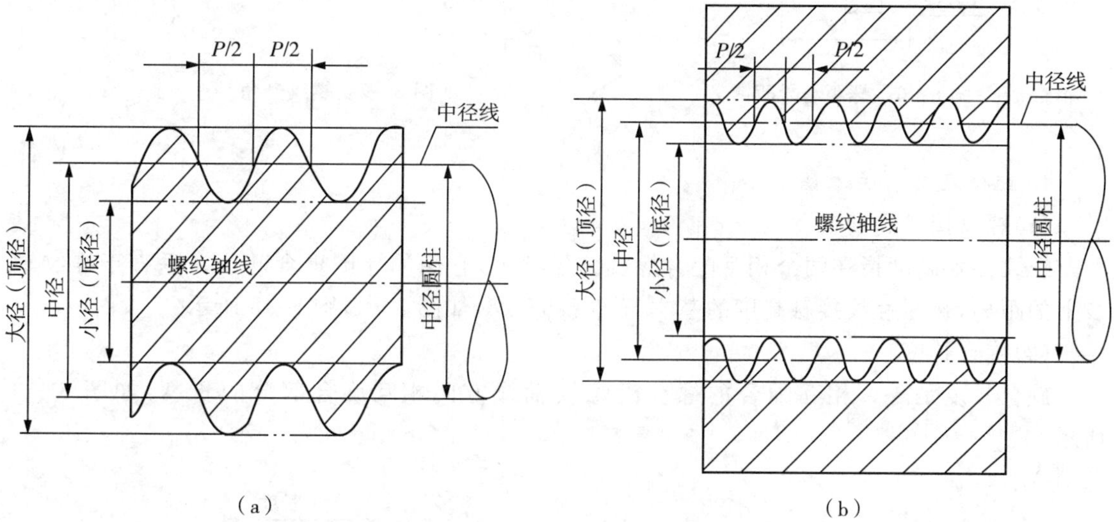

图 8-4　内、外螺纹大径、小径和中径

(6)单一中径

单一中径是一个假想圆柱的直径，该圆柱的母线通过牙型上的沟槽宽度等于 1/2 基本螺距的地方。当螺距无误差时，螺纹的中径就是螺纹的单一中径，如图 8-5 所示。

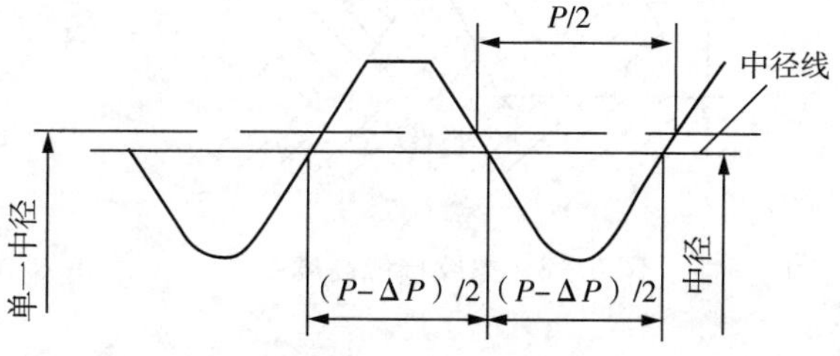

P—基本螺距；ΔP—螺距偏差。

图 8-5　普通螺纹的中径与单一中径

3. 螺距及其有关术语

(1)螺距 P 和导程 P_h

螺距是相邻两牙在中径线上对应两点间的轴线距离，如图 8-6 所示。普通螺纹的螺距分为粗牙和细牙两种。相同的公称直径，细牙螺纹的螺距要比粗牙螺纹的螺距小。相互结合的普通螺纹，内、外螺纹螺距的公称尺寸也是相等的。

导程是同一螺旋线上的相邻两牙在中径线上对应两点间的轴向距离如图 8-6 所示。对于单线(头)螺纹，导程与螺距相同；而多线(头)螺纹，导程等于螺距与线数 n 的乘积：$P_h = nP$。

(2)螺纹升角 φ(导程角)

在中径圆柱或中径圆锥上，螺旋线的切线与垂直于螺纹轴线的平面的夹角，如图 8-7 所示。

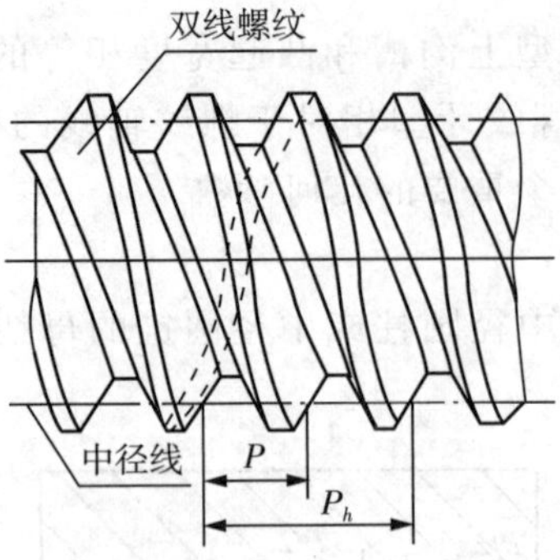

图 8-6　螺距与导程

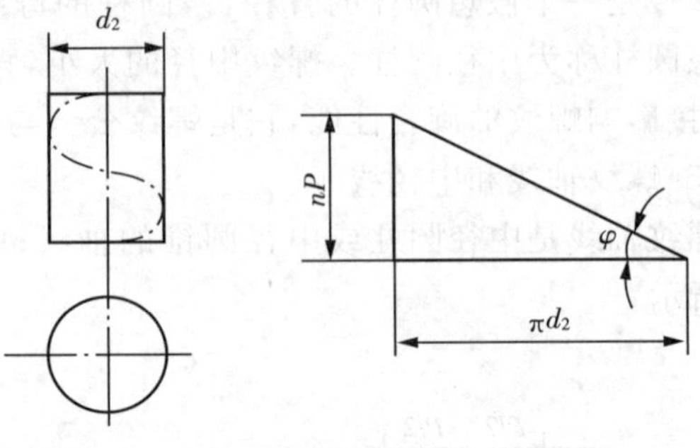

图 8-7　螺纹升角

4. 配合及其有关术语

(1)螺纹接触高度

螺纹接触高度指在两个相互配合螺纹的牙型上，它们的牙侧重合部分在垂直于螺纹轴线上的距离，普通螺纹接触高度的基本值等于 $5H/8$，如图 8-1，图 8-8 所示。

(2)旋合长度

旋合长度是两个相互配合的螺纹沿螺纹轴线方向相互旋合部分的长度，如图 8-9 所示。

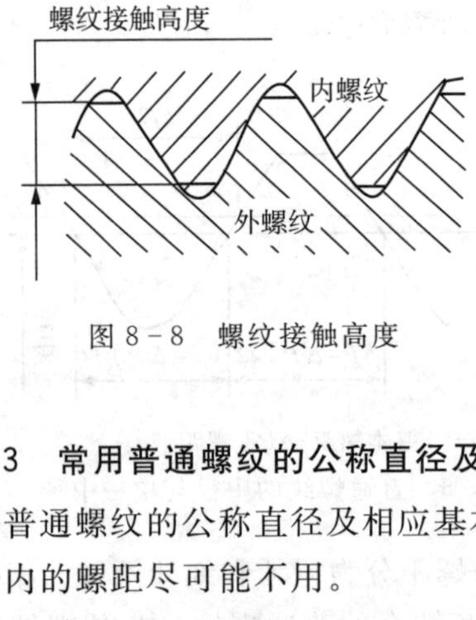

图 8-8　螺纹接触高度

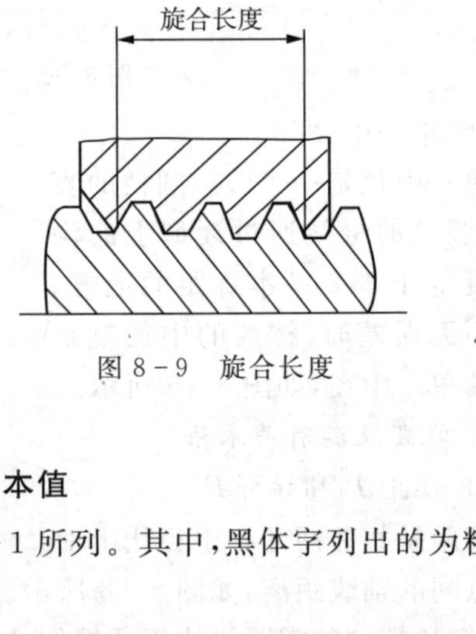

图 8-9　旋合长度

8.1.3　常用普通螺纹的公称直径及主要参数基本值

常用普通螺纹的公称直径及相应基本值见表 8-1 所列。其中，黑体字列出的为粗牙螺距。括号内的螺距尽可能不用。

表 8-1　常用普通螺纹的公称直径及相应基本值　　单位：mm

公称直径(大径) D、d	螺距 P	中径 D_2、d_2	小径 D_1、d_1	公差直径(大径) D、d	螺距 P	中径 D_2、d_2	小径 D_1、d_1
10	1.5	8.026	8.376	20	2.5	18.376	18.294
	1.25	8.188	8.647		2	18.701	18.835
	1	8.350	8.917		1.5	18.026	18.376
					1	18.350	18.917

（续表）

公称直径(大径) D、d	螺距 P	中径 D_2、d_2	小径 D_1、d_1	公差直径(大径) D、d	螺距 P	中径 D_2、d_2	小径 D_1、d_1
12	1.75	10.863	10.106	24	3	22.051	20.752
	1.5	11.026	10.367		2	22.701	21.835
	1.25	11.188	10.647		1.5	23.026	22.376
	1	11.350	10.917		1	23.350	22.917
16	2	14.701	13.835	30	3.5	28.727	26.211
	1.5	15.026	14.376		(3)	28.051	26.752
	1	15.350	14.917		2	28.701	28.835
					1.5	28.026	28.376

资料来源：摘自 GB/T 196—2003。

8.2 普通螺纹几何参数误差对互换性的影响

要实现普通螺纹的互换性，必须保证其旋合性和连接强度。前者是指相互结合的内、外螺纹能自由旋入，并获得指定的配合性质。后者是指相互结合的内、外螺纹的牙侧能够均匀接触，具有足够的承载能力。

从螺纹加工误差方面考虑，影响螺纹互换性的主要几何参数有：大径、中径、小径、螺距和牙侧角五个参数。其中决定螺纹的旋合性和配合性质的主要参数是中径、螺距和牙侧角。

8.2.1 螺纹直径偏差的影响

螺纹直径（包括大径、小径和中经）偏差是指螺纹加工后直径的实际尺寸与螺纹直径的公称尺寸之差。为了保证螺纹的旋合性，制造时应使外螺纹的大径和小径分别小于内螺纹）的大径和小径。但过小会使牙顶和牙底间的间隙增大，实际接触高度减小，降低连接强度。

由于螺纹的配合面是牙侧面，中径大小决定牙侧的径向位置，中径的大小影响螺纹配合的松紧程度。就外螺纹而言，中径过大会使配合过紧，甚至不能旋合；而中径过小，将导致配合过松，难以保证牙侧面接触良好，且密封性差。

8.2.2 螺距误差的影响

对于紧固螺纹来说，螺距误差影响螺纹的旋合性和连接的可靠性；对于传动螺纹来说，螺距误差还直接影响传动精度，回程误差和螺牙负荷分布的均匀性。因此，对螺距误差必须加以限制。

螺距误差包括单个螺距偏差 ΔP 和螺距的累积误差 ΔP_{Σ} 两种。前者指在螺纹全长上，任意单个螺距的实际值与其基本值的最大差值，它与螺纹旋合长度无关；后者是指在规定的螺纹长度内，包含若干个螺牙的螺距误差，任意两同名牙侧与中径线交点间的实际轴向距离与其基本值的最大差值。由于螺距偏差有正有负，故不一定包含的螺牙数越多，累积的误差值就越大，如图 8-10 所示。它直接影响螺纹的旋合性，也会影响传动精度和连接可靠性。

为便于分析，假设内螺纹为理想螺纹，其所有几何参数皆无误差，外螺纹仅存在螺距误差，其 n 个螺距的实际轴向距离 $L_{外}$ 大于或小于其基本值 nP（内螺纹的实际轴向距离为 $L_{内}=nP$）。因此外螺纹的螺距累积误差为 $\Delta P_{\Sigma}=|L_{外}-nP|$。内、外螺纹将会在牙侧处产生干涉而不能旋合，如图 8-11 中阴影部分是 $L_{外}>L_{内}$ 的情形，当 $L_{外}<L_{内}$ 时，将在外螺纹牙型左侧发生干涉。

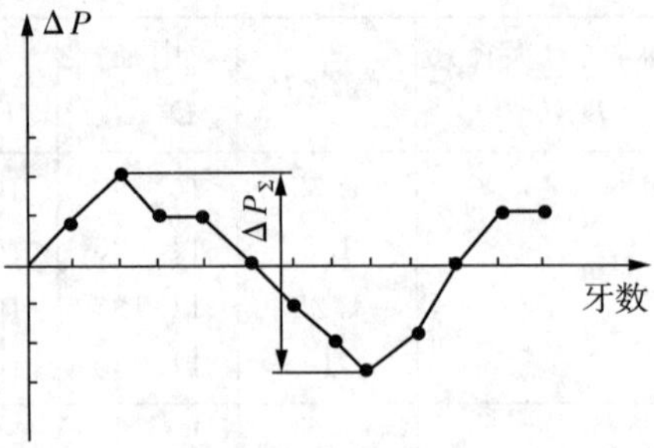

图 8-10　螺距累积误差示意图

为了消除该干涉区，可将外螺纹的中径减小一个数值 f_{p}，使外螺纹牙侧上的 B 点移至内螺纹牙侧上的 C 点接触。同理，当内螺纹具有螺距累积误差时，为了保证旋合性避免产生干涉，可将内螺纹的中径增大一个数值 F_{p}。可见，f_{p}（或 F_{p}）是为了补充螺距累积误差而折算到中径上的数值，称为螺距误差的中径当量。由图中的 $\triangle ABC$ 可求出：

$$f_{p}(\text{或 } F_{P})=1.732\cdot\Delta P_{\Sigma} \tag{8-1}$$

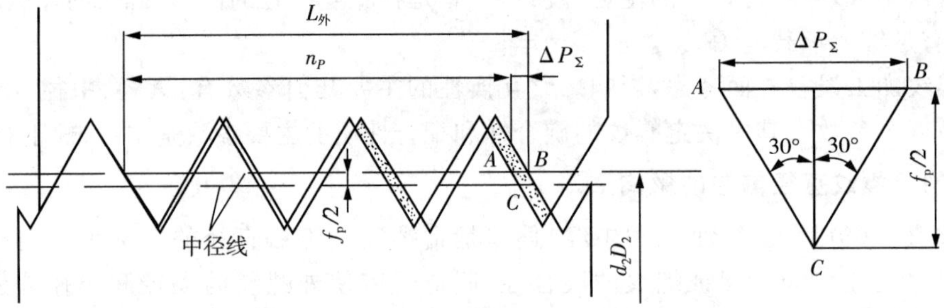

图 8-11　螺距累积误差对旋合性的影响

应当指出，虽然增大内螺纹中径或减小外螺纹中径可消除 ΔP_{Σ} 对旋合性的不利影响，但 ΔP_{Σ} 会使内、外螺纹实际接触的螺牙减少，载荷集中在接触部位，造成接触压力增大，降低螺纹的连接强度。

8.2.3　牙侧角偏差的影响

牙侧角偏差 $\Delta\alpha$ 是指牙侧角的实际值与其基本值之差，它包括螺纹牙侧的形状误差和牙侧相对于螺纹轴线的垂线的位置误差。即使螺纹的牙型角正确，牙侧角也可能存在一定的误差。如图 8-3 所示，外螺纹牙型角 α 是准确的 60°，牙侧角 $\alpha_1=31°$、$\alpha_2=29°$，影响螺纹互换性（主要是旋合性）。

图 8-12 中相互结合的内、外螺纹的牙侧角的基本值为 30°，假设内螺纹 1（粗实线）为理想螺纹，而外螺纹 2（细实线）仅存在牙侧角偏差（左牙侧角偏差 $\Delta\alpha_1<0$，右牙侧角偏差 $\Delta\alpha_2>0$），使内、外螺纹牙侧产生干涉（图中剖面线部分）而不能旋合。为了消除干涉，保证旋合性，必须使外螺纹的牙型沿垂直于螺纹轴线的方向下移至图中虚线处，使外螺纹的中径减小一个数值 f_{α}。同理，当内螺纹存在牙侧角偏差时，为了保证旋合性，应将内螺纹中径增

大一个数值 F_α。f_α（或 F_α）称为牙侧角偏差的中径当量。

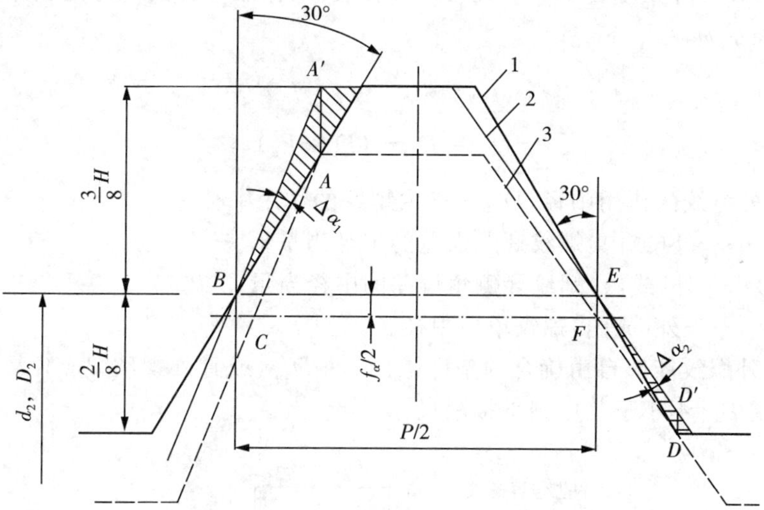

图 8-12　牙侧角偏差对旋合性的影响

由图可知，由于牙侧角偏差 $\Delta\alpha_1$ 和 $\Delta\alpha_2$ 的大小和符号均不相同，因此左、右牙侧干涉区的最大径向干涉量不相同（$AA'>DD'$），通常取它们的平均值作为 $f_\alpha/2$，即：

$$\frac{f_\alpha}{2}=\frac{AA'+DD'}{2} \tag{8-2}$$

此时，可算得：

$$f_\alpha=0.073P(K_1|\Delta\alpha_1|+K_2|\Delta\alpha_2|) \tag{8-3}$$

式中：P——螺纹基本螺距，单位为 mm；

$\Delta\alpha_1=\alpha_1-30°$，$\Delta\alpha_2=\alpha_2-30°$——左、右牙侧角误差，单位为（′）；

K_1，K_2——左、右牙侧角误差系数，取值取决于 $\Delta\alpha_1$、或 $\Delta\alpha_2$ 的符号：

外螺纹：

当 $\Delta\alpha_1$、（或 $\Delta\alpha_2$）>0 时，K_1（或 K_2）$=2$；当 $\Delta\alpha_1$、（或 $\Delta\alpha_2$）<0 时 K_1（或 K_2）$=3$。

对内螺纹：

当 $\Delta\alpha_1$、（或 $\Delta\alpha_2$）>0 时，K_1（或 K_2）$=3$；当 $\Delta\alpha_1$、（或 $\Delta\alpha_2$）<0 时 K_1（或 K_2）$=2$。

应当指出，虽然增大内螺纹中径或减小外螺纹中径可消除 $\Delta\alpha$ 对旋合性的不利影响，但 $\Delta\alpha$ 会使内、外螺纹实际接触的螺牙减少，载荷集中在接触部位，造成接触压力增大，降低螺纹的连接强度。

8.2.4　保证螺纹互换性的合格条件

1. 螺纹的作用中径（D_{2m} 和 d_{2m}）

在规定的旋合长度上，恰好包容实际螺纹的一个假想螺纹的中径，称为作用中径。这个假想螺纹具有理想的螺距、半角以及牙型高度，并在牙顶处和牙底处留有间隙，以保证包容时不与实际螺纹的大、小径发生干涉，如图 8-13 所示。

作用中径尺寸，除受实际中径的尺寸影响之外，它还包含有牙型角和螺距的误差的影响，所以作用中径尺寸是综合的。与光滑圆柱体类似，作用中径的尺寸是实际尺寸与几何误差的综合，可表示为

$$d_{2m}=d_{2s}+(f_p+f_\alpha) \tag{8-4}$$

$$D_{2m}=D_{2s}-(F_p+F_\alpha) \tag{8-5}$$

式中，d_{2m}——外螺纹的作用中径；D_{2m}——内螺纹的作用中径；

f_p（或 F_p）——外（或内）螺纹螺距误差的中径当量；

f_α（或 F_α）——外（或内）螺纹牙侧角偏差的中径当量；

d_{2s}（或 D_{2s}）——外（或内）螺纹单一中径。

显然，内、外螺纹能够自由旋合的条件是：$d_{2m}\leqslant D_{2m}$，或者外螺纹 d_{2m} 不大于其中径上极限尺寸，内螺纹 D_{2m} 不小于其中径下极限尺寸。

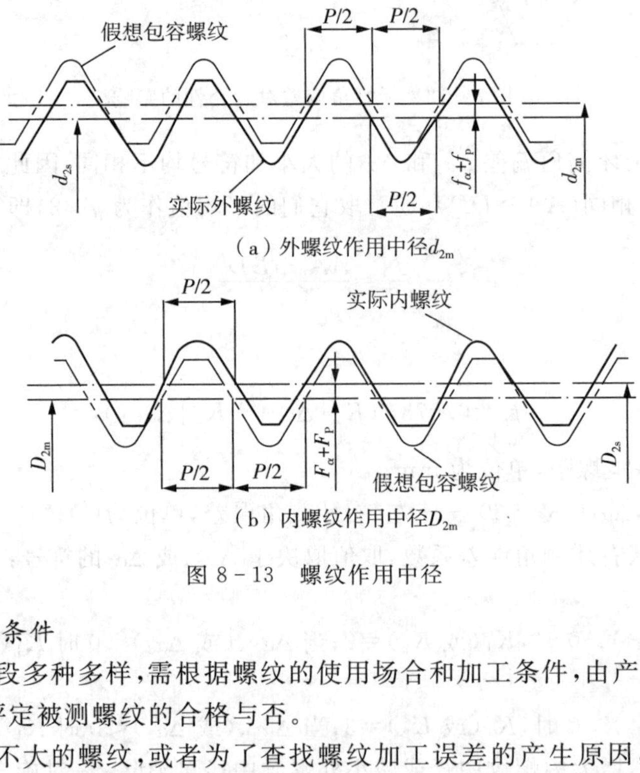

（a）外螺纹作用中径d_{2m}

（b）内螺纹作用中径D_{2m}

图 8-13　螺纹作用中径

2. 螺纹的合格条件

螺纹的检测手段多种多样，需根据螺纹的使用场合和加工条件，由产品设计者决定采用何种检验手段，来评定被测螺纹的合格与否。

对于生产批量不大的螺纹，或者为了查找螺纹加工误差的产生原因，可用工具显微镜、螺纹千分尺、三针法等分别测出螺纹的单一中径（D_{2s}、d_{2s}），螺距误差和牙侧角偏差。对于生产批量较大的螺纹，可按泰勒原则使用螺纹量规检验，来判断被测螺纹的旋合性和连接强度的合格与否。

如图 8-14 所示，泰勒原则是指为了保证旋合性，实际螺纹的作用中径应不超出最大实体牙型的中径；为了保证连接强度，该实际螺纹任何部位的单一中径应不超出最小实体牙型的中径。

所谓最大和最小实体牙型是指在螺纹中径公差范围内，分别具有材料量最多和最少且具有与基本牙型一致的螺纹牙型。外螺纹的最大和最小实体牙型中径分别等于其中径上、下极限尺

寸 d_{2max}、d_{2min}，内螺纹的最大和最小实体牙型中径分别等于其中径下、上极限尺寸 D_{2min}、D_{2max}。

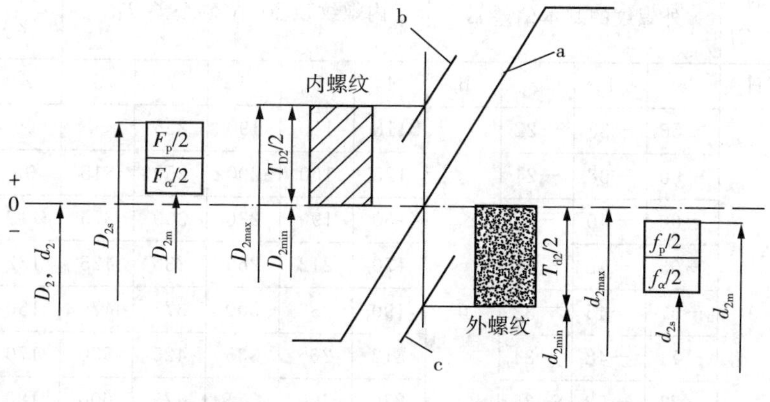

a—内、外螺纹最大实体牙型；b—内螺纹最小实体牙型；c—外螺纹最小实体牙型；

D_{2max}、D_{2min}—内螺纹中径的上、下极限尺寸；

d_{2max}、d_{2min}—外螺纹中径的上、下极限尺寸；T_{D2}、T_{d2}—内、外螺纹中径公差。

图 8-14　泰勒原则

按泰勒原则，螺纹中径的合格条件如下：

对于外螺纹，$d_{2m} \leqslant d_{2max}$ 且 $d_{2s} \geqslant d_{2min}$；对于内螺纹，$D_{2m} \geqslant D_{2min}$ 且 $D_{2s} \leqslant D_{2max}$。

至于螺距误差和牙侧角偏差，可以折算为中径当量综合到作用中径中去，因此可以不单独进行控制，折算方法以上均已论述。

普通螺纹合格判断是：除要求中径合格外，还要求实际外径不超出极限偏差，即对于外螺纹，$D_{1min} \leqslant D_{1a} \leqslant D_{1max}$；对于内螺纹，$d_{min} \leqslant d_a \leqslant d_{max}$。

中径、外径两方检验都合格，则该螺纹合格。正是这些原因，普通螺纹标准只规定中径和顶径的公差。

8.3　普通螺纹的公差与配合

8.3.1　普通螺纹的有关规定

1. 普通螺纹的公差等级

GB/T 197—2018《普通螺纹　公差》按内、外螺纹的中径、大径和小径公差的大小分为不同的公差等级，如表 8-2 所示。

表 8-2　螺纹的公差等级

螺纹直径	公差等级	螺纹直径	公差等级
内螺纹小径 D_1	4,5,6,7,8	外螺纹大径 d	4,6,8
内螺纹中径 D_2	4,5,6,7,8	外螺纹中径 d_2	3,4,5,6,7,8,9

等级中 3 级最高，依次降低至 9 级为最低。其中 6 级为基本级。内、外螺纹顶径公差值 T_{D_1}、T_d 与内、外螺纹中径公差值 T_{D_2}、T_{d_2} 分别见表 8-3、表 8-4 所列。

表 8-3　内、外螺纹基本偏差和顶径公差　　单位：μm

螺距 mm	内螺纹的基本偏差 EI		外螺纹的基本偏差 es				内螺纹顶径(小径)公差 T_{D_1}					外螺纹顶径(大径)公差 T_d		
	G	H	e	f	g	h	4	5	6	7	8	4	6	8
0.75	+22	0	−56	−38	−22	0	118	150	190	236	—	90	140	—
0.8	+24		−60	−38	−24		125	160	200	250	315	95	150	236
1	+26		−60	−40	−26		150	190	236	300	375	112	180	280
1.25	+28		−63	−42	−28		170	212	265	335	425	132	212	335
1.5	+32		−67	−45	−32		190	236	300	375	475	150	236	375
1.75	+34		−71	−48	−34		212	265	335	425	530	170	265	425
2	+38		−71	−52	−38		236	300	375	475	600	180	280	450
2.5	+42		−80	−58	−42		280	355	450	560	710	212	335	530
3	+48		−85	−63	−48		315	400	500	630	800	236	375	600

资料来源：摘自 GB/T 197—2018。

表 8-4　内、外螺纹中径公差值　　单位：μm

公称直径 D/mm		螺距 P/mm	内螺纹中径公差 T_{D_2}					外螺纹中径公差 T_{d_2}						
			公差等级					公差等级						
>	≤		4	5	6	7	8	3	4	5	6	7	8	9
5.6	11.2	0.75	85	106	132	170	—	50	63	80	100	125	—	—
		1	95	118	150	190	236	56	71	90	112	140	180	224
		1.25	100	125	160	200	250	60	75	95	118	150	190	236
		1.5	112	140	180	224	280	67	85	106	132	170	212	265
11.2	22.4	1	100	125	160	200	250	60	75	95	118	150	190	236
		1.25	112	140	180	224	280	67	85	106	132	170	212	265
		1.5	118	150	190	236	300	71	90	112	140	180	224	280
		1.75	125	160	200	250	315	75	95	118	150	190	236	300
		2	132	170	212	265	335	80	100	125	160	200	250	315
		2.5	140	180	224	280	355	85	106	132	170	212	265	335
22.4	45	1	106	132	170	212	—	63	80	100	125	160	200	250
		1.5	125	160	200	250	315	75	95	118	150	190	236	300
		2	140	180	224	280	355	85	106	132	170	212	265	335
		3	170	212	265	335	425	100	125	160	200	250	315	400
		3.5	180	224	280	355	450	106	132	170	212	265	335	425
		4	190	236	300	375	475	112	140	180	224	280	355	450
		4.5	200	250	315	400	500	118	150	190	236	300	375	475

资料来源：摘自 GB/T 197—2018。

2. 普通螺纹的基本偏差

螺纹公差带是沿基本牙型的牙侧、牙顶和牙底分布的公差带，由基本偏差和公差两个要素构成，在垂直于螺纹轴线的方向计算其大、中、小径的极限偏差和公差值。

螺纹的基本偏差用来确定公差带相对于基本牙型的位置。GB/T 197—2018 对螺纹的中径和顶径规定了基本偏差，且数值相同。对内螺纹规定了代号为 G、H 两种基本偏差（皆为下极限偏差 EI），如图 8－15 所示；对外螺纹规定了代号为 e、f、g、h 的四种基本偏差（皆为上极限偏差 es），如图 8－16 所示。

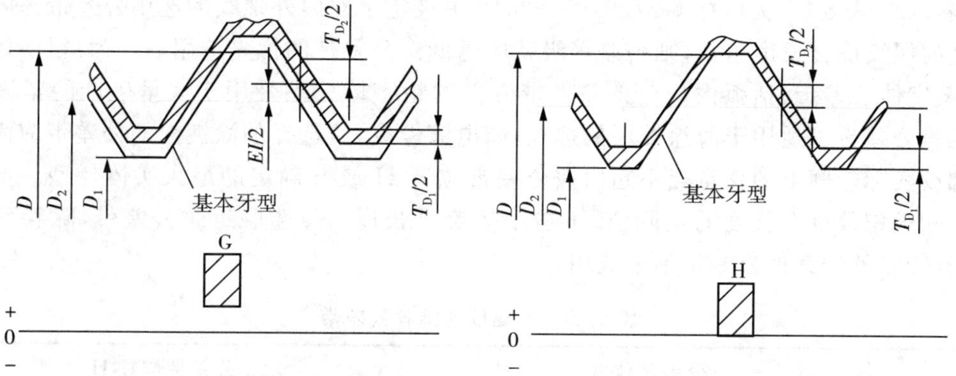

T_{D_1}—内螺纹小径公差；T_{D_2}—内螺纹中径公差；EI—内螺纹中径基本偏差。

图 8－15 内螺纹公差带的位置

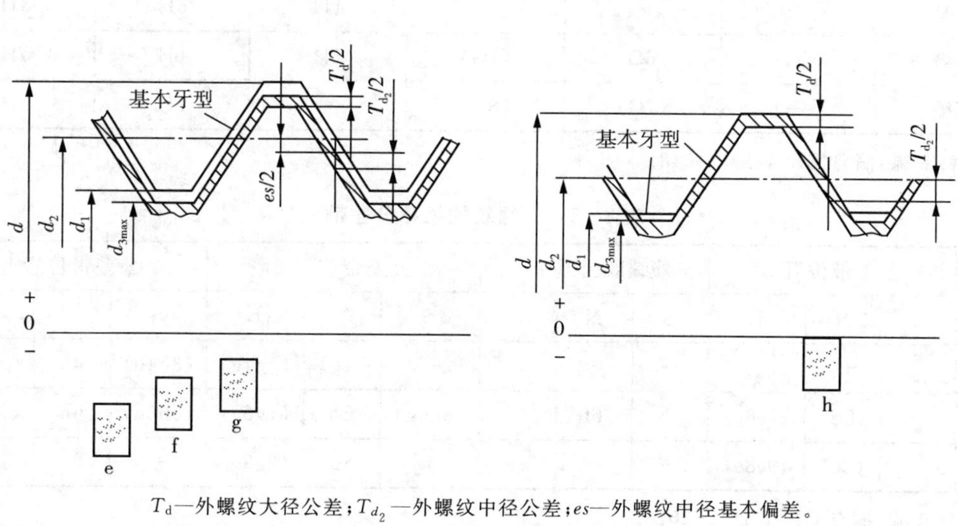

T_d—外螺纹大径公差；T_{d_2}—外螺纹中径公差；es—外螺纹中径基本偏差。

图 8－16 外螺纹公差带的位置

3. 螺纹的公差

螺纹公差用来确定公差带的大小，它表示螺纹直径的尺寸允许变动范围，其数值查表 8－2和表 8－3。

8.3.2 螺纹的公差精度和旋合长度

螺纹的精度虽然与公差等级密切相关，但公差等级相同的螺纹，旋合长度越长，产生的螺距累积误差越大。因此，内、外螺纹的旋合长度是螺纹精度设计时应考虑的一个因素。

GB/T 197—2018 规定了三组旋合长度，即短旋合长度、中等旋合长度和长旋合长度，分别用代号 S、N、L 表示。

根据螺纹公差等级和旋合长度，螺纹的公差精度可分为精密级、中等级和粗糙级。

8.3.3 螺纹公差与配合的选用

因螺纹基本偏差和公差等级的不同，可以组成各种不同的螺纹公差带。不同的内、外螺纹公差带又可组成各种不同的配合。在生产中为了减少刀、量具的规格和数量，提高经济效益，设计时应按标准的推荐选用。

表 8-5、表 8-6 为国标 GB/T 197—2018 中规定了的内外螺纹的选用公差带。同一公差精度的螺纹旋合长度越长，则公差等级就应越低。公差带的优先选用顺序为：粗字体公差带、一般字体公差带、括弧内的公差带。带方框的粗字体公差带用于大量生产的紧固件螺纹。推荐公差带也适用于薄涂镀层的螺纹，如电镀螺纹，所选择的涂镀前的公差带应满足涂镀后螺纹实际轮廓上的任意点不超出按公差带位置 H 或 h 确定的最大实体牙型。如果设计时不知道螺纹旋合长度的实际值，可按中等旋合长度（N）选取螺纹公差带，除特殊情况外，表8-5以外的其他公差带不宜选用。

表 8-5　内螺纹的推荐公差带

公差精度	公差带位置 G			公差带位置 H		
	S	N	L	S	N	L
精密	—	—	—	4H	5H	6H
中等	(5G)	**6G**	(7G)	**5H**	**6H**	**7H**
粗糙	—	(7G)	(8G)	—	7H	8H

资料来源：摘自 GB/T 197—018。

表 8-6　外螺纹的推荐公差带

公差精度	公差带位置 e			外螺纹公差带 f			公差带位置 g			公差带位置 h		
	S	N	L	S	N	L	S	N	L	S	N	L
精密	—	—	—	—	—	—	—	(4g)	(5g4g)	(3h4h)	**4h**	(5h4h)
中等	—	**6e**	(7e6e)		**6f**	—	(5g6g)	**6g**	(7g6g)	(5h6h)	6h	(7h6h)
粗糙	—	(8e)	(9e8e)	—	—	—		8g	(9g8g)	—	—	—

资料来源：摘自 GB/T 197—2018。

要选择确定螺纹公差带、公差等级，先要确定螺纹的公差精度。精密级螺纹用于重要的连接，要求配合稳定可靠；中等级螺纹广泛用于一般的螺纹连接；粗糙级螺纹用于不重要的连接以及制造困难的场合，如较深的盲孔中的螺纹。螺纹的公差精度确定之后，根据所需的旋合长度值（一般情况下采用中等旋合长度），按公差精度和旋合长度查表 8-5 选定公差带。内、外螺纹的公差带可以任意选择组合成各种螺纹配合。为了保证螺纹副有足够的螺纹接触高度和连接强度，内、外螺纹最好组成 H/g、H/h 或 G/h 的配合。H/h 配合的最小间隙为零，较多情形采用此种配合。H/g 或 G/h 配合适用于快速拆卸的螺纹；大量生产的紧固件螺纹推荐采用 6H/6g 配合。当内、外螺纹需要涂镀时，可选择 G/e 或 G/f 配合。对于公称直径不大于 1.4mm 的螺纹，应采用 5H/6h、4H/6h 或更精密的配合。

8.3.4　螺纹的表面粗糙度轮廓要求

螺纹牙侧表面粗糙度轮廓要求主要根据中径公差等级确定，表 8-7 列出了牙侧表面粗糙度轮廓幅度参数 *Ra* 的推荐上限值，供设计时参考。

表 8-7　普通螺纹螺牙侧面的表面粗糙度轮廓幅度参数 *Ra* 值

工件	螺纹中径公差等级		
	4、5	6、7	8、9
	Ra 值(μm)		
螺栓、螺钉、螺母	≤1.6	≤3.2	3.2～6.3
轴及套筒上的螺纹	0.8～1.6	≤1.6	≤3.2

8.3.5　螺纹的标记

普通螺纹的完整标记依次由普通螺纹特征代号、尺寸代号(公称直径×螺距基本值，单位为 mm)、公差带代号及其他信息(旋合长度组代号、旋向代号)组成，并且尺寸代号、公差带代号、旋合长度代号和旋向代号之间用短横线“-”分开。例如：

$$M20\times2-6H/5g6g-L$$

式中，M20×2 表示普通螺纹，公称直径 20mm，螺距 2mm(粗牙螺纹不标注螺距)；6H 表示内螺纹中径和小径的公差带(两者相同只写一个)，公差等级 6 级，基本偏差 H；5g6g 分别表示外螺纹中径和大径的公差带；*L* 表示长旋合长度组(中等旋合长度组代号 N 不标注，特殊要求可写数值)。未注旋向代号为右旋螺纹。

最简化的代号是：M20-6H。中径公差带和顶径公差带为 6H 的粗牙内螺纹。

标注时应注意：对于中等公差精度螺纹，公称直径 *D*(或 *d*)≥1.6mm 的 6H、6g 公差带的代号和公称直径 *D*(或 *d*)≤1.4mm 的 5H、6g 公差带的代号不标注。

例如：M20，其含义为中径公差带和顶径公差带为 6H、中等公差精度的粗牙内螺纹或中径公差带和顶径公差带为 6g、中等公差精度的粗牙外螺纹(螺距、公差带代号、旋合长度代号和旋向代号被省略)或公差带为 6H 的内螺纹与公差带为 6g 的外螺纹组成的配合(中等公差精度、粗牙)。

螺纹标记示例如图 8-17 所示。

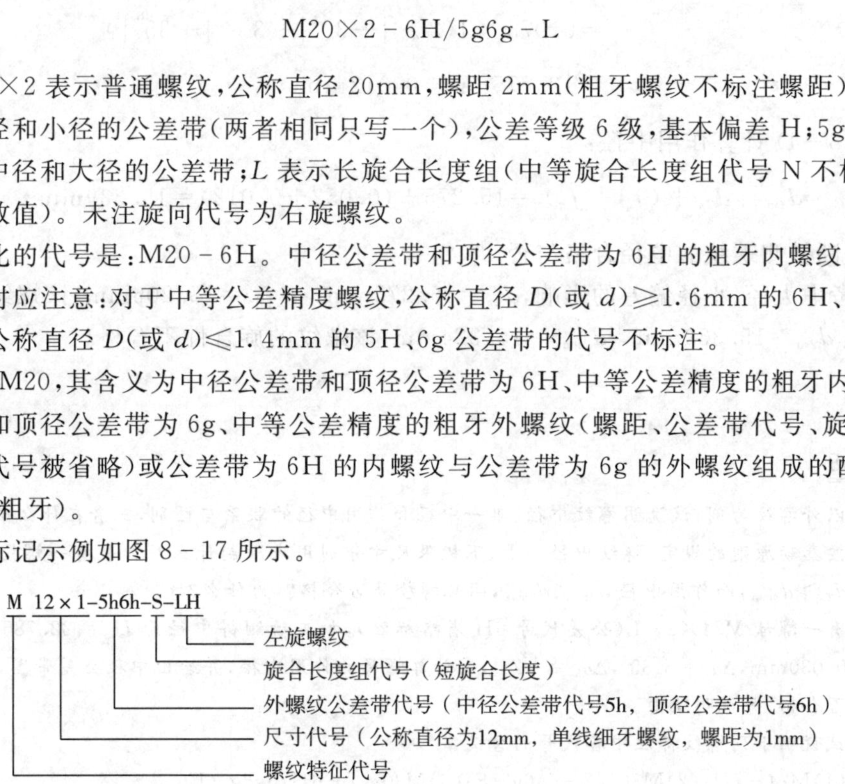

图 8-17　螺纹标记示例

应用实例 1

有一普通外螺纹 M16×1（中径、顶径公差带代号 6g 和中等旋合长度代号均省略标注，右旋旋向也省略标注），加工后测量得单一中径 $d_{2s}=15.275\text{mm}$，螺距累积误差 $\Delta P_{\Sigma}=|-30|\mu\text{m}$，左、右牙侧角偏差 $\Delta\alpha_1=+30'$，$\Delta\alpha_2=-35'$。试计算该螺纹的作用中径 d_{2m}，并按泰勒原则判断该螺纹的中径合格与否。

解：

(1)确定中径的极限尺寸

由表 8-1 查得基本中径 $d_2=15.350\text{mm}$；由表 8-3 和表 8-4 分别查得中径公差 $T_{d_2}=118\mu\text{m}$ 和基本偏差 $es=-26\mu\text{m}$。由此可得中径的上、下极限尺寸为

$$d_{2\max}=d_2+es=15.350-0.026=15.324\text{mm}$$

$$d_{2\min}=d_{2\max}-T_{d_2}=15.324-0.118=15.206\text{mm}$$

(2)计算作用中径

由式(8-1)计算螺距误差中径当量：

$$f_{\text{p}}=1.732\Delta P_{\Sigma}=1.732\times0.03=0.052\text{mm}$$

由式(8-3) 计算牙侧角偏差中径当量：

$$\begin{aligned}f_{\alpha}&=0.073P(K_1|\Delta\alpha_1|+K_2|\Delta\alpha_2|)\\&=0.073\times1(2\times|+30'|+3\times|-35'|)\\&=12.775\mu\text{m}=0.012\text{mm}\end{aligned}$$

由式(8-4) 计算作用中径：

$$d_{2\text{m}}=d_{2\text{s}}+(f_{\text{p}}+f_{\alpha})=15.275+(0.052+0.012)=15.339\text{mm}$$

(3)判断被测螺纹的中径合格与否

若不考虑大径、小径偏差的影响，$d_{2s}=15.275\text{mm}>d_{2\min}=15.206\text{mm}$，该螺纹的连接强度合格；但 $d_{2m}=15.339\text{mm}>d_{2\max}=15.324\text{mm}$，该螺纹的旋合性不合格。

习题 8

8-1　以外螺纹为例，试说明螺纹中径、单一中径和作用中径的联系与区别，三者在什么情况下相等？

8-2　按泰勒原则的规定，螺纹中径的上、下极限尺寸分别用来限制什么？如果有一螺栓的单一中径 $d_{2s}>d_{2\min}$，而作用中径 $d_{2m}<d_{2\max}$，问此螺栓是否合格？为什么？

8-3　有一螺母 M24×2-L（公差代号 6H 省略标注），加工后测得中径为 $D_{2s}=22.785\text{mm}$，$\Delta P_{\Sigma}=0.030\text{mm}$，$\Delta\alpha_1=+35'$，$\Delta\alpha_2=+25'$，试计算螺母的作用中径，并绘出中径公差带图，判断中径是否合格，并说明理由。

8-4　试说明下列螺纹标注中各代号的含义：

(1)M24-7H；(2)M36×2-5g6g-S；(3)M30×2-6H/5g6g-L。

第 9 章　圆锥公差与配合

圆锥结合是机械结构中常用的典型结合。圆锥配合与圆柱配合相比较，前者具有同轴度精度高、紧密性好、间隙或过盈可以调整、可利用摩擦力传递转矩、并且若内外圆锥的表面经过配对研磨后，配合起来具有良好的自锁性和密封性等优点。但是，圆锥配合在结构上较复杂，影响其互换性的参数较多，加工和检测也较困难。为了满足圆锥配合的使用要求，保证圆锥配合的互换性，我国颁布了一系列有关圆锥公差与配合及圆锥公差标注方法的标准，本章将依据这些标注介绍圆锥的公差与配合。

本章引用和参考的相关国家标准有：

① GB/T 157—2001(ISO 1119:1998)《产品几何量技术规范(GPS)　圆锥的锥度和锥角系列》；

② GB/T 11334—2005《产品几何量技术规范(GPS)　圆锥公差》；

③ GB/T 12360—2005《产品几何量技术规范(GPS)　圆锥配合》；

④ GB/T 15754—1995(ISO 304:1990)《技术制图　圆锥的尺寸和公差注法》。

9.1　圆锥配合的基本参数和基本概念

9.1.1　圆锥的基本参数和标注

1. 基本参数

圆锥分为内圆锥(圆锥孔)和外圆锥(圆锥轴)两种，圆锥配合的基本参数如图 9-1 所示，其中主要几何参数为圆锥角、圆锥直径和圆锥长度。

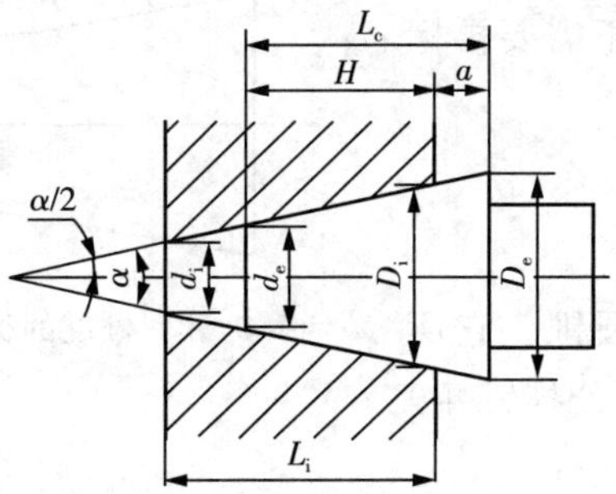

图 9-1　圆锥配合的基本参数图

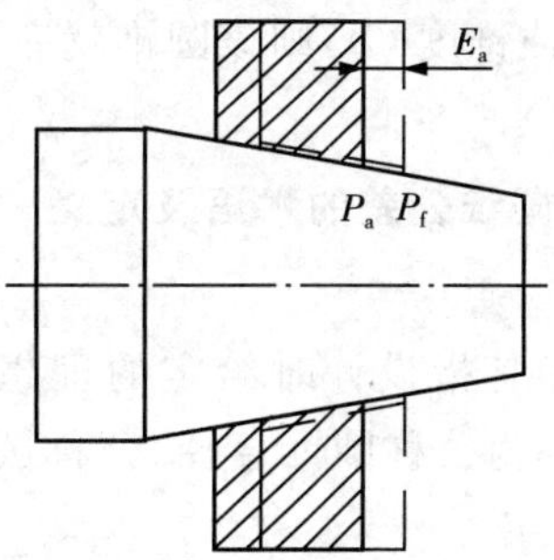

图 9-2　轴向位移

(1)圆锥角

圆锥角是指在通过圆锥轴线的截面内，两条素线间的夹角，用 α 表示。

(2)圆锥直径

圆锥直径是指圆锥在垂直于其轴线的截面上的直径，有内、外圆锥的最大直径 D_i、D_e；

内、外圆锥的最小直径 d_i、d_e；任意给定截面的圆锥直径 d_x（距端面有一定距离）。设计时一般选用内圆锥的最大直径或外圆锥的最小直径作为基本直径。

(3)圆锥长度

圆锥长度是指最大圆锥直径截面与最小圆锥直径截面之间的轴向距离。内、外圆锥长度分别用 L_i、L_e 表示。

(4)圆锥配合长度

圆锥配合长度是指内、外圆锥配合面间的轴向距离，用符号 H 表示。

(5)锥度

锥度是指圆锥的最大直径与最小直径之差与圆锥长度之比，用符号 C 表示，即

$$C=\frac{D-d}{L}=2\tan\alpha \tag{9-1}$$

锥度一般用比例或分数表示，如 $C=1:5$ 或 $C=1/5$。光滑圆锥的锥度已标准化，GB/T 157—2001 规定了一般用途和特殊用途的锥度与圆锥角系列。

(6)基面距

基面距是指相互结合的内、外圆锥面基准面之间的距离，用符号 a 表示。

(7)轴向位移

轴向位移是指相互结合的内、外圆锥，从实际初始位置（P_a）到终止位置（P_f）移动的距离，用 E_a 表示。用轴向位移可以实现圆锥各种不同配合。

2. 标注

在零件图上，锥度用特定的图形符号和比例（或分数）来标注。图形符号配置在平行于圆锥轴线的基准线上，并且其方向与圆锥方向一致，在基准线上面标注锥度的数值。用指引线将基准线与圆锥素线相连。

需要注意的是，在图样上标注了锥度，就不必标注圆锥角，两者不应重复标注（图 9-3）。圆锥只要标注了最大圆锥直径 D 和最小圆锥直径 d 中的一个直径及圆锥长度 L、圆锥角 α（或锥度 C），则该圆锥就完全确定，不需要再标注锥度参数。

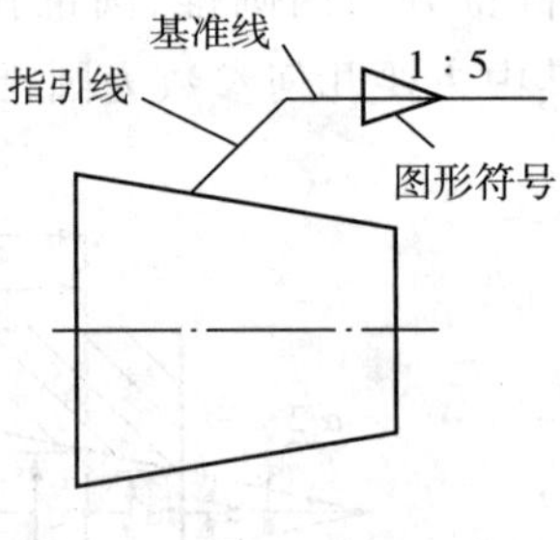

图 9-3　锥度的标注方法

9.1.2　圆锥公差的术语及定义

1. 公称圆锥

公称圆锥是指设计时给定的理想形状的圆锥。它所有的尺寸分别为公称圆锥直径、公称圆锥角（或公称锥角）和公称圆锥长度。

2. 极限圆锥、圆锥直径公差和圆锥直径公差区

极限圆锥是指与公称圆锥共轴线且圆锥角相等、直径分别为最大极限尺寸和最小极限尺寸的两个圆锥，如图 9-4 所示。在垂直于圆锥轴线的所有截面上，这两个圆锥的直径差都相等。直径为最大极限尺寸（D_{max}、d_{max}）的圆锥称为最大极限圆锥，直径为最小极限尺寸（D_{min}、d_{min}）的圆锥称为最小极限圆锥。

圆锥直径公差 T_D 是指圆锥直径允许的变动量，圆锥直径公差在整个圆锥长度内都适

用。圆锥直径公差区是指两个极限圆锥 B 所限定的区域称为圆锥直径公差区 Z，也可称为圆锥直径公差带。

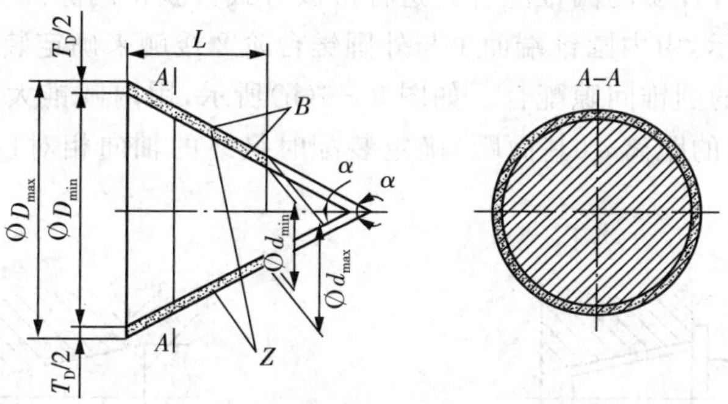

图 9-4　极限圆锥 B 和圆锥直径公差带 Z

3. 极限圆锥角、圆锥角公差和圆锥角公差区

极限圆锥角是指允许的最大圆锥角和最小圆锥角，它们分别用符号 α_{max} 和 α_{min} 表示，如图 9-5 所示。圆锥角公差是指圆锥角的允许变动量。当圆锥角公差以弧度或角度为单位时，用代号 AT_α 表示；以长度为单位时，用代号 AT_D 表示。极限圆锥角 α_{max} 和 α_{min} 所限定的区域称为圆锥角公差区 Z_α，也可称为圆锥角公差带。

9.1.3　圆锥配合的种类和圆锥配合的形成

1. 圆锥配合的种类

圆锥配合是指公称尺寸相同的内、外圆锥之间，由于结合松紧不同所形成的相互关系。圆锥配合分为以下三种配合。

(1)间隙配合

间隙配合是指具有间隙的配合。间隙的大小可以在装配时和在使用中通过内外圆锥的轴向相对位移来调整。间隙配合主要用于有相对转动的机构中，如圆锥滑动轴承。

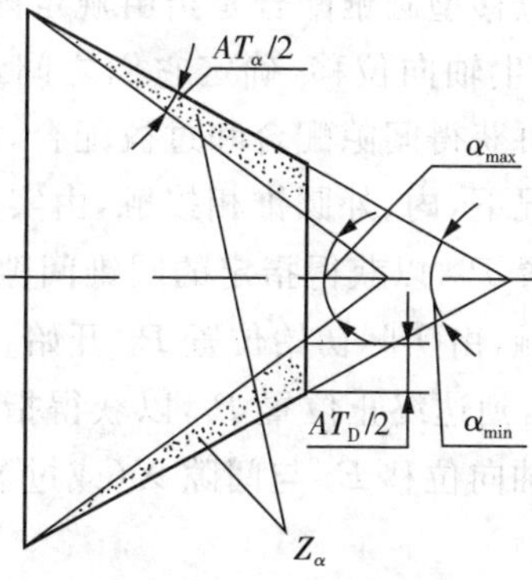

图 9-5　极限圆锥角和圆锥角公差带

(2)过盈配合

过盈配合是指具有过盈的配合。过盈的大小也可以通过内外圆锥的轴向相对位移来调整。在承载情况下，可以利用内、外圆锥间的摩擦力自锁，传递很大的转矩。

(3)过渡配合

过渡配合是指可能具有间隙，也可能具有过盈的配合。其中，要求内、外圆锥紧密接触，间隙为零或稍有过盈的配合为紧密配合，它用于对中定心或密封。为了保证良好的密封性，对内、外圆锥的形状精度要求很高，通常将它们配对研磨。

2. 圆锥配合的形成

圆锥配合的间隙或过盈的大小可通过改变内、外圆锥间的轴向相对位置来调整。因此，内、外圆锥的最终轴向相对位置是圆锥配合的重要特征。按照确定内、外圆锥间最终的轴向相对位置采用的方式，圆锥配合的形成可分为以下两种方式：

(1)结构型圆锥配合

结构型圆锥配合是指由内、外圆锥本身的结构或基面距确定它们之间最终的轴向相对位置,来获得指定配合性质的圆锥配合。这种形成方式可获得间隙配合、过渡配合和过盈配合。如图 9－6(a)所示,由内圆锥端面 1 与外圆锥台阶 2 接触来确定装配时最终的轴向相对位置,从而形成指定的圆锥间隙配合。如图 9－6(b)所示,用内圆锥大端基准平面 3 与外圆锥基准圆平面 4 之间的距离 a(基面距)确定装配时最终的轴向相对位置,以获得指定的圆锥过盈配合。

(a) 由结构形成的圆锥间隙配合　　(b) 由基面距形成的圆锥过盈配合

1—内圆锥端面;2—外圆锥台阶;3—内圆锥大端基准平面;4—外圆锥大端基准平面。

图 9－6　结构型圆锥配合

(2)位移型圆锥配合

位移型圆锥配合是指由规定内、外圆锥的轴向相对位移或规定施加一定的装配力(轴向力)产生轴向位移,确定它们之间最终的轴向相对位置,来获得指定配合性质的圆锥配合。前者可获得间隙配合和过盈配合,而后者只能得到过盈配合。如图 9－7(a)所示,在不受力的情况下,内、外圆锥相接触,由实际初始位置 P_a 开始,内圆锥向右做轴向位移 E_a,到达终止位置 P_f,以获得指定的圆锥间隙配合。如图 9－7(b)所示,在不受力的情况下,内、外圆锥相接触,由实际初始位置 P_a 开始,对内圆锥施加一定的装配力 F_s,使内圆锥向左做轴向位移 E_a,到达终止位置 P_f,以获得指定的圆锥过盈配合。

轴向位移 E_a 与间隙 X(或过盈 Y)的关系如下:

$$E_a = X(\text{或}\ Y)/C$$

式中,C——内、外圆锥的锥度。

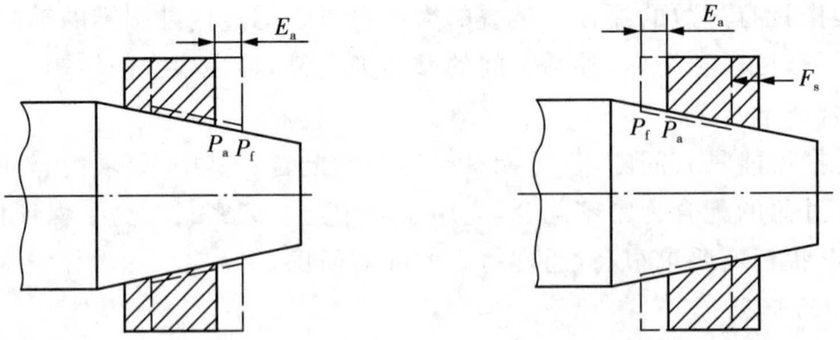

(a) 由轴向位移形成的圆锥间隙配合　　(b) 由施加装配力形成的圆锥过盈配合

图 9－7　位移型圆锥配合

9.2　圆锥公差的给定和圆锥直径公差带的选用

9.2.1　圆锥公差项目

1. 圆锥直径公差

圆锥直径公差 T_D 以公称圆锥直径（一般取最大圆锥直径 D）为公称尺寸，按 GB/T 1800.1—2009 规定的标准公差（表 2－5）选取。其数值适用于圆锥长度范围内的所有圆锥直径。

2. 圆锥角公差

圆锥角公差 AT 共分 12 个公差等级，分别用 $AT1$、$AT2$、…、$AT12$ 表示，其中 $AT1$ 精度最高，等级依次降低，$AT12$ 精度最低。

为了加工和检测方便，圆锥角公差可以用角度值 AT_α 或线性值 AT_D 给定，AT_α 与 AT_D 的换算关系：

$$AT_D = AT_\alpha \times L \times 10^{-3} \tag{9-2}$$

式中，AT_D、AT_α 和圆锥长度 L 的单位分别为 μm、μrad 和 mm。

圆锥角的极限偏差可以按单向取值（$\alpha^{+AT_\alpha}_{0}$ 或 $\alpha^{0}_{-AT_\alpha}$）或者双向对称取值（$\alpha \pm AT_\alpha/2$）。为了保证内、外圆锥接触的均匀性，圆锥角公差带通常采用对称于公称圆锥角分布。

3. 圆锥的形状公差

圆锥的形状公差包括素线直线度公差和横截面圆度公差。在图样上可以标注这两项形状公差或其中某一项公差，或者标注圆锥的面轮廓度公差。

9.2.2　圆锥公差的给定和标注

在图样上标注有配合要求的内、外圆锥的尺寸和公差时，内、外圆锥必须具有相同的公称锥角（或公称锥度），同时在内、外圆锥上标注直径公差的圆锥直径必须具有相同的公称尺寸。圆锥公差的标注方法有下列三种：

1. 面轮廓度法

面轮廓度法是给出圆锥的理论正确圆锥角 $\boxed{\alpha}$（或锥度 $\boxed{C}$）、理论正确圆锥直径（$\boxed{D}$ 或 $\boxed{d}$）和圆锥长度 L，标注面轮廓度公差，如图 9－8 所示。它是常用的圆锥公差给定方法，由面轮廓度公差带确定最大与最小极限圆锥，把圆锥的直径偏差、圆锥角偏差、素线直线度误差和

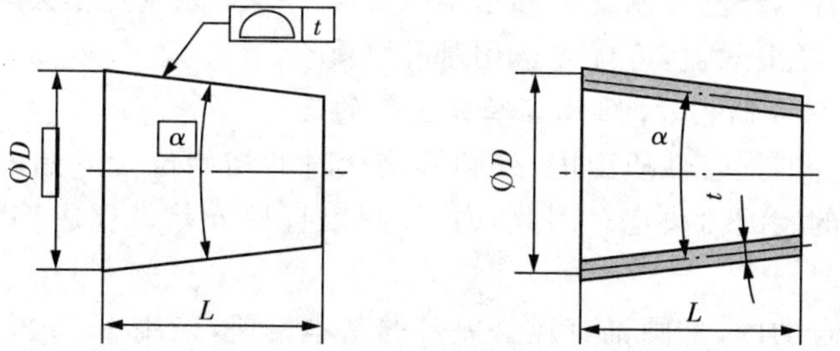

图 9－8　面轮廓度法标注圆锥公差

横截面圆度误差等都控制在面轮廓度公差带内，相当于包容要求。

面轮廓度法适用于有配合要求的结构型内、外圆锥。

2. 基本锥度法

基本锥度法是指给出圆锥的理论正确圆锥角 $\boxed{\alpha}$ 和圆锥长度 L，标注公称圆锥直径（D 或 d）及其极限偏差（按相对于该直径对称分布取值），如图 9－9 所示。其特征是按圆锥直径为最大和最小实体尺寸构成的同轴线圆锥面，来形成两个具有理想形状的包容面公差带。实际圆锥处处不得超越这两个包容面。

基本锥度法适用于有配合要求的结构型和位移型内、外圆锥。

3. 公差锥度法

公差锥度法是指同时给出圆锥直径（最大或最小圆锥直径）极限偏差和圆锥角极限偏差，并标注圆锥长度，如图 9－10 所示。它们各自独立，分别满足各自的要求，按独立原则解释。

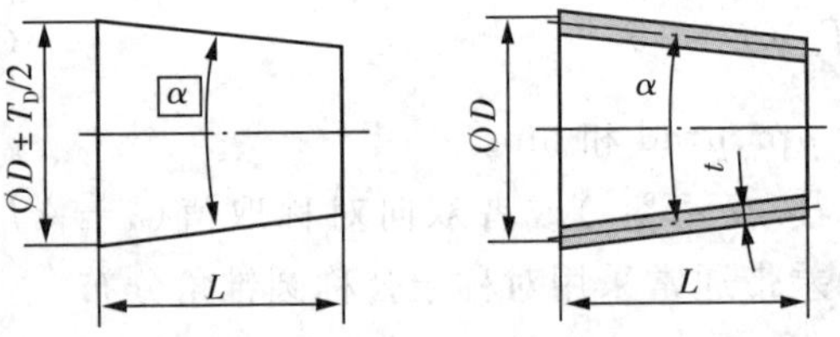

图 9－9　基本锥度法标注圆锥公差

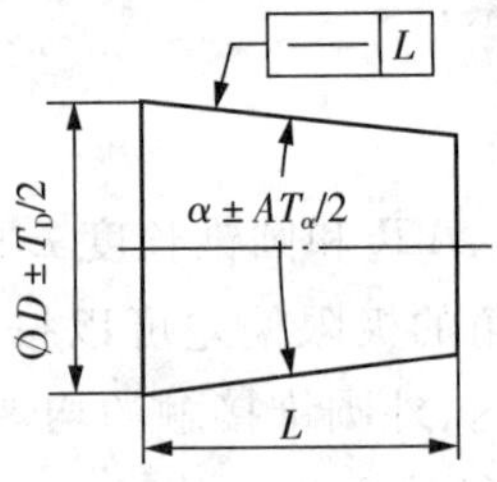

图 9－10　公差锥度法标注圆锥公差

公差锥度法适用于非配合圆锥，也适用于对某给定截面直径有较高精度要求的圆锥。

需要注意的是，无论采用哪种标注方法，若有需要，可以附加给出更高的素线直线度、圆度精度要求；对于轮廓度法和基本锥度法，还可以附加给出严格的圆锥角公差。

9.2.3　圆锥直径公差带的选择

1. 结构型圆锥配合的内、外圆锥直径公差带的选择

结构型圆锥配合的配合性质由相互结合的内、外圆锥直径公差带之间的关系决定。

结构型圆锥配合的内、外圆锥直径公差带及配合可以从 GB/T 1801—2009 选取。若 GB/T 1801—2009 给出的常用配合不能满足设计要求，则从 GB/T 1800.1—2009 规定的标准公差和基本偏差选取所需要的公差带组成配合。

结构型圆锥配合也分基孔制配合和基轴制配合。为了减少定值刀具和量具的品种及规格，获得最佳的技术经济效益，应优先选用基孔制配合。

2. 位移型圆锥配合的内、外圆锥直径公差带的选择

位移型圆锥配合的配合性质由内、外圆锥接触时的初始位置开始的轴向位移或者由在该初始位置上施加的装配力决定。因此，内、外圆锥直径公差带仅影响装配时的初始位置，不影响配合性质。

位移型圆锥配合的内、外圆锥直径公差带的基本偏差，采用 H/h 或 JS/js。其轴向位移的极限值按 GB/T 1801—2009 规定的极限间隙或极限过盈来计算。

习题 9

9-1　圆锥配合与光滑圆柱配合比较，有何特点？

9-2　简述圆锥配合的种类和特点。

9-3　圆锥公差的给定方法有几种？

9-4　试述圆锥角和锥度的定义。它们之间有什么关系？

第 10 章　几何量测量技术

测量技术是一门涉及广泛、理论性和实践性都非常强的前沿学科，而几何量测量技术是实现机械零件产品互换性的重要环节。本章将重点介绍几何量测量基础知识、通用计量器具测量、几何误差的测量以及表面结构的测量。

本章引用和参考的相关国家标准和国家计量检定规程有：

① GB/T 19765—2005(ISO 1:2002,IDT)《产品几何量技术规范(GPS)产品几何量技术规范和检验的标准参考温度》；

② JJG 146—2011《量块》；

③ GB/T 6093—2001(ISO/FDIS 3650—1998,MOD)《几何量技术规范(GPS)　长度标准量块》；

④ GB/T 27418—2017(ISO/IEC Guide 98 - 3:2008 MOD)《测量不确定度评定和表示》；

⑤ GB/T 3177—2009《光滑工件尺寸的检验》；

⑥ GB/T 1957—2006《光滑极限量规》；

⑥ GB/T 1958—2017《产品几何技术规范(GPS)　几何公差　检测与验证》；

⑦ GB/T 33523.6—2017(ISO 25178 - 6:2010)《产品几何技术规范(GPS)　表面结构　区域法　第 6 部分表面结构测量》。

10.1　测量技术基础

10.1.1　概述

机械工业的发展离不开检测技术及其发展。机械零件产品的设计、制造及检测都必须遵循互换性原则。为了保证机械零件的互换性和精度，需要对完工零件的几何量进行检测，判断这些几何量是否符合设计要求。在测量过程中，应保证计量单位的统一和量值的准确。为了完成几何量的测量，获得可靠的测量结果，还需要正确选择计量器具和测量方法，并研究测量误差和测量数据处理和方法。

1. 测量的定义和作用

测量就是将被测的量与作为单位或标准的量进行比较，从而确定二者比值的实验过程。

可用下面公式表示，即

$$L = qu \tag{10-1}$$

式中，L——被测量值；u——计量单位；q——比值(倍数或小数)。

例如，用卡尺测得某轴直径为 50 mm，这里 mm(毫米)为计量单位，数字 50 是以毫米为计量单位时该几何量值的数值。

(1)测量对象

主要指几何量，包括长度、角度、表面粗糙度轮廓以及几何误差，还包括螺纹、齿轮的各个几何参数。几何量的特点是种类繁多，形状各式各样，因此对于他们的特性，被测参数的定义，以及标准等都必须加以研究和熟悉，以便进行测量。

(2)计量单位

在以国际单位制为基础的我国法定计量单位中，确定米制为我国的基本计量制度。在长度计量中单位为米(m)，在机械制造中单位有毫米(mm)，1 mm＝0.001 m。在技术测量中常用的单位是微米(μm)。1 μm＝1×10^{-6} m＝0.001 mm。在角度测量中以度、分、秒为单位。

(3)测量方法

测量方法是指几何量的测量，系测量原理，测量器具和测量条件的总和。根据被测参数的特点，如公差值、大小、轻重、材质、数量等，并分析研究该参数与其他参数的关系，最后确定对该参数如何进行测量的方法。

(4)测量精度

指测量结果与真值的一致程度。任何测量过程总不可避免地会出现测量误差，误差大说明测量结果离真值远，准确度低(精度低)。因此，准确度和误差是两个相对的概念。由于存在测量误差，任何测量结果都是以一近似值来表示。但是，只要误差足够小，就可以认为测量结果是可靠的。

在机械行业中，几何量测量主要有以下作用：在设计过程中通过测绘，获得设计所需的参数；在制造过程中，通过测量进行工艺分析，确定合理的加工参数，保证产品的质量；在自动化生产中，误差测量是自动控制系统中的关键环节，是控制实现的依据；机械零件产品完工后，通过测量进行验收，判断产品是否合格；在计量器具检定时，需采用更高精度的测量，以确保量值准确可靠。为了获得可靠的测量结果，必须有统一的计量单位，必须根据实际情况选择适当的测量方法和计量器具，从而保证测量的精度。因此，任何一个完整的测量过程应包括测量对象、计量单位、测量方法、测量精度四个要素。

2. 测量的基本条件

为了得到可信的测量结果，测量必须符合一系列基本条件。测量会受到许多影响量的影响，包括测量装置和测量对象。

以长度测量为例，在 GPS 测量中常见的影响量是温度、测力和测量方向。影响量用℃、N 和角度等与长度单位不同的其他物理单位来表示，并且可以通过物理定律和公式换算到长度。

(1)温度

按 GB/T 19765—2005 规定，测量的标准温度为 20℃。温度不同会引起时空和空间的温度梯度产生变化，导致测量设备、测量装置以及被测对象的长度、形状改变。温度的变化对长度的影响可由线膨胀方程给出：

$$\Delta L=\Delta T\times\alpha\times L \tag{10-2}$$

式中，ΔT——温度差，α——材料的线膨胀系数，L——所考虑的有效长度。

(2)测力

GPS 测量的标准条件是测力等于零。由于测量设备、测量装置和测量对象的弹性和塑性变形，会导致测力不等于零，从而影响长度测量误差和不确定度。应特别关注测力对测量设备和测量对象之间接触部位的几何形状的影响。测力的影响可由经验公式或物理方程来定量确定，与力的大小、方向、接触部位几何形状以及杨氏模量(E)、泊松比(v)等材料常数有关。

(3)测量方向

测量方向由测量对象的几何特征量的定义来确定。相对于定义规定的测量方向的偏差对测量结果的影响，可以由基本三角方程来进行计算。有时还会受到其他影响量的方向性效应的影响。

几何参数误差的检测条件在相关检测与验证规范中也有规定。实际操作中，所有偏离规定条件并可能影响测量结果的因素均应在测量不确定度评估时考虑。如果测量环境的洁净度、湿度、被测件的重力等因素影响测量结果，也应在测量不确定度评估时考虑。几何误差检测与验证时，除非另有规定，表面粗糙度、划痕、擦伤、塌边等外观缺陷的影响应排除在外。

在测量时，按测量中测量因素是否可以变化分为等精度测量和不等精度测量两种。等精度测量是指在测量过程中，测量条件不发生改变，对同一被测值进行连续多次的测量。例如同一个人用同一台仪器，在同样的环境中用同样方法，多次测量同一个量，即可认为其测量精度相等。在一般情况下，为了简化测量结果的处理，大都采用等精度测量。实际上，绝对的等精度测量是做不到的。不等精度测量是指在测量过程中，测量的条件部分改变或完全改变时的测量。由于不等精度测量的数据处理比较麻烦，因此一般用于重要的科研实验中的高精度测量。

10.1.2 量具和测量方法

1. 长度值的传递及量块

(1)长度值的传递系统

一套从长度的最高基准到被测工件的严密而完整的长度量值传递方法就是长度传递系统。

按照 1983 年第十七届国际计量大会通过的决议，米的定义为，米是光在真空中于 1/299792458s 的时间间隔内所传播的距离。用光波的波长作为长度基准，不便于在生产中直接应用。为了保证量值的准确和统一，必须把长度基准的量值准确地传递到生产中所应用的计量器具和工件上。

长度量值由国家基准波长开始，可以通过两个平行系统(线纹量具、端面量具)平行向下传递。

线纹量具是指具有刻度线的量具。线纹量具的特点是可知被测量的具体数值。线纹量具的精度分为 1,2,3 三等。1 等精度高，3 等精度低。

端面量具常用的有量块和量规。量块常用于作为核对尺寸的基准，量规常用于对大批量生产孔、轴尺寸的检测。其特点是只知被测件是否合格，不知具体数值。

(2)量块的基本知识

① 量块的材料、形状和尺寸

量块是一种端面长度标准。通过对计量仪器、量具和量规等，以示值误差检定等方式，使机械加工中各种制成品的尺寸溯源到长度基准，在机械制造中应用很广。它除了做传递长度量值的基准之外，还可用来调整仪器、机床或直接检测工件的基准公称尺寸。量块用特殊合金钢制成，具有线膨胀系数小、不易变形、耐磨性好等特点，是长度量值传递系统中重要的媒介。量块通常制成长方六面体，其上有两个非常光洁和平面度很高的平行平面（称为量块的测量面）。量块的外形如图 10－1 所示。

图 10－1(a)中，上和下表示测量面，前、后、左、右分别表示侧面。每个量块都有两个测量面和四个侧面。标称长度不大于 5.5mm 的量块，代表其标称长度的数码刻印在上测量面上，与其相背的为下测量面。如图 10－1(b)所示，标称长度大于 5.5mm 的量块，代表其标称长度的数码刻印在面积较大的一个侧面上。当此侧面顺向面对观察者放置时，如图 10－1(c)时，其右边的一面为上测量面，左面的一面为下测量面。

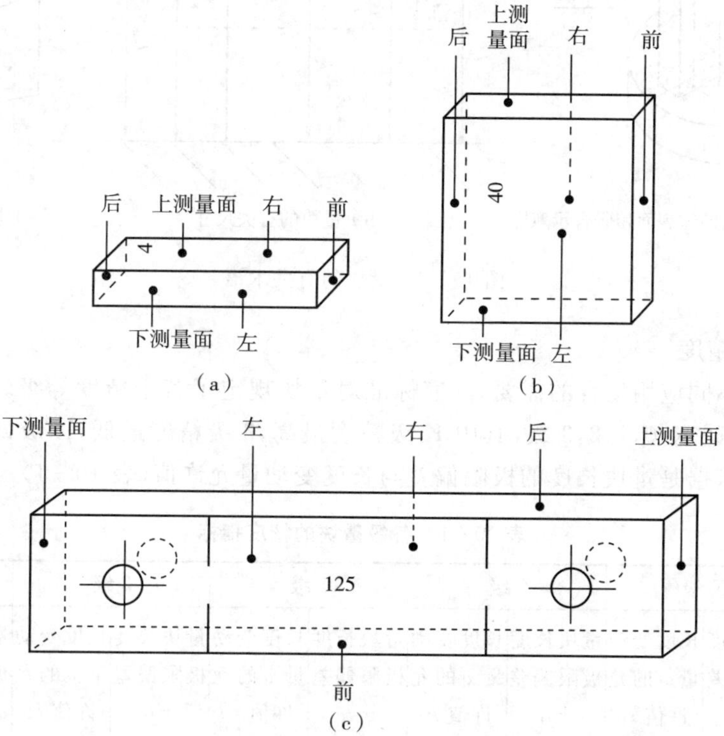

图 10－1　量块示意图

量块用少许压力推合就可以和另一块的测量面紧密接触，两块量块就能黏合在一起，这种特殊性称为研合性。量块的工作尺寸就是两测量面之间的距离。量块的测量面和具有类似表面质量的辅助体表面相研合而用于量块长度测量。

量块的精度极高，但是两个工作面也不是绝对平行的。因此量块的有关尺寸定义如下。

● 量块长度 l——量块一个测量面上的任意点到与其相对的另一测量面相研合的辅助表面之间的距离定为量块长度。如图 10－2(a)所示。

● 量块中心长度 l_c——对应于量块未研合测量面中心点的量块长度，如图 10－2(a)所示。

● 量块标称长度 l_n——标记在量块上，用以表明其与主单位(m)之间关系的量值，也称为量块长度的示值。

任意点的量块长度偏差 e——任意点的量块长度与标称长度的代数差，即 $e=l-l_n$。图

10－2(b)中的“$-t_e$”和“$+t_e$”为量块长度极限偏差。合格条件：$-t_e \leqslant e \leqslant +t_e$。

● 量块长度变动量 v——量块测量面上任意点中的最大长度 l_{max} 与最小长度 l_{min} 之差称为长度变动量，即 $v=l_{max}-l_{min}$，如图 10－2(b)所示，其允许值为 t_v。合格条件：$v \leqslant t_v$。

● 量块测量面的平行度 f_d——包容测量面且距离为最小两个相互平行平面之间的距离。其公差为 t_d。合格条件：$f_d \leqslant t_d$，如图 10－2(c)所示。

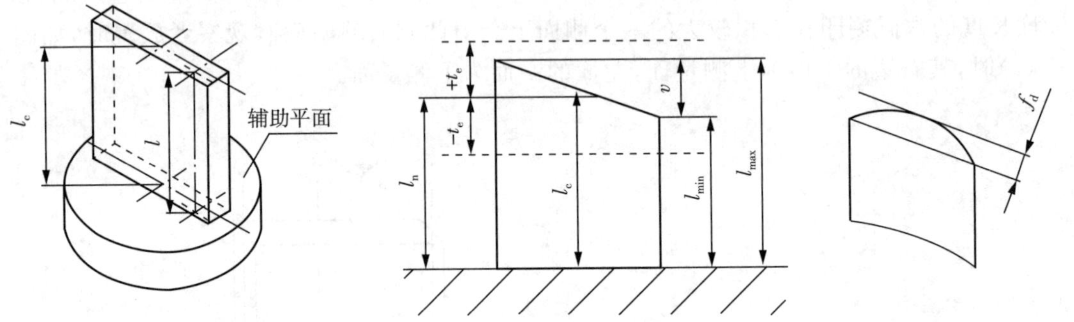

(a) 量块测量面与辅助体表面相研合示意图　(b) 量块的有关尺寸　(c) 量块测量面的平行度

图 10－2　量块的有关术语

② 量块的精度

为了满足不同应用场合的需要，国家标准对量块规定了若干精度等级。量块按其制造精度分为五级，即 K，0，1，2，3 级，其中 K 级精度最高，3 级精度最低，K 级即校准级。量块分“级”的主要依据是量块长度的极限偏差与长度变动量允许值(表 10－1)。

表 10－1　各级量块的精度指标

量块的标称长度 ln(mm)	K 级		0 级		1 级		2 级		3 级	
	量块长度极限偏差 $\pm te$	长度变动量 v 的允许值 tv	量块长度极限偏差 $\pm te$	长度变动量 v 的允许值 tv	量块长度极限偏差 $\pm te$	长度变动量 v 的允许值 tv	量块长度极限偏差 $\pm te$	长度变动量 v 的允许值 tv	量块长度极限偏差 $\pm te$	长度变动量 v 的允许值 tv
	(μm)									
$ln \leqslant 10$	0.20	0.05	0.12	0.10	0.20	0.16	0.45	0.30	1.0	0.50
$10 < ln \leqslant 25$	0.30	0.05	0.14	0.10	0.30	0.16	0.60	0.30	1.2	0.50
$25 < ln \leqslant 50$	0.40	0.06	0.20	0.10	0.40	0.18	0.80	0.30	1.6	0.55
$50 < ln \leqslant 75$	0.50	0.06	0.25	0.12	0.50	0.18	1.00	0.35	2.0	0.55
$75 < ln \leqslant 100$	0.60	0.07	0.30	0.12	0.60	0.20	1.20	0.35	2.5	0.60
$100 < ln \leqslant 150$	0.80	0.08	0.40	0.14	0.80	0.20	1.60	0.40	3.0	0.65

（续表）

量块的标称长度 ln(mm)	K 级		0 级		1 级		2 级		3 级	
	量块长度极限偏差 $\pm te$	长度变动量 v 的允许值 tv	量块长度极限偏差 $\pm te$	长度变动量 v 的允许值 tv	量块长度极限偏差 $\pm te$	长度变动量 v 的允许值 tv	量块长度极限偏差 $\pm te$	长度变动量 v 的允许值 tv	量块长度极限偏差 $\pm te$	长度变动量 v 的允许值 tv
	(μm)									
$150 < ln \leqslant 200$	1.00	0.09	0.50	0.16	1.00	0.25	2.00	0.40	4.0	0.70
$200 < ln \leqslant 250$	1.20	0.10	0.60	0.16	1.20	0.25	2.40	0.45	5.0	0.75

资料来源：摘自 JJG 146—2011。

量块按其检定精度分为 5 等，即 1，2，3，4、5 等。其中 1 等精度最高，5 等精度最低。量块分“等”的主要依据是中心长度测量的极限偏差和平面平行度极限偏差（表 10－2）。

表 10－2　各等量块的精度指标

量块的标称长度 l_n(mm)	1 等		2 等		3 等		4 等		5 等	
	测量不确定度的允许值	长度变动量 v 的允许值 tv	测量不确定度的允许值	长度变动量 v 的允许值 tv	测量不确定度的允许值	长度变动量 v 的允许值 tv	测量不确定度的允许值	长度变动量 v 的允许值 tv	测量不确定度的允许值	长度变动量 v 的允许值 tv
	(μm)									
$l_n \leqslant 10$	0.022	0.05	0.06	0.10	0.11	0.16	0.22	0.30	0.6	0.50
$10 < ln \leqslant 25$	0.025	0.05	0.07	0.10	0.12	0.16	0.25	0.30	0.6	0.50
$25 < ln \leqslant 50$	0.030	0.06	0.08	0.10	0.15	0.18	0.30	0.30	0.8	0.55
$50 < ln \leqslant 75$	0.035	0.06	0.09	0.12	0.18	0.18	0.35	0.35	0.9	0.55
$75 < ln \leqslant 100$	0.040	0.07	0.10	0.12	0.20	0.20	0.40	0.35	1.0	0.60
$100 < ln \leqslant 150$	0.050	0.08	0.12	0.14	0.25	0.20	0.50	0.40	1.2	0.65
$150 < ln \leqslant 200$	0.060	0.09	0.15	0.16	0.30	0.25	0.60	0.40	1.5	0.70
$200 < ln \leqslant 250$	0.070	0.10	0.18	0.16	0.35	0.25	0.70	0.45	1.8	0.75

资料来源：摘自 JJG 146—2011。

量块按“级”使用时，是以标记在量块上的标称长度作为工作尺寸，该尺寸包含了量块实际制造误差。按“等”使用时，则是以量块检定后给出的实测中心长度作为工作尺寸，该尺寸排除了量块的制造误差，但包含了量块检定时的测量误差。一般来说，检定时的测量误差要比量块的制造误差小得多。所以，量块按"等"使用的精度比按"级"使用的精度高。在精密测量时，通常按"等"使用量块。

(3)量块的组合选用

量块除具有稳定、耐磨和准确的特性外，还具有研合性。所谓研合性是指量块的一个测量面与另一量块的测量面或者与另一精加工的类似量块测量面的表面，通过分子力的作用而相互黏合的性能。利用量块这一性能，可以在一定的尺寸范围内，将不同尺寸的量块进行组合而形成所需的工作尺寸。按 GB/T 6093—2001《量块》的规定，我国生产的成套量块有 91 块、83 块、46 块、38 块等几种规格。在组成某一确定尺寸时，为了减少量块组合的误差，一组量块的总数一般不应超过 4 块。例如，83 块一套的量块尺寸排列为：

0.5mm——1 块；

1mm——1 块；

1.005mm——1 块；

间隔 0.01mm——1.01，1.02，…，1.49，共 49 块；

间隔 0.1mm——1.5，1.6，1.7，1.8，1.9，共 5 块；

间隔 0 5mm——2.0，2.5，…，9.5，共 16 块；

间隔 10mm——10，20，…，100，共 10 块。

选取量块时，应从具有最小位数的量块开始。逐一相减选取量块长度。

应用实例 1

从 83 块一套的量块中选取尺寸为 43.785 mm 的量块组，可以选用对应尺寸分别是 1.005 mm，1.28 mm，1.5 mm 和 40 mm 的量块组合，选取方法为：

43.785	所需尺寸
− 1.005	第一块量块尺寸
42.780	
− 1.28	第二块量块尺寸
41.500	
− 1.5	第三块量块尺寸
40	第四块量块尺寸

2. 测量器具分类

测量器具是测量仪器和测量工具及其他用于测量目的的技术装备总称。通常把以固定形式复现给定量的一个或多个已知值的一种测量器具称为量具，如游标尺、直角尺、量块、角度块规等；把具有变换和放大系统的测量器具称为量仪，如机械比较仪、测长仪、投影仪等。

测量器具可按其测量原理、结构特点及用途等分为以下四类：

(1)标准量具

以固定形式复现量值的计量器具称为标准量具。通常用来校对和调整其他计量器具，或作为标准量与被测工件进行比较。有单值量具，如量块、角度量块；多值量具，如基准米尺、线纹尺、直角尺。成套的量块又称为成套量具。

(2)通用计量器具

通用计量器具通用性强，可测量某一范围内的某一尺寸或其他几何量，并能获得具体量值。按其结构又可分为以下几种：

① 固定刻线量具，具有一定刻线，在一定范围内能直接读出被测量数值。钢直尺、卷尺等均属于刻线量具。

② 游标量具，能够直接移动测头实现几何量测量。例如游标卡尺、游标高度卡尺、游标量角器等。

③ 微动螺旋副式量仪，采用螺旋方式移动测头实现几何量测量。例如外径千分尺、内径千分尺、深度千分尺等。

④ 机械式量仪，采用机械方法实现被测量的变换和放大，从而实现几何量测量。例如百分表、杠杆百分表、杠杆齿轮比较仪、扭簧比较仪等。

⑤ 光学式量仪，采用光学原理实现被测量的变换和放大，从而完成几何量测量。例如光学计、测长仪、投影仪、干涉仪、三坐标测量机等。

⑥ 气动式量仪，以压缩气体为介质，将被测量转换为气动系统状态（流量或测量压力）的变化，从而实现几何量测量。例如水柱式气动量仪、浮标式气动量仪等。

⑦ 电动式量仪，将被测量变换为电量，然后通过对电量的测量来实现几何量的测量。例如电感式量仪、电容式量仪、电接触式量仪、电动轮廓仪等。

⑧ 光电式量仪，利用光学方法放大或瞄准，通过光电元件再转换为电量进行检测，从而实现几何量测量。例如光电显微镜、光栅测长机、光纤传感器、激光准直仪、激光测长仪等。

⑨ 机器视觉检测系统，采用视觉传感器，将机械产品进行成像，然后对其图像信息采用专用的图像处理软件进行处理，自动判断产品的尺寸、形状、位置等信息，并根据预先设定的标准进行检测，判断产品是否合格。

(3)专用计量器具

专用计量器具是指专门用来测量某种特定参数的计量器具，如圆度仪、渐开线检查仪、丝杠检查仪、极限量规等。其中极限量规是一种没有刻度的专用检验工具，用以检验零件尺寸、形状或相互位置误差。它只能判断被测零件是否合格，而不能得出具体数值的测量结果。

(4)检验夹具

检验夹具是指量具、量仪和定位元件等组合的一种专用的检验工具。当配合各种比较仪时，能用来检验更多和更复杂的参数。

3. 计量器具的技术性能指标

计量器具的技术指标是选择和使用计量器具，研究和判断测量方法正确性的依据，其主要指标如下：

(1)刻度间距

刻度间距是指计量器具标尺或分度盘上相邻两刻线中心之间的距离或圆弧长度。为适于人眼观察，刻度间距一般应为 1～2.5mm。

(2)分度值(刻度值)

分度值是指计量器具刻度标尺或分度盘上每一个刻度间距所代表的量值。分度值越小，表示计量器具的测量精度越高。例如，游标卡尺的分度值是由游标尺的刻度间距表示，1个间距代表的有 0.1 mm，0.05 mm，0.02 mm 几种。

(3)分辨力

分辨力是指计量器具所能显示的最末一位数所代表的量值。由于在一些量仪(如数字式量仪)中,其读数采用非标尺或非度盘显示,因此就不能使用分度值这一概念,而将其称作分辨力。例如国产 JC19 型数显式万能工具显微镜的分辨力为 0.5μm。

(4)示值范围

示值范围是指计量器具刻度标尺或刻度盘所显示或指示的被测几何量最小到最大的数值范围。例如光学比较仪的标尺市值范围为±0.1mm。

(5)测量范围

计量器具测量范围是指计量器具所能测量的被测几何量值的下限值到上限值的范围。测量范围的上限值与下限值之差称为量程。

如图 10-3 所示,机械式比较仪的标尺刻度值为 1μm,标尺市值范围为-100~+100μm,测量范围为 0~180mm,量程为 180mm。

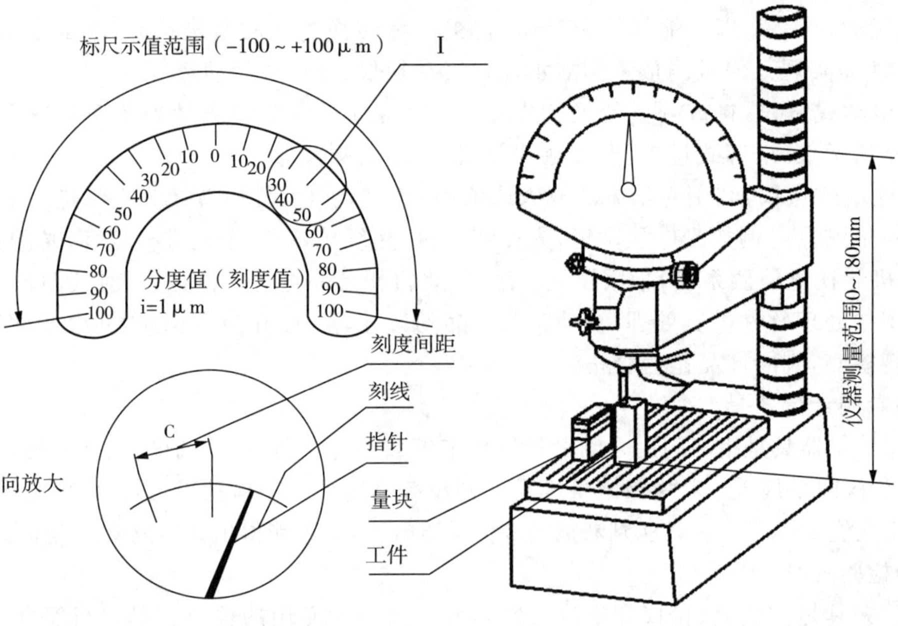

图 10-3　机械式比较仪的一些度量指标

4. 测量方法分类及其原则

(1)测量方法的分类

广义的测量方法,是指测量时所采用的测量原理、计量器具和测量条件的综合。但是在实际工作中,测量方法一般是指获得测量结果的具体方式,它可以从不同的角度进行分类。

按所测的几何量是否为被测几何量分类:

① 直接测量

无须对被测的几何量与其他实测的几何量进行函数关系的辅助计算,所测得的几何量值就是被测量的几何量值。例如,用游标卡尺、千分尺测量轴径或孔径的大小。

② 间接测量法

实测的几何量与被测的几何量之间有已知函数关系,通过计算而得到被测量几何值的测量。

应用实例 2

测量圆柱体的圆周长度 L，通过关系式得到所求的零件直径 D。

$$D=L/\pi \tag{10-3}$$

如图 10－4 所示，孔心距 a，可通过测量孔边距 l_1 和 l_2，并运用下列公式计算求得：

$$a=(l_1+l_2)/2 \tag{10-4}$$

间接测量的精度通常比直接测量的精度低。

在直接测量和间接测量中又可分为绝对测量和相对测量。从量具或仪器上读出被测几何量的整个数值，称为绝对测量。例如，用各种千分尺、游标量具测量工件长度或直径等。若从量具或仪器的读数装置上得到的只是被测几何量相对于标准量的偏差值，则称为相对测量。例如用量块调整仪器的零位，将读得的偏差值加上量块的尺寸才是所测量的全部数值。相对测量的测量精度比绝对测量的测量精度高。

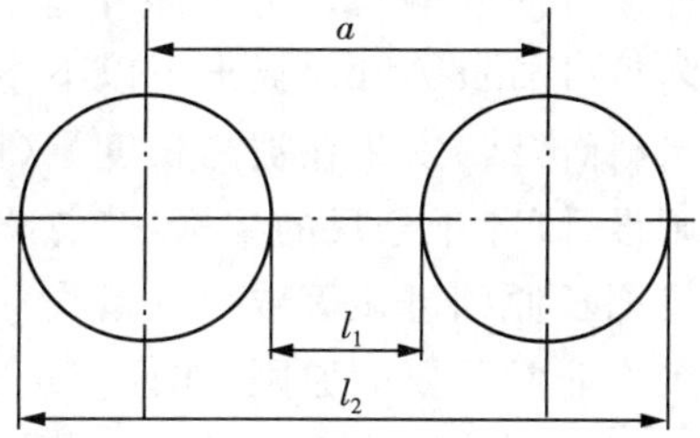

图 10－4　间接测量测量孔心距

按零件上同时被测几何量的多少分类：

① 综合测量

同时测量工件上的几个相关几何量的综合结果。例如，用齿轮综合检测仪测量齿形误差和齿距偏差的综合结果。

② 单项测量

每次只测量一个单独的几何量。例如，用不同的专用仪器分别测量齿轮的齿形误差、基节偏差和齿轮的齿厚，螺纹的螺距等。

综合测量效率较高，就零件整体来说，单项测量的效率比综合测量的效率低，但便于进行工艺分析。综合测量的结果比较符合工件的实际情况。

按测量结果对工艺过程所起的作用分类：

① 被动测量

零件加工后进行的测量，测量结果只能判断零件是否合格。

② 主动测量

在零件加工过程中进行测量，测量结果能及时显示出加工件是否正常，决定是否可以继续加工或调整机床。故能及时防止废品的产生。

按被测表面是否与测量头接触分类：

① 接触测量法

测量时计量器具的测头与被测表面接触，并伴有机械作用的测量力。

② 非接触测量法

测量时计量器具的测头不与被测表面接触。例如，用光切显微镜测量零件的表面粗糙度，用投影仪测量样板的轮廓形状。接触测量时，被测表面与计量器具接触，会产生弹性变形，因而会影响测量的精度。但这种方法稳定、可靠。非接触测量虽然无接触变形，但对介质的变化反映较为敏感。

此外，按被测零件在测量中所处的状态，还可分为静态测量和动态测量等。

(2)测量原则

为了减小测量误差、提高测量精度，在进行精密测量时常要求遵循一定的测量原则，以下介绍3个常用原则。

① 阿贝测长原则

长度测量时需要计量器具的测量头或量臂移动，如游标卡尺、千分尺，其活动部件移动方向的正确性通常靠导轨保证。导轨的制造与安装误差(如直线度误差及配合处的间隙)会造成移动方向的偏斜。为了减小这种方向偏斜对测量结果的影响，1890年德国人艾恩斯特·阿贝(Ernst Abbe)提出了以下指导性原则，即阿贝测长原则：在长度测量中，应将标准长度量(标准线)安放在被测长度量(被测线)的延长线上。万能测长仪的测量头是按阿贝测长原则设计的，千分尺的结构，若忽略读数装置的直径，也符合阿贝测长原则。测量仪器采用阿贝测长原则可显著减少测量头移动方向偏差对测量结果的影响。因此，阿贝测长是精密测量中非常重要的原则，在评定量仪或拟定长度测量方案时必须首先给以考虑。若由于结构上的原因难以实现时，则应该采取其他有效措施以减少、甚至消除这种测量原理方面产生的误差。

② 最短测量链原则

在长度测量中，整个测量系统由多个环节组成，如测量台架、垫块、调节装置、读数装置、测量头等，最终形成两测量面，例如立式测量仪器的测头端面与工作台面，卧式测量仪器的活动测头与固定测头端面。测量链则由测量系统的各个环节再经由两测量面与被测工件连成封闭链。测量时，测量链中各组成环节的误差对测量结果有直接的影响，即测量链的最终测量误差是各组成环节误差的累积值。因此，最短测量链原则要求尽量减少测量链的组成环节以减小测量误差。例如在使用量块组合尺寸时，应使量块数量尽可能少；在用指示表测量时，在测头和被测工件及工作台之间，应不垫或尽量少垫量块，表架的悬伸支臂与立柱应尽量缩短等。

③ 圆周封闭原则

在圆周分度器件(如刻度盘、圆柱齿轮等)的测量中，利用在同一圆周上所有夹角之和等于360°，即所有夹角误差之和等于零的这一自然封闭特性，在没有更高精度的圆分度基准器件的情况下，采用“自检法”也能实现到高精度测量。例如圆柱齿轮齿距误差的测量，齿距的公称值正是对应于用齿数等分360°所得的圆心角，测得整个齿轮的全部实际齿距，其平均值即为其公称值，而每一实际齿距与它的差值便是各个齿的齿距偏差。

10.1.3 测量误差与数据处理

1. 测量误差

任何测量过程，由于受到计量器具和测量条件的影响，不可避免地会出现误差。因此，每一个实际测得值往往只是在一定程度上近似于被测量的真值，这种近似程度在数值上则表现为测量误差。测量误差Δ是被测量的实际测量结果X与被测量的真值Q之差，即

$$\Delta = X - Q \quad (10-5)$$

上式表达的误差也叫绝对误差。绝对误差与真值之比的百分数称为相对误差r，即

$$r = \Delta / Q \times 100\% \quad (10-6)$$

相对误差是无量纲量，当被测量值不同且相差较大时，用它更能清楚地比较或反映两测量值的准确性。

以上计算式要有真值才能求出结果，而真值具有不能确定的本性，故实际中常用对被测量多次重复测量所得的平均值作为约定真值。

2. 测量误差的来源及防止

在实际测量中，测量误差产生的原因有很多，主要体现在以下几个方面：

(1)计量器具误差

计量器具误差是指计量器具设计、制造和装配调整不准确而产生的误差，包括设计原理误差、仪器制造和装配调整误差。仪器读数装置中刻线尺、刻度盘等的刻线误差和装配时的偏斜或偏心引起的误差，光学系统的制造、调整误差，计量器具各零部件本身的制造误差、变形和磨损等引起的误差，都属于仪器制造和装配调整误差。在设计计量器具时，为了简化结构，采用近似设计所产生的误差，属于设计原理误差。

应用实例 3

采用游标卡尺测量轴径所引起的误差就属于设计原理误差(图 10－5)。根据阿贝测长原则，在设计计量器具或测量工件时，应将被测长度与基准长度置于同一直线上。而使用游标卡尺测量轴径时，显然不符合阿贝测长原则，用于读数的刻线基准长度和被测工件直径不在同一直线上，由于游标框架与主尺之间的间隙影响，可能使内外量爪倾斜(倾斜角 φ)，从而产生测量误差($\delta = L - L' = S\tan\varphi$)。

对于设计原理误差，在计量器具设计时尽量减少采用近似原理和机构，尽量遵守阿贝测长原则等，将误差消除或控制在合理范围内。对于仪器制造和装配调整误差，由于影响因素很多，情况比较复杂，也难以消除掉。在使用时，可对一台仪器进行检定、掌握它的示值误差，并列出修正表以消除其误差，也可采用多次测量以减小误差。

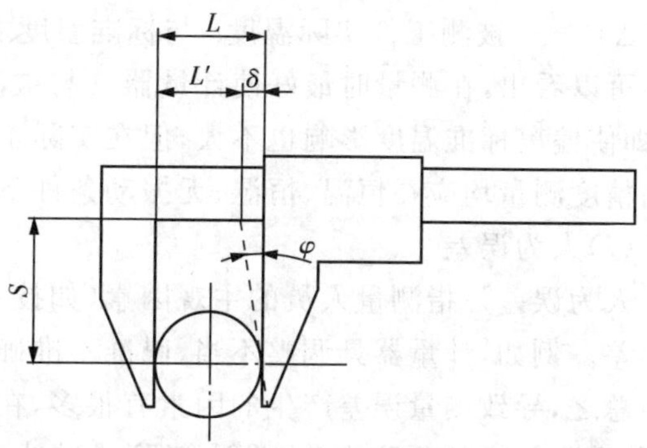

图 10－5　游标卡尺原理误差

(2)基准件误差

基准件误差是指作为基准件使用的量块或标准件等本身存在的制造误差和使用过程中因磨损而产生的误差。特别是采用相对测量时，基准件的误差将直接反映到测量结果中。生产实践中，基准件的误差一般占总测量误差的 1/5～1/3，并且要经常检验。

(3)调整误差

调整误差是指测量前未能将计量器具或被测工件调整到正确位置(或状态)而产生的误差。例如，采用未经调零的百分表测量工件而产生的零位误差。

(4)测量方法误差

测量方法误差是指测量时选用的测量方法不完善(包括工件安装不合理、测量方法选择不当、计算公式不准确等)或对被测对象认识不够全面而引起的误差。例如，测量大型工件的直径，可以采用直接测量法，也可以采用测量弦长和弦高的间接测量法，所得测量误差是不相同的。

(5)测量力误差

测量力误差是指在进行接触测量时，由于测量力使得计量器具、被测工件产生弹性变形而产生的误差。为了保证测量结果的可靠性，必须控制测量力的大小并保持恒定，特别对精密测量尤为重要。测量力过小不能保证测头与被测工件可靠接触而产生误差，测量力过大使测头和被测工件产生变形也会产生误差。

(6)环境误差

环境误差是指测量时的环境条件不符合标准条件所引起的误差，包括温度、湿度、气压、振动等因素引起的误差。其中温度是主要因素，而其余因素仅在精密测量时才考虑。

应用实例 4

采用光波波长做基准进行绝对测量时，若温度偏离标准状态，则光波波长将发生变化。当计量器具和被测工件的温度偏离标准温度 20℃时，引起的测量误差可由以下公式进行计算：

$$\delta=L(\alpha_1\Delta t_1-\alpha_2\Delta t_2) \tag{10-7}$$

式中，δ——温度引起的测量误差；

L——被测尺寸(通常用公称尺寸代替)；

α_1、α_2——计量器具、被测工件的线胀系数；

Δt_1——计量器具实际温度t_1与标准温度之差，$\Delta t_1=t_1-20$℃；

Δt_2——被测工件实际温度t_2与标准温度之差，$\Delta t_2=t_2-20$℃。

可以看出，在测量时最好使计量器具与被测工件材料相同，即$\alpha_1=\alpha_2$，这样只要温度相近，即使偏离标准温度影响也不大，但在实际工程应用中，通用器具很难保证以上条件。一般高精度测量均应在恒温、恒湿、无振动条件下进行。

(7)人为误差

人为误差是指测量人员的主观因素(如技术熟练程度、工作疲劳程度、测量习惯等)引起的误差。例如，计量器具调整不当、瞄准不准确、估读误差等都会造成测量误差。

总之，导致测量误差产生的因素有很多，在分析误差时，应找出测量误差产生的主要因素，并采取相应的预防措施，设法消除或减小其对测量结果的影响，以保证测量结果的准确性。

3. 测量误差的分类

按误差的性质，测量误差分为系统误差、随机误差和粗大误差大类。

① 系统误差是指在相同条件下，对同一被测量的多次测量过程中，保持恒定或以可预知方式变化的测量误差，即误差的绝对值和符号固定不变。当测量条件一定时，系统误差也是一个客观上的定值，因此采用多次测量的平均值是无法减弱它的影响的。理论上，系统误差是可以消除的，但在实际测量中，系统误差不一定能完全消除，对于那些未能消除的系统误差，在规定允许的测量误差时应予以考虑。

② 随机误差是指在相同条件下对同一量的多次重复测量过程中，以不可预知方式变化的一种误差，大小和符号不可预先判定。对于随机误差，单次测量之间无确定的规律，不能用前一次的误差来推断后一次的误差。但是对于多次重复测量的随机误差，按照概率和统

计方法进行分析，可发现其仍然有一定的规律性。在测量过程中，量仪的不稳定造成的误差，例如计量器具的变形、测量力的波动、温度的变化等，均属于随机误差。

③ 粗大误差是指由于测量不正确等原因引起的明显超出规定条件下预期的误差。它主要由测量操作不当和测量人员的主观因素等造成，例如使用有缺陷的测量器具、量仪受电磁等干扰而发生指示突跳、错误读取示值等。

4. 测量数据处理

由于测量误差的存在，使机械产品的测量结果带有不可信性，为提高其可信程度和准确程度，常需要对同一量进行相同条件下多次重复测量，取得一系列的包含有误差的数据，再按统计方法处理，获得较为可靠的测量值。

(1)系统误差的消除

在测量过程中产生系统误差的因素有很多种，系统误差的数值往往比较大，对测量结果的影响也很明显，因此在进行测量或数据处理时，应及时发现进而消除或减小系统误差。测量过程中的系统误差可分为定值系统误差和变值系统误差，具有不同的特性。定值系统误差的大小和方向不变，对测量结果的影响也是一定值，但会使算术平均值产生偏移。因此，可以采用更高精度的测量来鉴别定值系统误差。例如，在进行相对测量中，用量块做标准件进行测量时，由于量块的尺寸偏差引起的系统误差可用更高精度的仪器进行测量，或更高精度的量块进行对比测量。变值系统误差的大小和方向随测试时刻或测量值的不同等因素按确定的函数规律而变化。如果确切掌握了其规律性，则可以从系列测量值的处理和分析观察中发现，并在测量结果中加以修正，例如残余误差观察法等。消除和减少系统误差的常用方法有误差根除法、误差修正法、误差抵消法、对称消除法、半周期消除法等。

(2)随机误差的处理

在测量数据处理中，排除系统误差和粗大误差后余下的便是随机误差。随机误差是不可消除的，进行随机误差的分析处理是为了得知测得值的精确程度。随机误差的处理要从统计规律出发，按其为正态分布求测得值的算术平均值以及用于描述误差分布的标准偏差。通过对求得的标准偏差做进一步的处理，可获得测量结果的不确定度。在具有随机误差的测量列中，常以算术平均值表征最可靠的测量结果，以标准偏差表征随机误差。针对消除系统误差和粗大误差后的一系列测量数据，可计算出随机误差的算术平均值，然后再计算测量列中单次测量值(任一测量值)的标准偏差和测量列算术平均值的标准偏差，确定测量结果。

(3)粗大误差的处理

粗大误差的数值比较大，会使测量结果严重偏离机械零部件的设计值，因而必须采用一定的方法予以剔除。在一列重复测量所得数据中，经系统误差修正后如有个别数据与其他数据有明显差异，则这些数值很可能含有粗大误差。在判别某个测得值是否含有粗大误差时要特别慎重，需要做充分的分析研究，并根据选择的判别准则予以确定，因此要对数据按相应的方法作预处理。预处理并判别粗大误差有多种方法和准则，有拉依达准则(3σ 准则)、罗曼诺夫斯基准则(t 分布检验准则)、狄克松准则、格罗布斯准则等。其中拉依达准则(3σ 准则)是以测量次数充分大为前提的常用统计判断准则，而罗曼诺夫斯基准则(t 分布检验准则)适用于数据较少场合。

5. 测量不确定度

机械零件产品的测量与不确定度密切相关，为明确定量用数据的水平与准确性，其最后结果的表示必须给出其不确定度；否则，所述结果的准确性和可靠性不明，数据便没有使用价值和意义。GB/T 27418—2017《测量不确定度评定和表示》规定，不确定度是利用可获得的信息，表征赋予被测量量值的非负性参数。测量不确定度包括由系统效应引起的分量，例如与修正量和测量标准所赋量值有关的分量及定义的不确定度。不确定度越小，测量的水平越高，数据的质量越高，其使用价值也越高；而不确定度越大，测量的水平越低，数据质量越低，其使用价值也越低。测量不确定度与测量误差紧密相连但却有区别。在实际工作中，由于不知道被测量值的真值才去进行测量，误差的影响必然使测量结果出现一定程度上的不真实，因此必须同时表达其准确程度，用测量不确定度来进行描述。它是对测得值分散性的估计，是用以表示测量结果分散区间的量值，但不是指具体的、确切的误差值，虽可以通过统计分析方法进行估计，却不能用于修正、补偿量值。

以标准差表示的测量不确定度被称为标准不确定度。标准不确定度的评定分为两种：A类评定是对在规定测量条件下测得的量值用统计分析的方法进行的测量不确定度分量的评定；B类评定用不同于测量不确定度A类评定的方法对测量不确定度分量进行的评定。将标准不确定度区分为A类和B类的目的，是使标准不确定度可通过直接或间接的方法获得，两种方法只是计算方法的不同，并非本质上存在差异，两种方法均基于概率分布。

应用实例 5

图 10-6 表示了由一个输入量 X_i 可能测得值的未知分布，或用重复观测的方法采样获得的 X_i 的概率分布得到 X_i 的估计值及其不确定度。在图 10-6(a)中假设输入量 X_i 是温度 t，其未知分布假设为正态分布，期望值 $\mu_t=100℃$，标准差 $\sigma=1.5℃$。其概率密度函数为

$$p(t)=\frac{1}{\sigma\sqrt{2\pi}}\exp\left[\frac{1}{2}\left(\frac{t-\mu_t}{\sigma}\right)\right] \tag{10-8}$$

假设从图 10-6(a)的分布中随机采样温度值 t，图 10-6(b)显示了从温度 t 的 20 次重复观测值 t_k 得到的直方图(为获得直方图，将 20 个观测值或采样值按 1℃间隔分组)。计算 20 次观测值的算术平均值 $\bar{t}$，是 t 的期望值 μ_t 的最佳估计值；计算实验标准差 $s(t_k)$；再获得平均值的实验标准差 $s(\bar{t})$，它就是平均值 $\bar{t}$ 的标准不确定度 $u(\bar{t})$。

由在一个测量模型中各输入量的标准测量不确定度获得的输出量的标准测量不确定度被称为合成标准不确定度。如果测量模型中的输入量相关，当计算合成标准不确定度时应考虑协方差。我们把合成标准测量不确定度与一个大于 1 的数字因子的乘积称为扩展不确定度，而这个大于 1 的数字因子被称为包含因子，取决于测量模型中输出量的概率分布类型和所选取的包含概率。

测量不确定度的来源主要有对被测量的定义不完善，被测量定义复现的不理想，被测量的样本不能代表定义的被测量，环境条件对测量过程的影响考虑不周，仪器分辨力或鉴别阈不够，测量方法和测量过程中引入的近似值及假设，模拟仪表读数时人为的偏差等。随着机械工业的发展，当测量等级需要升级时，就需要如何获得测量结果及其不确定度的详细信息。工业活动中每天都在进行大量的测量，但并没有明确地报告不确定度。那是因为很多测量所用的器具是需要定期经过周期校准或依法检定的，如果知道仪器是符合其规范或符

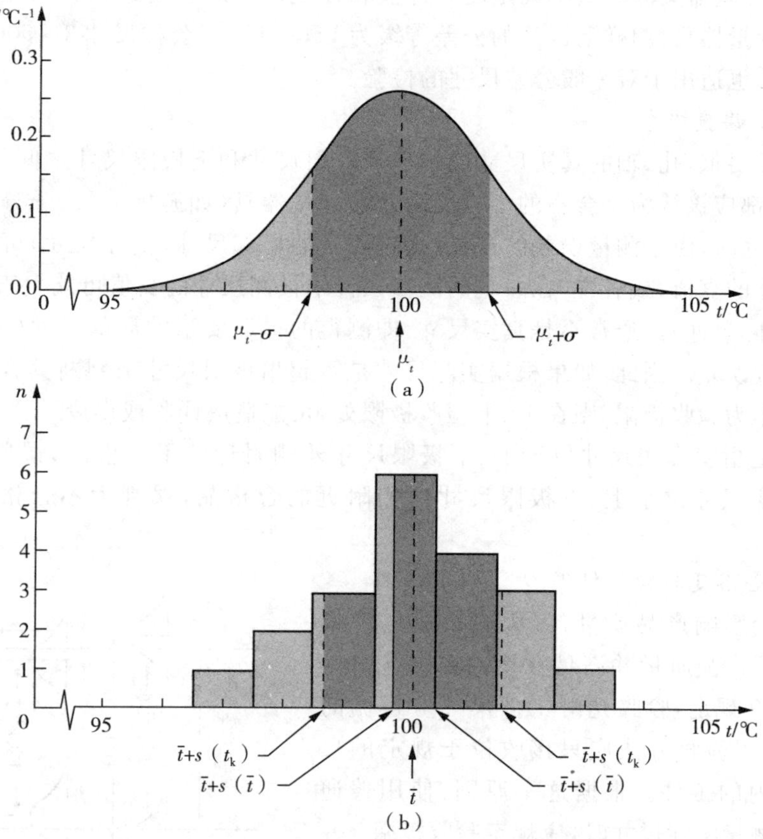

图 10－6　由重复观测评定输入量的标准不确定度示意图

合现行标准文件的要求，其示值的不确定度可以由其规范或标准文件推断。实际生产中，当报告测量结果及其不确定度时，应清楚地描述由实验观测值和输入数据计算测量结果及其不确定度的方法。

10.2　尺寸检测

要保证零件产品质量，除了必须在图样上规定几何量公差要求以外，还必须规定相应的检测原则作为技术保证。只有按测量检测标准规定的方法确认合格的零件，才能满足设计要求。

我国国家标准规定了两种检测制度：用普通计量器具测量和光滑极限量规检验。通常，中小批量生产零件的尺寸精度可以使用普通计量器具进行测量，测得其实际尺寸的具体数值或实际偏差，来判断孔、轴合格与否。对于大批量生产的零件，为提高检测效率，使用光滑极限量规进行检验。

10.2.1　用通用计量器具测量

GB/T 3177—2009《光滑工件尺寸的检验》规定了光滑工件检验的验收原则、验收极限、检验尺寸、计量器具的测量不确定度允许值和计量器具的选用原则。该标准适用于车间现场的通用计量器具，图样上标注的公差等级为IT6～IT18、公称尺寸3～500mm的光滑工件尺寸的检验也适用于对一般公差尺寸的检验。

1. 误收误废概念

按图样要求，孔、轴的真实尺寸应位于上极限尺寸和下极限尺寸之间，包括恰好等于极限尺寸时，都应该认为是合格的。当采用普通计量器具（如游标卡尺、千分尺、比较仪等）检查孔、轴尺寸时，由于测量误差的存在，提取要素的局部尺寸（实际尺寸）可能大于也可能小于被测尺寸的真值，或者说，在一定的测量条件下被测尺寸的真值可能大于也可能小于其测量结果（实际尺寸）。通常不是真实尺寸，即测得的提取要素的局部尺寸（实际尺寸）＝真实尺寸±测量误差。因此，如果根据实际尺寸是否超出极限尺寸来判断其合格性，即以上、下极限尺寸作为验收极限，则在上、下验收极限处，可能造成误收或误废。

误收是指将真实尺寸位于上、下极限尺寸外侧附近的不合格品，误判为合格品；误废是指将真实尺寸位于上、下极限尺寸内侧附近的合格品，误判为不合格品。如图10-7所示。

2. 安全裕度与验收极限

误收会影响产品质量，误废会造成经济损失。为确保产品质量并满足互换性要求，GB/T 3177—2009规定，验收光滑工件尺寸应遵循的原则是：所用验收方法应只接收位于规定的尺寸极限之内的工件。根据这一原则，使用普通计量器具测量实际尺寸时，应规定验收极限。

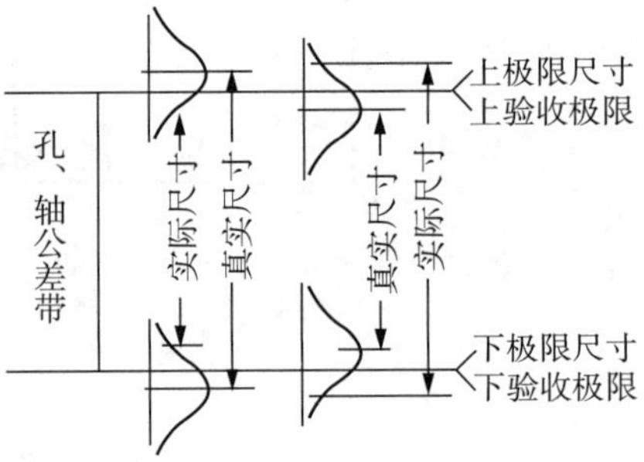

图10-7　误收与误废

验收极限是判断所检验工件尺寸合格与否的尺寸界线。生产中应按验收极限验收工件。

GB/T 3177—2009《产品几何技术规范（GPS）光滑工件尺寸的检验》中规定，验收极限可按下面两种方式之一确定。

（1）内缩方式

内缩方式的验收极限是从规定的最大实体尺寸（MMS）和最小实体尺寸（LMS）分别向工件公差带内移动一个安全裕度为A的距离来确定，如图10-8所示。A值按工件尺寸公差T的1/10确定，其数值列于表10-3。

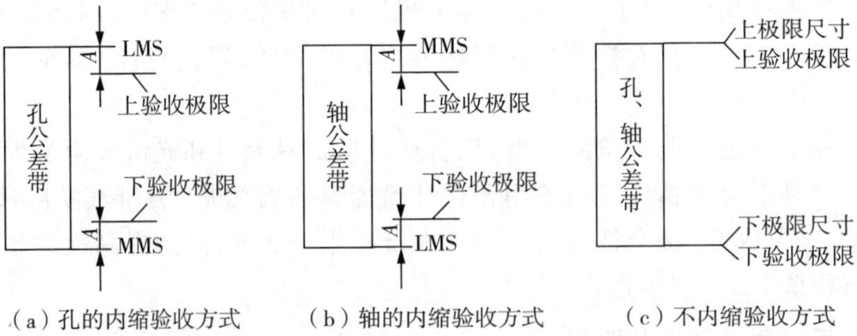

图10-8　尺寸公差带及验收极限示意图

表 10－3　安全裕度 A 与计量器具的测量不确定度允许值 u_1

（单位：μm）

孔、轴的标准公差等级		IT6					IT7					IT8					IT9				
公称尺寸（mm）		T	A	u_1			T	A	u_1			T	A	u_1			T	A	u_1		
大于	至			Ⅰ	Ⅱ	Ⅲ			Ⅰ	Ⅱ	Ⅲ			Ⅰ	Ⅱ	Ⅲ			Ⅰ	Ⅱ	Ⅲ
18	30	13	1.3	1.2	2.0	2.9	21	2.1	1.9	3.2	4.7	33	3.3	3.0	5.0	7.4	52	5.2	4.7	7.8	12
30	50	16	1.6	1.4	2.4	3.6	25	2.5	2.3	3.8	5.6	39	3.9	3.5	5.9	8.8	62	6.2	5.6	9.3	14
50	80	19	1.9	1.7	2.9	4.3	30	3.0	2.7	4.5	6.8	46	4.6	4.1	6.9	10	74	7.4	6.7	11	17
80	120	22	2.2	2.0	3.3	5.0	35	3.5	3.2	5.3	7.9	54	5.4	4.9	8.1	12	87	8.7	7.8	13	20
120	180	25	2.5	2.3	3.8	5.6	40	4.0	3.6	6.0	9.0	63	6.3	5.7	9.5	14	100	10	9.0	15	23
180	250	29	2.9	2.6	4.4	6.5	46	4.6	4.1	6.9	10	72	7.2	6.5	11	16	115	12	10	17	26

孔、轴的标准公差等级		IT10					IT11					IT12				IT13			
公称尺寸（mm）		T	A	u_1			T	A	u_1			T	A	u_1		T	A	u_1	
大于	至			Ⅰ	Ⅱ	Ⅲ			Ⅰ	Ⅱ	Ⅲ			Ⅰ	Ⅱ			Ⅰ	Ⅱ
18	30	84	8.4	7.6	13	19	130	13	12	20	29	210	21	19	32	330	33	30	50
30	50	100	10	9.0	15	23	160	16	14	24	36	250	25	23	38	390	39	35	59
50	80	120	12	11	18	27	190	19	17	29	43	300	30	27	45	460	46	41	69
80	120	140	14	13	21	32	220	22	20	33	50	350	35	32	53	540	54	49	81
120	180	160	16	15	24	36	250	25	23	38	56	400	40	36	60	630	63	57	95
180	250	185	18	17	28	42	290	29	26	44	65	460	46	41	69	720	72	65	110

注：T 为孔轴的尺寸公差。

资料来源：摘自 GB/T 3177—2009。

轴尺寸的验收极限：

上验收极限＝最大实体尺寸(MMS)－安全裕度(A)

下验收极限＝最小实体尺寸(LMS)＋安全裕度(A)

孔尺寸的验收极限：

上验收极限＝最小实体尺寸(LMS)－安全裕度(A)

下验收极限＝最大实体尺寸(MMS)＋安全裕度(A)　　(10－9)

采用内缩验收极限的原因：在车间实际情况下，工件合格与否，只按一次测量来判断。不考虑温度、压陷效应以及计量器具和标准器的系统误差等因素产生的影响。考虑到测量误差和形状误差的影响，采用内缩的验收极限，可适当减少测量误差和形状误差对测量验收的影响，从而减少误收率。

(2)不内缩方式

不内缩方式的验收极限等于规定的最大实体尺寸和最小实体尺寸，即取安全裕度为零($A=0$)，如图 10－8(c)所示。此方案使误收和误废都有可能发生。

验收极限方式直接关系到产品的质量和价格经济性。如采用内缩方式，相对加工误差减少了 1/5，这样可以保证零件配合质量，而且可以选用精度较低的测量器具。但是因为占用了较多的零件公差，使生产公差减小，给加工带来困难。如采用不内缩方式，因测量误差的影响，对零件配合质量控制产生不稳定因素，因此需选择精度较高的测量器具。但是不内缩方式不会使生产公差减小，所以便于加工。

选择哪种验收极限方式，应综合考虑被测工件的不同精度要求、标准公差等级的高低、加工后尺寸的分布特性和工艺能力等因素来确定。具体原则如下：

① 对于遵循包容要求的尺寸和标准公差等级高的尺寸，其验收极限按内缩方式确定。

② 当工艺能力指数 $C_p \geqslant 1$ 时($C_P=\frac{T}{6\sigma}$，T 为工件尺寸公差，σ 为单次测量的标准偏差)，验收极限可以按不内缩方式确定；但对于采用包容要求的孔、轴，其最大实体尺寸一边的验收极限应该按单向内缩方式确定。如图 10－9(a)、(b)所示。

③ 对于偏态分布的尺寸，其验收极限可以只对尺寸偏向的一边(如生产批量不大，用试切法获得尺寸时，尺寸偏向 MMS 一边)按单向内缩方式确定。如图 10－10(a)、(b)所示。

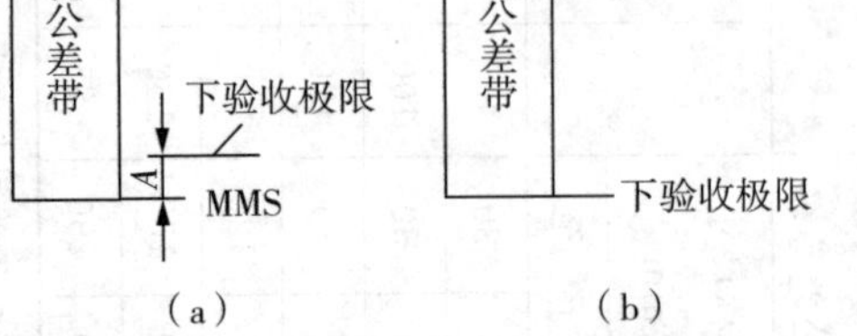

图 10－9　$C_p \geqslant 1$ 采用包容要求时的验收极限图

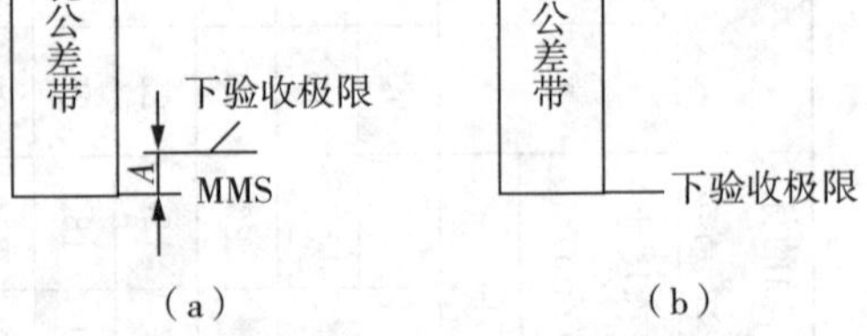

图 10－10　偏态分布时的验收极限

④ 对于非配合尺寸和一般公差的尺寸，其验收极限按不内缩方式确定。

确定工件尺寸验收极限后，还需正确选择计量器具以进行测量。

3. 测量不确定度和计量器具的选择

根据测量误差的来源，测量不确定度是用来表征测量结果分散特性的误差限，即表示测得尺寸分散程度的测量误差范围。

测量不确定度 u 是由计量器具的测量不确定度 u_1 和测量条件引起的测量不确定度 u_2 组成的。u_1 表征计量器具内在误差，所引起的测得的实际尺寸对真实尺寸可能分散的一个范围，其中还包括使用的标准器（如调整比较仪示值零位时使用的量块，调整千分尺示值零位时使用的校正棒）的测量不确定度。u_2 表征测量过程中由温度、压陷效应及工件形状误差等因素所引起的测得的实际尺寸对真实尺寸可能分散的一个范围。

u_1、u_2 是独立的随机变量，两者对测量结果影响程度不同，u_1 的影响比较大，允许值约为 $u_1=0.9u$，u_2 的影响比较小，u_1 一般是 u_2 的 2 倍，$u_2=0.45u$。u_1 和 u_2 的综合结果也是随机变量，按独立随机变量的合成规则，有

$$u=\sqrt{u_1^2+u_2^2} \tag{10-10}$$

计量器具的不确定度允许值（u_1）可根据工件被检尺寸的公称尺寸和公差等级由表 10-3 查得。通用计量器具的测量不确定度值可由相关的资料中查得。

表 10-3 中，计量器具不确定度允许值（u_1）是按工件的比值分档的：对 IT6～IT11 分为Ⅰ、Ⅱ、Ⅲ档，而对 IT12～IT18 仅规定Ⅰ、Ⅱ档数值。Ⅰ、Ⅱ、Ⅲ档测量不确定度 u 值分别为工件公差的 1/10、1/6、1/4。按 $u_1=0.9u$ 计算得到的计量器具测量不确定允许值列于表10-3。

从表 10-3 选用 u_1 时，由Ⅰ至Ⅲ档作不同的选择，所选到的计量器具精度越低，造成误判的可能性越大，在一般情况下优先选用Ⅰ档，其次选用Ⅱ档、Ⅲ档。然后，按普通计量器具的测量不确定度 u'_1 的数值，选择具体的计量器具。所选择的计量器具的 u'_1 值应不大于 u_1 值，且尽可能地接近 u_1，以便选得较为经济的计量器具。

当选用Ⅰ档的 u_1 且所选择的计量器具的 $u'_1 \leqslant u_1$ 时，$u=A=0.1T$，$u_1=0.9u=0.9A$ 根据 GB/T 3177—2009 的理论分析，误收率为零，产品质量得到保证，而误废率为 6.98%（工件实际尺寸遵循正态分布）～14.1%（工件实际尺寸遵循偏态分布）。

当选用Ⅱ档、Ⅲ档的 u_1 且所选择的计量器具的 $u'_1 \leqslant u_1$ 时，$u>A(A=0.1T)$，误收率和误废率皆有所增大，u 对 A 的比值（大于 1）越大，则误收率和误废率的增大就越多。

当验收极限采用不内缩方式即安全裕度等于零时，计量器具的测量不确定度允许值 u_1 也分成Ⅰ、Ⅱ、Ⅲ三档，亦应满足 $u'_1 \leqslant u_1$。在这种情况下，根据 GB/T 3177—2009 的理论分析，工艺能力指数 C_P 越大，在同一工件尺寸公差的条件下，不同档次的 u_1 越小，则误收率和误废率皆就越小。

对国家标准没有相关规定的工件尺寸测量器具的选择，可按所选的测量器具的极限误差占被测工件尺寸公差的 1/10～1/3 进行，被测工件的精度低时取 1/10，工件精度高时取 1/3 甚至 1/2，如果高精度的测量器具制造困难，只好增大测量器具极限误差占被测工件公差的比例来满足测量要求。

10.2.2　光滑极限量规检验

光滑极限量规结构简单,使用方便、可靠、检验效率高,因此在大批量生产中采用光滑极限量规检测孔、轴的尺寸得到广泛应用。通常,光滑极限量规成对设计和使用,它不能测得孔、轴实际尺寸的大小,只能判断被测孔、轴合格与否。

塞规是用于孔径检验的光滑极限量规,其测量面为外圆柱面。其中,圆柱直径具有被检孔下极限尺寸的为孔用通规。具有被检孔上极限尺寸的为孔用止规,如图 10-11(a)所示。检验时,通规通过被检孔,而止规不通过,则被检孔合格。

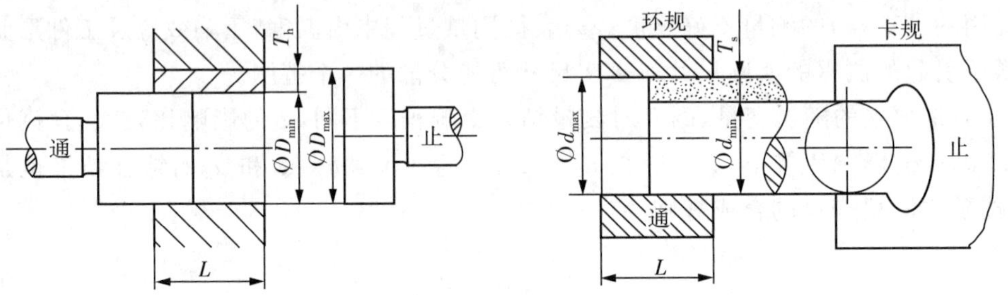

(a) 孔用塞规　　(b) 轴用环、卡规

图 10-11　光滑极限量规通规和止规

环规适用于轴径检验的光滑极限量规,其测量面为内圆环面。其中,轴用通规尺寸为被检轴的上极限尺寸,轴用止规的尺寸为被检轴的下极限尺寸,如图 10-11(b)所示。检验时,通规通过被检轴,而止规不通过,则被检轴合格。

量规按用途可分为以下几个方面。

工作量规:它是指在零件制造过程中,操作者对零件进行检验所使用的量规。操作者应该使用新的或磨损较少的量规。其通端和止端分别用代号"T"和"Z"表示。

验收量规:它是指在验收零件时检验人员或用户代表所使用的量规。验收量规一般不另行制造,检验人员应该使用与操作者所用相同类型且已磨损较多但未超过磨损极限的通规。这样,由操作者自检合格的零件,检验人员验收时也一定合格。

校对量规:它是指用来检验工作量规或验收量规的量规。孔用量规(塞规)可以使用指示式计量器具测量很方便,不需要校对量规。所以,只有轴用量规(环规、卡规)才使用校对量规(塞规),也可用量块作为校对量规。

校通-通(TT)量规:它是制造通规时所用的校对量规。新的通规若能被它通过则合格。

校止-通(ZT)量规:它是制造止规时所用的校对量规。新的止规若能被它通过则合格。

校通-损(TS)量规:它是检验使用中的通规是否磨损到极限时所用的校对量规。通规不应被它通过,若通过,则表示通规已磨损到极限,应予以报废。

设计光滑极限量规时,应遵守泰勒原则(极限尺寸判断原则)的规定。泰勒原则是指孔或轴的实际尺寸与形状误差综合的实际轮廓不允许超出最大实体尺寸(D_M或 d_M),在孔或轴任何位置上的实际尺寸(D_a 或 d_a)不允许超出最小实体尺寸(D_L或 d_L)。

根据这一原则,通规应设计成全形的,及其测量面应具有与被测孔或轴相应的完整表面，其尺寸应等于被测孔或轴的最大实体尺寸，其长度应与被测孔或轴的配合长度一致；止规应设计成两点接触式的，其尺寸应等于被测孔或轴最小实体尺寸，如图 10－12 所示。

在实际生产中，为了使量规制造和使用方便，量规常常偏离泰勒原则。国际标准规定，允许在被检工件的形状误差不影响配合性质的条件下，使用偏离泰勒原则的量规。

例如，为了量规的标准化，量规厂供应的标准通规的长度，常不等于工件的配合长度，对大尺寸的孔和轴通常使用不全形的塞规（或球端杆规）和卡规检验，以代替笨重的全形通规；检验小尺寸孔的止规为了加工方便，常做成全形止规；检验薄壁零件时，为了防止两点式止规容易造成该零件变形，也可以采用全形止规。为了减少磨损，止规也可不是两点接触的，可以做成小平面、圆柱面或球面；检验轴的通规，由于环规不能检验正在顶尖上加工的工件或曲轴，允许用卡规代替。

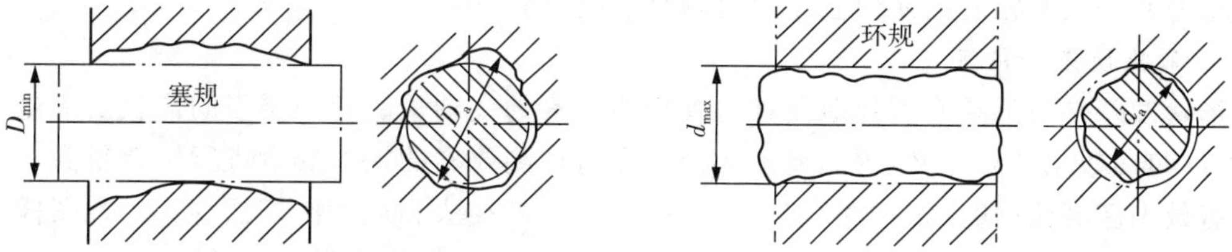

（a）被测孔用塞规　　（b）被测轴用环规

图 10－12　泰勒原则的量规

用光滑极限量规检验孔或轴时，如果通规能够自由通过，且止规不能通过，则表示被测孔或轴合格。如果通规不能通过，或者止规能够通过，则表示被测孔或轴不合格。

应用实例 6

如图 10－13 所示，孔的实际轮廓超出了尺寸公差带，用量规检验应判定该孔不合格。该孔用全形通规检验，不能通过；用两点式止规检验，虽然沿 x 方向不能通过，但沿 y 方向却能通过；因此这就能正确地判定该孔不合格。反之，该孔若用两点式通规检验，则可能沿 y 方向通过；若用全形止规检验，则不能通过。这样一来，由于使用工作部分形状不正确的量规进行检验，就会误判该孔合格。

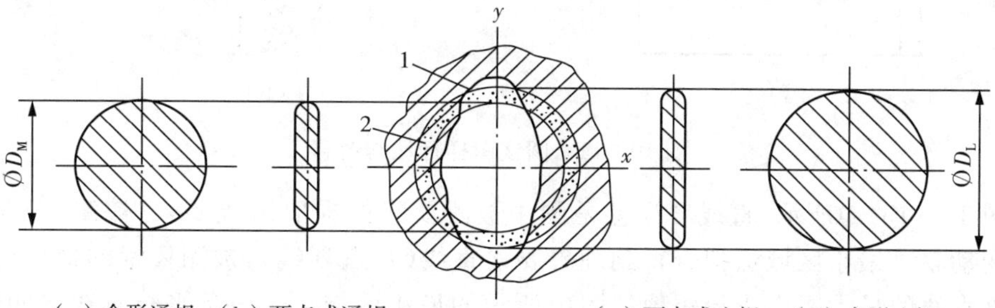

（a）全形通规　（b）两点式通规　　（c）两点式止规　（d）全形止规

1—实际孔；2—尺寸公差带。

图 10－13　量规工作部分的形状对检验结果的影响

当采用偏离泰勒原则的量规检验工件时，应从加工工艺上采取措施限制工件的形状误差，检验时应在工件的多个方位上加以检验，以防止误收。例如，使用非全形通规检验孔时，应在被测孔的全长上沿圆周的若干位置进行检验；使用卡规时，应在被检轴的全长范围内的若干部位并围绕被测轴圆周的若干位置进行检验。设计和选择量规的结构型式和应用尺寸范围，可查阅 GB/T 1957—2006。

10.3　几何误差的检测与验证

本节叙述形状误差、方向误差、位置误差和跳动误差的检测条件与方法、误差合格评定规则，并给出了几何误差的检测与验证方案及示例。

10.3.1　几何误差的评定

几何误差是被测要素的提取要素对其理想要素的变动量，是几何公差控制的对象。当几何误差值不大于相应的几何公差值时，则认为合格。

1. 形状误差及评定

形状误差是被测要素的提取要素对其理想要素的变动量。理想要素的形状由理论正确尺寸或/和参数化方程定义，理想要素的位置由对被测要素的提取要素进行拟合得到。拟合方法有最小区域法（切比雪夫法）、最小二乘法、最小外接法和最大内切法等。工程图样上无相应的符号专门规定，获得理想要素位置的拟合方法一般缺省为最小区域法。

几何误差评定的最小区域法：采用切比雪夫法（Chebyshev）对被测要素的提取要素进行拟合得到理想要素位置的方法，即：被测要素的提取要素相对于理想要素的最大距离为最小值。采用该理想要素包容被测要素的提取要素时，具有最小宽度 f 或直径 d 的包容区域称为最小包容区域（简称最小区域）。

如图 10－14 所示，圆度误差是图中被测要素的提取要素（离散点表示被测圆）对其理想要素的变动量。理想要素的拟合方法采用最小区域法，图中所示的最小区域——两个拟合圆（两个同心虚线圆）之间区域，包容被测圆，并且具有最小宽度 f（圆度误差评定值）。

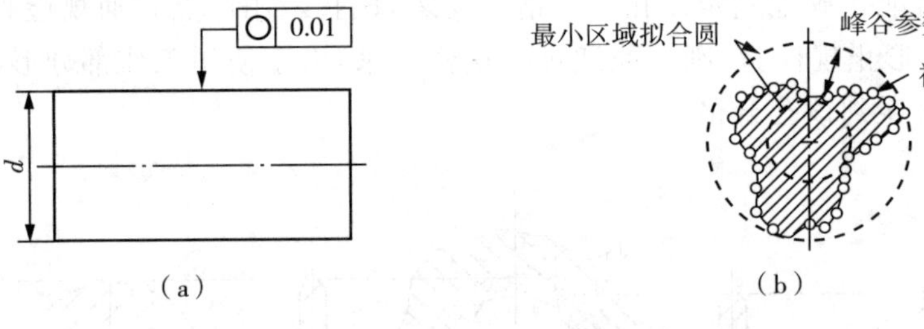

图 10－14　圆度图样标注与解释

如图 10－15(a)所示，直线度误差是图中被测要素的提取组成要素（被测线）对其理想要素的变动量。最小区域法拟合得到理想要素直线（双点划线），被测要素的提取组成要素相对于该直线的最大距离为最小值。图中所示的最小区域——两条平行直线之间区域，包容被测线，并且具有最小宽度 f（直线度误差评定值）。

如图 10－15(b)所示，直线度误差是图中被测要素的提取导出要素（被测中心线）对其理想要素的变动量。最小区域法拟合得到导出中心线，被测要素的提取导出要素相对于该中心线的最大距离为最小值。图中所示的最小区域——圆柱面内区域，包容被测中心线，并

且具有最小直径 d(直线度误差评定值)。

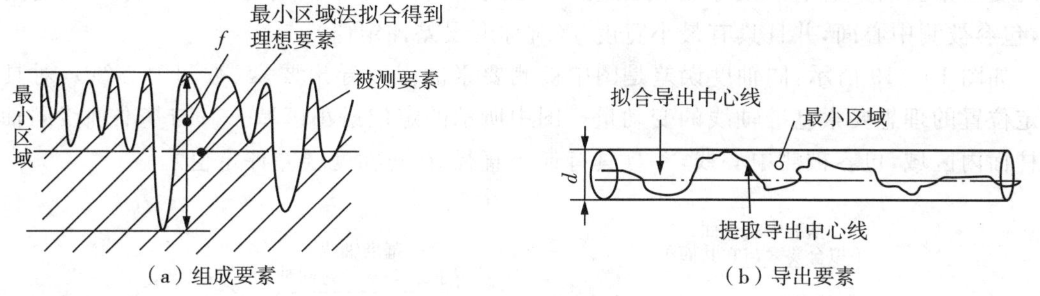

图 10－15　最小区域法评定直线度误差

2. *方向误差及评定*

方向误差是被测要素的提取要素对具有确定方向的理想要素的变动量,理想要素的方向由基准确定。方向误差值用定向最小包容区域(简称定向最小区域)的宽度 f 或直径 d 表示。

如图 10－16 所示,平行度误差是图中被测要素的提取组成要素(被测面),对理想要素基准平面平行方向的变动量。图中所示的最小区域——与基准平面平行的两平行平面之间区域,包容被测面,并且具有最小宽度 f(平行度误差评定值)。

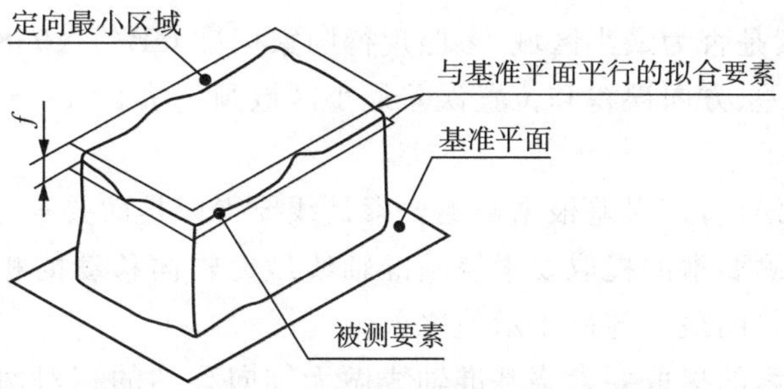

图 10－16　最小区域法评定平行度误差

如图 10－17 所示,垂直度误差是图中被测要素的提取导出要素(被测中心线),对理想要素基准平面垂直方向的变动量。图中所示的定向最小区域——与基准平面垂直的圆柱面内区域,包容被测中心线,并且具有最小直径 d(垂直度误差评定值)。

3. *位置误差及评定*

方向误差是被测要素的提取要素对具有确定位置的理想要素的变动量,理想要素的位置由基准和理论正确尺寸确定。位置误差值用定位最小包容区域(简称定位最小区域)的宽度 f 或直径 d 表示。

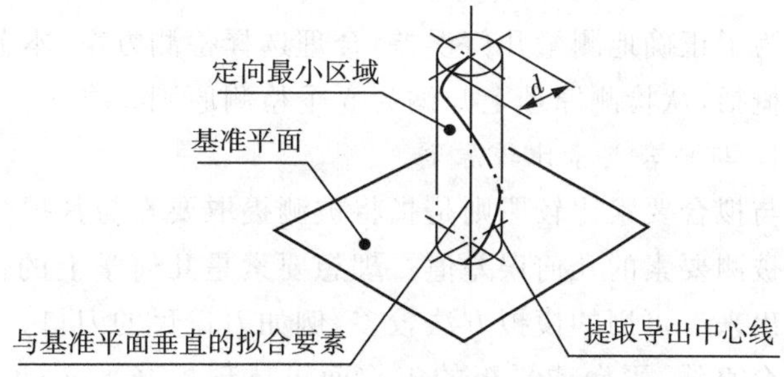

图 10－17　最小区域法评定垂直度误差

如图 10－18 所示,对称度误

差是图中被测要素的提取导出要素(被测中心面),对具有确定位置的理想要素基准中心平面的变动量。图中所示的最小定位区域——关于基准中心平面对称的两平行平面之间区域,包容被测中心面,并且具有最小宽度 f(对称度误差评定值)。

如图 10－19 所示,同轴度误差是图中被测要素的提取导出要素(被测中心线),对具有确定位置的理想要素基准轴线的变动量。图中所示的定位最小区域——与基准轴线同轴的圆柱面内区域,包容被测中心线,并且具有最小直径 d(同轴度误差评定值)。

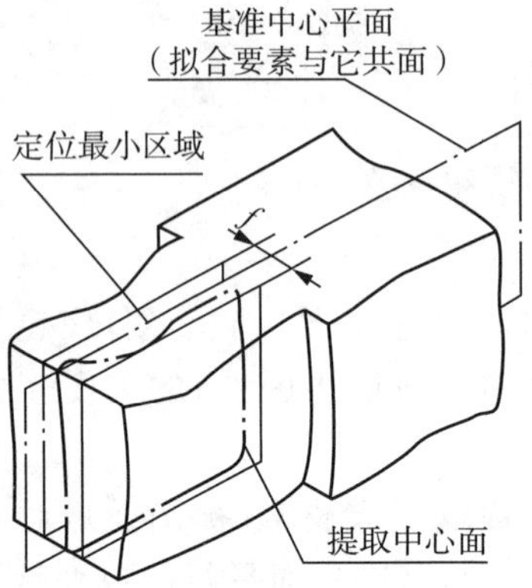

图 10－18　最小区域法评定对称度误差

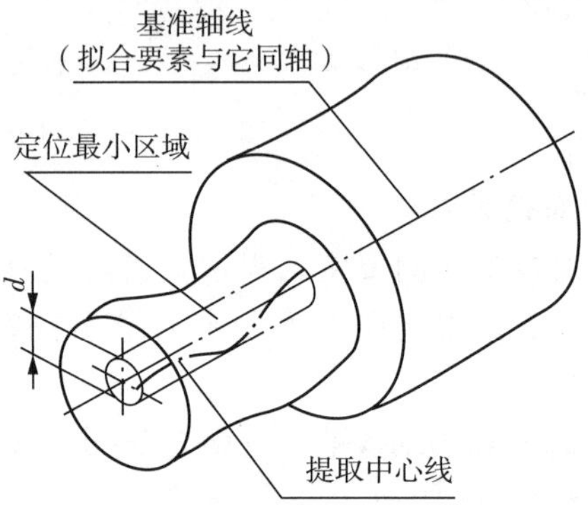

图 10－19　最小区域法评定同轴度误差

注:判别理想要素是否为最小区域,参照现行国家标准 GB/T 1958—2017 的附录 D,其中详细叙述了形状误差、方向误差和位置误差最小区域判别法。

4. 跳动误差及评定

跳动是一项综合误差,该误差根据被测要素是线要素或是面要素分为圆跳动和全跳动。

圆跳动是任一被测要素的提取要素绕基准轴线做无轴向移动的相对回转一周时,测头在给定计值方向上测得的最大与最小示值之差。

全跳动是被测要素的提取要素绕基准轴线做无轴向移动的相对回转一周,同时测头沿给定方向的理想直线连续移动过程中,由测头在给定计值方向上测得的最大与最小示值之差。

注释:判别理想要素是否为最小区域,参照现行国家标准 GB/T 1958—2017 的附录 D,详细叙述了形状误差、方向误差和位置误差最小区域判别法。

10.3.2　几何误差的检测原则

为了正确地测量几何误差,合理选择检测方案,本节把生产实际中行之有效的检测方法做了概括,从检测原理上归纳为 5 个检测原则。

1. 与拟合要素比较原则

与拟合要素比较原则是指将被测提取要素与其拟合要素相比较,从中获得测量数据,以评定被测要素的几何误差值。理想要素是几何学上的概念,测量时采用模拟法将其具体地体现出来。可用的模拟方法较多,例如刀口尺的刀口、平尺的轮廓线及一束光线等都可以作为拟合直线;平台或平板的工作面可体现拟合平面;回转轴系与测量头组合体现一个拟合圆;样板的轮廓等也可作为曲线理想要素。

应用实例 7

平晶模拟理想平面测量平面度误差：如图 10－20 所示，平晶与被测表面按最小区域法直接接触，保持两者之间接触的最大距离为最小。当出现环形条纹时候，调整平晶位置，使干涉条纹个数最少，平面度误差值为封闭的干涉条纹数量与光波波长 λ 一半的乘积；当出现不封闭弯曲条纹时，调整平晶位置，使之出现 3～5 条干涉带，平面度误差值为条纹的弯曲度 v 与相邻两条纹间距 ω 之比，再乘以光波波长一半。该方案适合测量高精度小平面。

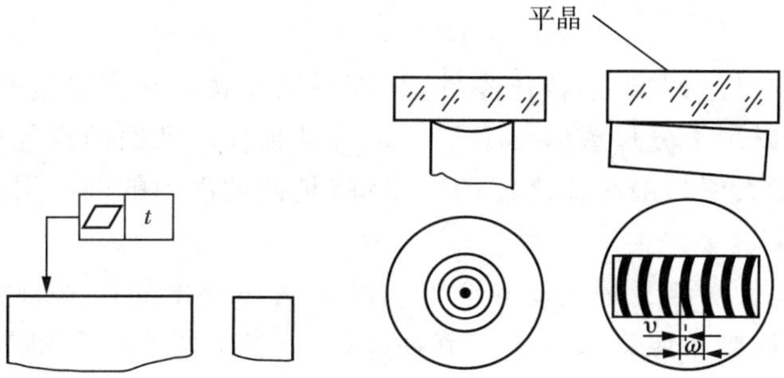

（a）平面度公差　　（b）测量原理

图 10－20　平晶模拟理想平面测量平面度误差

2. 测量坐标值原则

测量坐标值原则是指利用坐标测量机或其他测量装置的固有坐标，测出被测提取要素的坐标值（如直角坐标值、极坐标值、圆柱面坐标值），并经过数据处理获得几何误差值。由于几何要素的特征总是可以在坐标系中反映出来，因此测量被测提取要素的坐标值，再经过数据处理，就可以获得几何误差值。测量坐标值原则是几何误差中的重要检测原则，尤其在轮廓度和位置度误差测量中的应用更为广泛。

应用实例 8

三坐标测量机测量平面度误差：如图 10－21 所示，将被测件稳定放置再三坐标测量机测量台上，采用散点布点方式对被测表面提取记录各点测量值；采用最小区域法对提取表面拟合，得到拟合平面；平面度误差值为提取表面的最高峰点、最低谷点到拟合平面距离的代数和。

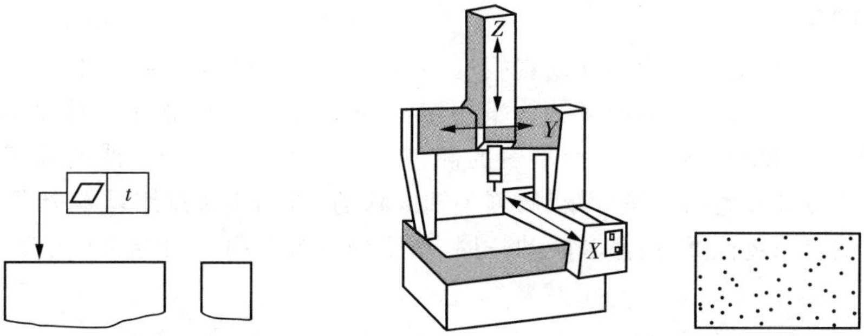

（a）平面度公差　　（b）测量原理

图 10－21　三坐标测量机测量平面度误差

3. 测量特征参数原则

特征参数是指被测要素上能直接反映几何误差变动的参数。测量特征参数原则是指测量被测提取要素上具有代表性的参数(即特征参数),来表示几何误差值。应用测量特征参数原则测得的几何误差与按定义确定的几何误差相比,只是一个近似值,测量误差较大。但应用此原则可以简化测量过程和仪器设备,也不需要复杂的数据处理,在生产中易于实现,故在满足功能的前提下,可取得明显的经济效益。在生产现场用得较多,是一种应用较为普遍的检测原则。

应用实例 9

测量转动轴圆度误差:对于回转体零件,其直径尺寸就是圆度误差的特征参数。因此在圆度误差测量时,可以用千分尺或游标卡尺测量传动轴任一截面的直径尺寸。那么,多次测量得到的直径尺寸最大值与最小值之差的一半,就是该截面内的圆度误差。

4. 测量跳动原则

测量跳动原则是针对测量圆跳动和全跳动的方法而提出的检测原则,主要用于跳动误差的测量(测量跳动原则参照第三章 3.6 节,应用实例参照图 3-55 和图 3-60)。

5. 控制实效边界原则

控制实效边界原则是指检验被测实际要素是否超过边界条件,如最大实体边界 MMB、最大实体实效边界 MMVB 等。

应用实例 10

功能量规检验最大实体实效边界 MMVB:位置量规是模拟最大实体实效边界的全形量规,被测实际要素能被位置量规通过,说明被测实际要素在最大实体实效边界 MMVB 范围内,表示合格;反之,表示不合格。

10.3.3　几何误差的检测与验证方案

根据所要检测的几何公差项目及其公差带特征拟定检测与验证方案,本节列举了常用的几何误差检测与验证方案

1. 形状误差的检测与验证

(1)直线度误差

直线度公差带的形状特征有:两平行直线之间区域、两平行平面之间区域和圆柱面内区域,因此根据其形状特征拟定检测与验证方案。

检测实例 1

指示表与精密分度装置检测轴线直线度误差:如图 10-22(a)所示,轴线直线度公差带为直径等于公差值 t 的圆柱面内区域。采用精密分度装置分度、指示表测量的直线度误差检测方案如图 10-22(b)所示,带指示表的测量架安装在检测台上,被测轴用两个顶尖支承;指示表测头与轴表面始终保持接触,测头轴向移动,等间距布点测量多个横截面;在各横截面上,测头轴向固定位置,被测轴转动一周,精密分度装置用于轴转动时分度操作,测量提取各截面圆。

直线度误差检测步骤如下:

① 预备工作:将被测件安装在精密分度装置上;

② 分离:确定被测要素及其测量界限;

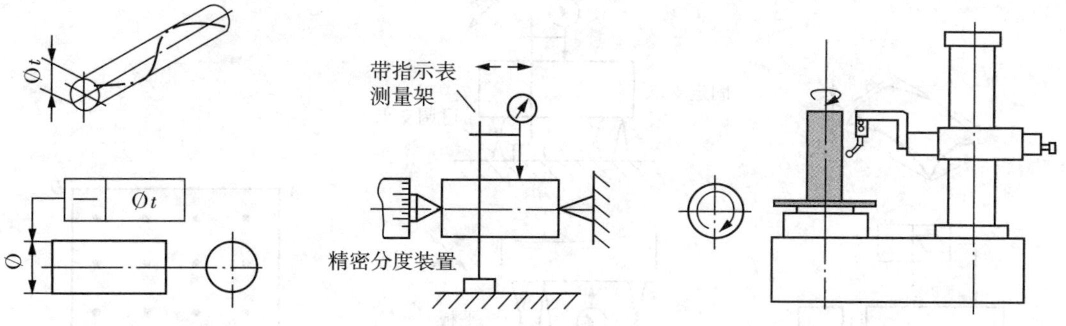

图 10-22　轴线直线度误差的检测

③ 提取：在轴线方向等间距测量多个横截面，并提取各截面圆；

④ 拟合：采用最小二乘法分别对每个提取截面圆进行拟合，得到各截面圆的圆心；

⑤ 组合：将各提取截面圆的圆心进行组合，得到被测件的提取导出要素(中心线)；

⑥ 拟合：采用最小区域法对提取导出要素进行拟合，得到拟合导出要素(轴线)；

⑦ 评估：直线度误差值为被测要素提取中心线上各点到拟合轴线的最大距离值的 2 倍。

检测实例 2

圆柱度仪检测轴线直线度误差：采用圆柱度仪的直线度误差检测方案如图 10-22(c)所示，将被测件安装在圆柱度仪的回转工作台上，并进行调心和调平。

被测件直线度误差的检测与评估步骤同检测实例 1。

检测实例 3

自准直仪检测机床导轨直线度误差(参照实验指导书实验三)。

(2)平面度误差

平面度公差带的形状特征为两平行平面之间区域。平面圆度误差的检测方案及其量仪较多，例如，平晶模拟理想平面测量平面度误差如图 10-20 所示(应用实例 7)；三坐标测量机测量平面度误差如图 10-21 所示(应用实例 8)。

本节再介绍一种常用的平面度误差检测与验证方案。

检测实例 4

平板与指示表检测平面度误差：如图 10-23(a)所示，上平面有平面度形状精度要求；如图 10-23(b)所示，检测装置由平板、固定支承、可调支承、带指示表的测量架所组成。

平面度误差检测步骤如下。

① 预备工作：被测件支承在平板上，将任意三个远点调成等高(也可以调整两对角线的角点)；

② 分离：确定被测表面及其测量界限；

③ 提取：如图 10-23(c)所示，按一定测量布点方式逐点移动指示表及测头，同时记录各测量点相对于测量基准面(平板体现)的坐标值，得到提取表面；

④ 拟合：采用最小区域法对提取表面进行拟合，得到拟合平面；

⑤ 评估：平面度误差值为提取表面上的最高峰点、最大谷点到拟合平面的距离之和。

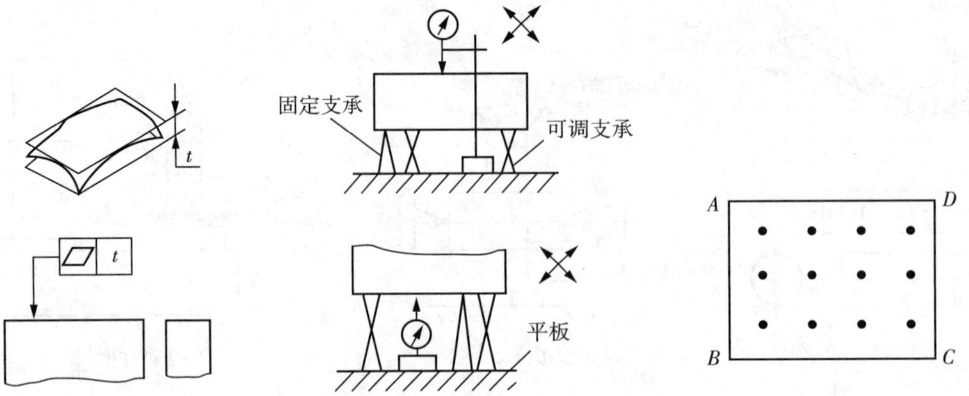

（a）平面度公差　　（b）测量装置　　（c）测点

图 10-23　平面度误差的检测

(3)圆度误差

圆度公差带的形状特征为两同心圆之间区域。圆度误差的检测方案及其量仪较多，可以采用圆度仪或类似量仪(应用实例 9)、三坐标测量机等检测圆度误差。

本节介绍一种常用的圆度误差检测与验证方案。

检测实例 5

投影仪检测圆度误差：如图 10-24(a)所示，外圆柱面有圆度形状精度要求，采用投影仪或类似量仪检测圆度误差，如图 10-24(b)所示。

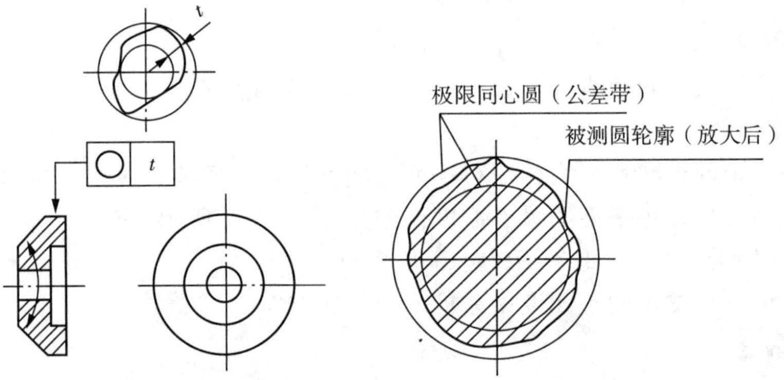

（a）平面度公差　　（b）测量原理

图 10-24　投影仪检测圆度误差

圆度误差检测步骤如下。

① 预备工作：被测件放置在玻璃工作台上，照明光经过准直透镜后，平行照射到工件上，工件的截面圆形轮廓经过投影物镜和反射镜成像在投影屏上；

② 拟合：被测圆形轮廓的投影与绘制好的两极限同心圆比较，两同心圆间距根据工件的圆度公差带放大 K 倍；

③ 评估：被测圆形轮廓落在两极限同心圆区域内，被测件的圆度合格；或者根据最小区域法绘制包容被测圆形轮廓的两极限同心圆，误差值为两极限圆的半径差与放大倍数 K 的比值。

(4)圆柱度误差

圆柱度公差带的形状特征为两同轴圆柱面之间区域。圆柱度误差的检测方案及其量仪较多,可以采用圆柱度仪或类似量仪、三坐标测量机等检测圆柱度误差,也可以根据圆柱度公差带的形状特征拟定合理可行的检测与验证方案。

(5)面轮廓度误差

面轮廓度公差带的形状特征为两等距轮廓曲面之间区域。三坐标测量机检测面轮廓度误差应用广泛,本节再介绍一种常用的面轮廓度误差检测与验证方案。

检测实例 6

仿形检测面轮廓度误差:如图 10－25(a)所示,被测球面的面轮廓度公差 0.02mm;如图 10－25(b)所示,仿形测量装置由平板、固定支承、可调支承、轮廓样板、仿形测头和带指示表的测量架等所组成。面轮廓度误差检测步骤如下。

① 预备工作:调整被测件相对于仿形测量装置和轮廓样本的位置,再将指示表调零;

② 拟合:被测轮廓形状与轮廓样板进行比较;

③ 评估:面轮廓度误差值为仿形测头上各测点的指示表最大示值的 2 倍。

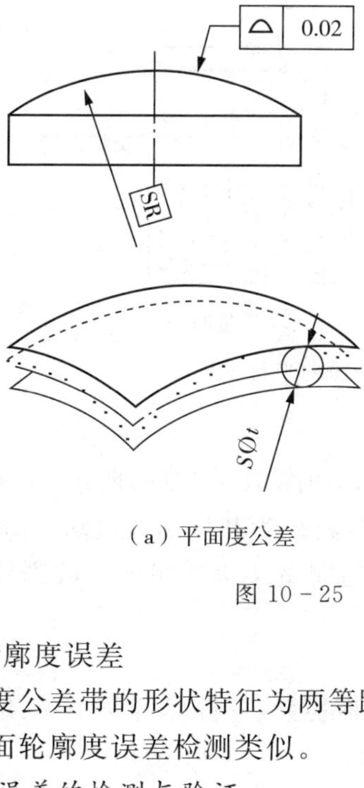

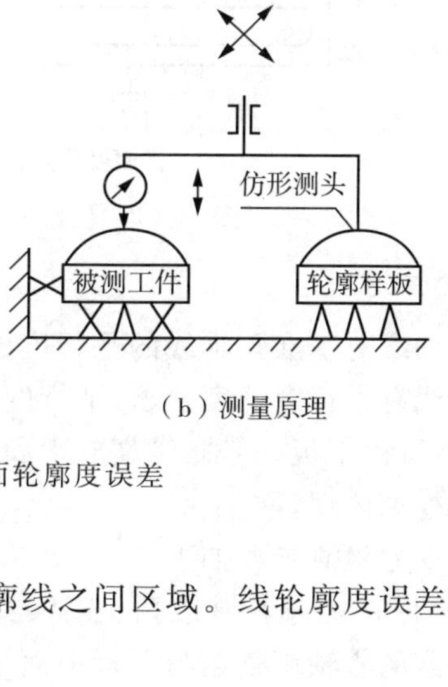

图 10－25　仿形检测面轮廓度误差

(6)线轮廓度误差

线轮廓度公差带的形状特征为两等距曲线轮廓线之间区域。线轮廓度误差的检测方案及其量仪与面轮廓度误差检测类似。

2. 方向误差的检测与验证

(1)平行度误差

平行度公差带常见的形状特征为圆柱面内区域和两平行平面之间的区域。平行度误差的检测方案及其量仪较多,基准平面可以采用平板模拟体现,基准孔轴线可以选用心轴模拟体现,而基准轴的轴线可以选用 V 形块模拟体现。

本节介绍一种常用的平行度误差检测与验证方案。

检测实例 7

被测平面对基准平面的平行度误差的检测：如图 10－26(a)所示，上平面对底面有平行度精度要求，平行度公差带形状特征为两平行平面之间区域；如图 10－26(b)所示，测量装置由平板和带指示表的测量架等所组成。平行度误差检测步骤如下。

① 预备工作：将被测件稳定地放置在平板上，采用平板体现基准 D；

② 分离：确定被测表面及其测量界限；

③ 提取：按一定的提取方案（如随机布置测点、阵列均布测点等），对被测表面进行测量，获得提取表面；

④ 拟合：在于基准 D 平行的约束下，采用最小区域法对提取表面进行拟合，获得拟合平行平面（即定向最小区域）；

⑤ 评估：包容提取表面的两定向平行平面之间的距离，即平行度误差值。

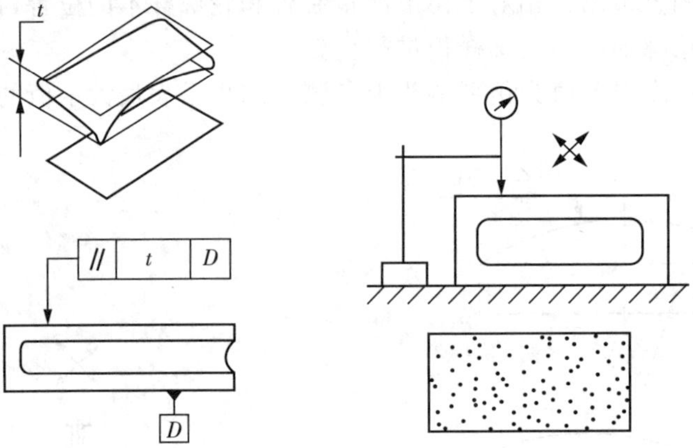

（a）平面度公差　　（b）测量原理

图 10－26　被测平面对基准平面的平行度误差

检测实例 8

被测孔轴线对基准孔轴线的平行度误差的检测：如图 10－27(a)所示，上被测孔轴线对下基准孔轴线有平行度精度要求，平行度公差带形状特征为圆柱面内区域；如图 10－27(b)所示，测量装置由平板、心轴、等高支承和带指示表的测量架等所组成。被测要素和基准要素都由心轴模拟体现。

平行度误差检测步骤如下。

① 预备工作：心轴与基准孔、心轴与被测孔之间的最大间隙尽可能小；采用等高支承将模拟基准要素的心轴调整至与平板平面平行的方向；

② 分离：确定模拟被测要素心轴及其测量界限；

③ 提取：在靠近被测件两端面的两个截面（距离为 L_2）或多个截面上，按截面圆周法提取得到各提取截面圆；

④ 拟合：采用最小二乘法对被测要素的各提取截面圆分别进行拟合，得到各提取截面圆的圆心；

⑤ 组合：将各提取截面圆的圆心进行组合，得到被测要素的提取导出要素中心线；

⑥ 拟合：在与基准 A 平行约束下，采用最小区域法对提取导出要素中心线进行拟合，获

得拟合圆柱面，即定向最小区域；

⑦ 评估：包容提取导出要素中心线的定向拟合圆柱面的直径为平行度误差值。

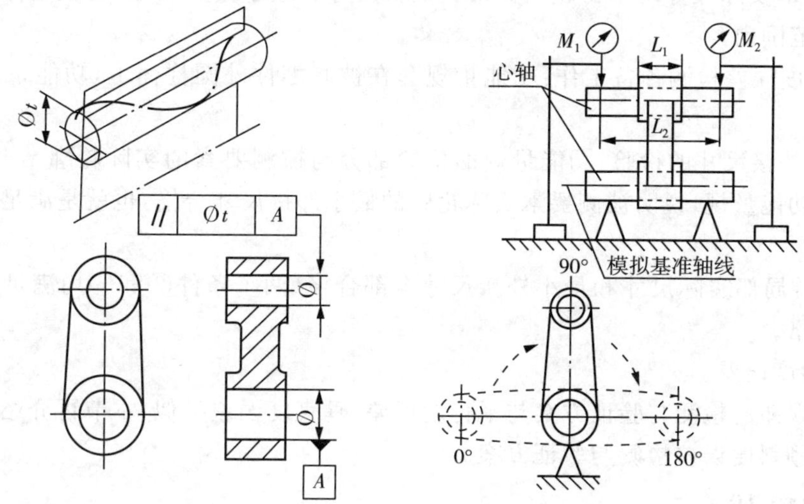

（a）平面度公差　　（b）测量原理

图 10－27　被测孔轴线对基准孔轴线的平行度误差

(2)垂直度误差

垂直度误差的检测与验证方案与平行度误差类似，本节再介绍一种采用功能量规的垂直误差检测与验证方案。

检测实例 9

最大实体要求条件下的垂直度误差检测：如图 10－28(a)所示，外圆柱面的轴线对基准面有垂直度精度要求，并且采用最大实体要求，垂直度公差带形状特征为圆柱面内区域；如图 10－28(b)所示，采用功能量规，将量规套在被测表面上，量规的定位部位与基准表面稳定接触。

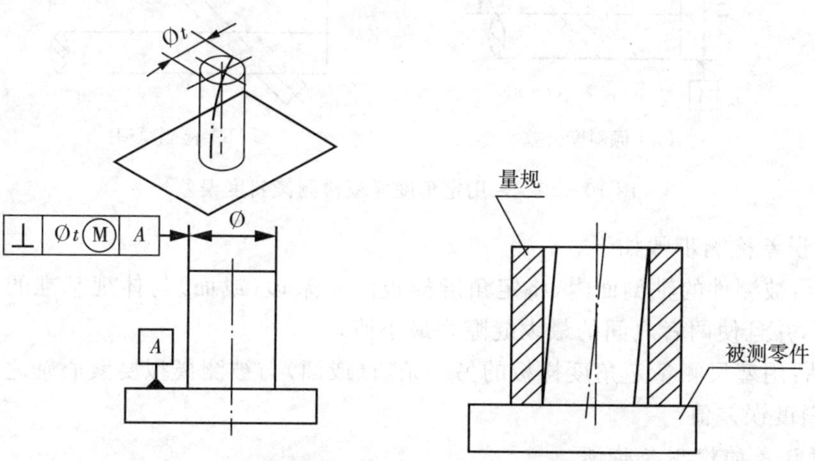

（a）垂直度公差　　（b）检测原理

图 10－28　最大实体要求条件下的垂直度误差检测

步骤如下。

① 实际尺寸的检验：采用普通计量器具如千分尺测量被测要素外圆柱面的局部实际尺寸，其任一局部实际尺寸均不得超出其最大实体尺寸和最小实体尺寸，也就是保证实际尺寸在尺寸公差范围内；

② 垂直度误差检测预备工作：功能量规套在被测零件外圆柱面上，功能量规的定位部分体现基准；

③ 最小外接尺寸的检验：功能量规的检验部分与被测要素的实际轮廓结合，如果被测件能够通过功能量规，说明被测要素实际轮廓的最小外接尺寸合格，也就是满足最大实体实效边界条件；

④ 评估：局部实际尺寸和最小外接尺寸全部合格（两个条件②和③均满足），才能判定被测要素合格。

(3)倾斜度误差

倾斜度误差的检测与验证方案与平行度误差、垂直度误差类似，本节再介绍一种采用定角度样板的倾斜度误差检测与验证方案。

检测实例 10

定角度样板检测斜通孔倾斜度误差：斜通孔轴线与外圆柱面轴线的倾斜度公差如图 10－29(a)所示；被测要素用心轴模拟体现，且尽可能使心轴与被测孔之间的最大间隙为最小值，基准轴线由其外圆柱面来体现，如图 10－29(b)所示。

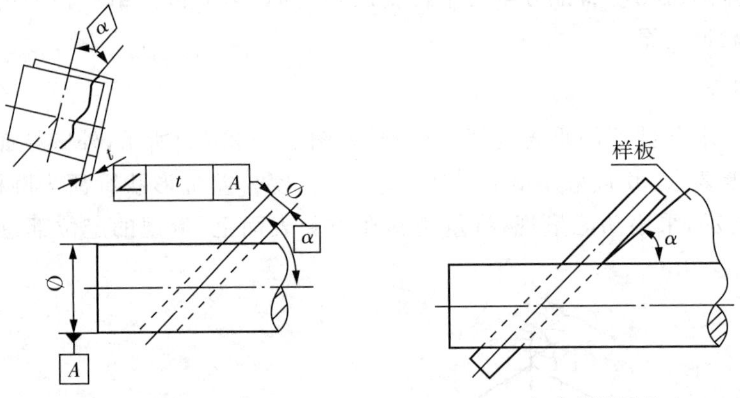

(a) 倾斜度公差　　(b) 检测原理

图 10－29　采用定角度样板检测倾斜度误差

倾斜度误差检测步骤如下。

① 拟合：被测件的轴剖面内，将定角度样板的一条边（或面）与体现基准的外圆柱面轴向直接接触，并且使两者之间的最大缝隙为最小值；

② 评估：用塞尺测量定角度样板的另一条边（或面）与被测模拟要素心轴之间的最大缝隙值，为倾斜度误差值。

3. 位置误差的检测与验证

(1)同轴度误差

同轴度公差带形状特征为圆柱面内区域，可以采用带指示表的测量装置、圆柱度仪或类似量仪、三坐标测量机等量仪及装置检测同轴度误差。当被测要素采用最大实体要求时，需要使用功能量规检验提取要素是否超出最大实体实效边界条件。

检测实例 11

带指示表的测量装置检测同轴度误差：如图 10－30(a)所示，中间外圆柱面轴线对于两端外圆柱面公共基准轴线有同轴度精度要求。如图 10－30(b)所示，采用一对同轴导向套筒模拟公共基准轴线 $A—B$，将两个指示表分别在铅垂截面内相对于基准轴线对称地调零。

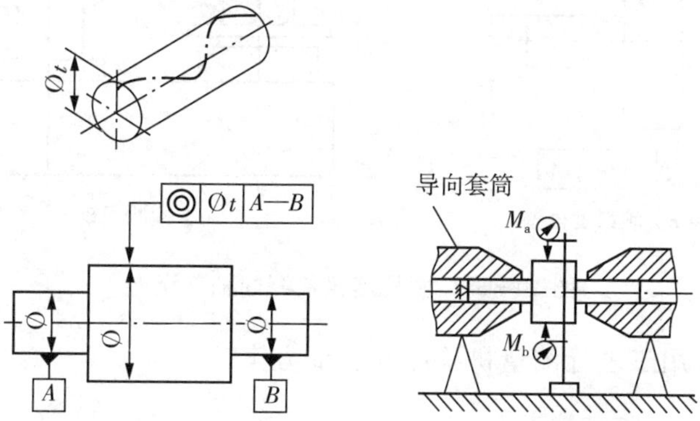

(a) 同轴度公差　　(b) 检测原理

图 10－30　带指示表的测量装置检测同轴度误差

同轴度误差检测步骤如下。

① 预备工作：采用一对同轴导向套筒体现公共基准，一对带指示表测量装置调零；

② 分离：确定被测要素的组成要素及其测量界限；

③ 提取：测头垂直于回转轴线，采用轴向等间距提取方案对被测要素的组成要素进行测量，记录各测量点 M_a 和 M_b 值；

④ 评估：以各圆截面上对应测量点的差值 $|M_a—M_b|$ 的最大值作为该被测件的同轴度误差值。为了准确测量同轴度误差，转动被测件，按上述方法重复测量，取测量值中的最大值作为被测件的同轴度误差。

检测实例 12

圆柱度仪检测同轴度误差：如图 10－31(a)所示，大端外圆柱面轴线对于小端外圆柱面轴线有同轴度精度要求。如图 10－31(b)所示，被测件安装在圆柱度仪的回转工作台上，被测件基准轴线与回转工作台的回转轴线尽量同轴。

同轴度误差检测步骤如下。

① 拟合：在与基准同轴的约束下，采用最小区域法对提取导出要素进行拟合，获得具有方位特征的拟合圆柱面，即定位最小区域；

② 评估：包容提取导出要素的定位拟合圆柱面的直径，即同轴度误差值。

(2)对称度误差

对称度公差带常见的形状特征为关于基准中心线或中心面对称配置的两平行平面之间区域，可以采用带指示表的测量装置、三坐标测量机等量仪及装置检测对称度误差。当被测要素采用最大实体要求时，需要使用功能量规检验提取要素是否超出最大实体实效边界边界条件。

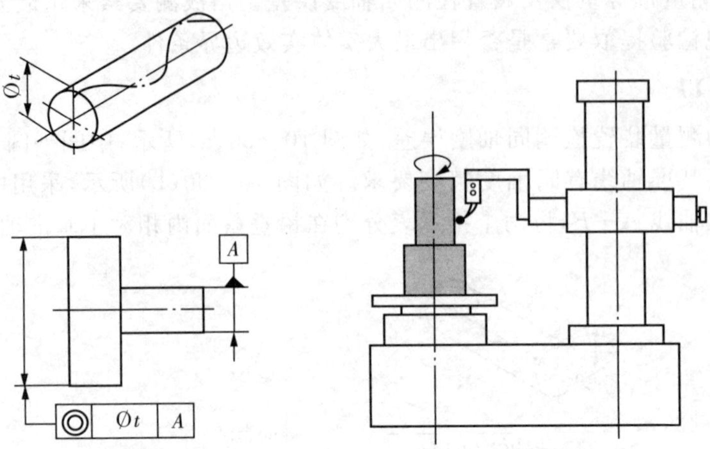

（a）倾斜度公差　　（b）检测原理

图 10－31　圆柱度仪检测同轴度误差

本节介绍一种常用三坐标测量机检测与验证方案。

检测实例 13

三坐标测量机检测对称度误差：如图 10－32(a)所示，传动轴键槽的对称度公差要求。如图 10－32(b)所示，采用三坐标测量机检测对称度误差。

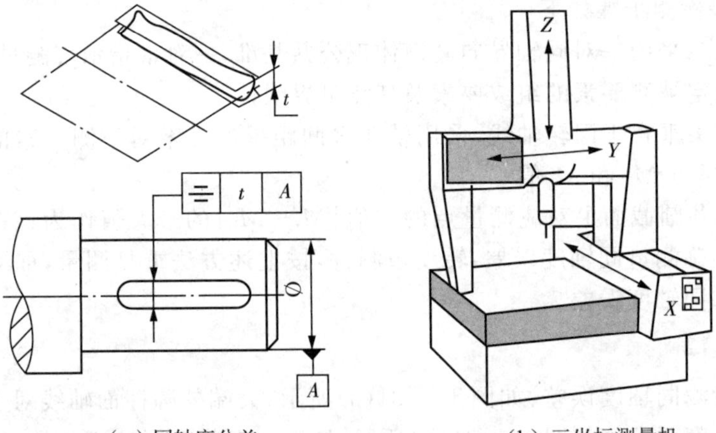

（a）同轴度公差　　（b）三坐标测量机

图 10－32　三坐标测量机检测对称度误差

首先对基准要素模拟体现。

① 预备工作：被测件安装在三坐标测量机工作台上；

② 分离：确定基准要素 A 的组成要素及其测量界限；

③ 提取：按一定的提取方案对被测圆柱面进行提取，得到提取圆柱面；

④ 拟合：采用最小外接法对提取圆柱面在实体外拟合，得到其导出拟合轴线，并以此轴线体现基准 A。

然后对被测要素测量与评估。

① 分离:确定被测要素的组成要素两平行平面及其测量界限;

② 提取:选择一定的提取方案,分别对被测要素的组成要素两平行表面进行测量,得到两提取表面;

③ 拟合:对两个提取表面同时采用最小二乘法进行拟合,得到的两个提取表面的拟合导出要素提取中心面;

④ 二次拟合:在以基准 A 为对称中心面的约束下,采用最小区域法对提取导出中心面进行拟合,获得具有方位特征的两定位拟合平行面,即定位最小区域;

⑤ 评估:两定位平行平面之间的距离,即被测要素的对称度误差值。

(3)位置度误差

位置度公差带的形状特征较为复杂,检测方案及其量仪较多。实际生产中,三坐标测量机检测位置度误差应用相当广泛。

检测实例 14

三坐标测量机检测三条刻线的位置度误差:如图 10－33(a)所示,三条刻线对于基准平面 A 的位置度精度要求。如图 10－33(b)所示,采用三坐标测量机检测位置度误差,测量工作台模拟体现基准平面 A。

位置度误差检测步骤如下。

① 预备工作:被测件安装在三坐标测量机工作台上;

② 分离:确定被测刻线及其测量界限;

③ 提取:分别对三条被测刻线进行提取操作,得到各被测刻线的最大和最小坐标值:$x_1 - x_2$;$x_3 - x_4$;$x_5 - x_6$;

④ 评估:将测得的各坐标值分别于相应的理论正确尺寸比较,取其中的最大差值乘以 2,作为该被测件的位置度误差值。

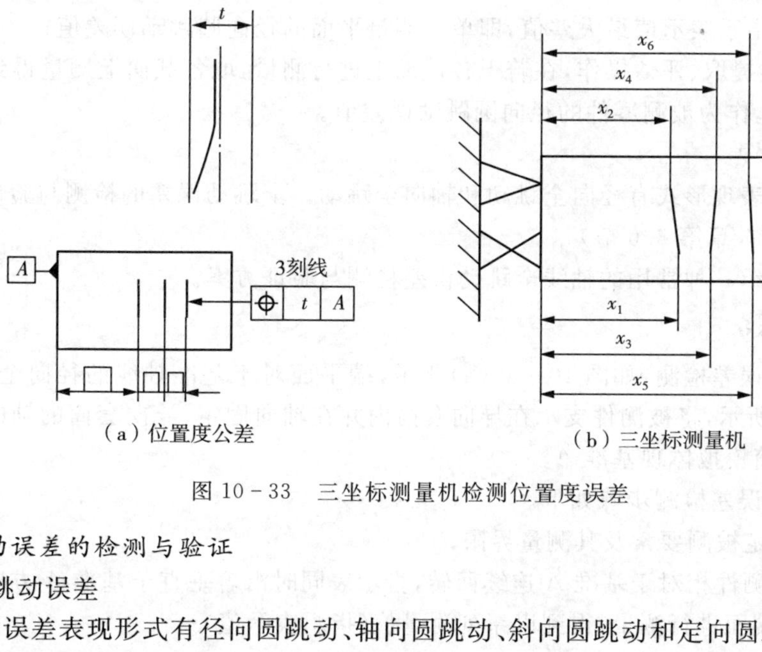

(a) 位置度公差　　　　(b) 三坐标测量机

图 10－33　三坐标测量机检测位置度误差

4. 跳动误差的检测与验证

(1)圆跳动误差

圆跳动误差表现形式有径向圆跳动、轴向圆跳动、斜向圆跳动和定向圆跳动。圆跳动误差的检测与验证方案可以参照图 3－55(第 3 章第 3.6 节)。

本节详细介绍一种常用的径向圆跳动误差检测与验证方案。

检测实例 15

径向圆跳动误差检测：如图 10 - 34(a)所示，套筒外圆柱面对于通孔轴线的径向圆跳动公差。如图 10 - 34(b)所示，将被测件固定在导向心轴上，并安装在两同轴顶尖(或等高 V 形架)之间；导向心轴与同轴顶尖体现基准 A。

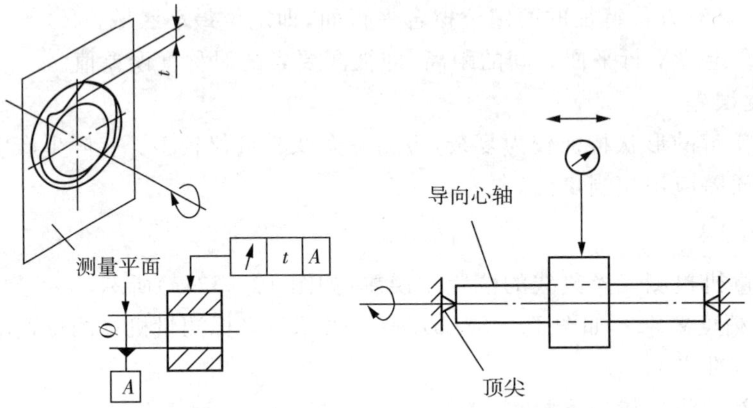

(a) 径向圆跳动公差　　(b) 检测原理

图 10 - 34　径向圆跳动误差检测

径向圆跳动误差检测步骤如下。

① 分离：确定被测要素及其测量界限；

③ 提取：在垂直于基准 A 的截面(单一测量平面)上，并且当被测件回转一周的过程中，对被测要素进行测量，得到一系列测量值(指示表示值)；

④ 评估：取指示表示值最大差值，即单一测量平面的径向圆跳动误差值；

⑤ 重复上述提取、评估操作，在若干各截面上进行测量，取各截面上测量得到的径向圆跳动量的最大值，作为被测零件的径向圆跳动误差值。

(2)全跳动误差

全跳动误差表现形式有径向全跳动和轴向全跳动。全跳动误差的检测与验证方案可以参照图 3 - 60(第 3 章第 3.6 节)

本节详细介绍一种常用的轴线全跳动误差检测与验证方案。

检测实例 16

轴向全跳动误差检测：如图 10 - 35(a)所示，端平面对于基准轴线的径向全跳动公差。如图 10 - 35(b)所示，将被测件支承在导向套筒内并在轴向固定，导向套筒的轴向与测量平板垂直；导向套筒模拟体现基准 A。

径向全跳动误差检测步骤如下。

① 分离：确定被测要素及其测量界限；

② 提取：被测件相对于基准 A 连续回转，指示表同时沿着垂直于基准 A 方向作直线运动，对被测要素端面进行测量，得到以系列测量值(指示表示值)；

③ 评估：取指示表示值最大差值，即被测件的轴向全跳动误差值。

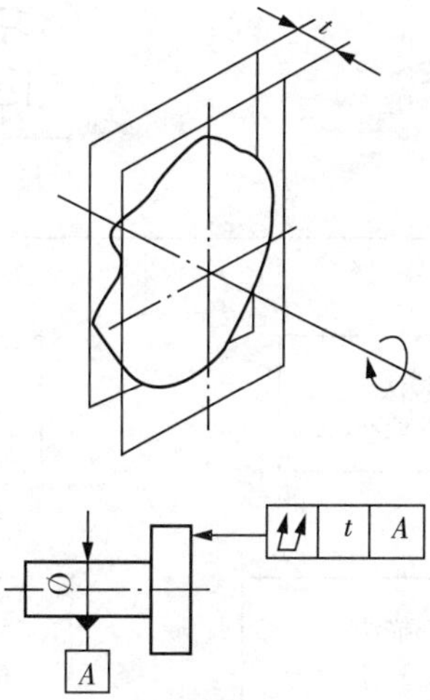

（a）轴向全跳动公差

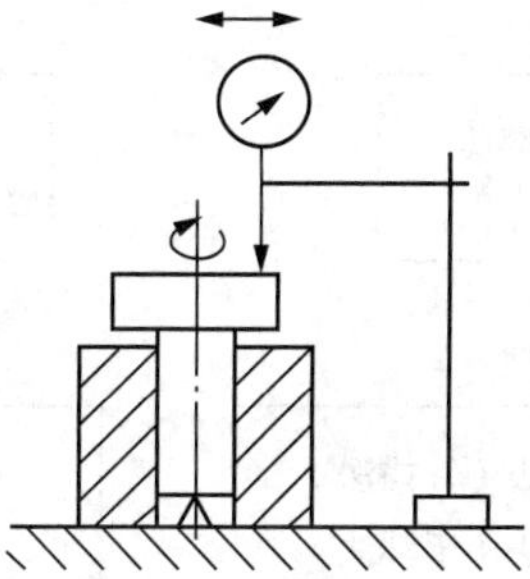

（b）检测原理

图 10－35　轴向全跳动误差检测

注：① 几何误差详细的检测于验证方案，可以参照现行国家标准 GB/T1958—2017 的附录 C。

② 上述检测与验证方案示例中，仅叙述检测装置的原理，不涉及检测装置的型号和精度，具体可以根据实际检测要求和条件按相关规范选择。

③ 上述检测与验证方案中，所有图例只是示意图，每个图例可能存在多种合理的检测与验证方案。

10.4　表面粗糙度的测量

10.4.1　测量方法与分类

GB/T 33523.6—2017（ISO 25178－6:2010）《产品几何技术规范（GPS）表面结构　区域法　第 6 部分表面结构测量》规定了用于表面结构测量的分类体系，定义了三类方法，即线轮廓法、区域形貌法、区域整体法（图 10－36）。

1. 线轮廓法

为了正确测量表面粗糙度轮廓参数，在工件表面纹理分布规律的情况下，应在测量时沿着垂直于工件表面纹理的方向；如果工件表面纹理分布不规律，在测量时应该在工件表面沿着不同的方向多次测量，取最大值作为测量结果，以便测量值最接近于实际值。测量表面粗糙多轮廓参数常用的方法的主要有比较法、针描法、光切法和干涉法。

（1）比较法

比较法通过观察和触摸将工件表面与表面粗糙度轮廓标准样板进行比较，找到与工件表面最相似的样块，并使待测工件表面的加工痕迹粗糙程度不超过选取的样块，则该样块的表面粗糙度值即为待测工件表面粗糙度的估计值。由此可知，该方法得到的表面粗糙度测量值有时会略高于实际值。用比较法测量时应注意所选用的标准样块应与被测工件的加工工艺相同，并且它们的材料、颜色等因素也应当尽量保持一致。该方法的主要优点是测量速度快，但精度偏低，主要用于测量表面粗糙度较大且不那么重要的工件，粗糙度轮廓标准样板见表 10－4 所列。

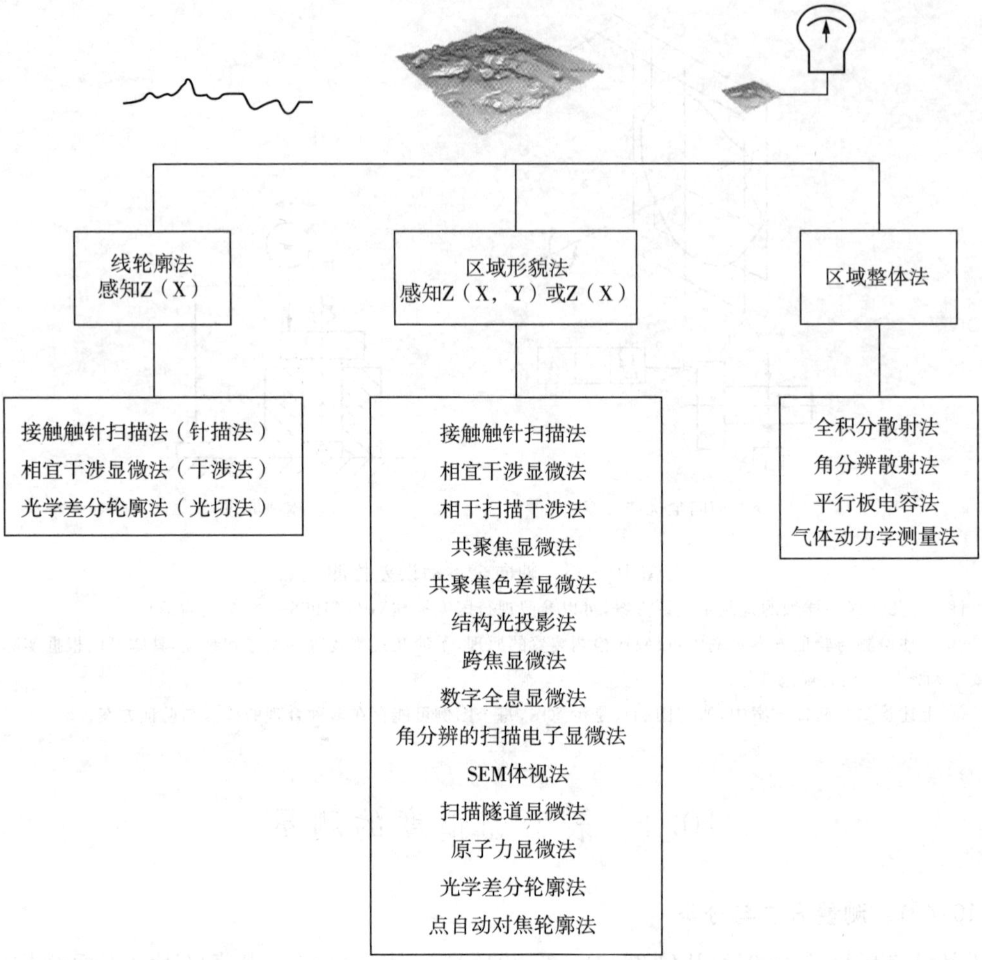

图 10－36　各种测量方法的分类

表 10－4　粗糙度轮廓标准样板

Ra/μm	1.6	3.2	6.3	12.5
铣削				
车削				

(2)针描法

针描法是一种接触式测量表面粗糙度值的方法。将触针沿待测工件表面滑行，由于待测工件表面上有微小的谷峰，使得触针沿表面轮廓的竖直方向上产生微量位移，进而通过传感器转换成电信号，经过处理后，便可在直接显示出表面粗糙度值的大小，图 10－37 为针描法测量表面粗糙度轮廓的原理框图。工程上常用的主要是触针式表面电动轮廓仪，其操作简单，测量精度较高。根据传感器的不同原理分类，触针式表面粗糙度仪又可分为电感式、压电式、光电式、激光式和光栅式。传感器还可分为有导头式传感器和无导头式传感器，有导头式传感器仅适用于测量表面粗糙度，而无导头式传感器除可用于测量表面粗糙度外，还可用于测量波纹度、原始轮廓参数和表面几何形状，图 10－38 展示了触针式表面粗糙度轮廓仪的结构。

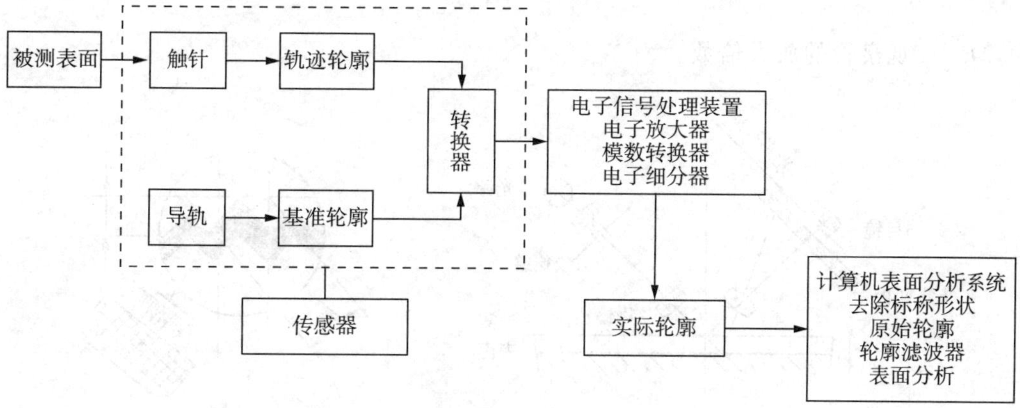

图 10－37　针描法测量表面粗糙度的原理框图

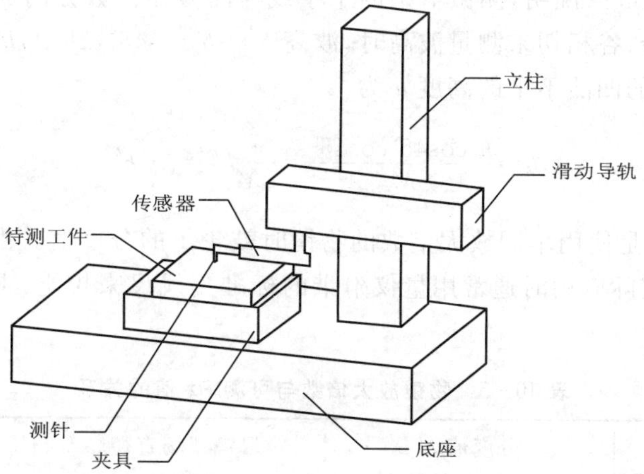

图 10－38　触针式表面粗糙度轮廓仪结构图

(3)光切法

光切法是一种非接触式测量方法。该方法是指利用光线切开被测表面的原理（光切原理）测量表面粗糙度轮廓，采用光切原理制成的量仪称为光切显微镜（又叫双管显微镜）。光切法通常用于测量 Rz 值为 1.6～63μm 的平面和外圆柱面。

参看图 10－39(a)，光切显微镜具有两个轴线相互垂直的光管，左光管为观察管，右光管为照明管。在照明管中，由光源 1 发出的光线经狭缝 2 及物镜 3 后形成平行光束。该光束以与两光管轴线夹角平分线成 45°的入射角投射到被测表面上，把表面轮廓切成窄长的光带。由于被测表面上微观的粗糙度轮廓的起伏不平，因此光带的形状是弯曲的。光带边缘的形状即为被测工件在 45°截面上的表面形状。这光带以与两光管轴线夹角平分线成 45°的反射角反射到观察管的物镜 4 成像于目镜 5 的分划板 6 上。由于在目镜视场内所看到的影像是与被测表面呈 45°分析截面上的轮廓曲线，并经物镜放大了 M 倍，所以表面峰谷的实际高度 h 与影像高度 h' 有如下关系

$$h=\frac{h'\cos45°}{M} \tag{10-11}$$

式中，M——观察管的放大倍数。

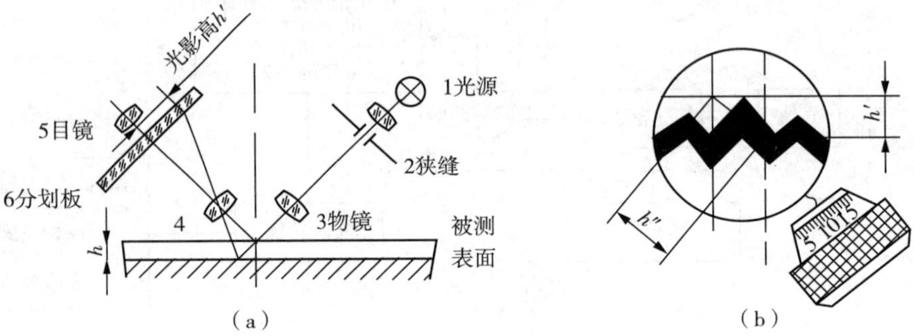

图 10-39　光切显微镜的测量原理

由图 10-40(b)可以说明，测微器中的十字线与测微器读数方向成 45°，当用十字线中的任一直线与影像峰、谷相切来测量波高时，波高 $h'=h''\cos45°$，其中，h'' 为测微器两次读数的差值，则被测表面的凹凸不平的高度 h 为

$$h=\frac{h''\cos45°\cos45°}{M}=\frac{1}{2M}h''=i\cdot h'' \tag{10-12}$$

式中，$i=1/(2M)$，它是使用不同放大倍数的物镜时鼓轮 1 的分度值。由量仪说明书给定或从表 10-5 查出。实际应用时通常用量仪附带的标准刻线尺来校定，本实验所用的量仪已校定好。

表 10-5　物镜放大倍数与可测 Rz 值的关系

物镜放大倍数	分度值 i/μm·格	目镜视场直径/mm	可测范围 Rz/μm
7	1.28	2.5	32～125
14	0.63	1.3	8～32
30	0.29	0.6	2～8
60	0.16	0.3	1～2

(4)干涉法

干涉法是一种非接触式测量方法，利用光波干涉原理和显微系统测量精密加工表面上微观的粗糙度轮廓的方法。采用干涉显微法原理制成的表面粗糙度轮廓测量仪称为干涉显微镜，它用光波干涉原理反映出被测表面粗糙度轮廓的起伏大小，用显微系统进行高倍数放大后观察和测量。干涉显微镜适宜于测量轮廓最大高度 Rz 值为 0.063～1.0μm 的平面、外圆柱面和球面。

$$h=\frac{a}{b}\times\frac{\lambda}{2} \tag{10-13}$$

干涉显微镜的工作原理如图 10 - 40 所示。从光源 1 发出的光束经过聚光镜组 2 变成平行光束，由反光镜 3 转向后，经分光镜 7 分成两路：一路透过分光镜 7 经补偿镜 8、物镜 9 射向被测工件表面 10，并从被测工件表面 10 反射后经原路反射回分光镜 7；另一路由分光镜 7 反射后通过物镜 12 射向标准镜 13，再由标准镜镜面反射后通过物镜 12 至分光镜 7，在此它与第一路相遇，产生干涉，此干涉条纹经转向棱镜、目镜组 14，射向观察目镜。在目镜视野中可以看到这种明暗相间的干涉条纹，如图 10 - 41 所示。根据光波干涉原理，在光程差每相差半个波长($\lambda/2$)处就要产生一个干涉条纹。所以，只要测出干涉条纹的弯曲量 a 和两个相邻干涉条纹之间的距离 b，利用式(10 - 13)就可以得到被测粗糙度轮廓的轮廓最大高度。

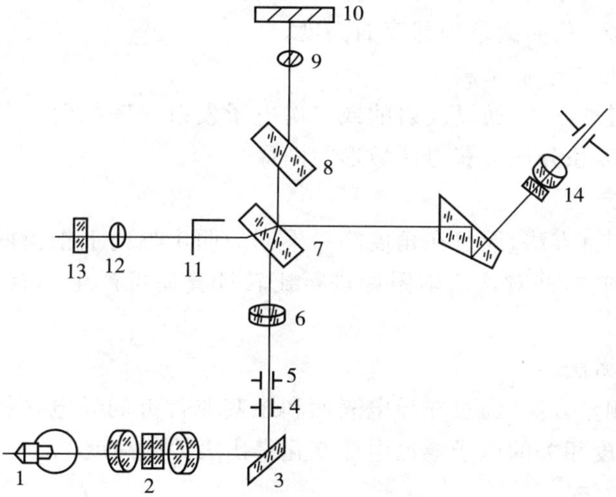

1—光源；2—聚光镜组；3—反光镜；4—孔径光阑；5—视场光阑；
6、9、12—物镜；7—分光镜；8—补偿镜；10—被测工件表面；11—遮光板；
13—标准镜；14—目镜组。

图 10 - 40　干涉显微镜的工作原理图

2. 区域形貌法

以上具体讲述了测量表面粗糙度轮廓参数的几种常用方法的原理，工程应用上也常有一些其他方法现将其一一列举出来。

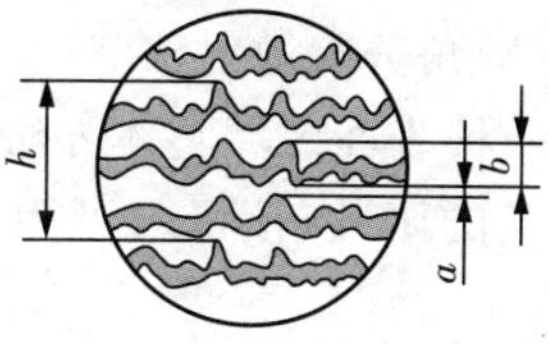

图 10 - 41　干涉条纹

(1)共聚焦显微法

一种表面形貌测量方法，通过将光源照明的针孔借助透镜成像在被测表面，并将反射回的光线借助透镜照射到位于探测器前的第二针孔内，形成空间频率滤波器。通过测量光强变化，得到表面形貌图像。

(2)共聚焦色差显微法

一种表面形貌测量方法，由一个带有色差物镜的共聚焦显微镜和集成的检测装置(如光谱仪)组成,通过检测表面反射光的波长获得一个单点的表面高度。

(3)结构光投影法

一种表面形貌测量方法,通过将已知结构或图案的光图像投影到被测表面上,利用反射光的图案和入射光的结构信息可获得表面形貌。

(4)跨焦显微法

一种表面形貌测量方法,通过在光学显微镜中表面图像的锐度(或最佳焦点处反射光的其他特性)确定表面各位置的高度。

(5)数字全息显微法

一种表面形貌测量方法,通过记录参考光和从表面反射的物光间发生的干涉获得全息图,经过数字化处理得到表面形貌。

(6)点自动对焦轮廓法

一种表面形貌测量方法,通过使来自样品表面反射的会聚光束自动聚焦在位置传感器上,获得表面高度函数,从而测量局部表面高度。

(7)角分辨的扫描电子显微法

一种表面形貌测量方法,通过反射的或二次电子发射强度的角度分布确定表面的局部梯度,将这些局部梯度积分便可获得区域形貌图像。

(8)SEM 体视法

一种表面形貌测量方法,通过在角度略微不同的两个方向上拍摄两幅(有时多幅)扫描电子显微镜(SEM)图像,并对这两幅图像进行比较计算便可产生具有立体效果的图像,从而获得表面形貌。

(9)扫描隧道显微法

一种表面形貌测量方法,通过在导电表面和距其非常近的导电探针之间维持恒定的电压,利用产生的与高度相关的电子隧道电流变化得出表面的高度。

(10)原子力显微法

一种表面形貌测量方法,通过探针针尖和表面之间的吸引力或排斥力感知表面的高度。

3. 区域整体法

(1)全积分散射法

一种表面区域整体方法,通过在大角度范围内收集来自表面的散射光,计算表面粗糙度均方根值。

(2)角分辨散射法

一种表面区域整体方法,通过采集来自表面的散射光得到以入射角或散射角或二者作为变量的函数,该函数可用于表面粗糙度均方根值、功率谱密度和其他表面粗糙度参数的计算。

(3)平行板电容法

一种表面区域整体方法,将一个电容平板放在导电表面上方,中间为绝缘介质,通过电容平板和导电表面间的电容计算出与表面粗糙度相关的参数。

(4)气体动力学测量法

一种表面区域整体方法,通过使气体流过一个粗糙表面,利用气流的阻力(或相关量)计算出与表面粗糙度相关的参数。

第 11 章　典型零件几何量测量

由于典型零件工作场合与使用要求的特殊性，存在专有的计量器具与检测方法，用以保证典型零件的互换性要求。本部分主要包括圆柱齿轮、键和花键、普通螺纹等典型零件几何量测量。圆柱齿轮部分包括单个齿距偏差和齿距累积偏差、齿轮径向跳动、齿廓总偏差、螺旋线总偏差、齿厚偏差以及公法线长度的检测。键和花键部分包括键对称度、键槽、花键单项和综合检测。最后是普通螺纹测量原理。

本章引用和参考的相关国家标准有：

① GB/T 10095.1—2008(ISO 1328－1:1995,IDT)《圆柱齿轮　精度制　第 1 部分:轮齿同侧齿面偏差的定义和允许值》;

② GB/T 10095.2—2008(ISO 1328－2:1997,IDT)《圆柱齿轮　精度制　第 2 部分:径向综合偏差与径向跳动的定义和允许值》;

③ GB/Z 18620.1—2002(ISO/TR 10064－1:1992,IDT)《圆柱齿轮　检验实施规范　第 1 部分:轮齿同侧齿面的检验》;

④ GB/Z 18620.2—2008(ISO/TR 10064－2::1996,IDT)《圆柱齿轮　检验实施规范　第 2 部分:径向综合偏差、径向跳动、齿厚和侧隙的检验》;

⑤ GB/T 1144—2001(ISO 14:1982)《矩形花键尺寸、公差和检验》;

⑥ GB/T 28703—2012《圆柱螺纹检测方法》。

11.1　圆柱齿轮的检测

为了评定齿轮传递运动准确性、平稳性和载荷分布均匀性三项精度,GB/T 10095—2008 规定了齿距累积偏差(单个齿距偏差、齿距累积偏差、齿距累积总偏差)、齿轮径向跳动、齿廓总偏差和螺旋线总偏差。为了评定齿轮的齿厚减薄量，常用的指标是齿厚偏差和公法线长度偏差。

1. 单个齿距偏差和齿距累积偏差的检测

(1)单个齿距精度的检测

检测齿距精度最常用的装置包括两种:一种是有两个触头的齿距比较仪，另一种是只有一个测量触头的角度分度仪。用齿距比较仪(两个触头)检测单个齿距时，两个测头的位置应在相对于齿轮轴线的同样半径上，并在同一横截面内，测头移动的方向要与测量圆相切。

因为很难得到半径距离的精确数值，所以齿距比较仪很少用于检测端面齿距的真实的数值。这种仪器的主要用途是确定齿距偏差。一些齿距比较仪装备导向滑轨，使测头容易达到固定的径向深度，一般到轮齿中部的附近，如图 11－1 所示，被测齿轮慢慢地转动，绕着轴心连续地或间歇地转动，而导向滑轨上的测头在测量部位来回移动。

如图 11－2 所示，用角度转位法检测单个齿距时，对每个齿面，测量头在预先设定要检测的部位上径向来回移动，就可测得偏离理论位置的位置偏差，相对于所选定的基准齿面或零齿面,这个测得的数据代表了相关齿面的位置偏差。第 N 个齿面的位置偏差减去第 $N-1$ 个的,就是每个单个齿距偏差,负值需表示出来。

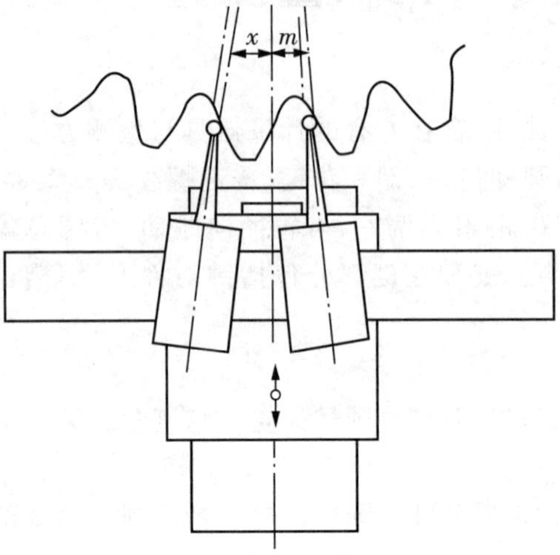

图 11-1　使用齿距比较仪测量齿距偏差

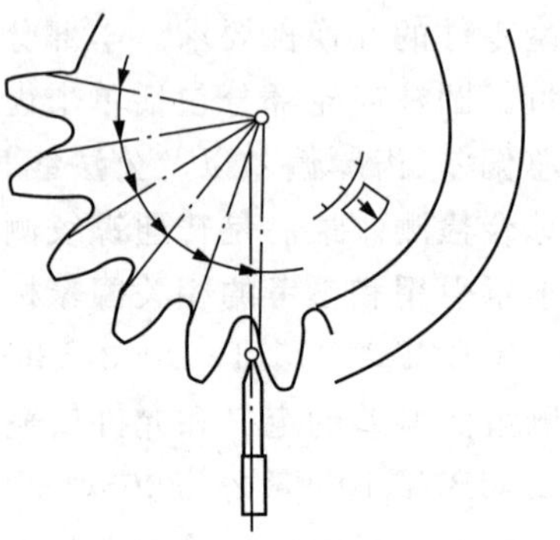

图 11-2　角度转位法检测齿距

(2)齿距累积偏差 F_{pk} 和 F_p 的检测

对任何指定数目的端面单个齿距偏差作代数相加可获得齿距累积偏差,而采用角度转位法可直接测得齿距累积偏差值。

2. 齿轮径向跳动的检测

将一个适当的测头(球、砧圆柱或棱柱体)在齿轮旋转时逐齿地放置于每个齿槽中,相对于齿轮的基准轴线的最大和最小径向位置之差即为轮齿的径向跳动。球的直径应选择其能接触到齿槽的中间部位,并应置于齿宽的中央。测量径向跳动的原理如图 11-3 所示。

3. 齿廓总偏差的检测

齿廓偏差是在端平面上垂直于齿廓的偏差值,然而,偏差也可在齿面的法向测量,然后把测得的数值换算后再与公差值比较。齿轮总偏差可通过齿廓图确定。如图 6-14 所示齿廓图包括齿廓迹线,它是由齿轮齿廓检验设备在纸上或其他适当的介质上画出来的齿廓偏差曲线,齿廓迹线如偏离了直线,其偏离量即表示与被检齿轮的基圆所展成的渐开线齿廓的偏差。

如图 6-15 所示切削过程中非有意的顶部过切现象并不损害齿轮的功能,因此齿廓计值范围计算时在有效长度中从其顶端或倒棱处减去

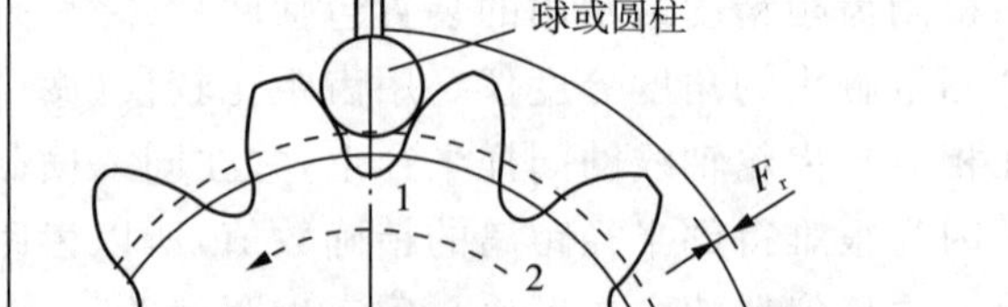

图 11-3　测量径向跳动的原理

8%。但是在评价齿廓总偏差和齿廓形状偏差时，在这 8%区域内如有超出设计齿廓的材料，增加其偏差量时必须计算进去，而在这区域内如多切去材料而形成的偏差值，其公差可予增大。

4. 螺旋线总偏差的检测

螺旋线偏差是在端面基圆切线方向测量的实际螺旋线与设计螺旋线之间的差值如图 6－16所示，如果偏差是在齿面的法向测量，则应换算成端面的偏差量，然后与公差极限值比较。螺旋线总偏差通过螺旋线图来检测获得偏差值。螺旋线图包括螺旋线迹线，它是由螺旋线检验设备在纸上或其他适当的介质上画出来的曲线，此曲线如果偏离了直线，其偏离量表示实际的螺旋线与不修形螺旋线的偏差。

如图 6－17 所示，螺旋线计值范围等于迹线长度两端各减去 5%的迹线长度，但减去量不超过 1 个模数，某些机加工的条件会引入非有意的少量端部减薄，因此进行减去量操作使其不计入偏差量的评定。但是在评定螺旋线总偏差时，若在 5%区域内有多余的材料，则增加的偏差必须考虑进去，而在此区域内如多切去金属而形成的偏差值，其公差可予增大。

5. 齿厚偏差的检测

可用齿厚游标卡尺测量齿厚，如图 11－4 所示。采用齿厚游标卡尺测量齿厚的优点是可以用一个手持的量具进行测量，携带及使用均为简便。

然而，由于齿厚卡尺的两个测量腿与齿面只是在其顶尖角处接触而不是在其平面接触，故测量须由有经验的操作者进行。此外，由于齿顶圆柱面的精确度和同心度的不确定性，且测量标尺分辨率较差，使得测量结果可靠性有限。条件允许时，应采用更可靠的公轮齿跨距、圆柱销或球测量法来代替此法。

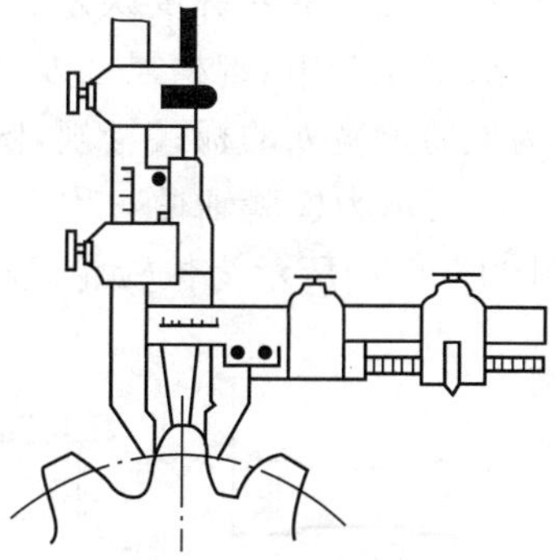

图 11－4　用齿厚游标卡尺测量齿厚

6. 公法线长度偏差的检测

公法线的长度可以用公法线千分尺测量，测量方便。如图 6－19 所示，测量公法线长度时跨 k 齿且公法线千分尺两个测量面与齿面在分度圆附近相切，即在齿高中部附近。在一个接触到齿的右齿面和另一个接触到齿的左齿面的两个平行测量平面之间测得的距离。由机械原理可知渐开线的公法线与基圆相切。公称公法线长度在两个齿廓间沿所有法线都是常数。

11.2　键和花键的检测

1. 键检测

键和键槽的尺寸检测比较简单，在单件、小批量生产中，常采用游标卡尺、千分尺进行测量。键槽的几何公差，特别是键槽对其轴线的对称度误差，经常造成装配困难，严重影响键联结的质量。

在单件、小批量生产中，键槽对其轴线的对称度误差的检测方法如图 11－5 所示。在槽中塞入量块组，用指示表将量块上平面校平（即量块上平面沿径向与平板平行），记下指示表读数δ_{x1}；将工件旋转180°，在同一横截面方向，再将量块校平，记下读数δ_{x2}。两次读数差为a。则该截面的对称度误差为：

$$f_{截}=at_1/[2(R-t_1/2)] \quad (11-1)$$

式中，R_1——轴的半径，$R=d/2$；

t_1——轴槽深。

再沿键槽长度方向测量，取长向两点的最大读数差为长向对称度误差

$$f_{截}=a_{高}-a_{低} \quad (11-2)$$

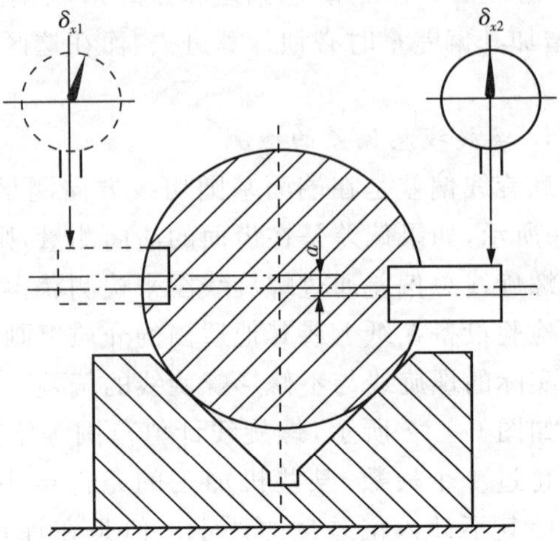

图 11-5　键槽的对称度误差检验

取以上两个方向测得的误差的最大值为该零件键槽的对称度误差。

在成批生产中，键槽尺寸及其对称度误差可用量规检验，如图11-6所示。图11-6(a)所示为检验槽宽b的板式量规，图11-6(b)所示为检验轮毂槽深（$d+t_2$）的深级式量规，图11-6(c)所示为检验轴槽对称性的综合量规图，图11-6(d)所示为检验轴槽深（$d-t_1$）的量规，图11-6(e)所示为检验轮毂槽对称性的综合量规。

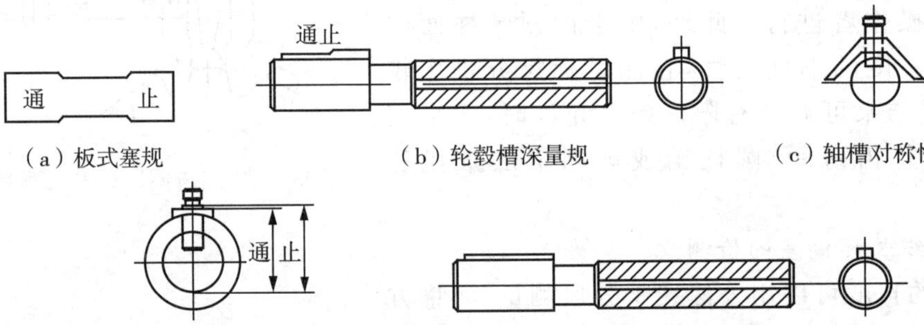

（a）板式塞规　（b）轮毂槽深量规　（c）轴槽对称性量规

（d）轴槽深度量规　（e）轮毂槽对称性量规

图 11-6　键槽检验用量规

图11-6(a、b、e)所示的三种量规为检验尺寸误差的极限量规，具有通端和止端，检验时通端能通过而止端不能通过则为合格。图11-6(c、d)所示的两种量规为检验几何误差的综合量规，只有通端，通过为合格。

2. 花键检测

花键检测分为单项检验和综合检验两种情况。

单项检验主要用于单件、小批量生产，用通用量具分别对各尺寸（d、D和B）、大径对小径的同轴度误差及键齿（槽）位置误差进行测量，以保证各尺寸偏差及几何误差在其公差范围内。

花键表面的位置误差是很少进行单项检验的，一般只有在分析花键加工质量（如机床检

修后)以及制造花键刀具、花键量规时,或在首件检验和抽查中才进行。

若需对位置误差进行单项测量。可在光学分度头或万能工具显微镜上进行。花键等分累积误差与齿轮齿距累积误差的测量方法相同。

综合检验使用量规,适用于大批量生产。综合量规用于控制被测花键的最大实体边界,即综合检验小径、大径及键(槽)宽的关联作用尺寸,使其控制在最大实体边界内,然后用单项止端量规分别检验尺寸 d、D 和 B 的最小实体尺寸。检验时,综合量规应能通过工件,单项止规通不过工件,则工件合格。

综合量规的形状与被检测花键相对应,检测内花键用花键塞规,检测外花键用花键环规。矩形花键综合量规如图 11 - 7 所示。

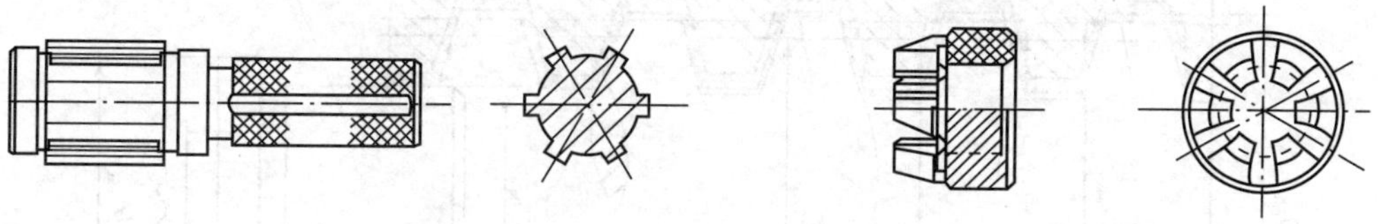

(a)　　(b)

图 11 - 7　矩形花键综合量规

检验小径定心用的综合塞规如图 11 - 7(a)所示,塞规两端的圆柱做导向及检验内花键的小径用。综合塞规花键部分的小径做成比公称尺寸小 0.5～1mm,不起检验作用,而使导向圆柱体的直径代替综合塞规内径,这样就可以使综合塞规的加工大为简化。

图 11 - 7(b)所示为检验外花键用的综合环规。与综合塞规一样,综合环规的外径也适当加大,而在环规后面的圆柱孔直径相当于环规的外径,外花键的外径即用此孔检验。这种结构便于磨削综合量规的内孔及花键槽侧面。

其中,检测内花键小径时采用的综合量规的公差带应遵循如图 11 - 8 所示的技术要求,即应保证符合公差范围的内花键在检测时通规能通过而止规不能通过,且所使用的综合量规的尺寸应严格控制在磨损极限内。

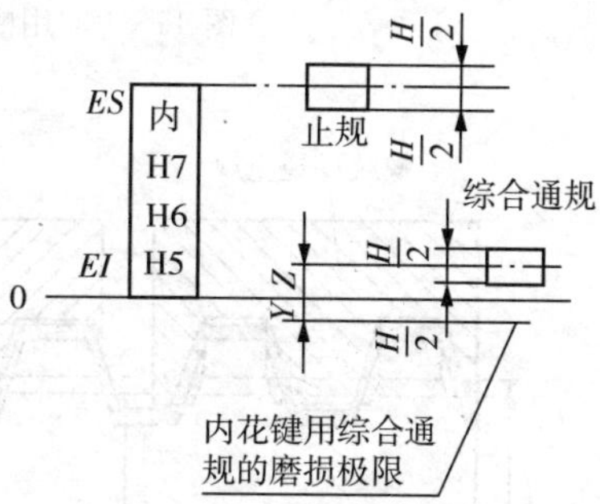

图 11 - 8　综合量规的公差带

11.3　圆柱螺纹的测量

11.3.1　测量方法与分类

在螺纹成批生产中,可采用光滑极限量规和螺纹量规联合对螺纹进行综合检测,至于单项检测则主要用于检查精密螺纹以及分析各个参数的误差产生原因。常用的检测方法主要有螺纹百分尺测量和工具显微镜测量,下面具体介绍不同测量方法的原理。

1. 螺纹百分尺测量法

螺纹百分尺测量法是一种对螺纹进行综合检验的方法,即用光滑极限量规检测被测螺纹顶径，再用螺纹量规的止规检测被测螺纹的单一中径，用其通规检测被测螺纹的作用中径，其中螺纹环规用来检验外螺纹，螺纹塞规用来检验内螺纹。

如图 11－9、图 11－10 所示，螺纹量规的止规用来检验被测螺纹的单一中径是否超出其最小实体牙型的中径，其通规用来检验被测螺纹的最大实体牙型，检验被测螺纹的作用中径是否超出其最大实体牙型的中径，并检验被测螺纹的底径的尺寸是否超出其最大实体尺寸。

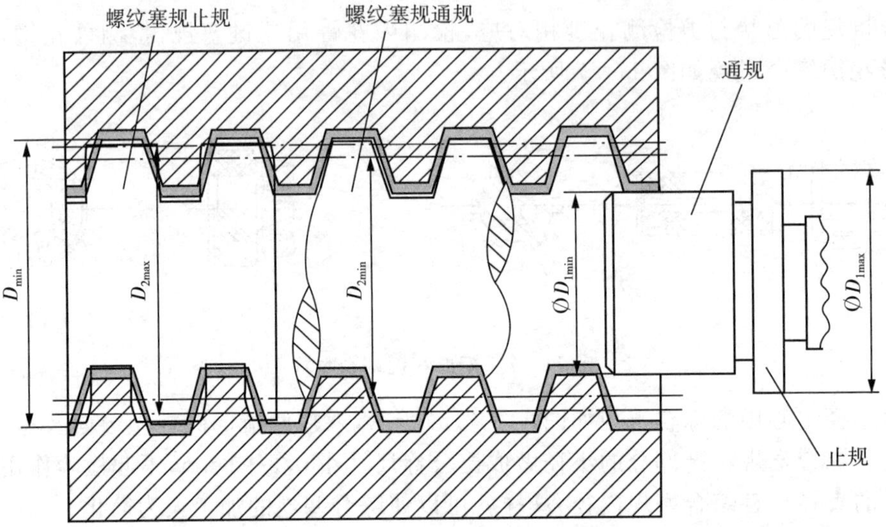

图 11－9　用螺纹塞规和光滑极限塞规检验内螺纹

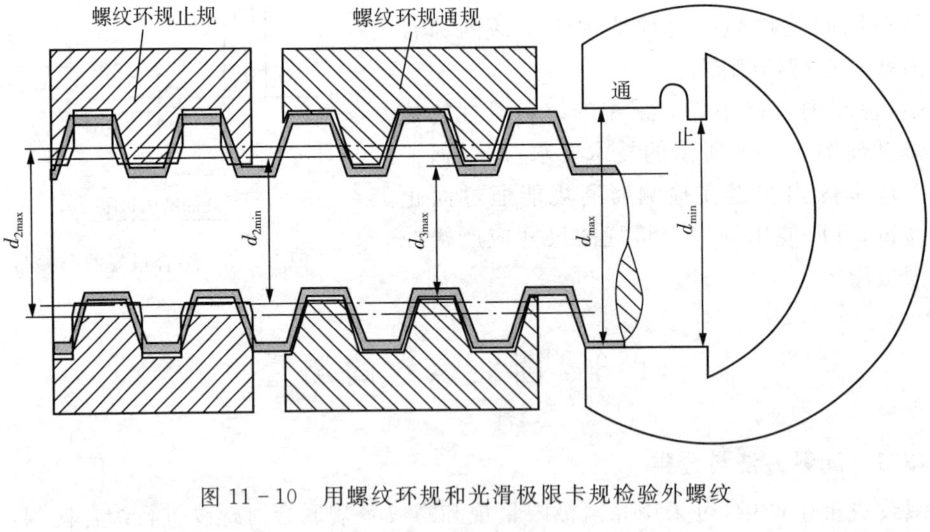

图 11－10　用螺纹环规和光滑极限卡规检验外螺纹

2. 工具显微镜测量法

工具显微镜测量法（包括大型工具显微镜和小型工具显微镜）是一种对螺纹进行单项测量方法。其所使用的工具显微镜具有直角坐标测量系统、光学系统和瞄准装置、角度测量装置。直角坐标测量系统由纵向、横向标准量和可移动的工作台构成。被测工件的轮廓用光学系统投影放大成像后，由瞄准装置瞄准被测轮廓的某一几何要素，从标准量细分装置上读出纵、横两个方向的坐标值，然后移动工作台及安装在其上的被测工件，瞄准被测轮廓的另一几何要素并读出其坐标值，被测轮廓上这两个要素之间的距离即可确定。被测轮廓上某两要素间角度的数值由瞄准装置和角度测量装置读出。

工具显微镜适用于测量线性尺寸及角度，可测量螺纹、样板和孔、轴等。按测量精度和测量范围，工具显微镜分为小型、大型、万能和重型等四种形式。在工具显微镜上使用的测量方法有影像法、轴切法、干涉法等。

第 12 章　实验指导书

实验是本课程的重要实践环节，使学生熟悉有关几何量测量基本知识、测量原理，掌握常用计量器具的使用和数据处理方法，巩固理论教学内容、培养工程实践能力。本章安排 2 个线性尺寸测量实验，1 个几何误差检测实验，2 个表面粗糙度轮廓最大高度检测实验，1 个圆柱螺纹测量实验，1 个圆柱齿轮测量实验以及 1 个几何精度设计综合实验。

12.1　实验一：零件的尺寸测量

1. 实验目的

(1)熟悉通用计量器具测量线性尺寸的原理和方法；

(2)掌握用内径百分表进行比较测量的原理；

(3)加深对计量器具与测量方法常用术语的理解。

2. 实验内容

用游标卡尺、螺旋副计量器具和百分表测量零件的线性尺寸，并确定零件是否合格。

3. 计量器具、测量原理及步骤

(1)游标式器具

游标式器具是应用游标读数原理制成的量具。生产中常用的游标式器具有游标卡尺、深度游标卡尺、高度游标卡尺等，可分别用于测量外径、内径、长度、厚度、宽度、高度、深度和孔距等尺寸。此外还有一些专用游标式器具，如专门用来测量轮齿厚度的齿厚游标卡尺。游标式器具的特点是：结构简单、使用方便、坚固耐用、测量尺寸范围大、测量精度较高。生产中广泛用于一般精度的尺寸测量。

游标卡尺的读数机构是由尺身刻线和游标刻线两部分组成。尺身与游标的刻线分度间隔不同，通常尺身刻线分度间隔为 1mm，游标刻线则根据其测量精度不同，分为以下 5 种形式：

① 游标刻线分度间隔为 0.9mm，读数值为 0.1mm；

② 游标刻线分度间隔为 1.9mm，读数值为 0.1mm；

③ 游标刻线分度间隔为 0.95mm，读数值为 0.05mm；

④ 游标刻线分度间隔为 1.95mm，读数值为 0.05mm；

⑤ 游标刻线分度间隔为 0.98mm，读数值为 0.02mm。

游标卡尺如图 12－1 所示，装有游标的尺框 1 沿着尺身 2 移动。测量工件时，尺框在尺身上移动到适当位置后，锁紧螺钉 3 拧紧，再旋转微动螺母 4 还可以使尺框(游标)移动一段微小距离。两副测量爪 5 和 6 的内测量面都用于测量外尺寸(轴)，外测量面用于测量内尺寸(孔)。为了读数方便，有的游标卡尺上装有测微表头，图 12－1(b)所示系带表的游标卡尺，它是通过机械传动装置，将两测量爪相对移动转变为指示表的回转运动，并借助尺身刻度和指示表，对两测量爪相对移动所分隔的距离进行读数。还有电子数显卡尺，由液晶显示器直接显示读数。

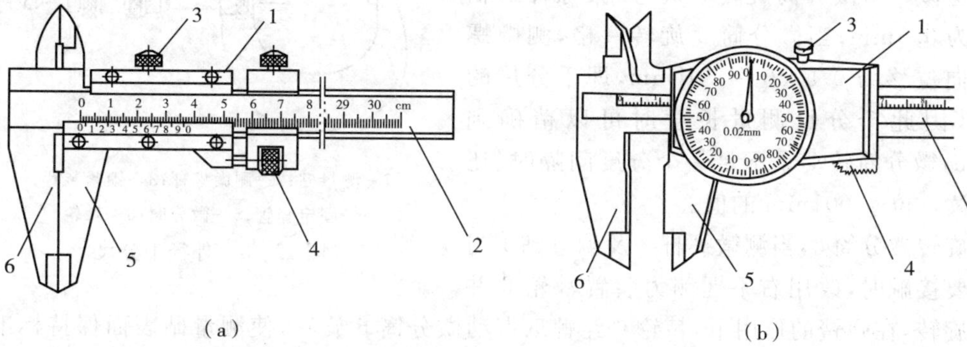

1—尺框(带游标)；2—尺身；3—锁紧螺钉；4—微动螺母；5，6—测量爪。

图 12-1　游标卡尺

测量值＝尺身读数＋游标尺的读数

＝尺身的小格数＋读数值×游标与尺身对齐的游标尺小格数

读数方法："三看两读"。①三看：看游标尺(看游标尺的分度，明确其读数值的大小)，看游标尺的"0"刻度线(为了读尺身的整数部分)，看尺身与游标尺对齐的线(为了读游标尺的小数部分)；②两读：读尺身的整数部分、游标尺的小数部分。

如图 12-2 所示，尺身读数为 42mm，游标尺的第 6 条刻线与尺身的某一刻度线重合，所以，游标的读数为 6×0.02＝0.12mm，最终读数为 42＋0.12＝42.12mm。

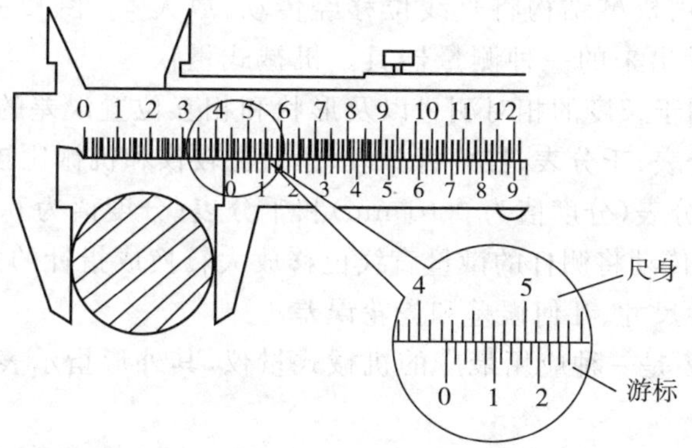

图 12-2　游标刻线分度间隔为 0.98mm，读数值为 0.02mm 的游标卡尺

(2)微动螺旋副计量器具

微动螺旋副计量器具是利用螺旋副的运动原理进行测量和读数的一种测微量具。按用途分内径千分尺、外径千分尺、深度千分尺及专用的测量螺纹中径尺寸的螺纹千分尺和测量齿轮公法线长度的公法线千分尺等。

外径千分尺的主要结构如图 12-3 所示，读数装置由固定套管 4 和微分筒 5 组成。固定套管 4 的外面的刻度间距为 0.5mm 的纵向刻度标尺，里面有螺距为 0.5mm 的调节螺母。微分筒 5 上有等分 50 格的圆周刻度，并且与螺距为 0.5mm 的测微螺杆 2 固定成一体。

测量时,利用测微螺杆 2 与调节螺母构成的螺旋副,将微分筒的角位移转换为测微螺杆的轴向直线位移。当微分筒旋转一周,测微螺杆的轴向位移为 0.5mm;当微分筒 5 旋转一格,测微螺杆的轴向位移为 0.5/50=0.01mm,即千分尺的分度值,因此千分尺测量长度时可以精确到 0.01mm,微分筒转动量不足一个分度间隔时,还应再估读一位 0.001mm 的值。

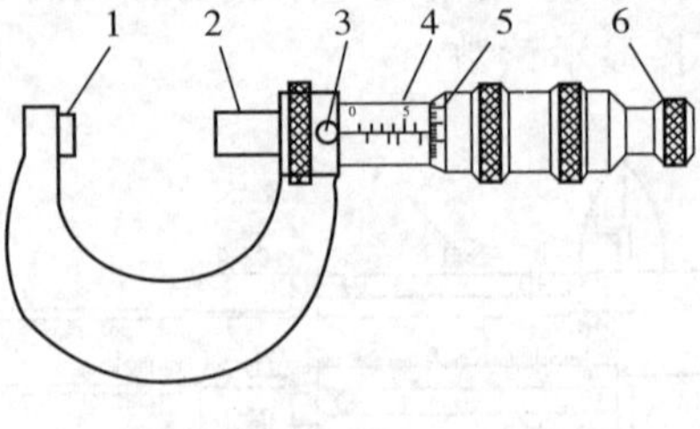

1—测量砧;2—测微螺杆;3—锁紧装置;
4—固定套管;5—微分筒;6—棘轮。
图 12-3　外径千分尺

先旋转微分筒 5,当测微螺杆 2 及测量砧 1 与工件快要接触时,改用右手握测力装置棘轮 6 并且缓慢旋转,在弹簧的作用下,棘轮 6 经棘爪带动微分筒 5 旋转,使测量砧表面保持标准的测量压力。直到棘轮爪发出"咔,咔……"响声,表示压力合适,此时工件已经和测微螺杆 2 及测量砧 1 接触。

锁紧装置 3 锁紧后再读数,先从固定套管 4 读出整数毫米部分和 0.5mm 部分的 7mm,再从微分筒 5 读取小于 0.5mm 部分的 0.37mm,估读一位 0.006mm,相加得到被测工件尺寸的数值。如图 12-4 所示的外径千分尺所测长度的测量值为:7+0.37+0.006=7.376mm。

在使用千分尺时,如果微分筒的零线与固定套筒的中线没有对准,可记下差数,以便在测量结果中除去,也可在测量前加以调整。

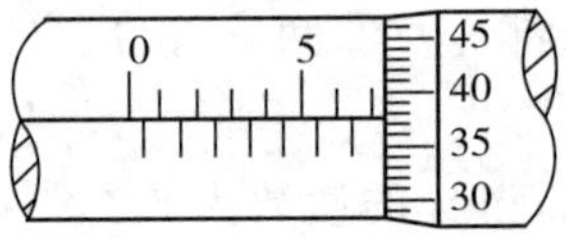

图 12-4　外径千分尺读数

(3)机械式量仪

机械式量仪是利用机械结构将直线位移经传动、放大后,通过读数装置表示出来的一种测量器具。机械式量仪应用十分广泛,主要用于长度的相对测量以及形状和相互位置误差的测量等。机械量仪的种类很多,主要有百分表、千分表、杠杆百分表、扭簧比较仪和机械比较仪等。指示表按照分度盘的分度值分为百分表(分度值为 0.01mm)和千分表(分度值为 0.005mm、0.002mm 或 0.001mm),利用齿轮传动将测杆的微量直线位移放大转换成指针的角位移,在分度盘上指示出来,用于测量线性尺寸、几何误差和齿轮误差。

① 百分表:百分表是一种应用最广的机械式量仪,其外形指示表及内部传动构造如图 12-5所示。

从图 12-5 可以看到,当有齿条的测量杆 5 上下移动时,带动与齿条相啮合的小齿轮 1 转动,此时与小齿轮固定在同一轴上的大齿轮 2 也跟着转动,通过大齿轮即可带动中间齿轮 3 及与中间齿轮固定在同一轴上的指针 6。这样通过齿轮传动系统就可将测量杆的微小位移经放大转变为指针的偏转,并由指针在刻度盘上指示出相应的数值。

为了消除齿轮传动系统中由于齿侧间隙而引起的测量误差,在百分表内装有游丝 8,由游丝产生的扭转力矩作用在大齿轮 7 上,大齿轮 7 也与中间齿轮 3 啮合,这样可保证齿轮在正反转时都在同一齿侧面啮合。弹簧 4 是用来控制百分表测量力的。

百分表的分度值为 0.01mm,表盘圆周刻有 100 条等分刻线。因此,百分表的齿轮传动系统应使测量杆移动 1mm,指针回转一圈。百分表的示值范围有:0～3mm、0～5mm、0～

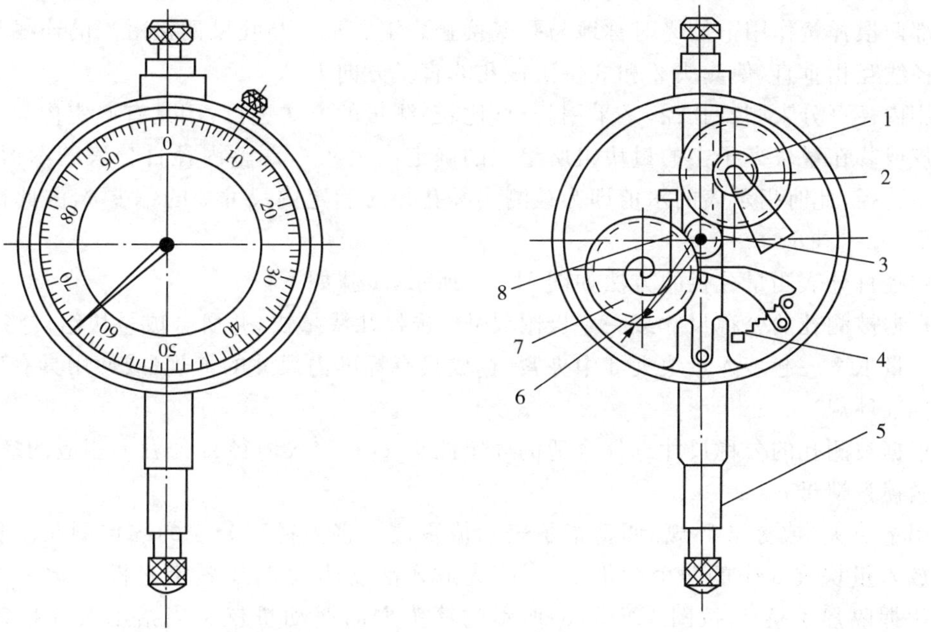

（a）外形指示表　　　　　　　　　　（b）内部传动构造

1—小齿轮；2、7—大齿轮；3—中间齿轮；4—弹簧；5—测量杆；6—指针；8—游丝。

图 12－5　百分表外形指示表及内部传动构造

10mm 三种。

测量时，先将测杆向表内压缩 1～2mm，即长指针顺时针方向转动 1～2 圈，转动分度盘，使分度盘的零刻度线对准长指针，以调整示值零位。长指针旋转一周，短指针旋转 1 格。根据短指针所在位置，可以确定长指针相对于分度盘零刻线的旋转方向和旋转的周数。使用钟表型指示表时，其测杆的轴线应垂直于被测平面，或通过圆截面中心线，否则会产生测量误差。

② 内径百分表测量孔径

内径百分表用于测量孔径，特别适合测量深孔的直径尺寸，由杠杆式测量架和百分表组合而成，结构如图 12－6 所示。当使用分度值为 0.01mm 的百分表测量时，手握隔热手柄 1，使活动测头 2 和固定测头 3 分别与被测孔的孔壁接触。活动测头 2 向表座体内移动，位移经等臂直角杠杆，推动挺杆 4 向上移动，使内部弹簧压缩，并推动指示表 5 的测杆，使指示表 5 的指针回转。弹簧的

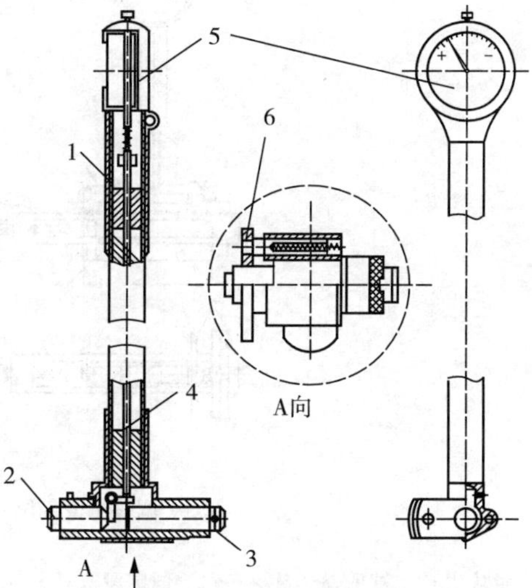

1—隔热手柄；2—活动测头；3—固定测头；4—挺杆；5—指示表；6—定心板。

图 12－6　内径百分表

反作用力使活动测头 2 从表座向外伸，对孔壁产生测量力。在活动测头 2 上套着定心板 6，在内部两根弹簧作用下始终对称地与孔壁接触。定心板 6 与孔壁两接触点的连线与被测孔的直径线互相垂直，使测头 2 和 3 位于该孔的直径方向上。

用内径百分表测量孔径，是采用相对(比较)测量的方法进行，用具有确定内尺寸 l 的标准环规或装在量块夹子中的量块组所组成的确定内尺寸 l，调整内径百分表的示值零位，然后测量孔径，此时指示表的示值即为被测实际孔径对确定内尺寸 l 的偏差 δ，因此被测孔实际孔径 $D_a = l + \delta$。

内径百分表测量孔径的方法如图 12 - 7 所示，步骤如下：

根据被测孔的公称尺寸或一个极限尺寸 l 选择几块量块，并研合成量块组。将量块组 1 和两个量爪 2 一起装入量块夹 3 中夹紧，构成具有标准内尺寸的卡规(或使用具有确定内尺寸的标准环规)。

根据被测孔的公称尺寸选择合适的固定测头 4，并拧入内径百分表上相应的螺孔中，然后拧紧锁紧螺母 5。

用量块夹(或标准环规)调整指示表示值零位。将内径百分表的固定测头 4 和活动测头 6 放入量块夹 3 中的两个量爪 2 之间(先放入活动测头 6，压紧定心板 7，放入固定测头 5)。手握隔热手柄 8，按图 12 - 7(a)所示的箭头方向摆动量仪。当指示表 9 指针回转到转折点(最小示值)时，表示两个测头的轴线与量块夹的量爪表面垂直。转动指示表 9 的表盘(分度盘)，使表盘指针的零刻线对准长指针。反复多次，直到指针稳定在零刻线处转折点为止。

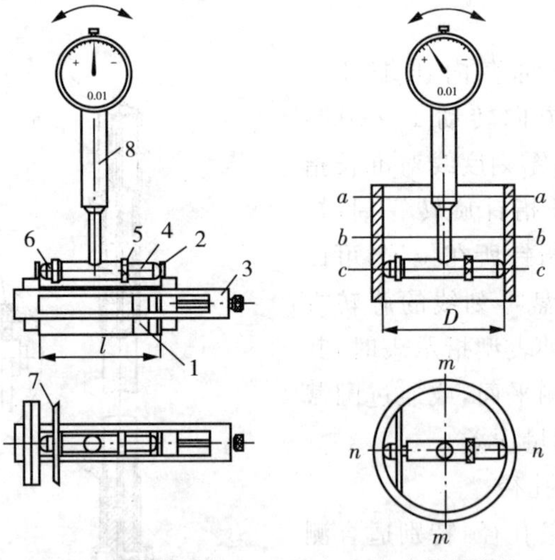

(a) 调整示值零位　　(b) 测量孔径

1—量块组；2—量爪；3—量块夹；4—固定测头；5—锁紧螺母；6—活动测头；7—定心板；8—隔热手柄；9—指示表。

图 12 - 7　内径百分表测量孔径的方法

将内径百分表的两个测头按照上述方法放入被测孔中测量工件孔径，手握隔热手柄 8，使两测头分别与被测孔的孔壁接触，按图 12 - 7(b)所示箭头方向摆动量仪。记录指示表 9 的指针回转到转折点时的示值。该示值就是实际被测孔径 D 对量块组尺寸 l(或标准环规的内尺寸)的实际偏差 δ，被测孔径实际尺寸 D_a 为量块组尺寸 l 与实际偏差 δ 的代数和。

在被测孔均布的三个横截面 a. a、b. b、c. c 上，对相互垂直的两个方向 m. m、n. n 上的孔径分别进行测量。

根据零件图上标注的被测孔极限尺寸或极限偏差，判断被测孔径是否合格。

4. 思考题

① 内径百分表测量孔径属于何种测量方法？

② 如果内径百分表的测头磨损了，用它们调整指示表示值零位对孔径的测量结果是否有影响。

③ 为什么在摆动内径百分表时对零和读数？指针转折点是最小值还是最大值？

5. 实验对象及数据记录处理

测量零件实物并在表 12-1～表 12-4 中记录，与设计图(图 12-8)相比较，检验零件是否合格。

表 12-1　用内径百分表测量孔径　　　　单位：mm

<table>
<tr><td rowspan="4">被测零件</td><td rowspan="2">名称</td><td rowspan="2" colspan="2">公称尺寸</td><td colspan="2">极限偏差</td><td colspan="2">验收极限尺寸</td></tr>
<tr><td>ES</td><td>EI</td><td>上极限</td><td>下极限</td></tr>
<tr><td></td><td colspan="2"></td><td></td><td></td><td></td><td></td></tr>
<tr><td>尺寸公差</td><td colspan="2"></td><td colspan="2">安全裕度 A</td><td colspan="2"></td></tr>
<tr><td rowspan="2">量仪</td><td>名称</td><td colspan="2">分度值</td><td>示值范围</td><td>测量范围</td><td>仪器的测量不确定度 u'_1</td><td>测量不确定度允许值 u_1</td></tr>
<tr><td></td><td colspan="2"></td><td></td><td></td><td></td><td></td></tr>
<tr><td colspan="2">测量读数</td><td colspan="3">实际偏差</td><td colspan="3" rowspan="5">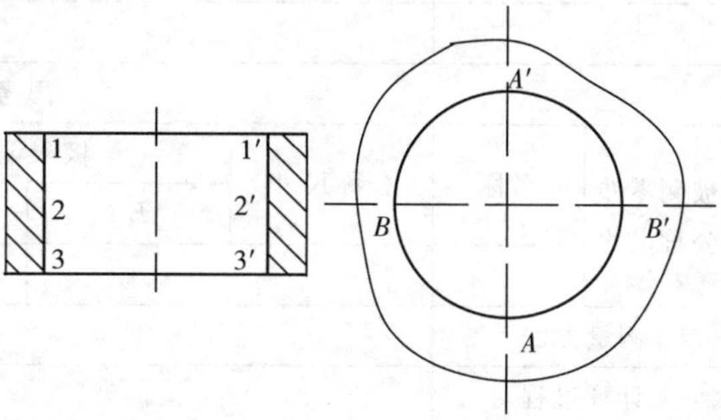</td></tr>
<tr><td colspan="2">测量位置</td><td>1—1′</td><td>2—2′</td><td>3—3′</td></tr>
<tr><td rowspan="2">测量方向</td><td>A—A′</td><td></td><td></td><td></td></tr>
<tr><td>B—B′</td><td></td><td></td><td></td></tr>
<tr><td colspan="2">尺寸实际偏差</td><td colspan="3"></td></tr>
<tr><td colspan="4">零件实际尺寸是否合格？</td><td colspan="4">理由</td></tr>
<tr><td colspan="4"></td><td colspan="4"></td></tr>
</table>

表 12－2　用外径千分尺测量外径　　　　单位:mm

<table>
<tr><td rowspan="3">被测零件</td><td>名称</td><td>公称尺寸</td><td colspan="2">极限偏差</td><td colspan="2">验收极限尺寸</td></tr>
<tr><td></td><td></td><td>ES</td><td>EI</td><td>上极限</td><td>下极限</td></tr>
<tr><td>尺寸公差</td><td></td><td colspan="2">安全裕度 A</td><td colspan="2"></td></tr>
<tr><td rowspan="2">量仪</td><td>名称</td><td>分度值</td><td colspan="2">测量范围</td><td>仪器的测量不确定度 u'_1</td><td>测量不确定度允许值 u_1</td></tr>
<tr><td></td><td></td><td colspan="2"></td><td></td><td></td></tr>
<tr><td colspan="3">实际尺寸</td><td colspan="4">实际偏差</td></tr>
<tr><td colspan="3"></td><td colspan="4"></td></tr>
<tr><td colspan="3">零件实际尺寸是否合格?</td><td colspan="4">理由</td></tr>
<tr><td colspan="3"></td><td colspan="4"></td></tr>
</table>

表 12－3　用游标卡尺测量长度　　　　单位:mm

<table>
<tr><td rowspan="3">被测零件</td><td>名称</td><td>公称尺寸</td><td colspan="2">极限偏差</td><td colspan="2">验收极限尺寸</td></tr>
<tr><td></td><td></td><td>ES</td><td>EI</td><td>上验收极限</td><td>下验收极限</td></tr>
<tr><td>尺寸公差</td><td></td><td colspan="2">安全裕度 A</td><td colspan="2"></td></tr>
<tr><td rowspan="2">量仪</td><td>名称</td><td>分度值</td><td colspan="2">测量范围</td><td>仪器的测量不确定度 u'_1</td><td>测量不确定度允许值 u_1</td></tr>
<tr><td></td><td></td><td colspan="2"></td><td></td><td></td></tr>
<tr><td colspan="3">实际尺寸</td><td colspan="4">实际偏差</td></tr>
<tr><td colspan="3"></td><td colspan="4"></td></tr>
<tr><td colspan="2">实际尺寸是否合格?</td><td colspan="5">理由</td></tr>
<tr><td colspan="2"></td><td colspan="5"></td></tr>
<tr><td colspan="7">思考题</td></tr>
<tr><td rowspan="2">被测零件公称尺寸</td><td>名称</td><td>公称尺寸</td><td colspan="2">极限偏差</td><td colspan="2">验收极限尺寸</td></tr>
<tr><td></td><td></td><td>ES</td><td>EI</td><td>上极限</td><td>下极限</td></tr>
<tr><td colspan="2">测量方法</td><td colspan="5"></td></tr>
<tr><td colspan="2">计算过程</td><td colspan="5"></td></tr>
<tr><td colspan="2">实际尺寸</td><td colspan="5">实际偏差</td></tr>
<tr><td colspan="2"></td><td colspan="5"></td></tr>
<tr><td colspan="2">实际尺寸是否合格?</td><td colspan="5">理由</td></tr>
<tr><td colspan="2"></td><td colspan="5"></td></tr>
</table>

表 12－4　用万能角度尺测量角度尺寸

被测零件名称	公称角度尺寸		极限偏差	
			ES	EI
角度公差				
量仪名称	分度值	测量范围	仪器的测量不确定度 u'_1	测量不确定度允许值 u_1
实际角度尺寸			实际偏差	
实际角度尺寸是否合格?			理由	

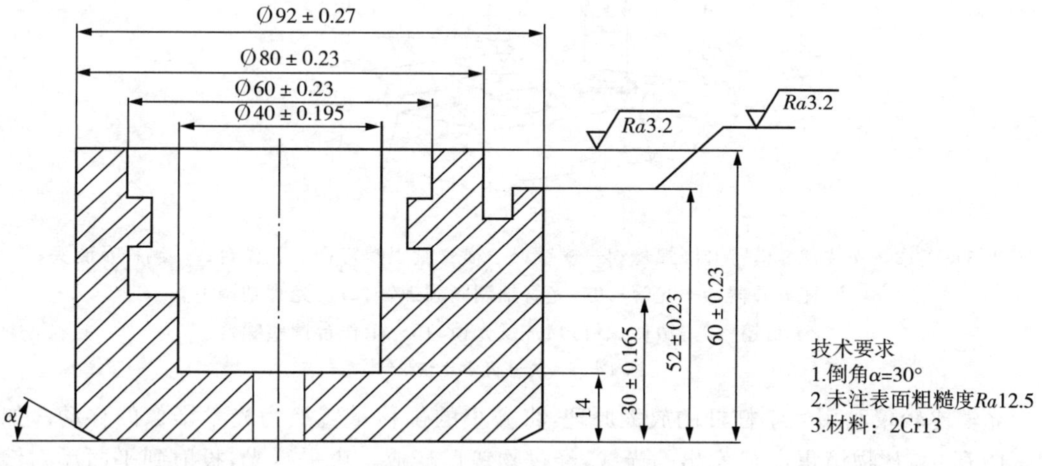

图 12－8　轴套零件剖面图

12.2　实验二：立式光学比较仪测量塞规

1．实验目的

掌握相对测量法精确测量线性尺寸的基本原理，了解立式光学比较仪的结构组成，熟悉操作步骤和使用方法，熟悉量块的使用和维护方法。

2．实验内容

用光学比较仪测量塞规线性尺寸。

3．计量器具及其测量原理

光学比较仪简称光较仪，也称光学计，是一种结构简单、精度较高的光学机械式计量仪器。光学比较仪主要用于相对法测量，在测量前先用量块或标准件对准零位，被测尺寸和量块(或标准件尺寸)的差值可在仪器的标尺上读取。用光学比较仪在相应的测量条件下，以四等或五等量块为标准，可对五等或六等量块进行检定，还可以测量圆柱形、球形等工件的直径以及各种板形工件的厚度。

图 12－9 为立式光学比较仪的外形示意图，量仪主要有底座 1、立柱 2、横臂 4、光管 9 和工作台 6 等主要部件组成。其中，立柱 2 固定在底座 1 上，工作台 6 安装在底座 1 上。工作台 6 可通过四个工作台调整螺钉 15 调节前后左右的位置，横臂升降螺母 3 可使横臂沿立柱上下移动，位置确定后，用横臂紧固螺钉 5 固紧。光管 9 插入横臂 4 的套管中，其一端是测杆及测头 7，另一端是目镜 12。光管细调手轮 11 可以调节光管 9 做微量上下移动。调整好以后，用光管细调紧固螺钉 10 紧固。光管 9 下端装有测杆提升器 8，以便安装被测工件。光管是光较仪的主要组成部分，整个光学系统都安装在光管内。

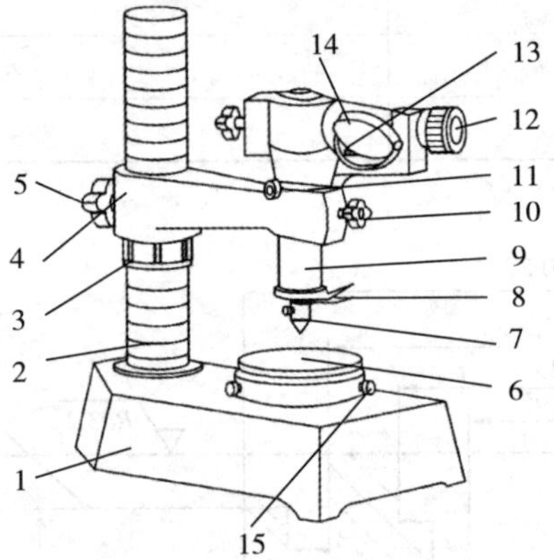

1—底座；2—立柱；3—横臂升降螺母；4—横臂；5—横臂紧固螺钉；6—工作台；7—测杆及测头；
8—测杆提升器；9—光管；10—光管细调紧固螺钉；11—光管细调手轮；
12—目镜；13—微调螺钉；14—反光镜；15—工作台调整螺钉。

图 12－9　立式光学比较仪

光学比较仪利用光学杠杆的放大原理，将微小的位移量转换为光学影像的移动。如图 12－10 所示，从物镜焦点 C 发出的光线，经过物镜后变成一束平行光，投射到平面反射镜 P 上。如果平面反射镜垂直于物镜主光轴，则从反射镜 P 反射回来的光束原路返回到焦点 C，像点 C' 与焦点 C 重合，即目镜刻线上零刻线的影像与固定指示线重合，量仪示值为零。如果被测尺寸移动，测杆产生微小的直线位移 s，推动反射镜 P 绕支点 O 摆动一个角度 α，根据反射定律，反射光束与入射光束间的夹角为 2α，经过物镜后光束汇聚到像点 C''，从而使刻线尺影像产生位移 l。根据刻线尺影像相对于固定指示线的位移大小即可确定被测尺寸的位移量。

像点 C'' 与焦点 C 的距离 l 为：

$$l=f\tan 2\alpha \tag{12-1}$$

式中，f——物镜的焦距；α——平面反射镜偏转角度。

测杆位移 s 与平面反射镜偏转角度 α 的关系为

$$s=b\tan\alpha \tag{12-2}$$

式中，b——测杆到平面反射镜支点 O 的距离。

这样，刻线尺影像位移 l 对测杆位移 s 的比值即为光管的放大倍数 n，即光学杠杆的传动比为

$$n=\frac{l}{s}=\frac{f\tan 2\alpha}{b\tan\alpha} \tag{12-3}$$

由于 α 角度很小，取 $\tan 2\alpha\approx 2\alpha$，$\tan\alpha\approx\alpha$，则

$$n=2f/b \tag{12-4}$$

假设目镜的放大倍数为 m，则光学比较仪的总放大倍数 K：

$$K=mn=2mf/b \tag{12-5}$$

假设光管中的物镜的焦距 $f=200$mm，测杆到平面反射镜支点 O 的距离 $b=5$mm，目镜放大倍数为 12，因此量仪的放大倍数 $K=2\times 12\times 200/5=960\approx 1000$ 倍。

因此当测杆移动一个微小的距离 0.001mm 时，放大 1000 倍后，相当于在目镜中看到刻线移动 1mm。

量仪的示值范围为 $\pm 100\mu$m，测量范围 1～180mm。

4. 测量步骤

光学比较仪测量塞规直径尺寸的测量步骤如下：

① 根据零件的表面形状选择测头并把它安装在测杆上，测头与被测表面的接触应为点接触。

② 以测塞规工作部分的尺寸或极限尺寸选取量块，并把它研合成量块组。

③ 量块组放在工作台 6 中央，并使测头 7 对准量块组的上测量面的中心点，按下列步骤进行量仪示值零位调整。

粗调整：松开横臂紧固螺钉 5，转动横臂升降螺母 3，使横臂 4 缓缓下降，直到测头 7 与量块组上测量面的中心点轻微接触，并且从目镜 12 中的视场中能够看到刻线尺影像，然后将横臂紧固螺钉 5 拧紧。

细调整：松开光管细调紧固螺钉 10，转动光管细调手轮 11，直至在目镜 12 中观察到标尺影像零刻线与固定刻度线 A 接近为止（±10 格以内），然后拧紧光管细调紧固螺钉 10。细调整后的目镜视场如图 12－11(a)所示。

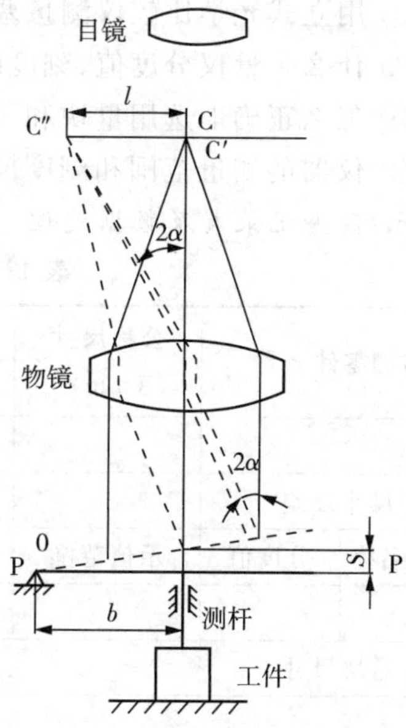

图 12－10　光学比较仪的测量原理图

微调整：转动标尺微调螺钉 13，使标尺零刻线影像与固定刻度线重合，微调整后的目镜视场如图 12－11(b)所示。

④ 按动测杆提升器 8，使测头 7 反复起落数次（不少于 5 次），使零位稳定。要求零位变动范围不超过 1/10 格，否则查找原因，并重新调整直到示值零位稳定不变。

⑤ 按动测杆提升器 8，使测头 7 抬起，取出量块组，然后放入被测塞规，测量其直径。松

开测杆提升器 8，使测头 7 与被测塞规工作表面相互接触，如图 12－12 所示。在塞规工作表面均布的三个横截面 1—1、2—2、3—3，分别对互相垂直方向的两个直径尺寸 A. A′，B. B′进行测量。被测塞规表面在测头下缓缓前后移动，读取示值中的最大值，即刻线尺影像移动方向的转折点，该测量值就是被测塞规工作部分局部尺寸相对于量块组尺寸的偏差。

⑥ 取下被测塞规，再次放上量块组检查示值零位，保证零位误差不超过±0.5μm。

⑦ 确定被测塞规工作部分的局部尺寸，并按塞规图样判断被测塞规的合格性。

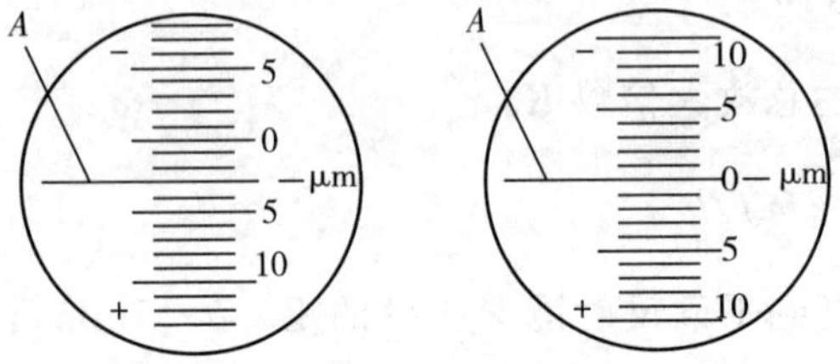

（a）细调整后　　（b）微调整后

图 12－11　细调整后的目镜视场（A——固定刻度线）

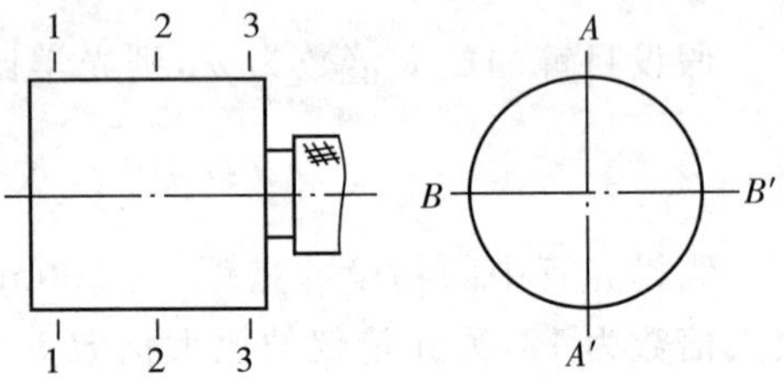

图 12－12　塞规测量

5. 思考题

① 用立式光学比较仪测量塞规属于何种测量方法？绝对测量与相对测量各有何特点？

② 什么是量仪分度值、刻度间距？量仪的测量范围和示值范围有何不同？

③ 怎么正确地选用量块和研合量块组？本实验中是按“级”还是按“等”使用量块？

④ 仪器的测量范围和刻度尺的示值范围区别是什么？

6. 数据记录表及数据处理

表 12－5　立式光学比较仪测量塞规轴径

<table>
<tr><td colspan="2" rowspan="2">被测零件名称</td><td rowspan="2">公称尺寸
（mm）</td><td colspan="2">极限偏差</td><td colspan="3">验收极限尺寸</td></tr>
<tr><td>es</td><td>ei</td><td colspan="2">上极限</td><td>下极限</td></tr>
<tr><td colspan="2"></td><td></td><td></td><td></td><td colspan="2"></td><td></td></tr>
<tr><td colspan="2">尺寸公差</td><td></td><td>安全裕度 A</td><td colspan="4"></td></tr>
<tr><td>量仪名称</td><td>分度值</td><td>示值范围</td><td>测量范围</td><td colspan="2">仪器的测量不确定度 u'_1</td><td colspan="2">测量不确定度允许值 u_1</td></tr>
<tr><td></td><td></td><td></td><td></td><td colspan="2"></td><td colspan="2"></td></tr>
<tr><td colspan="2">量块尺寸</td><td colspan="2"></td><td>量块等级</td><td colspan="3"></td></tr>
<tr><td>测量简图</td><td colspan="7">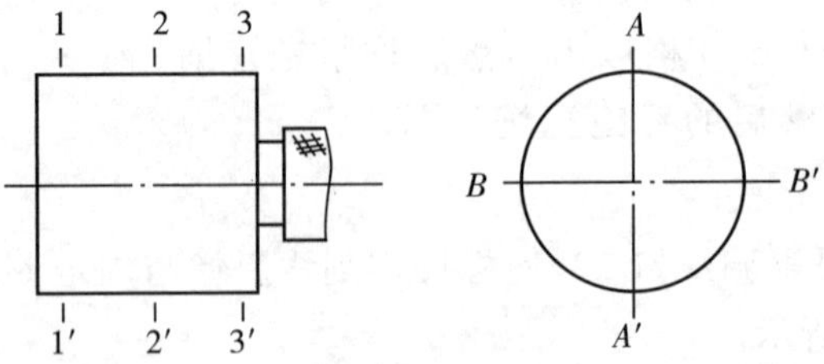</td></tr>
<tr><td colspan="2">测量读数</td><td colspan="6">实际偏差</td></tr>
<tr><td colspan="2">测量位置</td><td colspan="2">1—1′</td><td colspan="2">2—2′</td><td colspan="2">3—3′</td></tr>
</table>

（续表）

测量方向	$A—A'$			
	$B—B'$			
尺寸实际偏差				
实际尺寸是否合格？		理由		

12.3　实验三：直线度误差测量

1. 实验目的

几何误差是被测实际要素对其理想要素的变动量，是几何公差控制的对象。当几何误差值不大于相应的几何公差值时，则认为合格。零件的直线度误差可以用自准直仪和合像水平仪来测量。

了解自准直仪的结构并熟悉使用方法，掌握直线度误差的测量及评定方法，掌握按两端连线和最小包容区域作图求解直线度误差值的方法。

2. 直线度误差值的评定方法

直线度误差值应按最小包容区域评定，也允许按被测实际直线两端点的连线或其他方法评定。采用自准直仪对被测实际直线上均匀布置的各个测点进行测量，通过测量相邻两测点的高度差获得各测点数据，再用作图或计算方法求解直线度误差。

（1）最小包容区域法

若被测直线为两端高、中间低（高、低、高）时，如图 12－13（a）所示，两条平行直线中一条直线与两个高点接触，另一条直线与低点接触；若被测直线为两端低、中间高（低、高、低）时，如图 12－13（b）所示，两条平行直线中一条直线与两个低点接触，另一条直线与高点接触，则两条平行直线之间的区域为最小包容区域，宽度即为直线度误差值。

（2）按两端点连线评定直线度误差值

如图 12－14 所示，以被测实际直线的两个端点 B 和 E 的连线 l_{BE}（两端点连线）作为评定基准，取各个测点相对于该连线的偏离值 h_i 中，测点在连线 l_{BE} 上方的最大偏离值为 h_{max}，测点在连线 l_{BE} 下方的最小偏离值为 h_{min}（负值），两者代数差作为直线度误差值，即 $f_{MZ}=h_{max}\cdot h_{min}$。

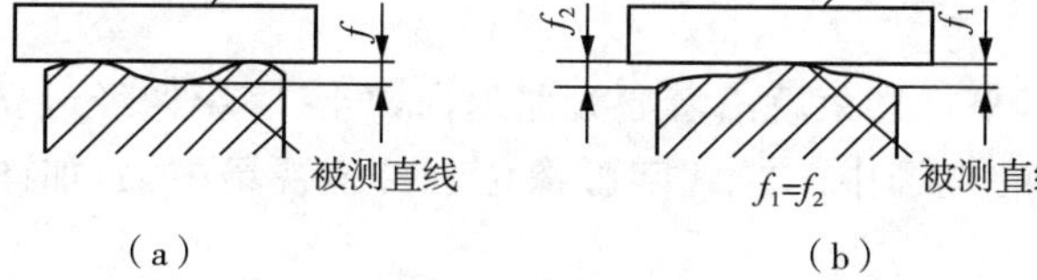

图 12－13　最小包容区域法测量直线度误差

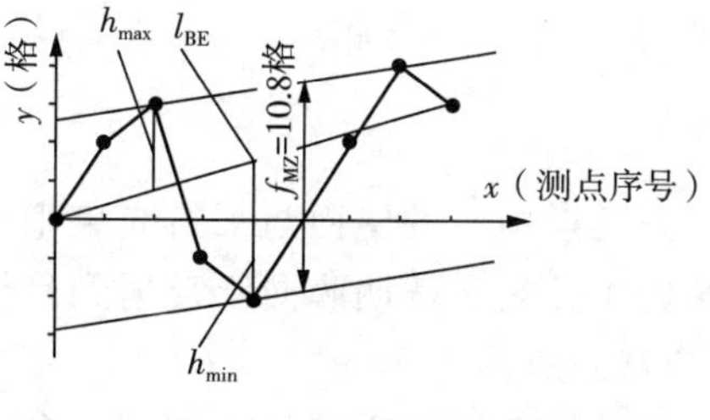

图 12－14　两端点连线法测量直线度误差

3. 计量器具及其测量原理

自准直仪是一种精密测角仪器，由本体和平面反射镜组成，应用自准直仪原理进行测量。光源发出的光线(主光轴)作为测量基准，如图 12-15 所示。

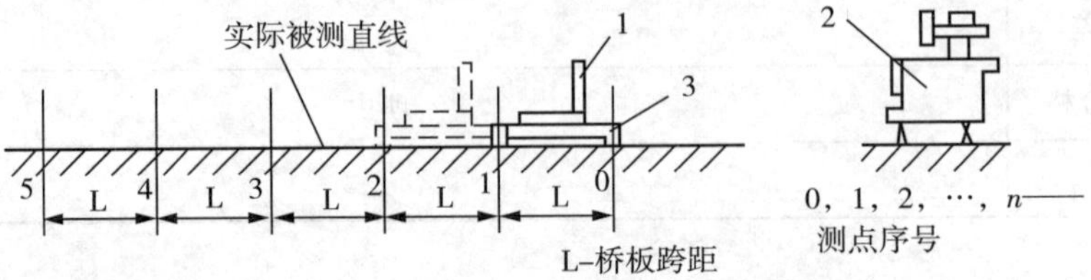

1—反射镜；2—自准仪本体；3—桥板。

图 12-15　用自准直仪测量直线度误差

测量时，自准仪本体 2 安放在被测工件体外固定位置上，反射镜 1 安装在桥板 3 上，桥板安放在被测实际表面上。把整条被测实际直线按照桥板跨距 L 的长度进行等距分段，然后均匀布置各个测点，首尾衔接逐段移动桥板，能依次测出被测实际直线上各相邻两测点相对于主光轴的高度差。

如图 12-16 所示，自准直仪的光源 1 发出的光线，经过滤光片 2，照亮十字分划板 3，经过立方棱镜 4 和物镜 5 形成平行光束，将十字分划板 3 的“十”字投射到反射镜 6 的镜面上，经过反射后，成像在目镜 7 的视场中。在目镜视场中能够观察到可动分划板 8 的指示线，固定分划板 9 下部的刻线尺和反射回来的“十”字影像。

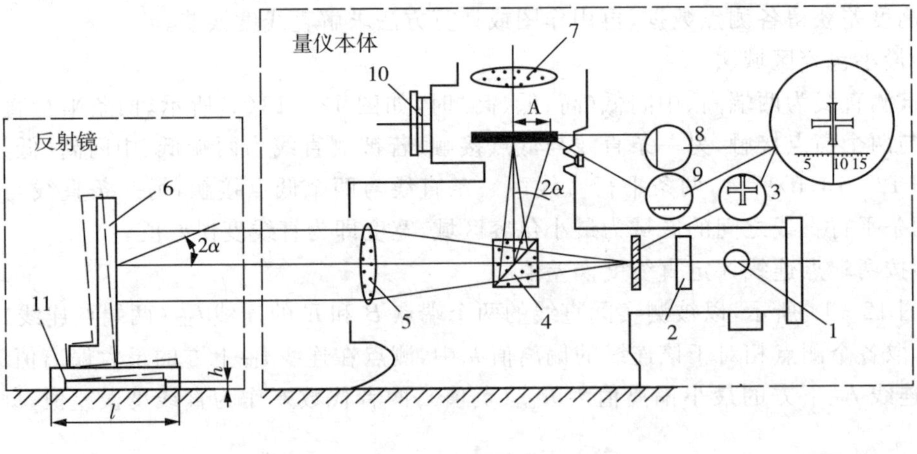

1—光源；2—滤光片 1；3—十字分划板；4—立方棱镜；5—物镜；
6—反射镜；7—目镜；8—可动分划板；9—固定分划板；10—读数鼓轮；11—桥板。

图 12-16　自准直仪的光学系统图

当反射镜 6 的镜面与平行光束垂直时，平行光束就沿着原光路返回，“十”字影像经过立方棱镜 4 并被半透明膜向上反射到目镜 7 的视场中。“十”字影像位于目镜视场中央，如图 12-17(a)所示。

当桥板两端分别接触的两测点存在高度差 h，而使反射镜 6 的镜面与平行光束不垂直，反射镜的倾斜角度为 α，这样反射光轴与入射光轴（主光轴）之间成 2α 角，“十”字影像偏离中央产生偏移量 Δ，如图 12－17(b)所示。

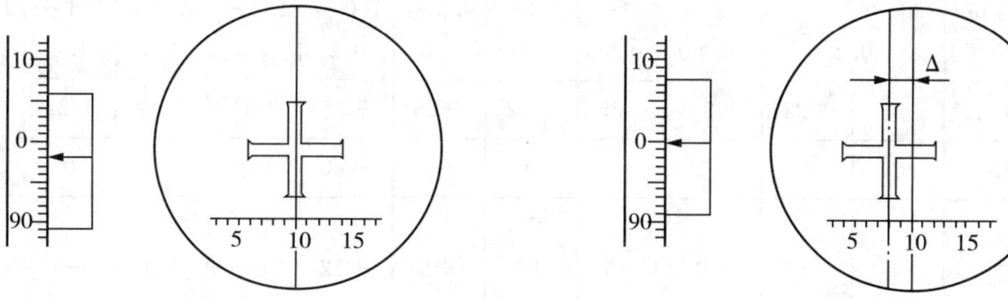

图 12－17　测量时示值的读数

为了确定偏离量 Δ 的数值，转动读数鼓轮 10 使可动分划板 8 的指示线瞄准“十”字影像，该指示线沿着固定分划板 9 的刻度尺移动一段距离。鼓轮 10 的圆周上刻有等分 100 格刻度，鼓轮 10 刻度的一格为固定分划板 8 刻度尺一格的 1%。

自准直仪的分度值 τ 为 $1''$，也可以用 0.005mm/m 或者 0.005/1000 表示，读数鼓轮 9 转动格数 Δ_i，桥板跨距 L(mm)与桥板两端分别接触的两个测定相对于主光轴的高度差 h_i（线性值）的关系为：

$$h_i = \tau \Delta_i L = 0.005 \Delta_i l \, (\mu\text{m}) \qquad (12-6)$$

4. 测量步骤及数据处理方法

如图 12－15 和图 12－16 所示，直线度误差的测量步骤如下：

① 将自准直仪本体沿工件被测直线的方向安放在被测工件体外。将被测实际直线等分成若干段，并选择相应跨距的桥板。在被测实际直线旁标出均匀布置的各个测点的位置。

② 将平面反射镜 6 安放在桥板 11 上，同时将该桥板 11 放置在被测实际直线上。接通电源 1，光线经过自准直仪的光学系统，形成平行光射入安放在桥板的反射镜 6 上。

③ 调整自准直仪的位置，使反射镜 6 位于实际被测直线两端时，十字分划板 3 的“十”字影像均能进入目镜 7 视场。测量时，将桥板 11 移动到靠近自准直仪本体那一端，即测点 0 和测点 1 之间，调整自准直仪的位置，从目镜 7 中视场观察到“十”字影像位于中央，即测点 0 和测点 1 相对于测量基准（主光轴）等高。然后将本体位置固定后读取起始示值 Δ_1（格数）。

④ 按测点的顺序和位置，逐段移动桥板 11，依次由起始测点 0 到终测点 n，测量各相邻测点间的高度差。观察目镜 2 视场中的“十”字影像，转动鼓轮 10，读取各测点的示值 Δ_i。

⑤ 记录各测点示值 Δ_i 处理数据，求解直线度误差值。

例如用分度值 0.005mm/m 的自准直仪测量长度为 2m 的机床导轨平面的直线度误差，所采用的桥板跨距 200mm，被测直线分为等距 10 段进行测量，测量数据见表 12－6 第 3 行所列。

表 12－6　自准直仪测量直线度误差的测量数据

测点序号 i	0	1	2	3	4	5	6	7	8	9	10
测量位置 /m（桥板所在位置）	0～0.2		0.2～0.4	0.4～0.6	0.6～0.8	0.8～1.0	1.0～0.2	1.2～1.4	1.4～1.6	1.6～1.8	1.8～2.0
各测点示值 Δ_i	/	＋22	＋24	＋25	＋22	＋26	＋25	＋17	＋19	＋22	＋28
$\Delta_i . \Delta_1$	0	0	＋2	＋3	0	＋4	＋3	－5	－3	0	－6
$y_j = \sum_{i=2}^{i}(\Delta_i - \Delta_1)$	0	0	＋2	＋5	＋5	＋9	＋12	＋7	＋4	＋4	－2

按表 12－6 的第 4 行各测点 Δ_i 与 Δ_1 的代数差值，画出图 12－18。从误差折线图上找出两个低极点(0,0)、(10,－2)及一个高极点(6,12)，采用低、高、低原则作出两条平行直线，得到最小包容区域。因此直线度误差值为

$$f_{MZ} = \tau\Delta_i L = 0.005 \times 12.6 \times 200 = 12.6\mu m$$

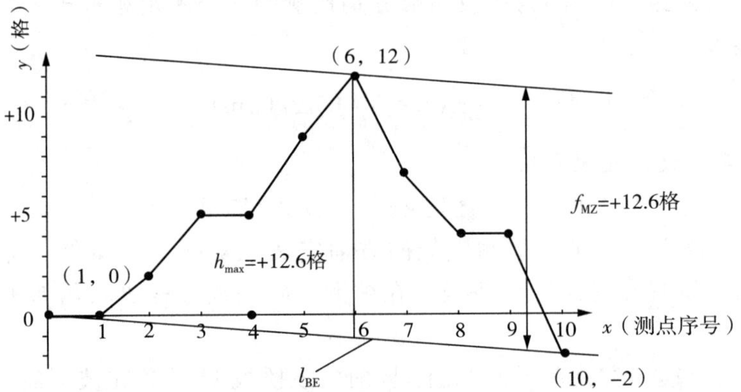

图 12－18　作图法求解直线度误差

5. 思考题

① 最小包容区域法评定直线度误差值有什么特点？

② 改用指示表和平板测量，数据处理过程有什么不同？

6. 实验数据记录及处理

表 12－7　导轨直线度误差测量

仪器	名称	分度值/ $\mu m \cdot mm^{-1}$	桥板跨距 L/ mm	实际分度值 i/ μm
工件	名　称		直线度公差 f/ μm	

（续表）

<table>
<tr><td rowspan="9">测量记录及数据处理</td><td colspan="2">被测点</td><td>0→1</td><td>1→2</td><td>2→3</td><td>3→4</td><td>4→5</td><td>5→6</td><td>6→7</td><td>7→8</td></tr>
<tr><td rowspan="3">相对读数（格数）</td><td>顺测</td><td></td><td></td><td></td><td></td><td></td><td></td><td></td><td></td></tr>
<tr><td>返测</td><td></td><td></td><td></td><td></td><td></td><td></td><td></td><td></td></tr>
<tr><td>平均</td><td></td><td></td><td></td><td></td><td></td><td></td><td></td><td></td></tr>
<tr><td colspan="2">相对值（格数）</td><td></td><td></td><td></td><td></td><td></td><td></td><td></td><td></td></tr>
<tr><td colspan="2">累计值（格数）</td><td></td><td></td><td></td><td></td><td></td><td></td><td></td><td></td></tr>
<tr><td colspan="10">作图区</td></tr>
<tr><td colspan="2">实测直线度误差 $\Delta f(\mu m)$</td><td colspan="8"></td></tr>
<tr><td colspan="2">合格性结论</td><td colspan="2"></td><td colspan="2">理由</td><td colspan="4"></td></tr>
</table>

12.4　实验四：用光切显微镜测量轮廓的最大高度

1. 实验目的

① 了解用光切法测量表面粗糙度轮廓幅度参数最大高度 Rz 的原理；

② 了解光切显微镜的结构并熟悉它的使用方法；

③ 加深对表面粗糙度轮廓最大高度 Rz 的理解。

2. 测量原理

光切法是指利用光线切开被测表面的原理（光切原理）测量表面粗糙度轮廓的方法。属于非接触测量方法。采用光切原理制成的量仪称为光切显微镜（又称为双管显微镜）。光切法通常用于测量 Rz 值为 1.6～63μm 的平面和外圆柱面。其原理见 10.4 节《表面粗糙度的测量》，此处不再重述。

3. 计量器具及其测量步骤

图 12－19 为实验用的光切显微镜外形结构。

① 按零件的图样标注或目测被测工件的表面粗糙度轮廓数值，对照表 4－2 确定取样长度 lr 和评定长度 ln。按表选择适当放大倍数的一对物镜，分别安装在量仪照明管和观察

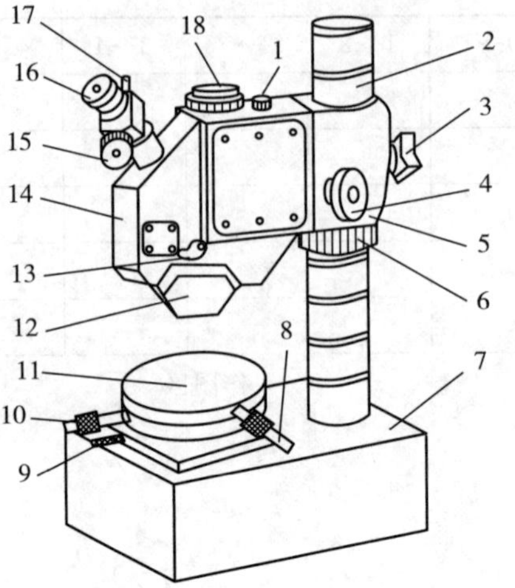

1—光源；2—立柱；3—锁紧螺钉；4—微调手轮；5—横臂；6—升降螺母；
7—底座；8—工作台纵向移动千分尺；9—工作台固定螺钉；10—工作台横向移动千分尺；11—工作台；12—物镜组；
13—手柄；14—壳体；15—测微鼓轮；16—测微目镜头；17—紧固螺钉；18—照相机插座。

图 12-19　光切显微镜外形结构

管上。

② 通过变压器接通电源，使光源 1 照亮。将被测工件安置在工作台 11 上(或工作台的 V 形块上)。松开锁紧螺钉 3，转动升降螺母 6，使横臂 5 沿立柱 2 下降(注意物镜头与被测表面之间必须留有微量空隙)，进行粗调焦，直至目镜视场中出现绿色光带为止。转动工作台 11，使光带与被测表面的加工痕迹垂直，然后锁紧锁紧螺钉 3 和工作台固定螺钉 9。

③ 从目镜头 16 观察光带。旋转手轮 4 进行微调焦，使目镜视场中央出现最窄且有一边缘较清晰的光带。

④ 松开螺钉 17，转动目镜头 16，使视场中十字线中的水平线与光带总的方向平行，然后锁紧螺钉 17，使目镜头 16 位置固定。

⑤ 转动目镜测微鼓轮 15，在取样长度 lr 范围内使十字线中的水平线分别与所有轮廓峰高中的最大轮廓峰高(轮廓各峰中的最高点)和所有轮廓谷深中的最大轮廓谷深(轮廓各谷中的最低点)相切。

从目镜测微鼓轮 15 上分别测出轮廓上的最高点至测量基准线 C 的距离 h_p 和最低点至测量基准线 C 的距离 z_v。

$$Rz = i \times (z_p - z_v) \tag{12-7}$$

式中，z_p 和 z_v 的单位均为格；Rz 单位为 μm；分度值 i 的数值由表 10-4 查出。

当取样长度大于物镜视场直径时，应该在两个视场中读取。可以通过转动工作台纵向百分尺 8 来移动工件。

⑥ 按上述方法测出连续五段取样长度上的 Rz 值，若这五个 Rz 值都在图样上所规定的允许值范围内，则判定为合格。若其中一个 Rz 值超差，按“最大规则”判定，则判定为不合格。按“16％规则”判定，则应再测量一段取样长度，若这一段的 Rz 值不超差，就判定为合格；如果这一段的 Rz 值仍超差，就判定为不合格。

4. 思考题

① 用光切显微镜测量表面粗糙度轮廓时，为什么光带的上、下边缘不能同时达到最清晰的程度？

② 用光切显微镜能否测量表面粗糙度轮廓的算数平均偏差 Ra 值？

5. 实验数据记录及处理

用光切显微镜测量一个表面的粗糙度轮廓最大高度 Rz。将被测表面与粗糙度比较样块进行对比后，评估被测表面 Ra 值为 1.25μm，按本书 4.1 节中 Ra 与 Rz 数值对照表代换成 Rz 值为 8μm。按此评估结果，由表选用放大倍数为 30 倍的一对物镜，相应的测微鼓轮分度值 i 为 0.29μm/格；由表确定取样长度 lr 为 0.8mm。在连续几段取样长度上测量所得到的数据及相应的数据处理和测量结果列于表 12－8 中。

表 12－8　测量表面粗糙度轮廓最大高度 Rz 值

<table>
<tr><td rowspan="2">被测表面</td><td colspan="3">机械加工方式</td><td colspan="3">取样长度 lr/mm</td><td colspan="3">评定长度 ln/mm</td><td colspan="3">目测结果 Rz/μm</td></tr>
<tr><td colspan="3"></td><td colspan="3"></td><td colspan="3"></td><td colspan="3"></td></tr>
<tr><td rowspan="2">量仪</td><td colspan="3">名称</td><td colspan="3">物镜放大倍数</td><td colspan="3">测量范围/μm</td><td colspan="3">套筒分度值 μm · 格$^{-1}$</td></tr>
<tr><td colspan="3"></td><td colspan="3"></td><td colspan="3"></td><td colspan="3"></td></tr>
<tr><td colspan="13">测量记录及数据处理，求出表面粗糙度轮廓最大高度值 Rz</td></tr>
<tr><td>取样长度 lri</td><td colspan="2">l_{r1}</td><td colspan="2">l_{r2}</td><td colspan="2">l_{r3}</td><td colspan="2">l_{r4}</td><td colspan="2">l_{r5}</td><td colspan="2">l_{r6}</td></tr>
<tr><td>Zpi 和 Zvi</td><td>Z_{p1}</td><td>Z_{v1}</td><td>Z_{p2}</td><td>Z_{v2}</td><td>Z_{p3}</td><td>Z_{v3}</td><td>Z_{p4}</td><td>Z_{v4}</td><td>Z_{p5}</td><td>Z_{v5}</td><td>Z_{p6}</td><td>Z_{v6}</td></tr>
<tr><td>测量数值(格)</td><td></td><td></td><td></td><td></td><td></td><td></td><td></td><td></td><td></td><td></td><td></td><td></td></tr>
<tr><td rowspan="5">数据处理</td><td colspan="12">$R_{z1}=$</td></tr>
<tr><td colspan="12">$R_{z2}=$</td></tr>
<tr><td colspan="12">$R_{z3}=$</td></tr>
<tr><td colspan="12">$R_{z4}=$</td></tr>
<tr><td colspan="12">$R_{z5}=$</td></tr>
<tr><td>合格性结论</td><td colspan="12"></td></tr>
<tr><td>理由</td><td colspan="12"></td></tr>
</table>

12.5　实验五：用干涉显微镜测量轮廓的最大高度

1. 实验目的

① 了解用干涉显微镜测量表面粗糙度轮廓幅度参数最大高度 Rz 的原理；

② 了解干涉显微镜的结构并熟悉它的使用方法；

③ 加深对表面粗糙度轮廓最大高度 Rz 的理解。

2. 测量原理

干涉显微镜是指利用光波干涉原理和显微系统测量精密加工表面上微观的粗糙度轮廓的方法，属于非接触测量方法。采用干涉显微法原理制成的表面粗糙度轮廓测量仪称为干涉显微镜，它用光波干涉原理反映出被测表面粗糙度轮廓的起伏大小，用显微系统进行高倍数放大后观察和测量。干涉显微镜适宜于测量轮廓最大高度 Rz 值为 0.063～1.0μm 的平面、外圆柱面和球面。干涉显微镜的测量原理见 10.4 节《表面粗糙度的测量》，此处不再重述。

3. 计量器具及其测量步骤

(1)调节仪器

① 如图 12－20 所示，开亮灯泡，将手轮 17 转到目镜位置。转动遮光板调节手柄 9，使图 10－41“干涉显微镜的工作图”中的遮光板 11 移出光路。旋转螺钉 3 调整灯泡位置，使视场亮度均匀。转动手轮 7，使目镜视场中弓形直边清晰，如图 12－21(a)所示。

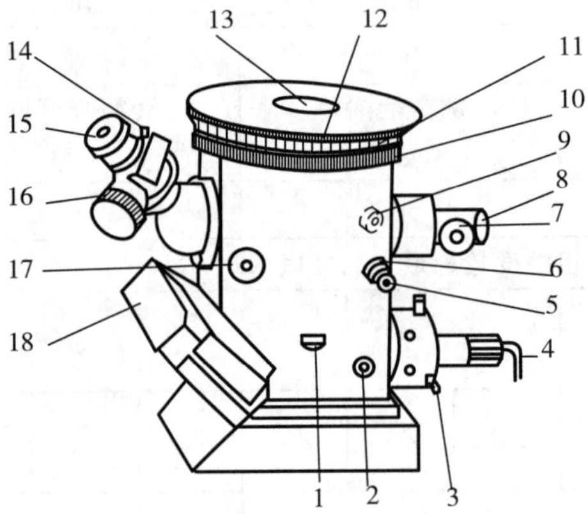

1—光阑调节手轮；2—手柄；3—螺钉；4—光源；
5、6、7、8—手轮；9—遮光板调节手柄(显微镜背面)；
10、11、12—滚花轮；13—工作台；
14—螺钉；15—目镜千分尺；16—目镜测微鼓轮；
17—手轮；18—相机。

图 12－20 干涉显微镜的外形结构

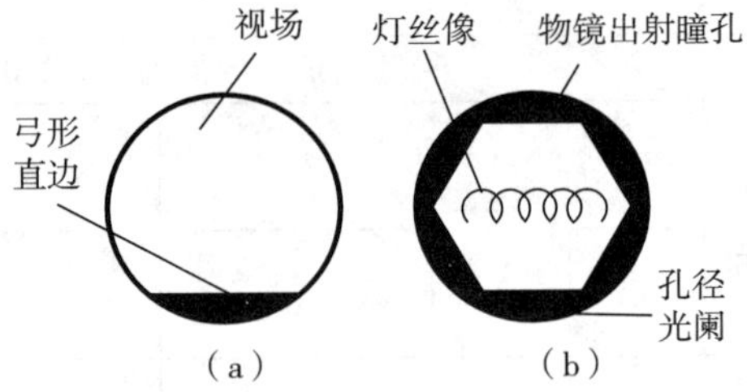

图 12－21 视场的调节

② 在工作台上放置好洗净的工件，被测表面向下，朝向物镜。转动遮光板调节手柄 9，使遮光板进入光路。推动滚花轮 12，使工作台在任意方向移动。转动滚花轮 10，使工作台 13 升降(此时为调焦)直到在目镜视场中观察到清晰的工件表面加工痕迹为止。再转动遮光板调节手柄 9，使遮光板移出光路。

③ 松开螺钉 14，取下目镜千分尺 15，从观察管中可以看到两个灯丝像。转动光阑调节手轮 1，使图 10－41 中的孔径光阑 4 开至最大。转动手轮 5 和 6，使两个灯丝像完全重合，同时调节螺钉 3，使灯丝像位于孔径光阑中央，如图 12－21(b)所示。然后装上目镜千分尺 15，旋紧螺钉 14。

④ 将手柄 2 向左推到底，使滤色片插入光路，在目镜视场中就会出现单色的干涉条纹。微转手轮 8，使条纹清晰。将手柄 2 向右拉到底，使滤色片退出光路，目镜视场中就会出现彩色

的干涉条纹，用其中仅有的两条黑白条纹进行测量。转动手轮 5 和 6 并且配合转动手轮 7 和 8，可以得到所需亮度和宽度的干涉条纹。转动滚花轮 11 以旋转工作台 13，使要测量的截面与干涉条纹方向平行，如果未指明界面，则使表面加工纹理方向与干涉条纹方向垂直。

（2）测量轮廓的峰谷高度

① 测量干涉条纹间距

松开螺钉 14，转动目镜千分尺，使目镜视场中的一条线与整个干涉条纹的方向平行，以体现轮廓中线。旋紧紧固螺钉 14，以后测量时，就用该线作为瞄准线。转动目镜测微鼓轮 16，使瞄准线对准一条干涉条纹峰顶中心线（如图 12－22），这时在刻度筒上的读数为 N_1，然后再对准相邻的另一条干涉条纹峰顶中心线，读数为 N_2，则干涉条纹的间距为 $b=N_1-N_2$。为了提高测量精度，应分别在不同的部位测量三次，得：b_1、b_2、b_3，取它们的平均值 b_{av}，则

$$b_{av}=\frac{b_1+b_2+b_3}{3} \tag{12-8}$$

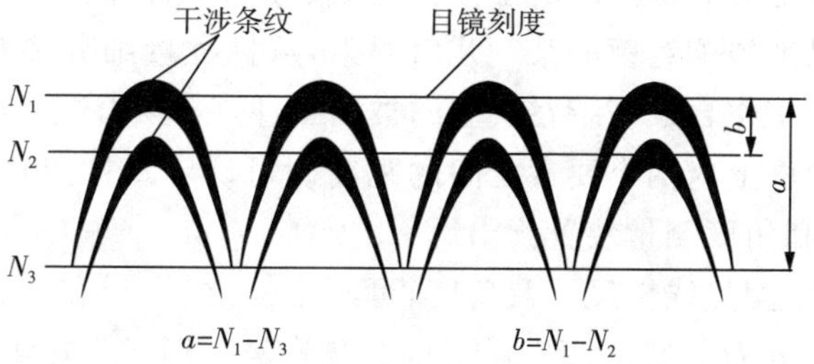

图 12－22　测量干涉条纹的弯曲量 a 和间距 b

② 测量干涉条纹弯曲量

瞄准线对准一条干涉条纹的最高峰顶中心读数为 N_{1max} 后，移动瞄准线，对准同一干涉条纹的最低谷底中心，读数为 N_{3min}。

轮廓最大高度 Rz 为

$$Rz=\frac{|N_{1max}|-|N_{3min}|}{b_{av}}\times\frac{\lambda}{2} \tag{12-9}$$

（3）判断合格性

16％规则：

① 在评定长度内，依次测量 5 个取样长度内的 Rz_i，如果均不超过图样给定的允许值，则合格。

② 如果有 1 个测量值超过允许值，则再连续测量一个取样长度内的 Rz 值，如果不超过允许值，则可判定合格，否则不合格。

③ 如果有超过 1 个测量值超过允许值，则判定不合格。

最大规则：在评定长度内，依次测量 5 个取样长度内的 Rz_i，如果均不超过图样给定的允许值，则合格。

4．思考题

① 用光波干涉原理测量表面粗糙度轮廓，就是以光波为尺子（标准量）来测量被测表面上微观的峰、谷之间的高度，此说法是否正确？

② 用干涉显微镜测量表面粗糙度轮廓最大高度 Rz 时分度值如何体现？

5. 实验数据记录及处理

实验数据记录及处理方法同 12.4 节。

12.6 实验六：圆柱螺纹测量

1. 实验目的

① 了解工具显微镜的结构和工作原理；

② 熟悉用大型工具显微镜测量外螺纹螺纹塞规的中径、牙型半角和螺距的方法；

③ 掌握螺纹测量数据的处理方法，加深对螺纹作用中径概念的理解。

2. 计量器具及其测量原理

工具显微镜具有直角坐标测量系统、光学系统和瞄准装置、角度测量装置。直角坐标测量系统由纵向、横向标准量和可移动的工作台构成。被测工件的轮廓用光学系统投影放大成像后，由瞄准装置瞄准被测轮廓的某一几何要素，从标准量细分装置上读出纵、横两个方向的坐标值，然后移动工作台及安装在其上的被测工件，瞄准被测轮廓的另一几何要素并读出其坐标值，则被测轮廓上这两个要素之间的距离即可确定。被测轮廓上某两要素间的角度的数值由瞄准装置和角度测量装置读出。

工具显微镜适用于测量线性尺寸及角度，可测量螺纹、样板和孔、轴等。按测量精度和测量范围，工具显微镜分为小型、大型、万能和重型等四种形式。在工具显微镜上使用的测量方法有影像法、轴切法、干涉法等。

本实验的内容是在大型工具显微镜上用影像法测量外螺纹的主要几何参数。

图 12 - 23 为大型工具显微镜的外形图。它的主要组成部分为：底座；立柱；工作台及纵向、横向千分尺；光学投影系统和显微镜系统。

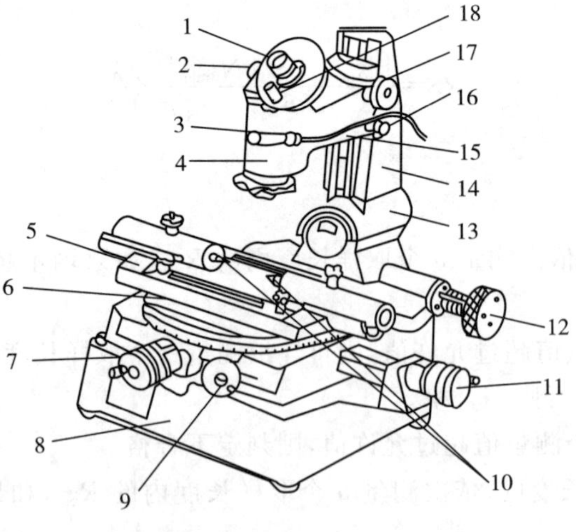

1—目镜；2—米字线旋转手轮；3—角度度数目镜光源；4—显微镜筒；5—顶尖座；6—圆工作台；7—横向千分尺；8—底座；9—圆工作台转动手轮；10—顶尖；11—纵向千分尺；12—立柱倾斜手轮；13—连接座；14—立柱；15—支臂；16—紧定螺钉；17—升降手轮；18—角度示值目镜。

图 12 - 23　大型工具显微镜的外形图

图 12－24 为大型工具显微镜的光学系统图，由主光源 1 发出的光经光阑 2、滤光片 3、反射镜 4、聚光镜 5 成为平行光，透过玻璃工作台 6，将被测工件的投影轮廓经物镜组 7、反射棱镜 8 放大成像于目镜 10 的焦平面处的目镜分划板 9 上，通过目镜 10 观察到放大的轮廓影像，在角度示值目镜 11 中读取角度值。此外，可用反射光源照亮被测工件表面，同时可通过目镜 10 观察到被测工件轮廓的放大影像。

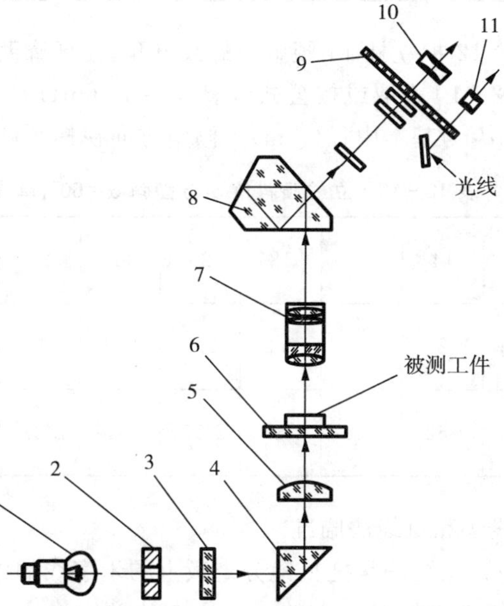

1—主光源；2—光阑；3—滤光片；4—反射镜；5—聚光镜；6—玻璃工作台；
7—物镜组；8—反射棱镜；9—目镜分划板；10—目镜；11—角度示值目镜。

图 12－24　大型工具显微镜的光学系统图

影像法测量螺纹是指由照明系统射出的平行光束对被测螺纹进行投影，由物镜将螺纹投影轮廓放大成像于目镜 10 的视场中，用目镜分划板上的米字线瞄准螺纹牙廓的影像，利用工作台的纵向、横向千分尺和角度示值目镜读数，来实现螺纹中径，螺距和牙侧角的测量。

3. 测量步骤

① 经变压器接通电源，调节视场及调整物镜组的工作距离。

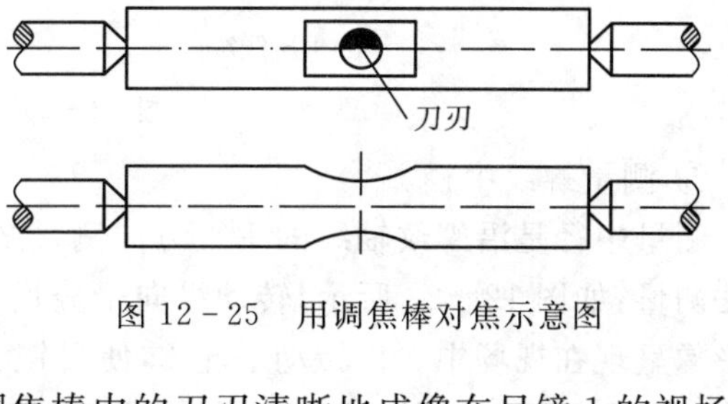

图 12－25　用调焦棒对焦示意图

如图 12－23 所示，转动目镜 1 上的视场调节环，使视场中的米字线清晰。把调焦棒(图 12－25)安装在两个顶尖 10 之间，把它顶紧但可稍微转动，切勿让它掉下，以免打碎玻璃工作台。移动工作台 6，使调焦棒中间小孔内的刀刃成像在目镜 1 的视场中。松开紧定螺钉 16，之后用升降手轮 17 使支臂 15 缓慢升降，直至调焦棒内的刀刃清晰地成像在目镜 1 的视场中。然后取下调焦棒，将被测螺纹工件安装在两个顶尖 10 之间。

② 根据被测螺纹的中径，选取适当的光阑孔径，调整光阑的大小。

光阑孔径见表 12-9 所列。

表 12-9　光阑孔径（牙型角 $\alpha=60°$）

螺纹中径 d_2(mm)	10	12	14	16	18	20	25	30	40
光阑孔径(mm)	11.9	11	10.4	10	9.5	9.3	8.6	8.1	7.4

③ 用立柱倾斜手轮 12 把立柱 14 倾斜成螺纹升角，使牙廓两侧的影像都清晰。

螺纹升角 φ 由表 12-10 查取或按公式计算，$\varphi=\arctan(nP/\pi d_2)$，式中 n 为螺纹线数；P 为螺距基本值(mm)；d_2 为基本中径(mm)。倾斜方向视螺纹旋向（右旋或左旋）而定。

表 12-10　立柱倾斜角 φ（牙型角 $\alpha=60°$，单线）

螺纹大径 d/mm	10	12	14	16	18	20	22	24	27	30	36	42
螺距基本值 P/mm	1.5	1.75	2	2	2.5	2.5	2.5	3	3	3.5	4	4.5
立柱倾斜角 φ	3°01′	2°56′	2°52′	2°29′	2°47′	2°27′	2°13′	2°27′	2°10′	2°17′	2°10′	2°07′

④ 测量时采用压线法和对线法瞄准。

如图 12-26(a)所示，压线法是把目镜分划板上的米字线的中虚线 A—A 转到与牙廓影像的牙侧方向一致，并使中虚线 A—A 的一半压在牙廓影像之内，另一半位于牙廓影像之外，它用于测量长度。如图 12-26(b)所示，对线法是使米字线的中虚线 A—A 与牙廓影像的牙侧间有一条宽度均匀的细缝，它用于测量角度。

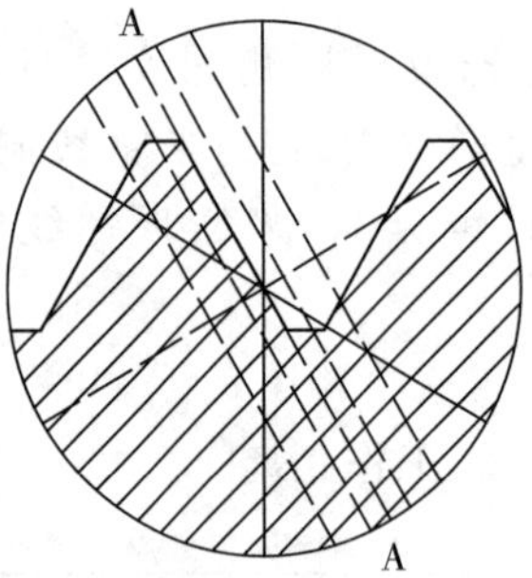

(a) 压线法

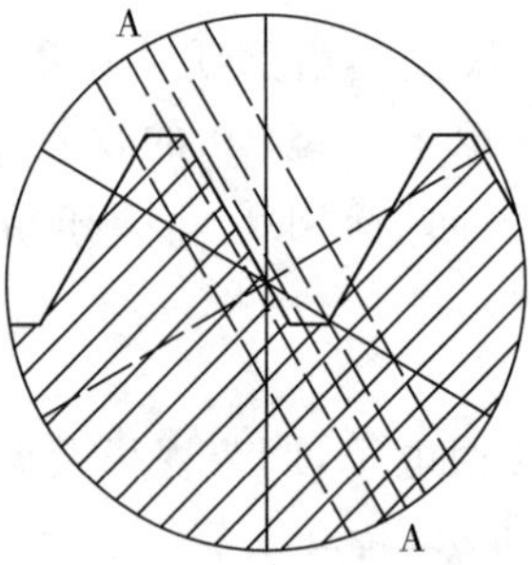

(b) 对线法

图 12-26　瞄准方法

⑤ 测量螺纹中径。

测量中径是沿螺纹轴线的垂直方向测量螺纹两个相对牙廓侧面间的距离。该距离用压线法测量：如图 12-23 所示，转动纵向千分尺 11 和横向千分尺 7，移动工作台 6，使被测牙廓影像呈现在视场中。再转动手轮 2，使目镜分划板上的米字线的中虚线 A—A 瞄准牙廓影像的一个侧面（如图 12-27 上部 1 所示），记下横向千分尺 7 的第一次示值。然后把立柱 14 反转一个螺旋升角 φ，转动横向千分尺 7，移动工作台 6 及安装在其上的螺纹工件，把中虚线 A—A 瞄准螺纹轴线另一侧的同向牙廓侧面(如图 12 - 27 下部 2 所示),记下横向千分尺 7 的第二次示值。以这两次示值的差值作为中径的实际尺寸。

为了消除被测螺纹轴线与量仪测量轴线不重合所引起的安装误差的影响,应在牙廓左、右侧面分别测出中径 $d_{2左}$ 和 $d_{2右}$,取两者的平均值作为中径的实际尺寸 $d_{2实际}$,即

$$d_{2实际}=\frac{d_{2左}+d_{2右}}{2} \tag{12-10}$$

⑥ 测量螺纹螺距。

螺距是指相邻同侧牙廓侧面在中径线上的轴向距离。该距离用压线法测量:如图 12 - 23 所示,转动手轮 2,使目镜分划板上的米字线的中虚线 A—A 瞄准牙廓影像的一个侧面(如图 12 - 28 所示),记下纵向千分尺 11 的第一次示值。然后转动纵向千分尺 11,移动工作台 6 及安装在其上的螺纹工件,再把中虚线 A—A 瞄准相邻牙廓影像的同向侧面,记下纵向千分尺 11 的第二次示值。这两次示值的差值即为螺距实际值。

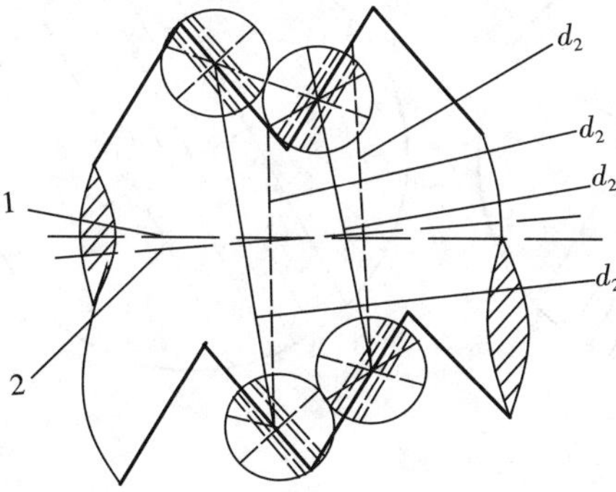

图 12 - 27　压线法测量中径

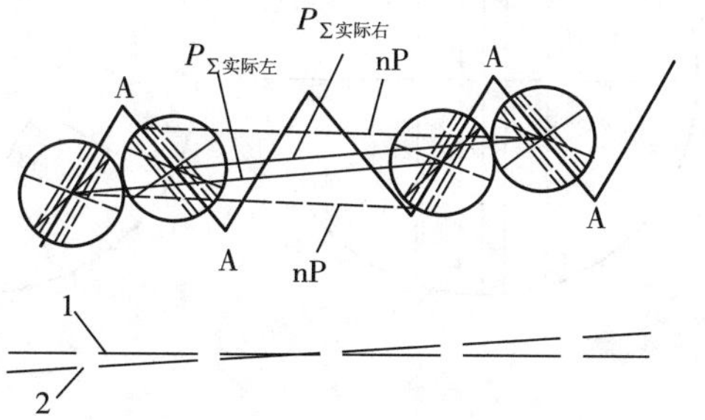

图 12 - 28　压线法测量螺距

同样,为了消除工件安装误差的影响,应在牙廓左、右侧面分别测出螺距 $P_左$ 和 $P_右$,取两者的平均值作为螺距的实际值 $P_{实际}$,即

$$P_{实际}=\frac{P_左+P_右}{2} \tag{12-11}$$

依次测量出螺纹的每一个螺距偏差 $\Delta P=P_{实际}-P$(式中 P 为螺距基本值),并将它们依次累加(代数和),则累计值中最大值与最小值的代数差的绝对值即为螺距累积误差 ΔP_Σ。实际上,可用在螺纹全长范围内或在螺纹旋合长度范围内,n 个螺距之间的实际距离 $\Delta P_{\Sigma实际}$ 与其基本距离 nP 之差的绝对值作为螺距累积误差 ΔP_Σ,即

$$\Delta P_\Sigma=|P_{\Sigma实际}-nP| \tag{12-12}$$

⑦ 测量螺纹牙侧角。

牙侧角是指在螺纹牙型上,牙侧与螺纹轴线的垂线间的夹角。牙侧角用对线法测量:如图 12 - 23 所示,当角度示值目镜 18 中显示的示值为 0°0′时,则表示目镜分划板上的米字线的中虚线 A—A 垂直于工作台纵向轴线。把中虚线 A—A 瞄准牙廓影像的一个侧面(如图 12 - 29 所示),此时目镜中的示值即为该侧牙侧角的实际值(测角读数方法如

图 12-30 所示)。

为了消除螺纹工件安装误差的影响,应在图 12-29 所示的四个位置测量出牙侧角 α'_1、α'_2、α''_1、α''_2,并按下式计算左牙侧角 α_1 和右牙侧角 α_2:

$$\alpha_1=\frac{\alpha'_1+\alpha''_1}{2},\alpha_2=\frac{\alpha'_2+\alpha''_2}{2} \quad (12-13)$$

将 α_1 和 α_2 分别与牙侧角基本值 $\frac{\alpha}{2}$ 比较,则求得左、右牙侧角偏差为

$$\Delta\alpha_1=\alpha_1-\frac{\alpha}{2},\Delta\alpha_2=\alpha_2-\frac{\alpha}{2} \quad (12-14)$$

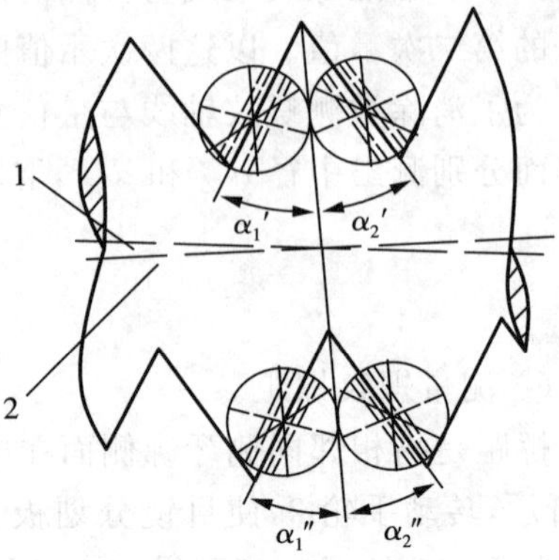

图 12-29　对线法测量牙侧半角

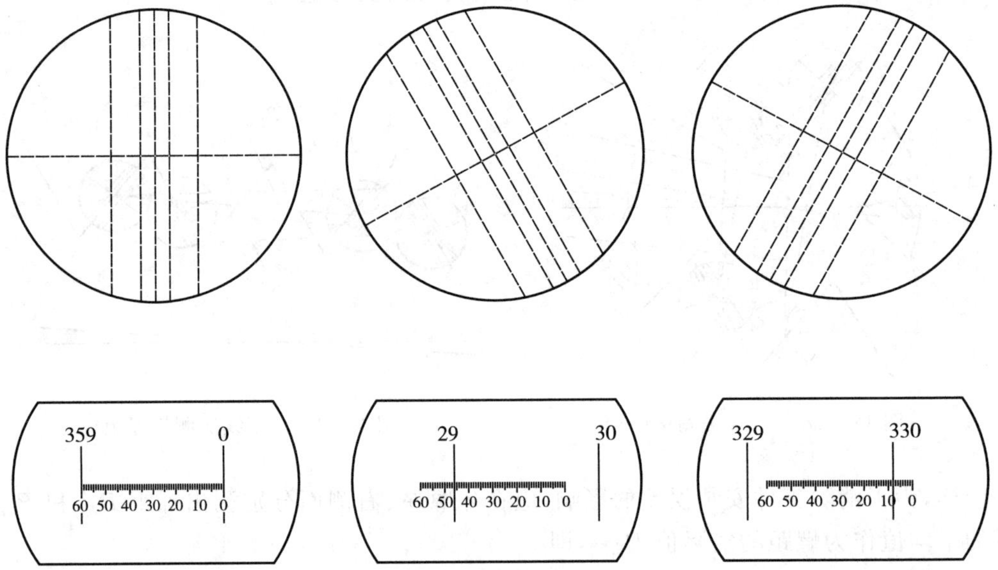

图 12-30　测角读数示例

⑧ 判断被测螺纹的合格性。

按泰勒原则判断普通螺纹的合格条件:实际螺纹的作用中径不超出最大实体牙型的中径,并且实际螺纹上任何部位的单一中径不超出最小实体牙型的中径。若本实验的内容为测量普通螺纹,则可以按 $d_{2m} \leqslant d_{2max}$ 且 $d_{2s} \geqslant d_{2min}$ 判断合格性,式中 d_{2m} 和 d_{2s} 分别为实际螺纹的作用中径和单一中径;d_{2max} 和 d_{2min} 分别为被测螺纹中径的上、下极限尺寸。

对于特定的螺纹(如螺纹量规的螺纹),应按图样上给定的各项极限偏差或公差分别判断所测出的对应各项实际偏差或误差的合格性。

4. 数据处理和计算示例

在大型工具显微镜上测量普通外螺纹 M16×1.5-4h 的中径、螺距和牙侧角。其中径基本尺寸 $d_2=15.026$mm,中径公差 $T_{d_2}=90\mu$m,中径基本偏差(上偏差)$es=0$,下偏差 $ei=es-T_{d_2}=-90\mu$m。因此,中径上极限尺寸 $d_{2max}=d_2+es=15.026$mm,下极限尺寸 $d_{2min}=$

$d_2+ei=14.936$mm。

(1)螺距测量数据及其处理

依次在螺纹影像的 11 个牙廓中点上瞄准，并从纵向千分尺度数，测得这 11 个螺距的数据及相应的数据处理见表 12－11 所列。

表 12－11　螺距测量数据处理

牙序 i	纵向读数值 r_i/mm	实测螺距值 P_i/mm	单个螺距偏差 ΔP_i/μm	螺距偏差逐牙累计值 $\sum_{i=1}^{j}(\Delta P_i), j=1,2,\cdots,10$(μm)
0	0.103			
1	1.608	1.505	+5	+5
2	3.106	1.498	−2	+3
3	4.608	1.502	+2	+5
4	6.113	1.505	+5	+10
5	7.609	1.496	−4	+6
6	9.106	1.497	−3	+3
7	10.601	1.495	−5	−2
8	12.099	1.498	−2	−4
9	13.595	1.496	−4	−8
10	15.089	1.494	−6	−14

根据数据处理结果，得到：

单个螺距的最大、最小实际偏差值：

$$\Delta P_{max}=+5\mu m;\Delta P_{min}=-6\mu m$$

螺距累积误差：

$$\Delta P_{\Sigma}=|+10\mu m-(-14\mu m)|=24\mu m=0.024mm$$

(2)牙侧角测量数据及其处理

在图 12－29 所示的四个牙侧角位置读得的角度示值 α'_1、α'_2、α''_1、α''_2 分别为 29°51′、329°40′、330°15′、30°14′，则

$$\alpha_1=[20°51'+(360°-330°15')]/2=29°48'$$

$$\alpha_2=[(360°-329°40')+30°14']/2=30°17'$$

$$\Delta\alpha_1=29°48'-30°=-12'$$

$$\Delta\alpha_2=30°17'-30°=+17'$$

(3)中径测量数据及其处理

在图 12－27 所示位置测出的 $d_{2左}$ 和 $d_{2右}$ 分别为 14.948mm 和 14.962mm。因此

$$d_{2实际}=(14.948+14.962)/2=14.955\text{mm}$$

(4)判断被测螺纹的合格性

根据泰勒原则，按 $d_{2m}\leqslant d_{2max}$ 且 $d_{2s}\geqslant d_{2min}$ 判断合格性。其中，单一中径 d_{2s} 用所测的实际中径 $d_{2实际}$ 代替，作用中径按下式计算：

$$d_{2m}=d_{2s}+f_P+f_\alpha \tag{12-15}$$

式中，f_P——螺距累积误差的中径当量(mm)；

f_α——牙侧角偏差的中径当量(mm)。

螺距累积误差的中径当量按下式计算：

$$f_P=1.732|\Delta P_\Sigma|=1.732\times0.024=0.042\text{mm}$$

牙侧角偏差的中径当量按下式计算：

$$f_\alpha=0.073P(K_1|\Delta\alpha_1|+K_2|\Delta\alpha_2|)=0.073\times1.5(3\times|-12'|+2\times|+17'|)$$

$$=7.7\mu\text{m}\approx0.008\text{mm}d_{2m}=d_{2s}+f_p+f_\alpha=14.955+0.042+0.008=15.005\text{mm}$$

由此可见，$d_{2m}=15.005\text{mm}<d_{2max}=15.026\text{mm}$，能够保证旋合性；且 $d_{2s}=14.955\text{mm}>d_{2min}=14.936\text{mm}$，能够保证连接强度。所以，该外螺纹合格。

5. 思考题

① 影像法测量螺纹时，工具显微镜的立柱为什么要倾斜一个螺纹升角？

② 在工具显微镜上测量外螺纹的主要几何参数时，为什么要在牙廓影像左、右侧面分别测取数据，然后取它们的平均值作为测量结果？

12.7　实验七：圆柱齿轮测量

为了评定齿轮传递运动准确性、平稳性和载荷分布均匀性，GB/T 10095.1—2008 规定了齿距累积偏差(单个齿距偏差、多个齿距累积偏差、齿距累积总偏差)、齿廓总偏差和螺旋线总偏差。为了评定齿轮的齿厚减薄量，常用的指标是齿厚偏差和公法线长度偏差。

12.7.1　双测头式齿距比较仪测量单个齿距偏差和齿距累积总偏差

1. 实验目的

了解双测头式齿距比较仪的结构并熟悉使用方法；理解齿距的单个齿距偏差和齿距累积总偏差；掌握根据被测齿轮齿距偏差测量数据求解单个齿距偏差和齿距累积总偏差的方法。

2. 计量器具及其测量原理

单个齿距偏差 f_{pt} 是齿轮端平面上，接近齿高中部的一个与齿轮基准轴线同心的圆上，实际齿距与理论齿距的代数差。f_{pt} 是评定齿轮传递运动平稳性的应检精度指标，合格条件是被测齿轮所有的单个齿距偏差都在极限偏差范围内。

齿距累积总偏差 F_p 是齿轮端平面上，接近齿高中部的一个与齿轮基准轴线同心的圆上，任意两个同侧齿面之间实际弧长与理论弧长的代数差。F_p 是评定齿轮传递运动准确性的应检精度指标，合格条件是 F_p 不大于齿距累积偏差的允许值。

双测头式齿距比较仪相对法测量齿距偏差（单个齿距偏差 f_{pt} 和齿距累积总偏差 F_p）的原理如图 12－31 所示。被测齿轮 1 上任意一个实际齿距作为基准齿距，用它调整齿距比较仪指示表 2 的示值零位。量仪调整好后，依次逐齿测量其余齿距对基准齿距的偏差。按圆周封闭原理（同一齿轮所有齿距偏差的代数和为零）进行数据处理，指示表 2 依次逐齿测出各个示值的平均值作为理论齿距，求解 F_p 和 f_{pt} 的数值。

量仪以被测齿轮的齿顶圆定位，将两个定位支脚 3 分别与齿顶圆接触，并适当调整它们的位置，以使固定测头 4 和活动测头 5 能够在接近齿高中部的一个尽量与被测齿轮基准轴线同心的圆上，分别与任选的相邻两个轮齿的同侧齿面接触（以这两个相邻同侧齿面的齿距作为基准齿距），活动测头 5 的位移经量仪杠杆机构传递给指示表 2 的测杆。测量基准齿距，并将指示表对准零位，随后依次逐齿地测量其余的齿距，并记录每次测得的指示表示值。

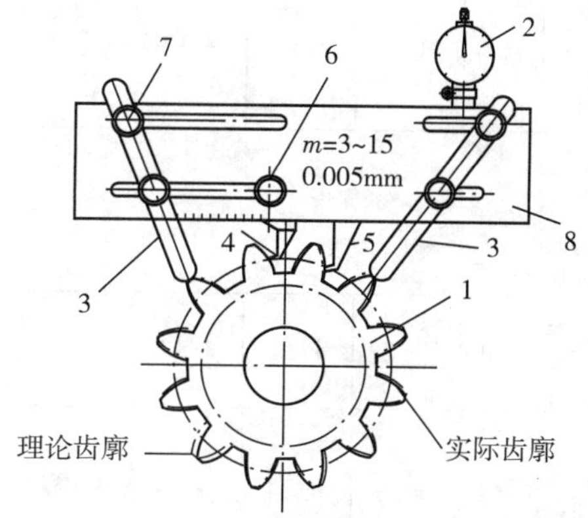

1—被测齿轮；2—指示表；3—定位支脚（两个）；4—固定测头；5—活动测头；6—固定测头 4 的紧固螺钉；7—支脚 3 的固定螺钉（四个）；8—基体。

图 12－31　双测头齿距比较仪相对法测量齿距偏差的原理图

3．测量步骤

双测头式齿距比较仪相对法测量齿距偏差的测量方法和步骤如下：

① 将被测齿轮 1 和双测头式齿距比较仪安装在检验平台上。根据被测齿轮的模数调整固定测头 4 的位置，松开固定测头的紧固螺钉 6，使固定测头上的刻线对准壳体上的刻度（即模数），再拧紧螺钉。

② 固定测头 4 和活动测头 5 在被测齿轮 1 的分度圆上与两相邻轮齿的同侧齿面接触，同时将两个定位支脚 3 都与齿顶圆接触，并且使指示表 2 有一定的压缩量（压缩 2 圈左右），再用四个螺钉 7 将定位支脚固定。

③ 被测齿轮的两个定位支脚与齿顶圆紧密接触，并使固定测头 4 和活动测头 5 与被测齿面接触（用力均匀，力的方向一致），使指示表 2 的指针对准零位（旋转指示表 2 的盘壳，使表盘的零刻度对准指针），可以多次重复调整，直到示值稳定为止，以此实际齿距作为测量基准。

④ 对被测齿轮 1 逐齿测量，测量出各实际齿距对测量基准的偏差（方法与(3)相同，但不可以转动指示表 2 的表壳，应该直接读出偏差值），将所测得的数据逐一记录。齿轮测量一周后，回到作为测量基准的齿距时，指示表的读数应该回“零”）。最后对测量数据进行数据处理，判断精度指标的是否合格。

4．数据处理和计算示例

用相对法测量一个齿数为 12 的直齿圆柱齿轮右齿面的各个实际齿距。以齿距 p_1 作为基准齿距，指示表对它的测量示值为零。用调整好示值零位的量仪依次逐齿测量其余所有齿距，指示表测得示值（测量数据）列于下表第三行，数据处理结果见表 12－12 所列。

表 12-12　用相对法测量齿距偏差所得数据及处理结果　　单位：μm

轮齿序号	1→2	2→3	3→4	4→5	5→6	6→7	7→8	8→9	9→10	10→11	11→12	12→1
齿距序号 p_i	p_1	p_2	p_3	p_4	p_5	p_6	p_7	p_8	p_9	p_{10}	p_{11}	p_{12}
指示表示值 Δp_i	0	+5	+7	+10	−22	−12	−20	−19	−9	−9	+15	+6
$p_m=\frac{1}{12}\sum_{i=1}^{12}p_i$	−4											
$p_i-p_m=f_{pti}$	+4	+9	+11	+14	−18	−8	−16	−15	−5	−5	+19	+10
$p_{\Sigma j}=\sum_{i=1}^{j}(f_{pti})$	+4	+13	+24	+38	+20	+12	−4	−19	−24	−29	−10	0

每个齿距的单个齿距偏差 f_{pti} 为某齿距的指示表示值 Δp_i 与各示值的平均值 Δp_m 的代数差，即

$$f_{pt11}=f_{pt\max}=(+15)-(-4)=+19\mu m$$

齿距累积总偏差 F_p 等于齿距偏差逐齿偏差累计值 $\Delta p_{\sum j}$ 中的正、负极值之差，即

$$F_p=(+38)-(-29)=67\mu m$$

3 个齿距累积偏差 F_{p3} 等于连续 3 个齿距的单个齿距偏差的代数和。其中它的评定值为 p_5、p_6、p_7 的单个齿距偏差的代数和：

$$F_{p3\max}=(-18)+(-8)+(-16)=-42\mu m$$

单个齿距偏差 f_{pt} 的评定值为 p_{11} 的齿距偏差：$f_{pt\max}=+19\mu m$

5. 思考题

① 用相对法测量齿距时，指示表是否一定要调零？为什么？

② 试述双测头式齿距比较仪测量齿距偏差的原理。

③ 单个齿距偏差和齿距累积总偏差对齿轮传动各有什么影响？

④ 为什么相对齿距偏差减去修正值 p_m 就等于单个齿距偏差？

12.7.2　用齿轮跳动检查仪测量齿轮径向跳动

1. 实验目的

了解卧式或立式齿轮径向跳动测量仪的结构并熟悉使用方法；理解齿轮径向跳动及其合格条件。

2. 计量器具和测量原理

齿轮径向跳动 F_r 是指量仪测头依次放入被测齿轮的每个齿槽内，在接近齿高中部位置与左、右齿面接触时，距离齿轮基准轴线最大距离与最小距离的代数差。齿轮径向跳动用来评定齿轮传递运动的准确性，合格条件是被测齿轮的齿轮径向跳动 F_r 不大于齿轮径向跳动的允许值。

齿轮的径向跳动可以用齿轮径向跳动测量仪、万能测齿仪或偏摆检查仪来测量。本实验采用齿轮径向跳动测量仪来测量齿轮径向跳动 F_r，评定由齿轮几何偏心所引起的径向误差。测量时将测头依次插入齿槽中部。从指示表上读数，其最大读数和最小读数之差为齿轮径向跳动 F_r。

齿轮径向跳动测量仪的结构组成如图 12－32 所示。测量时，把被测齿轮 9 用心轴 5 安装在顶尖架 11 的两个顶尖 10 之间(该齿轮的基准孔与心轴 5 成无间隙配合，用心轴模拟体现该齿轮的基准轴线)，或者盘形齿轮直接安装在两个顶尖 10 之间。指示表 6 的位置固定后，使安装在指示表的测杆上的球形测头或锥形测头在齿槽内与齿高中部的双面接触。测头的尺寸大小应该与被测齿轮的模数协调，以保证测头在接近齿高中部与齿槽双面接触。用测头依次插入齿槽，逐个测量相对于齿轮基准轴线的径向位移，该径向位移由指示表 6 的示值反映出来，最大读数和最小读数之差为齿轮径向跳动 F_r。

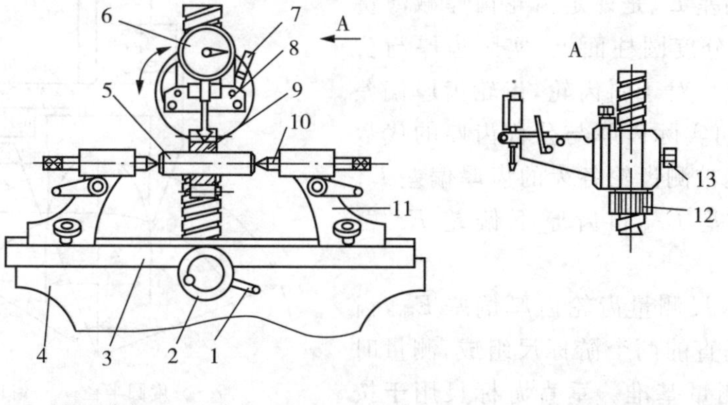

1—手柄；2—手轮顶尖架；3—滑台；4—底座；5—心轴；6—指示表；7—测量扳手；8—测量支架；
9—被测齿轮；10—顶尖；11—顶尖架；12—升降螺母；13—锁紧螺钉。

图 12－32　齿轮径向跳动检查仪的结构组成

3. 测量步骤

齿轮径向跳动检查仪用来测量齿轮径向跳动 F_r 的测量方法如下：

① 根据被测齿轮的模数，选择尺寸合适的测头，把它安装在指示表 6 的测杆上，并调整测头与被测齿轮的相对位置。把被测齿轮 9 安装在心轴 5 上(该齿轮的基准孔与心轴成无间隙配合)，然后把心轴 5 安装在两个顶尖 10 之间。松开滑台 3 的锁紧螺钉，转动手轮 2 使滑台移动，使测头大概位于齿宽中部，然后锁紧螺钉。

② 调整量仪指示表 6 示值零位。放下指示表测量扳手 7，松开指示表架锁紧螺钉 13，转动升降螺母 12，使测头随指示表表架下降到与某个齿槽双面接触，把指示表 6 的指针压缩 1～2 转，然后锁紧指示表架。转动指示表 6 的表盘，使表盘的零刻度对准指示表的指针，确定指示表的示值零位。

③ 抬起指示表测量扳手 7，被测齿轮 9 转过一个齿槽，再放下测量扳手 7，使测头进入齿槽内，与该齿槽双面接触，并记录指示表的示值。这样依次记录其余的齿槽。在回转一周后，指示表的“零位”应该不变。

④ 以指示表读数为纵坐标，绘出一个封闭的误差曲线。曲线最高点与最低点沿纵坐标方向的距离即为齿轮径向跳动值 F_r。最后将测得的误差值与给定的公差值相比较，判断精度指标是否合格。

4. 思考题

① 齿轮径向跳动 F_r 如何测量，合格条件是什么？

② 试述齿轮跳动检查仪测量齿轮径向跳动误差的原理。

③ 试述怎样用卧式齿轮径向跳动测量仪测量径向圆跳动和端面（轴向）圆跳动？

12.7.3　用齿厚游标卡尺测量齿厚偏差

1. 实验目的

了解齿厚游标卡尺的结构并熟悉使用方法；掌握齿轮分度圆公称弦齿高和公称弦齿厚的计算公式；理解齿厚偏差并熟悉其测量方法。

2. 计量器具及其测量原理

齿轮齿厚偏差 E_{sn} 是评定齿轮齿厚减薄量的指标，指齿轮分度圆柱面上，实际齿厚与公称齿厚的代数差。对于斜齿轮，齿轮齿厚偏差 E_{sn} 是指法线方向实际齿厚与公称齿厚的代数差。合格条件是被测齿轮各齿的齿厚偏差 E_{sn} 都在齿厚上偏差 E_{sns} 和齿厚下偏差 E_{sni} 范围内。

齿厚游标卡尺测量齿轮齿厚偏差 E_{sn}，齿厚卡尺有互相垂直的两个游标尺组成，测量时以齿顶圆作为测量基准。垂直游标尺用于按分度圆高公称值 h_{nc} 确定被测部位，水平游标尺则用于测量分度圆弦齿厚实际值 $s_{nc实际}$。

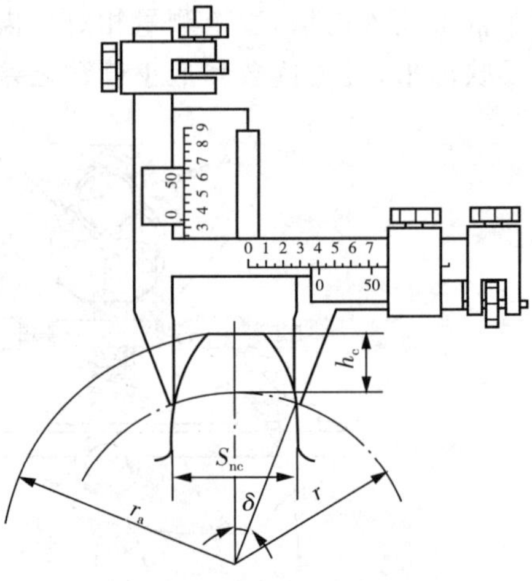

r—分度圆半径；r_a—齿顶圆半径
1—垂直游标尺；2—高度板；
3—游标；4—水平游标尺；
5—活动量爪；6—固定量爪。
图 12－33　分度圆弦齿厚的测量

如图 12－33 所示，直齿圆柱齿轮分度圆上的公称弦齿高 h_{nc} 与公称弦齿厚 s_{nc} 分别为

$$h_{nc}=m\left[1+\frac{z}{2}\left(1-\cos\frac{\pi+4x\tan\alpha}{2z}\right)\right] \tag{12-16}$$

$$s_{nc}=mz\sin\left(\frac{\pi+4x\tan\alpha}{2z}\right) \tag{12-17}$$

式中，m——模数；z——齿数；α——标准压力角；x——变位系数。

对于标准直齿圆柱齿轮，变位系数 $x=0$。

3. 测量步骤

齿厚游标卡尺测量齿轮齿厚偏差的测量步骤如下：

① 根据被测齿轮的模数 m、齿数 z 和标准压力角 α、变位系数 x 和对齿轮的精度要求，计算齿顶圆公称直径 d_a、分度圆公称弦齿高 h_{nc} 和公称弦齿厚 s_{nc}。

② 用外径千分尺测量被测齿轮的齿顶圆实际直径 $d_{a实际}$，按 $\left[h_{nc}+\frac{1}{2}(d_{a实际}-d_a)\right]$ 修正值调整齿厚游标卡尺的垂直游标尺 1 的高度板 2 的位置，然后将其游标 3 加以固定。

③ 齿厚游标卡尺置于被测齿轮的轮齿上，使垂直游标尺 1 的高度板 2 与齿轮齿顶可靠接触。然后移动水平游标尺 4 的量爪 5，使它和另一量爪 6 分别与轮齿的左右齿面接触(齿轮齿顶与垂直游标尺 1 的高度板 2 之间不得出现空隙)，从水平游标尺 4 上读出弦齿厚实际数值 $s_{nc实际}$。

④ 对齿轮圆周上均匀分布的几个轮齿进行测量。测得的实际弦齿厚与公称弦齿厚之差即为齿厚偏差 E_{sn}。取这些齿厚偏差中的最大值和最小值作为评定值，评定值均在齿厚极限偏差范围内，才认定合格。

4. 思考题

① 测量齿轮齿厚是为了保证齿轮传动的哪项使用要求？

② 齿轮齿厚偏差 E_{sn} 可以用什么评定指标代替？

12.7.4　用齿轮公法线千分尺测量公法线长度偏差

1. 实验目的

了解齿轮公法线千分尺的结构并熟悉使用方法；掌握齿轮公法线长度的计算公式；熟悉公法线长度的测量方法。

2. 计量器具及其测量原理

公法线长度 W 是指齿轮上几个轮齿的两端异向齿廓间所包含的一段基圆圆弧，即该两端异向齿廓间基圆切线段的长度。公法线长度偏差 E_w 是评定齿轮齿厚减薄量的指标，指实际公法线长度 W_k 与公称公法线长度 W 之差。合格条件是被测各条公法线长度的偏差都在公法线长度上偏差 E_{ws} 和下偏差 E_{wi} 范围内。

公法线千分尺测量被测齿轮的公法线长度 W，测量原理如图 12 - 34 所示。公法线千分尺的结构、使用和读数方法和外径千分尺相同，不同之处是公法线千分尺的量砧为碟形，能够进入被测齿轮齿槽内测量。被测齿轮的轮齿与量砧接触的两切点的连线相切于基圆，因此如果选择适当的跨齿数，则可以使公法线长度在齿高中部测量得到。因此与测量齿轮齿厚相比较，测量公法线长度时精度不受齿顶圆直径偏差和齿顶圆柱面对齿轮基准轴线的径向圆跳动误差的影响。

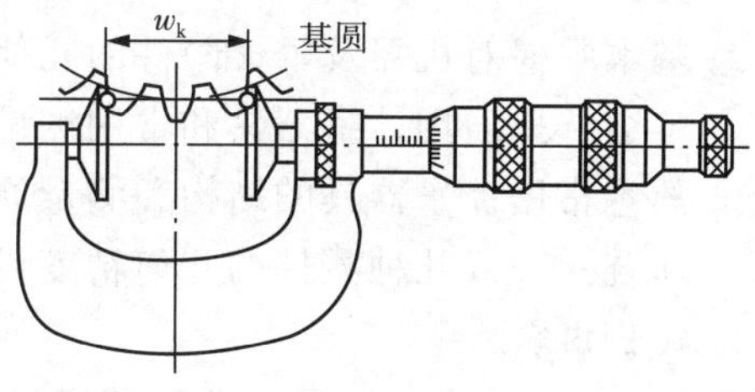

图 12 - 34　公法线千分尺测量公法线长度

直齿轮的公称公法线长度 W 按下式计算：

$$W=m\cos\alpha[\pi(k-0.5)+z\cdot \mathrm{inv}\alpha]+2xm\sin\alpha \qquad (12-18)$$

式中，m——模数；z——齿数；α——压力角；x——变位系数；k——跨齿数；$\mathrm{inv}\alpha$——渐开线函数；

对于标准直齿圆柱齿轮($x=0$)时的跨齿数 k 按下式计算：

$$k=\frac{z\alpha}{180}+0.5 \tag{12-19}$$

当 $\alpha=20°$时，跨齿数 $k=z/9+0.5$。

对于变位直齿圆柱齿轮时的跨齿数 k 按下式计算：

$$k=\frac{z\alpha_{\mathrm{m}}}{180}+0.5 \tag{12-20}$$

式中，$\alpha_{\mathrm{m}}=\arccos[d_{\mathrm{b}}/(d+2xm)]$，$d_{\mathrm{b}}$——基圆直径；$d$——分度圆直径。

计算出的 k 值通常不是整数，必须将它圆整为最接近计算值的整数。

3. 测量步骤

公法线千分尺测量公法线长度 W 的测量步骤如下：

① 根据被测齿轮的参数和精度要求计算公称公法线长度 W、跨齿数 k、公法线长度上偏差 E_{ws}、下偏差 E_{wi}的值。

② 按公法线长度 W 选择测量范围合适的公法线千分尺，并应注意校准其示值零位。

③ 测量时注意公法线千分尺的两个碟形量砧的位置，在分度圆附近与齿面相切。

④ 在被测齿轮圆周上测量均布的 8 条或更多条公法线长度，所测得各个公法线长度偏差均在其上下偏差范围内，才判定为合格。

4. 思考题

① 测量公法线长度偏差 E_{w}的目的是什么？

② 试述公法线千分尺测量公法线长度偏差 E_{w}的原理。

12.8　实验八：几何量精度综合设计与综合实验

1. 实验目的

① 基本掌握对机器及零(部)件的几何精度设计技能；

② 学会选择通用计量器具和常用测量方法；

③ 熟悉常用计量器具的结构和测量原理，并能正确使用；

④ 通晓一种或几种零件的几何精度设计和全部几何量的检测过程与方法。

2. 实验内容

综合设计与综合实验是由几何精度设计和相应几何量检测实验两部分组成。

实验内容建议采用圆柱齿轮减速器；也可以选用齿轮变速箱或其他传动装置；也可以不进行几何精度设计，只给出零件图样，进行综合实验；还可以适当增减综合设计与实验的内容，如增加螺纹的设计与检测、综合量规设计、用光滑极限量规和综合量规检验等。最好与“机械设计”课程设计结合起来进行，也可以在课程教学过程中穿插进行。

实验中还应鼓励学生动手拆装减速器，以加深对配合、几何公差等的理解以及各种误差对机器性能的影响的认识。

以直齿圆柱齿轮减速器为例，如图 1-1 所示。已知的技术要求为：功率为 6.91kW，输入轴转速 $n=537\mathrm{r/min}$，所有齿轮皆为标准齿轮，$Z_1=20$，$Z_2=79$，$Z_3=34$，$Z_4=104$，模数

$m=2.5$，基准齿形角 $\alpha=20°$。该减速器小批量生产。

3. 实验要求

(1)几何量精度综合设计

① 根据机器的使用要求，确定各部位配合种类并选定配合代号。如图 1-1 中，轴与齿轮、轴与轴承、轴与挡圈；轴承与箱体孔、轴承端盖与箱体孔；键与轴键槽、键与齿轮轮毂键槽的配合等。

② 根据机器结构图测绘(或根据实物测绘)典型零件图，如图 1-1 中，输入轴、中间轴、输出轴、齿轮Ⅱ、齿轮Ⅳ、轴承端盖、箱体等零件。在零件图上标注公称尺寸和尺寸公差、几何公差以及表面粗糙度轮廓参数值等，即进行零件的全部几何精度设计。

③ 确定齿轮的精度等级和齿厚极限偏差以及齿轮的强制性检测精度指标的公差和齿坯公差。

④ 设计用于检验与滚动轴承配合的箱体孔和轴颈的工作量规。

(2)综合实验

在进行几何精度设计的零件中选择几个典型零件(如轴、齿轮、箱体)作为综合实验对象(被测工件)。根据零件图样上规定的技术要求，分别设计实验内容，确定测量方法，然后进行测量，以通晓整个零件的全部测量过程。综合实验的内容应包括如下几项：

① 按尺寸公差大小，确定验收极限，选择相应的计量器具进行测量，检测实际尺寸是否在规定的两个验收极限尺寸范围内。

② 按几何公差要求，选择不同计量器具与不同测量方法，检测几何误差，如轴的径向圆跳动、轴键槽的对称度、齿轮及箱体的有关几何误差。

③ 对不同的表面及表面粗糙度轮廓参数值，分别采用标准样块比较、光切显微镜进行测量。

④ 根据齿轮的精度设计要求，按设计给定的检验项目，选择不同的计量器具进行测量。

⑤ 若在零件的几何精度设计中，涉及螺纹的几何精度设计，还应对螺纹误差进行检测。

4. 综合设计与综合实验报告书内容

对于每个零件，除绘制零件图并标注相关技术要求外，还要说明以下内容：

① 几何精度设计说明，如配合代号和尺寸公差代号的选择；几何公差项目与公差值及基准的选择；表面粗糙度轮廓参数值的选择；齿轮精度等级和检验项目以及齿坯公差的选择等；

② 验收极限的确定，计量器具的选择；

③ 检测方法的确定，包括被测对象和被测量、选定的测量仪器及仪器的主要技术指标、测量方案的组成等；

④ 测量数据处理和测量结果。

5. 几何量精度设计与实验案例

下面以减速器(图 1-1)中两个典型零件(轴、箱体)作为综合设计与综合实验的对象为例。

(1)轴的几何量精度设计与检测

精度设计标注图样如图 12-35 所示。

①尺寸精度设计

根据配合精度要求(由已选定的装配图上可知，配合种类设计说明略)，两个 Ø45k6 轴颈分别与两个相同规格的0级滚动轴承内圈配合，Ø32m7轴头与带轮或其他传动件的孔配合，为了保证配合性质，都按包容要求Ⓔ给出尺寸公差。平键配合按一般联结为10N9，轴键槽深t_1按第6章选择，取$d-t_1$，为$27_{-0.2}^{\ 0}$；其余尺寸按未注公差处理。

② 几何精度的设计

φ45mm按滚动轴承轴肩的端面分别为两个滚动轴承的轴向定位基准，并且两个轴颈是齿轮轴在箱体上的安装基准。为了保证滚动轴承在齿轮轴上的安装精度，按滚动轴承有关标准的规定，选取两个轴肩的端面分别对公共基准轴线$A—B$的轴线圆跳动公差值为0.012mm。按滚动轴承有关标准的规定，应对两个轴肩颈的形状精度提出更高的要求。按滚动轴承的公差等级0级，因此选取轴颈圆柱度公差值为0.04mm。为了保证齿轮轴的使用性能，两个轴颈和轴头应同轴线，因此按圆柱齿轮精度制国标的规定和小齿轮的精度等级，确定两个轴颈分别对它们的公共基准线$A—B$的径向圆跳动公差值为0.016mm；用类比法确定轴头对公共基准轴线$A—B$的径向圆跳动公差值为0.025mm。为了避免键与轴头键槽、传动件轮毂键槽装配困难，应规定轴头的10N9键槽相对于轴头轴线C的对称度公差值为0.015mm。齿轮轴上其余要素的几何精度皆按未注几何公差处理。

③ 表面粗糙度的确定

两个与滚动轴承配合的轴颈，选择Ra上限值为0.8μm；Ø32m7轴头与联轴器内孔配合，选择Ra上限值为1.6μm；Ø45mm两轴肩端面分别选取Ra上限值为3.2μm，键槽侧面选取Ra上限值为3.2μm；其余表面Ra上限值为6.3μm。

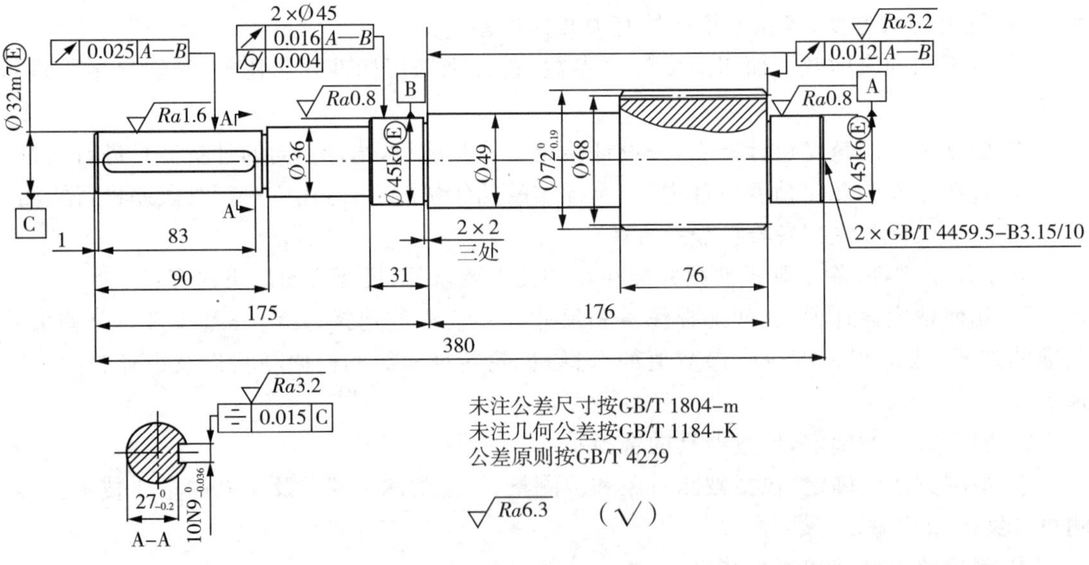

图12-35　减速器输入轴

④ 综合实验

两个轴颈和一个轴头采用包容要求，考虑尺寸公差与形状公差的相互关系，实际尺寸和形状误差的综合结果应符合极限尺寸判断原则（泰勒原则）的规定。可考虑：采用光滑极限量规检验工件实体是否超越最大实体边界（工件的作用尺寸是否超越最大实体尺寸），工件的实际尺寸是否超越最小实体尺寸。光滑极限量规的检验用于批量生产的零件，因此，实验时可不采用此种检验方式，而用两点法测量实际尺寸；采用测量特征参数原理评定形状误差。

采用两点法测量实际尺寸时，首先要确定验收极限并选择相应的计量器具。

轴颈的圆柱度误差测量。利用光学分度头测量。如图 12－36 所示，把输入轴安装在分度头的顶尖间，使主动轴的轴线与分度头回转轴线(测量轴线)同轴。在轴颈的若干个横截面内测量，并把各截面的测得轮廓投影在垂直于测量轴线的投影面上(如图 12－37)；然后用同心圆模板包容这些投影轮廓，取最小包容同心圆的半径差作为被测轴颈圆柱度误差值。(指示表采用千分表)

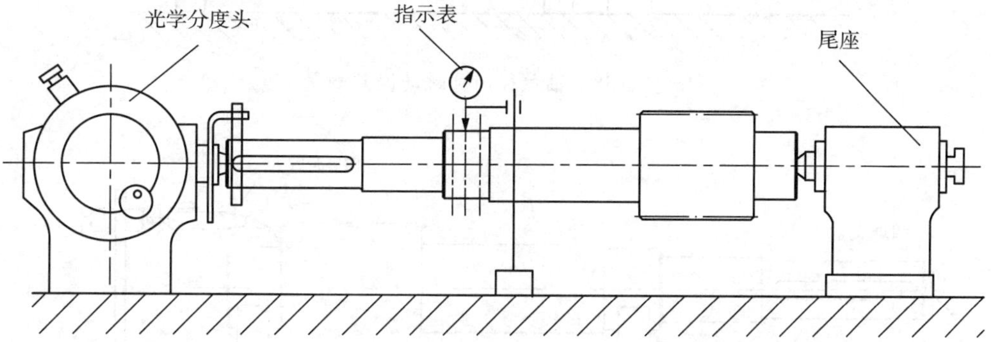

图 12－36　用光学分度头测量圆柱度误差的示意图

轴颈的径向圆跳动误差测量方法如图 12－38所示，被测轴的轴线由放在平板上的 V 形块来模拟，轴向位置通过圆球支承进行定位。测量时将指示表指针预压半圈，转动表盘，使表盘的零位标尺标记对准指针(这样可以保证有一定的起始测量力，同时既能读出正数，也能读出负数)。将被测轴在无轴向移动的条件下，绕 V 形块 1 和 2 体现的公共基准轴线回转一周，由位置固定的指示表在指示表测杆轴线与公共基准轴线垂直且相交的测量方向上，读出指示表的最大变动量，即为该测量截面处的径向圆跳动误差。按同样方法测量若干个截面，取各截面跳动量的最大值作为该被测轴颈的径向圆跳动误差。

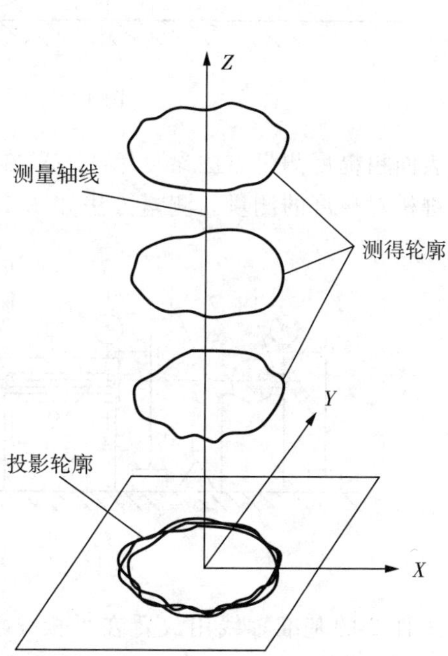

图 12－37　圆柱度误差的评定

轴向圆跳动误差测量方法如 10.6 节所示，被测轴的轴线由放在平板上的 V 形块来模拟，轴向位置通过圆球支承进行定位。将被测轴在无轴向移动的条件下，绕 V 形块 1 和 2 体现的公共基准轴线回转一周，由位置固定的指示表在指示表测杆轴线与公共基准轴线平行的方向上，读出指示表的最大变动量，即为该测量圆柱面处的轴向圆跳动误差。按同样方法测量若干个任一直径圆柱面截面上的轴向圆跳动误差，取各圆柱端面跳动量的最大值作为该被测轴的轴向圆跳动误差。

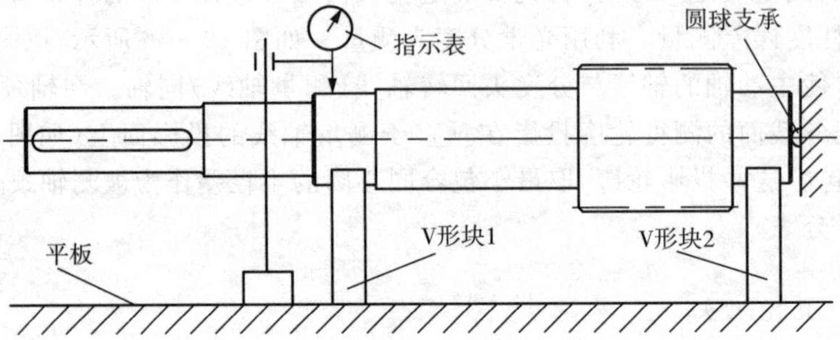

图 12 - 38　轴颈径向圆跳动误差测量

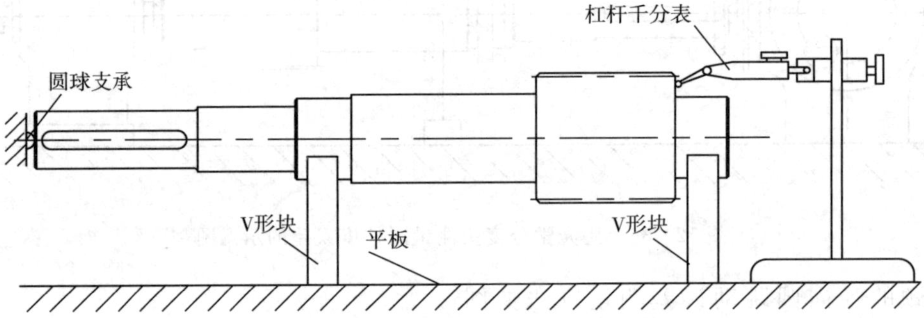

图 12 - 39　轴向圆跳动误差测量

表面粗糙度测量方法参见第 11 章，在此不再详述。

键槽对称度的测量。测量方法如图 12 - 40 所示。

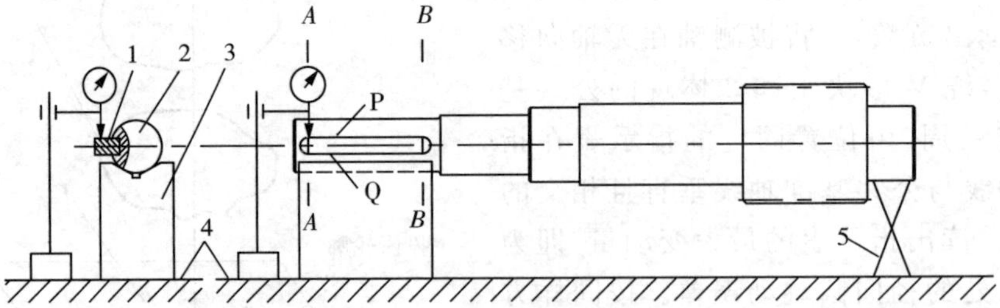

图 12 - 40　轴键槽对称度误差测量

工件 2 的基准轴线用放置在平板 4 上的 V 形块 3 来模拟体现，并在工件的一端放置辅助支承 5，被测键槽的中心平面用量块(或定位块)1 来模拟体现。首先，转动 V 形块上的工件，以调整量块测量面的位置，使它沿工件径向与平板平行；然后用指示表在工件键槽长度两端的径向截面(A—A 和 B—B 截面)内分别测量从量块 P 面到平板的距离，得到示值 h_{AP} 和 h_{BP}。将工件翻转 180°，再在 A—A 和 B—B 截面内分别测量从量块 Q 面到平板的距离，得到示值 h_{AQ} 和 h_{BQ}。计算在 A—A 和 B—B 截面自两次测量的示值差的一

半 Δ_1 和 Δ_2：

$$\Delta_1=(h_{AP}-h_{AQ})/2 \tag{12-21}$$

$$\Delta_2=(h_{BP}-h_{BQ})/2 \tag{12-22}$$

两次计算结果中，以绝对值大者为 Δ_1，并取正值。若 Δ_1 的正值是由式(12－21)(或式(12－22))的计算结果改变符号得到的，则由式(12－22)(或式(12－21))计算的 Δ_2 也须改变符号。之后，把它们代入式(12－23)，求解键槽对称度误差值 f

$$f=\frac{d(\Delta_1-\Delta_2)+2\Delta_2\times t}{d-t} \tag{12-23}$$

式中：d——轴的直径；t——轴键槽深度。

(2)箱体的几何精度设计与检测

箱体由箱盖和箱座两部分组成，在此只以箱座为例。

几何精度设计图 12－41 为减速器箱座的零件图样，箱座几何精度要求如图所示，设计说明略。

检测时，将箱盖与箱座合上，且定位锁紧，检测项目及方法参见表 12－13 所列。

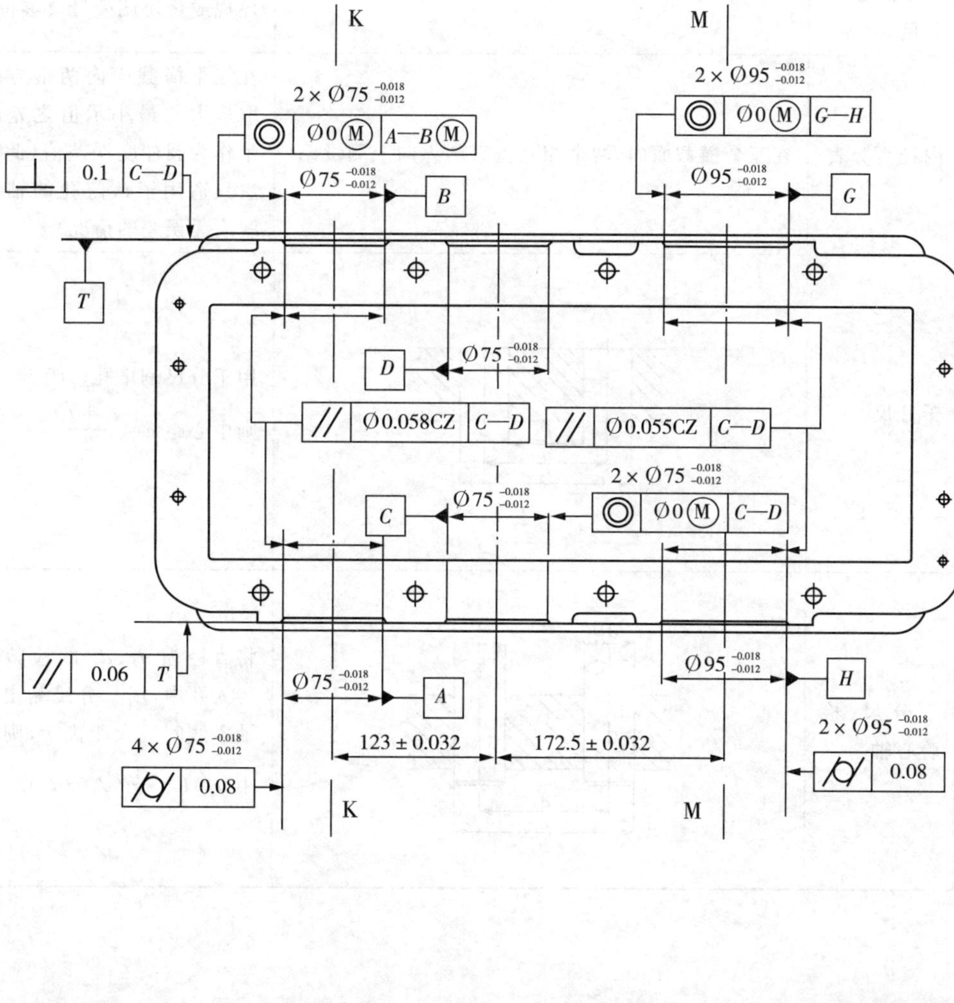

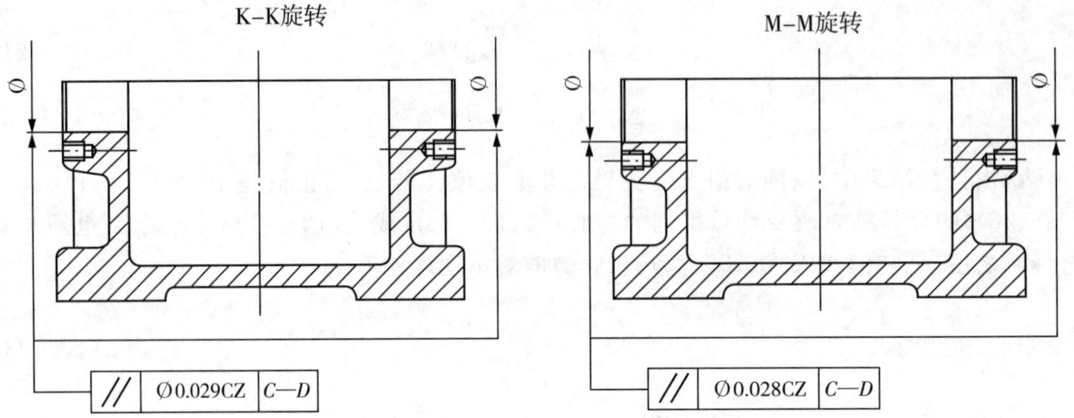

图 12-41　箱体的检测

表 12-13　箱体的检测

检测项目	实验设备	检测方法	检测说明和测量数据处理
孔径	内径百分表或内径千分尺	—	用内径百分表测量时,按标准环规或量块调整量仪零位
孔圆柱度误差	内径百分表	在三个横截面内,两个相互垂直的方向上测量	在三个横截面内两个方向上取最大与最小示值之差的一半作为圆柱度误差值(此种方法只适用于认定孔的轴线直线度无误差的情况)
两孔中心距	千分尺	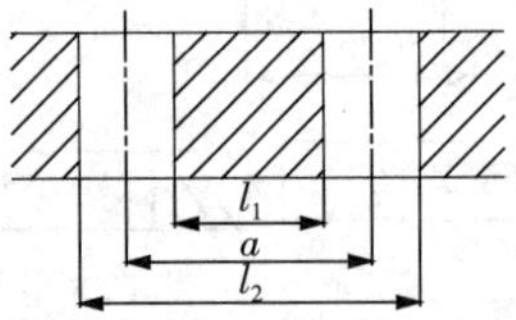	用千分尺测出孔边距 l_1 和 l_2,则中心距 $a=\frac{l_1+l_2}{2}$
	千分尺、检验心轴	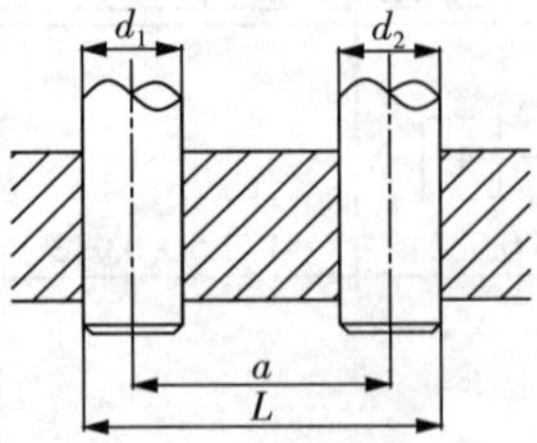	将直径为 d_1、d_2 的检验心轴装入孔中,用千分尺测出两心轴素线间最大距离 L,则中心距 $a=L-\frac{1}{2}(d_1+d_2)$

（续表）

检测项目	实验设备	检测方法	检测说明和测量数据处理
两孔轴线平行度误差	千分尺、检验心轴	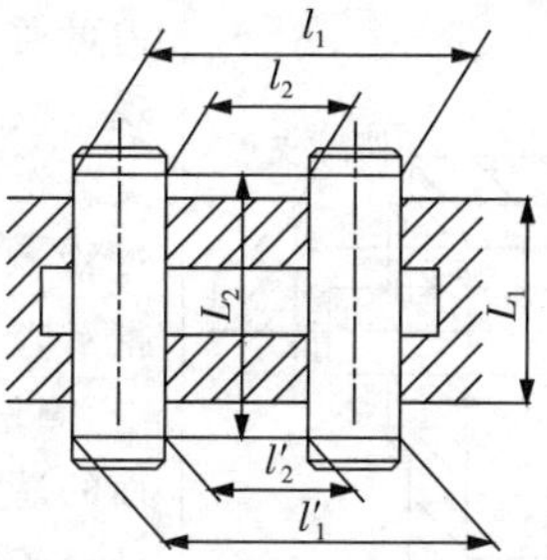	将检验心轴装入孔中，用千分尺测出两心轴素线间最大距离 l_1、l'_1，或最小距离 l_2、l'_2，则长度 L_1 上的平行度误差值，$f=\frac{L_1}{L_2}\|l_1-l_1'\|$ 或 $f=\frac{L_1}{L_2}\|l_2-l_2'\|$
	平板，固定和可调支承，指示表及其表架或水平仪，检验心轴	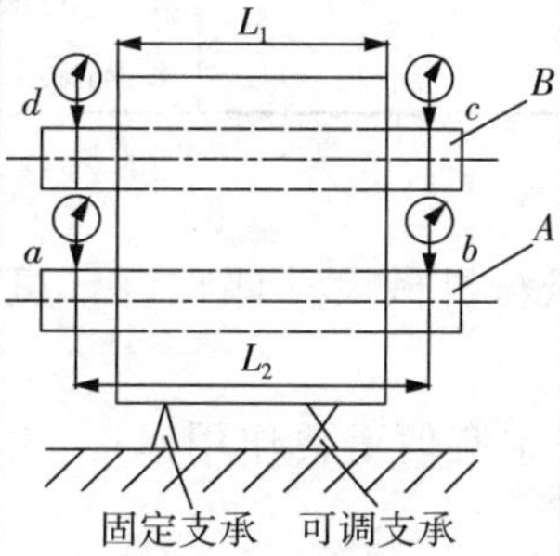	将箱体置于三个支承上，调整支承，在 L_2 位置使基准心轴 A 上 a，b 两点处的示值为零或相等）。在 L_2 位置测出被测心轴 B 上 c，d 两点处的示值 Mc，Md，则长度 L_1 上的平行度误差值，$f=\frac{L_1}{L_2}\|M_c-M_d\|$
		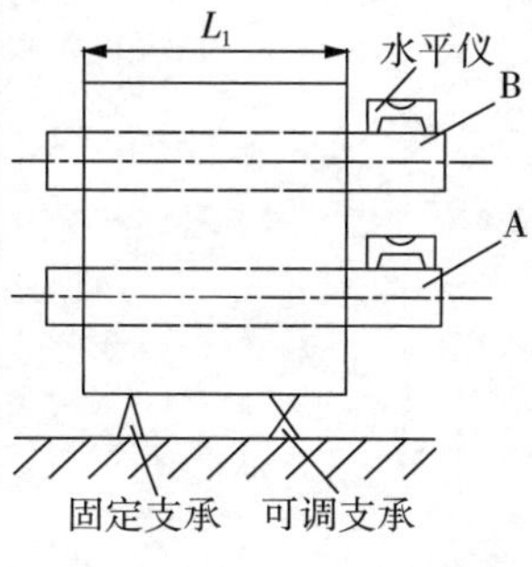	调整支承，使基准心轴 A 位于水平位置，如何把水平仪放置在被测轴 B 上测出示值 M（格数），则长度 L_1 上的平行度误差值为 $f=L_1\cdot C\cdot M$，式中：C——水平仪分度值（线值）
		针对图 10－8 中标注的孔轴线平行度要求，测量时需要注意： ① 测量基准均为变速箱中间轴安装孔的公共轴线 C—D； ② 项目 [⫽ 0.058CZ C—D] 和 [⫽ 0.55CZ C—D] 要求测量变速箱输入轴与输出轴安装孔轴线的在水平方向上的平行度误差，其中 CZ 代表被测孔的轴线有共线要求； ③ 项目 [⫽ 0.029CZ C—D] 和 [⫽ 0.28CZ C—D] 要求测量变速箱输入轴与输出轴安装孔轴线的在竖直方向上的平行度误差，其中 CZ 代表被测孔的轴线有共线要求	

（续表）

检测项目	实验设备	检测方法	检测说明和测量数据处理
端面对基准轴线的垂直度误差	平板、检验心轴、圆球支承、指示表、轴套	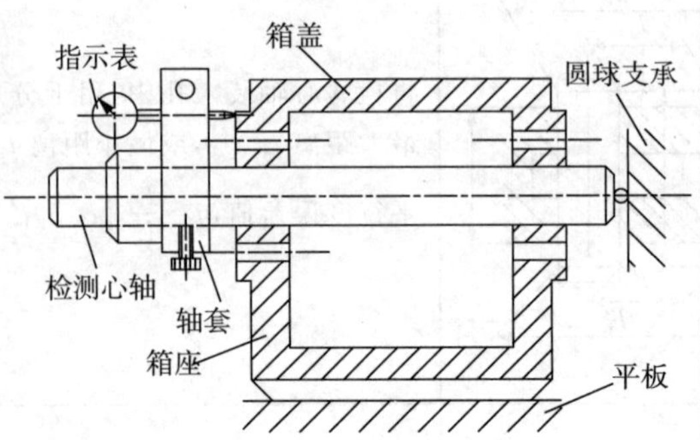	端面对基准轴线的垂直度误差可通过轴向圆跳动误差体现。检测时，需将箱盖与箱座安装在一起后进行测量。通过检测心轴模拟基准轴线。指示表通过轴套安装在心轴上，测量时，使测头与被测端面的最大直径处接触，并将表针预压半圈，将心轴向圆球支承推紧并旋转一周，记录指示表上的最大读数和最小读数，取两读数差作为垂直度误差

6. 思考题

① 如何将本书中几何量精度设计相关知识与机械设计课程设计机械制造工艺学课程设计等相关课程进行有机的结合？

② 本书内容在机械工程学科的建设和发展中有何重要作用？